普通高等教育"十二五"规

食品生物技术概论

郝 林 主编

中国林业出版社

内容简介

本书是一本为大学本科生编写的教材,适用于食品类专业公共课。全书共分 12 章,包括绪论、基因工程及其在食品工业中的应用、发酵工程及其在食品工业中的应用、酶工程及其在食品工业中的应用、细胞工程及其在食品工业中的应用、蛋白质工程及其在食品工业中的应用、食品生物工程下游技术、生物传感器及其在食品工业中的应用、现代生物技术与食品安全检测、生物技术在食品工业废物、废水处理中的应用、生物技术对食品原料生产环境的保护与修复、生物技术存在的问题及展望。书后附有食品生物技术中常用英汉专业词汇和相关网站。全书着重讲述生物技术及食品生物技术的基本理论、基本知识及在食品工业中的应用。

本书可作为农林院校、综合大学、师范院校等相关专业本科生的教材及参考书,也可作为食品行业科技人员的参考书。

图书在版编目(CIP)数据

食品生物技术概论/郝林主编 . —北京:中国林业出版社,2012.7(2017.9 重印)

普通高等教育"十二五"规划教材

ISBN 978-7-5038-6676-0

Ⅰ.①食… Ⅱ.①郝… Ⅲ.①生物技术 – 应用 – 食品工业 – 高等学校 – 教材 Ⅳ.①TS201.2

中国版本图书馆 CIP 数据核字(2012)第 155416 号

国家林业局生态文明教材及林业高校教材建设项目

中国林业出版社·教育出版分社

责任编辑:高红岩

电话:(010) 83143554   传真:(010) 83143516

出版发行 中国林业出版社(100009 北京市西城区德内大街刘海胡同 7 号)
          E-mail:jiaocaipublic@163.com 电话:(010)83143500
          http://lycb.forestry.gov.cn

经　　销 新华书店

印　　刷 中国农业出版社印刷厂

版　　次 2012 年 7 月第 1 版

印　　次 2017 年 9 月第 3 次印刷

开　　本 850mm×1168mm 1/16

印　　张 21

字　　数 450 千字

定　　价 39.00 元

《食品生物技术概论》编写人员

主　　编　郝　林
副主编　贺稚非　朴美子　赵春燕　李艾黎
编写人员（按姓氏笔画排序）

王远亮（湖南农业大学）

乌日娜（沈阳农业大学）

朴美子（青岛农业大学）

李　珂（湖南农业大学）

李艾黎（东北农业大学）

吕艳芳（渤海大学）

仪治本（中北大学）

杨　宁（山西农业大学）

杨飞芸（内蒙古农业大学）

赵春燕（沈阳农业大学）

郝　林（山西农业大学）

贺稚非（西南大学）

贾丽艳（山西农业大学）

唐　霞（河北农业大学）

前　言

生物技术是 21 世纪的支柱产业，目前也是生物技术出现以来研究最为活跃、发展速度最快的时期。2011 年 10 月 31 日世界人口已达到 70 亿，据预测，21 世纪中期世界人口将突破 90 亿，到 21 世纪末超过 100 亿。科学家们称，以生活标准计算，如果每个地球人都能享受发达国家普通人的饮食，地球的最大承受力只有 20 亿人；而如果按照每天维持最低生活必需的食物标准计算，地球可以承载 120 亿人。面对如此严峻的挑战，人们寄希望于依靠生物技术解决人类所面临的粮食短缺、耕地锐减、疾病威胁、环境恶化和能源危机等挑战，实现人类社会的可持续发展。世界上许多国家都在大力开展生物技术的研究和应用。

食品生物技术是生物技术的一个分支，它是食品科学与生物技术相结合的一门交叉学科。食品生物技术的应用为食品工业的发展增添了新的动力，从传统食品工业的改造、新产品的开发，到食品生产过程的控制及产品质量安全检测等许多环节，已经越来越离不开生物技术。因此，可以说没有生物技术就没有食品工业的未来。鉴于上述原因，国内外许多院校的食品类专业，从培养未来从事食品工业领域的科研和生产的人才的角度出发，相继开设了与生物技术相关的课程，使学生们学习和掌握有关生物技术的基础知识，并了解生物技术在食品工业中应用的现状和发展趋势。然而，原有的食品类专业包括食品科学与工程和食品质量与安全等专业课程内容体系已经足够充实，课时数也已很难再行压缩精简，空出更多的学时数用于新课。基于国内食品类专业课程设置的实际情况，本书作者首先确定了本书的编写思路及设计原则：①面向非生物工程类专业，兼顾生物工程类专业；②生物技术的基础理论比重适度，够用即可，重点介绍生物技术在食品工业领域中的应用；③尽可能将国内外比较成熟的新理论、新工艺、新技术和新成果体现出来。基于以上原则，本书作者经过广泛征求意见和反复推敲后，首先确定了现在的书名，然后制订了编写大纲。在总结多年教学经验和科研工作的基础上，广泛借鉴了国内外最新文献资料，编写了本书——《食品生物技术概论》。

本书力图在介绍基本理论和基本知识的基础上，着重论述基因工程、发酵工程、酶工程、细胞工程、蛋白质工程、下游工程、生物传感器等在食品工业各领域中的应用，还论述了现代生物技术与食品安全检测、生物技术在食品工业废物处理中的应用、生物技术对食品原料生产环境的保护与修复、生物技术存在的问题及展望，使学生们能够掌握食品生物技术的基础理论，了解食品生物技术应用现状、研究热点及发展趋势。每章后面附有小结、思考题和推荐阅读书目，全书后面附有食品生物技术中常用英汉专业词汇和相关参考文献及网站，给学生们提供了自学、钻研的空间，培养独立学习、分析问题和解决问题的能力，为今后进一步从事相关领域的学习和指导实际生产奠定基础。全书由郝林主编，贺稚非、朴美子、赵春燕和李艾黎为副主编，共分为12 章。第 1 章由郝林编写，第 2 章由王远亮、李珂编写，第 3 章由朴美子编写，第 4

章由贺稚非编写，第5章由吕艳芳编写，第6章由乌日娜编写，第7章由赵春燕编写，第8章由贾丽艳编写，第9章由李艾黎编写，第10章由杨飞芸编写，第11章由杨宁编写，第12章由唐霞、郝林编写，附录1和附录2由仪治本编写。全书由主编、副主编集中内审，并由主编统稿和定稿。

本书从最初选题、编写到出版，得到了中国林业出版社和各有关院校的大力支持，并承蒙河北科技大学副校长、博士生导师贾英民教授的审稿，在此，全体编者一并表示衷心的感谢。还要感谢研究生王丹丹、许云萧、胡敏和任淑娟为本教材编写所做的大量的、细致的具体工作。由于食品生物技术发展迅速，涉及领域广泛，加之作者知识和写作水平所限，书中难免存在错误和不妥之处，恳请广大读者不吝赐教。

郝　林

2011 年 12 月 8 日

目 录

第1章

绪　论

从 20 世纪后期开始，生命科学进入了迅速发展的时期，并取得了一个个令人瞩目的成就，DNA 分子结构和蛋白质生物合成机制的阐明、DNA 重组技术和克隆技术的建立、人生长激素在大肠埃希菌中成功表达、重组人胰岛素上市、PCR 技术诞生、第一只克隆羊诞生、人类基因组计划完成等。这一系列成就的取得受到了各方面人士越来越多的关注，专家们普遍认为 21 世纪是生命科学的世纪，而生物技术作为当今世界发展最快、潜力最大和影响最为深远的一项高新技术，必将成为 21 世纪的朝阳和支柱产业。生物技术将在解决世界人口、粮食、健康、环境和能源等问题方面发挥巨大作用。

食品生物技术作为生物技术的一个重要分支，在确保农产品、畜产品、水产品及其加工产品的数量安全和质量安全等方面发挥越来越重要的作用。学习并掌握食品生物技术的基本理论及其在食品工业中的应用，是当今及未来从事食品工业领域的科学研究和生产所不可缺少的。

1.1　生物技术的定义、发展历程及主要内容

1.1.1　生物技术的定义

生物技术(biotechnology)一词最初是由一位匈牙利工程师 Karl Ereky(卡尔·埃雷克)于 1917 年提出的，其含义是指用甜菜做饲料进行大规模养猪，即利用生物将原料转变为产品的技术。在随后的数十年中，生物技术的含义发生过多次变化，1979 年 E. F. Hutton(赫顿)把生物技术一词用来专指基因工程技术，以致在 20 世纪 70 年代末期和 80 年代早期"生物技术"被很多人理解为主要是与基因工程有关的技术。此定义将原已比较成熟的发酵技术、酶技术、生物转化技术、原生质体融合等技术都排除在外。1982 年国际经济合作与发展组织(IECDO)提出，生物技术是应用自然科学及工程学的原理，依靠生物催化剂(酶或活细胞)的作用将物料进行加工，以提供产品或用于社会服务的技术。其所指的加工及生产过程包括了食品、医药、化工产品乃至环保、农业等各种加工或生产过程。

IECDO 的上述生物技术的定义是目前被普遍接受的，其中提到的"自然科学"包括生物学、化学、物理学以及它们的分支学科、交叉学科。"工程学"包括化学工程、机械工程、电气工程、电子工程、自动化工程等，以及自然科学与工程学交叉形成的生物化学工程、生物医学工程、生物药学工程、生物信息学等学科。"生物催化剂"包括

微生物、动物、植物的机体、组织、细胞、体液或分泌物，以及从中提取出来的酶或其他生物活性物质。"物料"则指生物体的某一部分或生物生长过程中产生的可利用物质，如淀粉、纤维素等有机物，也包括一些无机物，甚至某些矿石。"产品"包括粮食、食品、医药、化工品、能源、金属等。"为社会服务"包括疾病的预防、诊断与治疗和食品的检验以及环境污染的检测和治理等。

生物技术有时也称为生物工程，然而两者的含义并不完全相同。"工程"一词系指完成某项商品生产或向社会提供劳务获得效益的过程，其特点是规模大，复杂性强，又需要多学科知识和技术的协调配合；而"技术"一词习惯上是强调在实施过程中所运用的某项具体技巧。生物工程是生物技术的产业化，在生物工程领域中，"技术"与"工程"不可分割，但工程与技术各自又有相对的独立性。

生物技术有以下 3 个特点：①生物技术是一门多学科、综合性的科学技术；②反应中需要有生物催化剂（酶或细胞）的参与；③其最后目的是建立物质生产过程或进行社会服务。

1.1.2　生物技术的发展历程

生物技术原本是最古老的技术，其发展经历了数千年的历史。依据生物技术发展时期的技术特征，可将生物技术分为 3 个不同阶段，即传统生物技术、近代生物技术和现代生物技术。

（1）传统生物技术

传统生物技术的应用历史悠久，几乎同人类的文明史同时开始，如原始啤酒生产的历史，据考证大约起源于 9000 年前的地中海南岸地区；大约在 7000 年前，在美索不达米亚已经酿造出了葡萄酒；公元前 4000 年古埃及人就开始制作面包等；我国人民在 4000 多年前已发明了制曲酿酒工艺，在 2500 年前已经开始制酱和制醋等。传统生物技术的特征是酿造技术。在此之后的很长时期内，人们并不了解这些技术的本质所在。直到 Leeuwen Hoek（安东尼·列文虎克）（1676）发明了能放大 $170 \sim 300$ 倍的显微镜，人们才认识到微生物的存在；Louis Pasteur（路易·巴斯德）（1857）证明酒精发酵是由活的酵母发酵引起的，其他发酵产物是由其他微生物发酵形成的；1897 年人们发现，经过碾磨破碎的死酵母同样能使糖类发酵成酒精，发酵的奥秘逐渐被人们揭开。从 19 世纪末到 20 世纪 30 年代，人们发明了不需通气搅拌的厌氧纯种发酵技术，开展了如乳酸、乙醇、丙酮-丁醇、柠檬酸、甘油、淀粉酶等许多产品的工业发酵生产。但这一时期的生产较为简单，多数为兼气发酵或表面发酵，设备要求不高，产品基本属于微生物初级代谢产物。

（2）近代生物技术

20 世纪 40 年代，由于青霉素大规模发酵的推动，促进了大规模液体深层通气搅拌发酵技术的发展，抗生素、有机酸、酶制剂等发酵工业在世界范围内迅猛发展。50 年代中期以后，随着对微生物代谢途径和调控研究的不断深入，找到了突破微生物代谢调控以及积累代谢产物的手段，并应用于发酵工业。

近代生物技术阶段的技术特征是：①产品类型多，既有初级代谢产物（如有机酸、氨基酸、多糖、酶等），也有次级代谢产物（如抗生素等）、生物转化产物（如甾体转化等)、酶反应产物(如6-氨基青霉烷酸酰化等);②生产设备规模大,发酵罐体积可达几十到几千立方米;③技术要求高,多数需要通入无菌空气进行需氧发酵,产品质量要求高;④技术发展快,如产量和质量大幅度提高,发酵控制技术飞速发展等。

(3)现代生物技术

1953年,美国学者Watson和英国学者Crick共同提出的DNA双螺旋结构模型奠定了分子生物学基础,揭开了生命科学史上划时代的一页。此后,许多的科学家投入了分子生物学研究,取得了一系列的进展。1973年,美国的Herber Boyer和Stanley Cohen两位教授完成的基因转移试验为基因工程开启了通向现实的大门,使人们可以按照自己的意愿设计出全新的生命体。这项技术的出现使以往的生物技术迅速完成了向现代生物技术的飞跃,并成为21世纪生命科学的领跑者。

现代生物技术的技术特征是以基因工程为核心的高技术综合体系。如今,现代生物技术的研究与应用已取得了丰硕成果(表1-1),大量的与人类健康密切相关的基因已经得到克隆和表达,胰岛素、生长激素、细胞因子、单克隆抗体、重组疫苗等几十种医药产品已经被批准上市;大批抗虫、抗病、抗逆和品质改良的农作物品种已投入农业生产。现代生物技术已经在医药、农业、畜牧业、林业、食品、轻工、环境保护、能源、海洋等诸多方面得到日益广泛的应用。同时,食品生物技术、医药生物技术、农业生物技术、海洋生物技术等一批新型技术已经和正在形成。

表1-1 1953年以来现代生物技术领域的主要成就

年 代	主 要 成 就
1953	Watson和Crick发现DNA双螺旋结构;Grubhofer和Schleith提出了酶固定化技术
1956	提出了遗传信息通过DNA碱基序列传递的理论
1957	DNA复制过程包括双螺旋互补链分离得到了证实
1958	获得了DNA聚合酶I,并用该酶在试管内成功合成了DNA
1960	发现mRNA,并证明mRNA指导蛋白质合成
1961~1966	破译了遗传密码
1967	获得了DNA连接酶
1970	分离得到第一个限制性内切酶;发现逆转录酶
1971	用限制性内切酶切产生DNA片段;用DNA连接酶获得第一个重组DNA分子
1972	Khorana等合成了完整的tRNA基因;P. Berg首次构建DNA重组体
1973	Boyer和Cohen建立了DNA重组技术
1975	Kohler和Milstein建立了单克隆抗体技术
1976	DNA测序技术诞生;第一个DNA重组技术规则问世
1977	重组人生长激素抑制因子在大肠埃希菌中成功表达
1978	美国Genentech公司在大肠埃希菌中成功表达胰岛素
1980	美国最高法院对Chakrabarty和Diamond"超级细菌"专利案做出裁定,认为经过基因工程操作的微生物可以获得专利;第一家生物技术类公司在NASDAQ上市
1981	第一个单克隆抗体试剂盒在美国被批准使用;第一只转基因动物(老鼠)诞生

（续）

年　代	主　要　成　就
1982	第一个 DNA 重组技术生产的动物疫苗在欧洲被批准使用；美国批准重组人胰岛素上市
1983	基因工程 Ti 质粒用于植物转化；Ulmer 提出蛋白质工程的概念；人工染色体首次成功合成
1986	第一个转基因作物获批准田间试验；第一个 DNA 重组人体疫苗（乙肝疫苗）研制成功
1988	PCR 技术问世
1989	转基因抗虫棉花获批准田间试验
1990	美国批准第一个体细胞基因治疗方案；人类基因组计划启动；第一个转基因动物（鲑鱼）获批准养殖
1994	Wilkins 和 Williams 提出了蛋白组（proteome）的概念；转基因延缓、保鲜番茄在美国批准上市
1997	英国培育出第一只克隆羊多莉
1998	美国批准 AIDS 疫苗进行人体试验；日本培育出克隆牛；英、美等国家培育出克隆鼠
2000	人类基因组草图宣告完成
2001	英国科学家培育出转基因克隆猪
2002	中国杨焕明等完成了对水稻基因组序列草图的测定和初步分析；中国科学家率先开发出癌症检测生物芯片
2003	人类基因组序列图绘制成功，人类基因组计划的所有目标全部实现

1.1.3　现代生物技术涉及的基础及分支学科

现代生物技术是自然科学领域中涵盖范围最广的综合学科之一。它以分子生物学、细胞生物学、微生物学、生物化学、遗传学、生理学、生物物理学、免疫学等几乎所有生物科学的基础学科为支撑，又结合了诸如化学、化学工程学、数学、微电子技术、计算机科学、信息学、伦理学等生物科学领域之外的学科，从而形成的一门多学科相互渗透的综合性学科。根据研究及应用领域可将现代生物技术进一步分为农业生物技术、医药生物技术、食品生物技术、环境生物技术、海洋生物技术等许多分支学科。然而，许多生物技术产品都是多用途的，所以这种分类仅仅是相对性的分类。

1.1.4　现代生物技术的主要内容

目前学术界一般认为，现代生物技术是以基因工程为核心内容，包括发酵工程、酶工程、细胞工程、蛋白质工程、生物工程下游工程和现代分子检测技术等的综合性学科。

（1）基因工程

基因工程（Gene Engineering，也称遗传工程）是 20 世纪 70 年代兴起的一门新技术，其主要原理是应用人工方法将生物的遗传物质，通常是脱氧核糖核酸（DNA）分离出来，在体外进行切割、拼接和重组，然后将重组的 DNA 导入某种宿主细胞或个体中，从而改变它们的遗传品性；有时还使新的遗传物质（基因）在新的宿主细胞或个体中大量表达，以得到基因产物（多肽或蛋白质）。这种通过体外 DNA 重组技术创造新生物，并给予特殊功能的技术称为基因工程，也称为 DNA 重组技术。

基因工程形成的理论基础是分子遗传学的两项重大突破：一是20 世纪50 年代出现的 Watson 和 Crick 的 DNA 分子双螺旋结构模型学说；二是20 世纪60～70 年代出现的 Monod 和 Jacob 的操纵子学说。而限制性内切酶的发现、质粒作为载体的应用，使基因工程成为可能。

（2）发酵工程

发酵工程（Fermentation Engineering）是指利用包括工程微生物在内的某些微生物及其特定功能，通过现代工程技术手段（主要是发酵罐或生物反应器的自动化、高效化、功能多样化、大型化）生产各种特定的有用物质，或者将微生物直接用于某些工业化生产的一种技术，也称为微生物工程或微生物发酵工程。发酵工程包括上游技术、中游技术和下游技术。上游技术主要是指菌种的选育；中游技术主要是指微生物的发酵生产；下游技术是指从发酵液、反应液或培养液中分离、精制有关产品的技术。

（3）酶工程

酶工程（Enzyme Engineering）是利用酶、细胞器或细胞所具有的特异催化功能，并借助生物反应器和工艺过程生产人类所需产品的技术。它主要包括酶的固定化技术、细胞固定化技术、酶的修饰改造技术及酶生物反应器的设计技术等。

生物技术中的基因操作技术、细胞融合技术、微生物发酵技术及动植物细胞培养技术等，都是在人工调控或细胞调控的、并在以酶技术及酶反应为主的基础上进行的。因此，从长远看，酶技术在生物技术的各个方面显得越来越重要，并将逐步取代或融合于一些其他的技术领域。例如，固定化活细胞技术就已在或将在某些领域取代一些传统的发酵技术，如酒精、酿酒、甾体激素转化及氨基酸的生产等。作为传统的生物反应器——发酵罐也将逐步地、部分地被第二代生物反应器——酶生物反应器所取代。

（4）细胞工程

细胞工程（Cell Engineering）是指以细胞为基本单位，在体外条件下进行培养、繁殖；或人为地使细胞某些生物学特性按照人们的意愿发生改变，从而达到改变生物品种和创造新品种；或加速繁育动、植物个体；或获得某些有用的物质的过程。细胞工程应包括动、植物细胞的体外培养技术、细胞融合新技术（也称细胞杂交技术）、细胞器移植技术、克隆技术、干细胞技术和动植物细胞大量培养技术等。

（5）蛋白质工程

蛋白质工程（Protein Engineering）是在基因工程基础上发展起来的第二代基因工程。它是利用 X－射线结晶学和电子计算机图像显示技术，确定天然蛋白质的立体空间三维构象和活性部位，分析设计需要改变或替换的氨基酸残基，然后采用定位突变基因等方法，直接修饰或人工合成基因，有目的地按照设计来改变蛋白质分子中的任何一个氨基酸残基，以达到改变天然蛋白质或酶，并通过基因工程技术获得可以表达蛋白质的转基因生物系统，最终生产出改造过的蛋白质，以达到提高其应用价值的目的。

（6）下游工程

生物工程中的下游工程（Downstream Processing），是指从基因工程获得的动、植物和微生物的有机体或器官中，从发酵工程、酶工程、细胞工程和蛋白质工程生产得到的生物原料(发酵液、培养液)中,将目标化合物提取、分离、纯化、加工出来,使之达到商业应用目的的过程。在多数情况下,它是生物技术最终实现价值的重要环节。下游工程包括提取、分离、纯化、成品加工及其相应的单元操作技术。

(7)现代分子检测技术

现代分子检测技术是指建立在现代分子生物学、免疫学、微电子技术等多门学科基础上的检测技术。该技术具有专一性强、灵敏度高和操作简单的特点。主要包括:核酸分子检测技术、蛋白质分子检测技术、生物芯片和生物传感器技术。它是生物技术与其他技术的结合和用途的延伸。

1.1.5　生物技术的相互关系

虽然生物技术可以被划分为以上各大工程与技术,但在实际生产中,为了生产某种产品,常常需要综合应用生物技术中的若干工程与技术。因此,它们彼此相互依赖、密切联系。在现代生物技术中最重要的当属基因工程和发酵工程,基因工程可创造出许许多多具有特殊功能和经济价值的"工程生物体",包括"工程菌"和"工程细胞"等;发酵工程则是这些具有特殊功能和经济价值的"工程生物体"充分表达并最后形成所需产物的必不可少的条件,也是生物技术实现产业化的重要环节。基因工程为扩大生物技术各个领域的范围及其能力提供了无限的潜力。

至于酶工程,它原来就是从发酵工程中分离出来的一部分,被称为"分子水平上的发酵工程";而细胞工程中的动、植物细胞大规模培养技术原本就是建立在微生物发酵工程基础上的,所以也有人认为应将细胞工程列入发酵工程。由此可见,发酵工程和酶工程不仅本身是生物技术的重要组成部分,而且绝大多数生物技术的目标都是通过发酵工程和酶工程来实现的。生物技术的归宿是发酵工程和酶工程,否则就不能获得产品和经济效益,也就体现不出基因重组或细胞融合技术的优越性;蛋白质工程是基因工程的进一步发展,生物工程下游技术则是最终产品的获得。

1.1.6　生物技术与社会可持续发展

21世纪,人类面临着诸多挑战。第一是人口爆炸。19世纪初,世界人口仅为10亿,100多年后人口数量翻了一番,此后世界人口增长的速度加快,于30年后达到了30亿,由1987年的50亿到1999年的60亿仅用了12年,2011年10月31日世界人口已达到70亿,据预测,如果目前的生育率不变,21世纪中期世界人口将突破90亿,此后人口增速才会放缓,到21世纪末超过100亿。科学家们称,以生活标准计算,如果每个地球人都能享受发达国家普通人的饮食,地球的最大承受力只有20亿人;而如果按照每天维持最低生活必需的食物标准计算,地球可以承载120亿人。据中国科学院国情研究中心公布的资料,中国的整个自然环境最多能容纳15亿~16亿人口,许多短缺性资源能容纳的人口低于10亿。这意味着,中国的人口规模在下个世纪的中叶将达到环境的最大容量值。全世界人口迅速增加,已达到70亿人的现实,迫使人们对伴随而来的严峻挑战更加关注。第二是粮食短缺。如何既满足上百亿人口的需要,又同时维护生命赖以生存的自然环境的平衡,这是21世纪人类面临的巨大挑战。一方面依靠传统农业大幅度提高粮食的单位面积产量的能力有限；另一方面耕地面积日趋减少，2011 年我国耕地面积约为 $1.22 \times 10^8 hm^2$，比 1997 年的 $1.30 \times 10^8 hm^2$ 减少了 $0.08 \times 10^8 hm^2$。中国人均耕地面积由 10 多年前的 $0.105 hm^2$ 减少到 $0.092 hm^2$，仅为世界平均水平的 40%，$1.2 \times 10^8 hm^2$ 耕地红线岌岌可危。虽然其中生态退耕是最重要原因，但建设占用的耕地也不少。第三是疾病威胁。随着工业的发展、环境状况的恶化、人类寿命的延长，心血管疾病、肿瘤疾病、糖尿病、老年疾病等已成为主要疾病。遗传病在一些国家和地区发病率仍然很高。此外，一些严重危害人类生命的疾病不断出现，如艾滋病（AIDS）、疯牛病（mad-cow disease）。第四是环境恶化。20 世纪科学技术的迅速发展极大地改善了人类生活的诸多方面。然而，人类赖以生存的自然环境却在日益恶化，尽管人类已经或正在开展治理，但大气污染，海洋、河流及水源污染，土壤污染仍然十分严重。第五是能源危机。在现今世界范围内，针对能源的武装冲突和战争时有发生。现代生物技术的飞速发展为人类应对上述挑战，实现社会可持续发展开辟了广阔的发展前景。

1.1.6.1 生物技术与农业

农业的首要任务是解决粮食问题。世界人口在增加，而耕地面积却在减少，因而必须依靠培育优良品种，不断提高单位面积产量。通过基因工程可以培育出具有抗旱、抗寒、抗盐碱、抗病虫害等抗逆性的高产作物品种，还可以改善作物的品质。自 1983 年世界上首次培育转基因植物成功，目前已有包括水稻、小麦、大豆、油菜、棉花、番茄、黄瓜、甜椒等在内的一批转基因作物及品种。这些经过改良的作物品种，有的产量显著提高；有的抗病虫害能力明显增强；有的蛋白质和氨基酸含量有所提高；而有的贮藏时间得到了延长。转基因还可以改善畜牧产品的品质，提高营养价值。要实现农业可持续发展，还必须尽可能减少化肥和农药的使用，开展固氮基因工程的研究，培育抗病虫害品种，实施生物防治。

1.1.6.2 生物技术与人类健康

1986 年美国生物学家、诺贝尔奖获得者 Dulbecco 首先倡议，全世界的科学家联合起来，从整体上研究人类的基因组，分析人类基因组的全部序列以获得人类基因所携带的全部遗传信息。1990 年 10 月 1 日人类基因组计划（human genome project，HGP）正式启动。2000 年 6 月 26 日，经过上千名科学家的共同努力，被喻为生命天书的人类基因组草图基本完成。2001 年 2 月 12 日，由美国、日本、德国、法国、英国和中国组成的研究机构及美国 Celera 公司联合宣布对人类基因组的初步分析结果。2003 年 4 月 14 日，美国国家 HGP 项目负责人 Collins 博士宣布，美国、英国、日本、法国、德国和中国的科学家经过 13 年的不懈努力，人类基因组序列图绘制成功。基因是决定人类各种性状的主要因素，随着人类基因组研究的深入开展，基因与疾病的对应关系不断被发现。例如，发现了老年痴呆症相关基因、精神分裂症相关基因、骨髓癌相关基因、肥胖相关基因等。人类基因组计划的最终目标之一就是要阐明人类哪些基因与健康和疾病有关，以及如何从基因水平上控制这些所谓的"疾病基因"以保持人类健康。

生物技术的发展同样也为疾病的诊断和治疗开辟出了一条充满希望的新途径。对疾病准确、快速的诊断直接关系到疾病的预防和治疗，特别是诸如遗传病、传染病、肿瘤之类严重危害人类健康的疾病，若能及时准确地作出诊断，不仅可以缩短病程、减轻痛苦，而且可以大大降低病死亡率，延长寿命。与传统方法相比，基因诊断具有灵敏度高、特异性强、简便快速、具有预见性且能够明确病因等多重优点。基因诊断的方法包括酶谱分析法、探针杂交分析法、PCR 技术诊断。

基因治疗是指应用 DNA 重组和基因转移等手段将正常的外源基因导入到患者体内，以纠正或补偿因基因缺陷和异常引起的疾病，从而达到治疗的目的。如今基因治疗已经涉及基因遗传病、肿瘤、动脉粥样硬化、血栓形成、心肌缺血、心率失常、帕金森综合征，以及关节炎、白发、脱发等。目前，许多生物技术公司正加大力度研发基因治疗产品，许多疾病的基因治疗研究已经取得了一定进展。

随着重组 DNA 技术及细胞工程的发展，人们可以对编码抗体的基因按不同需要进行加工改造和重新装配，然后在适当的受体细胞中表达为目的抗体分子，称之为基因工程抗体。与杂交瘤鼠源性单克隆抗体相比，基因工程抗体具有生产简单、价格低廉，可降低单抗的免疫原性及改善抗体的药物动力学，并容易获得稀有抗体的优点。

利用基因工程技术已成功地生产出胰岛素、干扰素、生长激素、生长激素抑制因子等 100 多种药物，其中许多已成为临床治疗的有效药物，用于治疗癌症、肝炎、发育不良、糖尿病、遗传病等多种疑难病症，起到了传统化学药物难以达到的作用。生产基因工程药物无疑是当今医药发展的一个重要方向。

1.1.6.3　生物技术与能源

资源是人类生存和发展的物质基础。由于人类社会的发展，煤与石油资源的枯竭将是必然，在解决能源问题方面，要合理开发利用资源。一方面生物技术可以用来提高石油的开采率。目前石油的一次采油仅能开采储量的 30%；二次采油需加压、注水才能获得储量的 20%。深层石油由于吸附在岩石空隙间，难以开采。加入分解蜡质的微生物后，利用微生物分解蜡质使石油流动性增加而获取石油，称为三次采油。另一方面可以利用现代生物技术生产替代能源。如用农副产品及农业废气物（如作物秸秆、杂草等）发酵生产乙醇，代替汽油做燃料；利用微生物发酵技术，将农业或工业废弃物变成沼气或氢气作为能源；培育含油量高的植物以生产燃料用油；人工模拟植物的光合作用，利用太阳能分解水而得到氢燃料，这样就有了用之不竭的可再生能源。

1.1.6.4　生物技术与生态环境

目前，在人类各种活动中所产生的有害物质被排放到空气、水体和土壤中，由此引起的后果是资源耗尽、水体污染、环境恶化、灾害频繁，环境问题日趋严重。利用微生物惊人的降解能力，可以起到净化有毒化合物、降解石油污染、消除有毒气体和恶臭物质、综合利用废水和废渣、处理有毒金属等作用，达到净化环境、保护环境、废物利用的目的。据学者们估计，全球生物物种总数约有 500 万 ~ 5 000 万种，但现在正以 1 000 倍于自然灭绝速度在减少。有学者估计按现在的速度，到 21 世纪末将有 1/2 以上物种会消失。自然界是一个大的生态系统，任何一个环节出了问题，都会影响整个系统。生物多样性是人类生存的基础，环境和生物多样性的保护已越来越受到各国的重视。

总之，要使人类战胜面临的挑战，实施可持续发展战略，实现经济发展与人口、资源、环境相协调，必须充分发挥现代生物技术的重要作用。

1.2 食品生物技术的定义及研究内容

由于生物技术的应用十分广泛，所以人们依据产业领域不同将生物技术分为许多不同的领域，如海洋生物技术、食品生物技术、医药生物技术、化工生物技术、能源生物技术、环境生物技术和农业生物技术等，几乎涉及国民经济的所有领域。食品生物技术是生物技术的一个分支，也是人类最早应用的生物技术。传统生物技术的发展可以说代表了食品生物技术的发展历史。因此，食品生物技术与生物技术的关系最为密切。

1.2.1 食品生物技术的定义

从应用的角度讲，食品生物技术是食品工业领域里所应用的生物技术（biotechnology for the food industry）。

从学科的角度讲，食品生物技术是食品科学技术与生物技术相互渗透而形成的一门交叉学科（food biotechnology）。

食品生物技术应包括所有以生产或加工食品为目的的生物技术。它包括了食品酿造等传统生物技术和发酵等近代生物技术，也包括了应用现代生物技术来改良食品生产菌种和食品原料的基因，生产高质量的食品、食品添加剂、动植物细胞以及与食品加工和贮藏相关的其他技术。

1.2.2 食品生物技术的研究内容

食品生物技术的发展很快，其主要研究内容包括：①改良食品动、植物原料的品质和贮藏及加工特性；②改良食品微生物菌种的生产特性，提高发酵食品的质量和产量，开发新型食品添加剂；③改良食品加工工艺，提高产品质量和出品率，降低生产成本；④控制食品生产的整个过程，研发新型食品检测方法和技术，检测食品原料及产品中的化学物质、微生物及有毒成分、转基因成分，确保食品质量和安全性；⑤综合利用食品加工业的副产品及废弃物，提高资源的利用率并减少环境污染；⑥开发功能食品；⑦发掘传统食品的价值，提高传统食品质量。

1.3 食品生物技术在食品工业发展中的作用

生物技术应用的领域以生物制药为第一，约占生物产业产值的75%，食品领域次之。食品工业是国民经济的主要组成部分，它的发展不仅与人民的生活密切相关，而且是衡量一个国家的经济、科学技术、精神文明和社会发展水平的重要指标。食品生产必须满足人民生活水平不断提高的要求。不可否认，一些新技术、新工艺和新设备的使用，使食品在产品种类和品种上都有了较大幅度的增加，在产量和质量上也有了很大的提高，但生物技术的应用又为传统食品工业的改造、食品深度加工、新产品开发、提高食品质量注入了新的活力。现代食品工业中的发展已经离不开生物技术。

(1) 提高食品动、植物原料的产量和生产效率

1993 年世界上第一种转基因食品——转基因晚熟番茄正式投放美国市场。此后，抗虫玉米、抗除草剂大豆和油菜等 10 余种转基因植物获准商业化生产并上市销售。十多年来，转基因作物种植面积迅速扩大。据农业生物技术应用国际服务组织 (ISAAA) 2008 年发布的数据，2007 年世界转基因作物种植面积达到 $1.143 \times 10^8 hm^2$。我国的植物转基因研究从 20 世纪 80 年代初期开始启动，并于 80 年代中期开始将生物技术列入国家高技术发展计划（"863"计划），为保障我国粮食安全、生态安全和农民增收，开辟新技术途径，应对日益激烈的国际竞争，提高我国转基因植物研究领域的自主创新能力，加快我国转基因植物研究与产业化进程，经国务院批准，"国家转基因植物研究与产业化"专项于 1999 年启动实施。截至 2005 年，专项实施历时 6 年，取得了一系列重大突破和创新成果，获得具有重要应用价值并拥有自主知识产权的新基因 46 个；获得了转基因抗虫、抗病、抗逆、品种改良、抗除草剂等水稻、玉米、小麦、棉花、油菜、大豆及主要林草等新株系和新品系 20 925 份，新品种 58 个。2008 年 8 月 9 日，国务院常务会议审议并原则上通过了转基因生物新品种培育科技重大专项，计划动用资金近 200 亿元，重点开展转基因动、植物新品种培育、功能基因克隆验证与规模化转基因操作技术、转基因生物安全技术，转基因生物新品种推广及产业化和条件能力建设等 5 大优先领域的基础研究。

目前，生长速度快、抗病力强、肉质好的转基因猪、兔、鱼、鸡已经问世。为了提高奶牛的产奶量，将采用基因工程技术生产的生长激素 (bovine somatotropin, BST) 注射到奶牛体上，便可提高产奶量；为了提高猪的瘦肉含量或降低脂肪含量，采用基因重组 (recombinant) 的猪生长激素，注射到猪体上便可使猪瘦肉型化；转基因鱼的生长速度和饲料利用率都明显高于普通鱼；基因工程生产的动物生长激素 (porcine somatotropin, PST) 在加速动物生长、改善饲养动物的效率及改变动物的营养品质等方面具有广阔的应用前景。

此外，一些研究者正在试图利用基因工程技术控制家禽的性别比，以提高利用率，避免资源浪费；通过改变动物的基因使动物不再被病毒感染，从而控制病毒病的传染。

(2) 提高食品动、植物原料的品质和贮藏特性

动、植物是食品工业的基本原料，原料的品质与食品质量密切相关。利用转基因技术改善动物类食品的研究还包括导入钙激活酶基因，以改善牛肉的食用品质，使牛肉变得鲜嫩可口；导入乳糖酶基因，使牛奶中的乳糖含量下降，从而减少一些人对乳糖的不耐受反应。转基因动物研究的另一个方向是利用转基因动物生产功能性食品。

采用基因工程改造过的马铃薯比普通马铃薯含有较高的固形物含量，秘鲁"国际马铃薯培育中心"采用基因工程技术培育出一种蛋白质含量与肉类相当的薯类；山东农业大学将小牛胸腺 DNA 导入小麦中，在第二代出现了蛋白质含量高达 16.51% 的小麦变异株；经过基因工程改造的大豆和油菜，其植物油脂组成中含有较高比例的多不饱和脂肪酸；谷物蛋白质中的氨基酸比例也可以采用基因工程的方法改变，以弥补赖氨酸等氨基酸含量较低的缺陷，使其成为完全蛋白质的来源，将巴西坚果或豌豆蛋白基因

转入大豆中，获得含有较高含硫氨基酸的大豆，使大豆的必需氨基酸模式更趋合理。

Ingo 等主持的研究小组得到了瑞士政府和 Rockefeller 基金会的资助，开发出了含有高水平 β-胡萝卜素的转基因水稻株系。由于该水稻的胚乳是黄色的，所以被授予了"金色水稻"的称号。经常食用这种大米，对于以大米为主要食物地区的维生素 A 缺乏症患者十分有益。

采用基因工程技术延缓果蔬成熟、控制软化、提高抗病虫害和抗冻能力。例如，采用反义基因技术获得的反义 PG 番茄、反义 ACC 合成酶番茄、反义 ACC 氧化酶番茄，可减少运输损失，果实贮藏期得到了明显延长。

（3）改良生产菌种的生产性能

第一个采用基因工程改造的食品微生物是面包酵母（*Saccharomyces cerevisiae*）。由于将优良的酶基因转移至该酵母中，使该酵母含有的麦芽糖透性酶（maltose permease）及麦芽糖酶（maltase）量明显提高，面包加工中产生 CO_2 气体的量也增多，面包的膨发性良好、松软可口。采用基因工程技术，将大麦中的 α-淀粉酶基因转入啤酒酵母中并实现高速表达。利用该酵母可直接利用淀粉进行发酵生产啤酒，简化生产工序。利用基因工程技术，将胆固醇氧化酶基因转入乳酸菌中，可降低乳酸发酵食品中胆固醇含量。

目前，利用基因工程技术在改良微生物方面已取得了大量成果，包括利用基因工程菌提高发酵单位，增加产品产量；利用基因工程菌开发生产许多食品生产中应用的食品添加剂和加工助剂，如氨基酸、维生素、增稠剂、有机酸、乳化剂、食用色素、食用香精及调味料等新产品。

（4）推动食品加工技术的发展

生物工程技术不仅可使食品原料改良成为可能，而且可以推动食品加工技术的发展。牛奶是世界公认的一种营养丰富、全面、易于吸收的食品，适合各个年龄段的广大消费者，目前的产量和消费量都很大。然而，有一小部分人群由于体内缺少乳糖酶，所以不能直接饮用牛奶。采用以往的方法很难去除牛奶中的乳糖，而采用酶工程技术则可以比较容易地解决这一问题，使这一少部分人群能够正常饮用牛奶。在以玉米为原料生产各种淀粉糖及新型低聚糖的生产中，由于广泛采用了酶工程技术，从而提高了产品的产量和纯度。

（5）增强副产品及废物的综合利用能力

随着食品工业生产规模的扩大、食品加工的深化，伴随产生的副产品特别是废物（废液、废渣等）的增多，给生产企业造成了生产原料的巨大浪费，给环境带来了严重污染。食品工业是工业废水污染的一个大户，其特点是用水量大，排放废水量也大，有机物质含量丰富，BOD（生化需氧量）、COD（化学耗氧量）值超标，易腐败。应用生物工程技术可以在很大程度上解决这一问题，对环境友好、减少对环境的污染。例如，利用发酵工程处理废液、废渣等生产酵母单细胞蛋白（single cell protein，SCP）、有机酸、乙醇等，也可从酵母细胞中提取核糖核酸、核苷酸和生产酵母精等有用物质。为了提高去除废水中 BOD 值和 COD 值的速率和效率，已有科学家研究利用转基因微生物替代现有的活性污泥中的微生物。开展用酶法将废植物油或动物油（地沟油、油炸油等）水解，将生成的脂肪酸单酯作为清洁燃料，减少对大气的污染。

(6)提高食品质量检测水平

食品质量是关系到消费者饮食安全的头等大事。其检测水平的高低直接影响到是否能够及时、灵敏、准确地对食品质量作出正确判断,为生产和销售提供准确信息。如今,食品质量检测已越来越多地采用现代生物技术,以免疫学、分子生物学、微电子技术、微量化学、微量机械、探测系统、计算机技术等学科相结合的现代分子检测技术已经兴起。

目前利用免疫学检测技术已经达到了 ng、pg 级水平。而可利用抗原的范围也在扩大,无论是生物大分子还是有机小分子,都可以通过免疫技术获得相应的抗体(或单克隆抗体),这样就可大大拓宽免疫检测的应用范围。

随着分子生物学的发展,各种针对核酸分子的检测方法不断出现和完善,包括 Southern 杂交、Northern 杂交、连接酶链式反应(ligase chain reaction,LCR)、聚合酶链式反应(polymerase chain reaction,PCR)、PCR-ELISA 以及其他以 PCR 为基础建立起的各种技术,可用于食源性病原菌的检测,转基因食品的检测。

利用生物材料、换能器件及信号放大装置等构成的生物传感器,是一种新型的分析检测系统。在食品质量检测方面应用广泛,可用于食品新鲜度的检测、食品中微生物的检测、食品中毒素的检测和食品中添加剂的检测。此外,还可用于生产过程中的监控等。

20 世纪 90 年代初期发展起来的生物芯片(biochip)技术,在转基因食品、食品安全与营养检测方面将会有广阔的应用前景。

随着生物技术的发展,生物技术在食品工业领域中的应用将更加广泛、更加深入和更加安全。食品生物技术将为人们提供更加安全、营养和丰富的食品,以满足广大消费者的需要。

本章小结

生物技术是 21 世纪的支柱产业之一,人们寄希望于依靠生物技术解决人类所面临的粮食短缺、疾病威胁、环境恶化和能源危机等挑战,实现人类社会可持续发展。生物技术主要包括基因工程、发酵工程、酶工程、细胞工程和下游工程等,它们相互联系、相互渗透。

食品生物技术是生物技术的一个分支,它是食品工业领域里所应用的生物技术,是食品科学技术与生物技术相互渗透而形成的一门交叉学科。在食品工业中,生物技术在对传统食品工业的改造、食品原料的改良、果蔬产品的贮藏、生产工艺的改进、产品质量的控制等诸多方面都有着巨大的应用价值和应用潜力。随着生物技术的快速发展,食品生物技术必将对整个食品工业乃至人类的健康产生深远的影响。

思考题

1. 什么是生物技术?它包括哪些内容?
2. 为什么说生物技术是一门综合性学科?
3. 为什么说生物技术中各大工程之间相互联系、相互渗透?
4. 简述生物技术的发展史。
5. 简述食品生物技术的应用对食品工业的影响。

推荐阅读书目

现代生物技术导论．吕虎．科学出版社，2005.

食品生物技术理论与实践科学出版社．姜毓君，包怡红，李杰．科学出版社，2009.

现代生物技术．瞿礼嘉，顾红雅，胡苹，陈章良．高等教育出版社，2004.

第2章
基因工程及其在食品工业中的应用

20 世纪 70 年代以来，基因工程获得快速的发展，尤其是近 30 年来，无论是在基础理论研究领域，还是在生产实际应用方面，都已经取得了惊人的成就。它不仅使整个生命科学的研究发生了前所未有的深刻变化，而且也给世界各国的医疗业、制药业、农业、畜牧业、环保业的发展开辟了广阔的前景，为人类带来了巨大的经济和社会效益。

2.1 基因工程的原理

基因工程是生物工程的一个重要分支，其渊源可以追溯至 1866 孟德尔的遗传基因规律，经过 100 多年的发展，已经成为了生物技术的核心之一，它和酶工程、细胞工程、蛋白质工程和发酵工程共同组成了生物工程。基因工程（Genetic Engineering 或 Gene Engineering），又称遗传工程、基因拼接技术和 DNA 重组技术，是以分子遗传学为理论基础，以分子生物学和微生物学的现代方法为手段，将不同来源的基因按预先设计的蓝图，在体外与载体连接，构建杂种 DNA 分子，然后导入受体活细胞，以改变生物原有的遗传特性，获得新品种、生产新产品。在基因工程中通常将不同来源的 DNA 称为外源 DNA，是区别于受体细胞而言的；外源 DNA 与载体连接后形成的杂种 DNA 分子也称为重组分子，这类重组 DNA 分子经过受体细胞的帮助进行复制而体现出 DNA 量上的增加的过程称为分子克隆（molecular cloning）或基因克隆（gene cloning）；这些 DNA 再利用受体细胞的蛋白翻译系统合成出对应的蛋白质称为表达（expression）。

基因工程的基本原理是在体外将不同来源的 DNA 进行剪切和重组，形成镶嵌 DNA 分子，然后将之导入宿主细胞，使其扩增表达，从而使宿主细胞获得新的遗传特性，形成新的基因产物。它有 3 个基本的步骤：①从合适材料分离或制备目的基因或 DNA 片段。②目的基因或 DNA 片段与载体连接做成重组 DNA 分子。③重组 DNA 分子引入宿主细胞，在其中扩增和表达。不同种类生物的生物学特性不同，其基因工程在操作上和具体技术上必然有所差异，但技术核心都是 DNA 的重组，即利用一系列的 DNA 限制性内切酶、连接酶等分子手术工具，在某种生物 DNA 链上切下某个目标基因或特殊的 DNA 片段，然后根据设计要求，将其接合到受体生物 DNA 链上。

2.2 工具酶

基因的分离、切割、重组和扩增等过程都是由一系列相互关联的酶促反应完成，凡是基因工程中应用的酶类统称为工具酶。这些工具酶依据其作用机制的不同，可以大致分成 4 大类，分别是：限制酶、连接酶、聚合酶与修饰酶。这些酶的作用底物绝大部分都是核酸，其中既有 RNA，也有 DNA；既有双链核酸，也有单链核酸。基因工程中常用工具酶及其功能如表 2-1 所示。这些工具酶的发现为基因工程的操作提供了很多的便利，推动了基因工程的发展，使得很多看似无法完成的工作变得简便易行。

表 2-1　基因工程中常用工具酶及其功能

工具酶	功　能
限制性核酸内切酶	在酶特异识别的碱基部位切断核酸链
连接酶	将两个 DNA 分子或者片段连接起来
Taq DNA 聚合酶	在 72℃下以单链 DNA 为模板合成互补 DNA 链
反转录酶	以 RNA 分子为模板合成互补 cDNA 链
核酸外切酶	从 DNA 链的一端移走单核苷酸
碱性磷酸酶	催化从 DNA 分子的 5′端或 3′端或两端同时移去末端磷酸基团
末端转移酶	将同聚物尾巴加到线性双链 DNA 分子或单链 DNA 分子的 3′-OH 末端
甲基化酶	在特异 DNA 序列的腺嘌呤或胞嘧啶的特异位点引入甲基
核苷酸激酶	催化 ATP 的 γ-磷酸基转移到 DNA 或者 RNA 的 5′端
S1 核酸酶	降解单链 DNA 或者 RNA，产生带有 5′磷酸的单核苷酸或寡核苷酸
DNA 结合蛋白	可与单链 DNA 结合，促进双链 DNA 对同源的单链 DNA 的吸收作用，常用于 DNA 测序

2.2.1　限制性核酸内切酶

限制性核酸内切酶，简称限制酶，是可以识别 DNA 的特异序列，并在识别位点或其周围切割双链 DNA 的一类内切酶。它可以分为 3 类，I 类和 III 类限制酶在同一蛋白质分子中兼有修饰(甲基化)作用及依赖于 ATP 的限制(切割)活性。III 类限制酶在识别位点上切割 DNA，然后从底物上解离。而 I 类限制酶结合于识别位点，但却随机地切割回转到被结合酶处的 DNA。在分子克隆中 I 类和 III 类限制酶都不常用。

II 类限制酶其识别的特异性核酸长度一般为 4 个、5 个或 6 个核苷酸且呈二重对称的特异序列，也有少数酶识别更长的序列或兼并序列。而且这些酶的切割位点相对于二重对称轴的位置因酶而异：一些酶恰好在对称轴处同时切割 DNA 的双链，产生带有平端的 DNA 片段；而另一些酶则在对称轴两侧相类似的位置上分别切断两条链。

限制性核酸内切酶的命名法是在 1973 年由 Smith HO 和 Nathans D 提出来的。他们建议的命名原则如下(在实际应用上已作了简化)：

①以寄主微生物属名的头一个字母(大写)和种名的前两个字母(小写)，组成 3 个字母的略语表示寄主菌的物种名称。例如，大肠杆菌(*Escheria coli*)用 *Eco* 表示，流感嗜血菌(*Hawmophilus influnzae*)用 *Hin* 表示。

②菌株名加在这 3 个字母的后面，如 *Bam* H I。如果限制与修饰体系在遗传上是由病毒或质粒引起的，则在缩写的寄主菌的种名后附加一个字母，表示此染色体外成分，例如 *Eco* R I。

③若一种特殊的寄主菌株，具有几个不同的限制与修饰体系时，则以罗马数字加以区分。例如，流感嗜血菌 Rd 菌株的几个限制与修饰体系分别表示为 *Hin* d I、*Hin* d II、*Hin* d III。

2.2.1.1　I 类限制性核酸内切酶

I 类限制性核酸内切酶是复合核酸酶，既具有内切酶的活性又具有甲基化酶的活性。这类酶的种类较少，除 *Eco* K 外，另一个有代表性的是 *Eco* B。这类酶同时具有限制和修饰的功能，需要有 Mg^{2+}，ATP 和 5－腺苷甲硫氨酸(SAM)作为催化反应的辅助因子。

I 类限制性核酸内切酶识别的 DNA 序列长度一般为十几个核苷酸，可在距该识别序列一端约 1 000bp 的位置上随机切割 DNA，甲基化作用可以在 DNA 两条链上同时进行，甲基的供体是 5－腺苷甲硫氨酸。例如，*Eco* B 的识别序列是 TGANBTGcT(N＝任何一种核苷酸)，甲基化位点是第 3 个腺嘌呤，在距识别序列 1 000bp 处进行切割。

2.2.1.2　II 类限制性核酸内切酶

II 类限制性核酸内切酶的数量在内切酶中所占比例最大，占有的比例达到 90% 以上。最早发现的 II 类内切酶是由 Smith 等人(1970)在流感嗜血杆菌 d 菌株中发现的 *Hin* d II。与 I 类和 III 类酶不同，II 类酶不但能特异性地识别 DNA 序列，而且识别的 DNA 序列与酶切割 DNA 的位置是一致的，避免了酶切末端的不确定性和不可重复性，使 DNA 分子重组成为可能。因此，II 类限制性核酸内切酶是基因操作的常用的工具酶，被誉为"分子手术刀"。如果没有专门说明，通常所说的"限制性核酸内切酶"指的就是 II 类酶。

(1)II 类限制性核酸内切酶的识别序列

①识别序列的长度　不同的限制性核酸内切酶，识别 DNA 序列的长度是不同的，一般为 4～8 个碱基，最常见的为 6 个碱基(表2-2)。不同的限制性核酸内切酶能专一地识别不同的特异核苷酸序列，但对于一个特定的限制性核酸内切酶来说，它在一个已知序列的 DNA 分子上的酶切位点数目可以通过数学的方法计算出来。例如，一个 4 个碱基的识别序列(如 ACGT)，在每 $256(4^4)$ 个核苷酸中就应该出现一次，这种计算的频率是以所有的核苷酸都随机排列和 4 种核苷酸含量相同这两个假设为基础的，但实际工作中这两个假设很难同时满足。例如，λDNA(λ噬菌体的 DNA)分子有 49kb 长，按理论计算应含有大约 12 个 *Bgl* II(A＊GATCT)酶切位点($4^6＝4$ 096bp，49 000/4 096 ≈12)，但事实上酶切位点只有 6 个。究其原因有两点，一是核苷酸全随机排列；二是λDNA 的 GC 含量不是 50%(即 GC 量与 AT 量并不相等)。也就是说，在基因组中核苷酸的排列不是均匀的，由此产生了基因组中酶切位点分布的不均一性。

②识别序列的结构　虽然各种限制性核酸内切酶识别的核苷酸不尽相同，但大多数识别序列有一个共同的特征，那就是这些识别序列中的核苷酸双重旋转对称排列。也就是说，如果都从识别序列的 5′末端向 3′末端读序，在识别序列的两条核苷酸链中的碱基排列次序是完全相同的，这种结构形式称为回文结构(palindromic structure)。例如，*Eco*R I 的识别序列，按 5′向 3′方向读序，两条链的碱基排列顺序都是 GAATTC。在 DNA 双螺旋结构中，碱基排列遵循 A 与 T，G 与 C 互补配对的原则，有趣的是当以

限制性核酸内切酶识别序列的中心为对称轴时，其左右两侧碱基依次呈互补配对状，用线连接后呈现"回"字形状。

表 2-2 几个有代表性的 II 类限制性核酸内切酶的识别序列

识别序列碱基数目	酶名称	识别序列与位点(*)	备 注
4	*Sau* 3A I	* GATC	
5	*Eco* R II	* CCWGG	W = A 或 T
5	*Nci* I	CC * SGG	S = C 或 G
6	*Eco* R I	G * AATTC	
7	*Bbv* C I	CC * TCAGC	
8	*Not* I	GC * GGCCGC	

（2）**II 类限制性核酸内切酶的切割方式与结果**

绝大多数 II 类限制性核酸内切酶在识别序列内切割 DNA 分子，切割后可以产生 3 种不同的 DNA 末端（图 2-1）。

①平末端 有些限制性核酸内切酶能够在识别序列中间的同一个位置将 DNA 双链切断，产生的 DNA 末端是平末端（blunt or flush end），如 *Sam* I 和 *Hae* III，产生的平末端可以与任意具有平末端的 DNA 通过 DNA 连接酶的作用进行连接。

②黏性末端 大多数限制性核酸内切酶并不是在 DNA 两条链的同一个位置切断，而是在两条链错开 2～4 个核苷酸切断，这样产生的 DNA 末端会带有某一个链是 5′突出或是 3′突出的 DNA 链，这种末端称为黏性末端（sticky or cohesive end），带有这种末端的 DNA 分子很容易通过碱基配对重新接合在一起。如果从 5′末端切割双链 DNA 的两条链，产生的是 5′黏性末端（如 *Eco* R I）。如果从 3′末端切割双链 DNA 的两条链，产生的是 3′黏性末端（如 *Pst* I），具体切割结果如图 2-2。

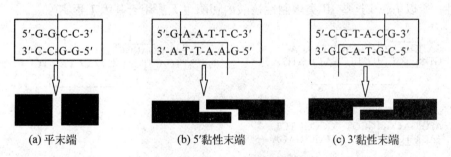

图 2-1 II 类限制性核酸内切酶的 3 种切割方式与切割 DNA 的末端结果

```
5′—G│A-A-T-T-C—3′    Eco R I    5′—G          +    A-A-T-T-C—3′
3′—C-T-T-A-A│G—3′    ─────→     3′—C-T-T-A-A            G—5′


5′—C-T-G-C-A│G—3′    Pst I      5′—C-T-G-C-A    +         G—3′
3′—G│A-C-G-T-C—3′    ─────→     3′—G               A-C-G-T-C—5′
```

图 2-2 两种不同切割方向所得到的黏性末端

（3）同裂酶

具有相同识别序列的限制性核酸内切酶称为同裂酶（isoschisomer），但它们的切割位点可能不同。有以下几种情况：①有些酶识别序列和切割位置都相同，如 *Hin* d II 与 *Hin* c II 识别切割位点为 GTY/RAC（Y = C 或 T；R = A 或 G），*Mob* I 和 *Sau* 3A I 识别切割位点为/GATC，这类酶可称做"同序同裂酶"；②有些酶识别序列相同，但切割位点不同，如 *Kpn* I 和 *Acc* 65 I 识别序列都是 GGTACC，但切割位点分别为 GGTAC/C 和 G/GTACC，这类酶称做"向序异裂酶"；③有些识别简并序列的限制性核酸内切酶包含了另一种限制性核酸内切酶的功能。如 *Eco* R I 识别和切割位点为 G/AATTC，*Apo* I 除了可以切割 *Eco* R I 的识别序列 G/AATTC 外，还可以切割 G/AATT、A/AATTC 和 A/AATTT。

（4）同尾酶

许多不同的限制性核酸内切酶识别序列虽然不完全相同，但他们切割 DNA 产生的末端是相同的，这些酶统称为同尾酶（isocaudamer）。同尾酶切割 DNA 得到的产物可以进行互补连接。如 *Eco* R I 和 *Mfe* I 互为同尾酶，它们的识别序列分别为 G/AATCC 和 C/AATTC；*Spe* I 和 *Nhe* I 互为同尾酶，它们的识别序列分别为 A/CTAGT 和 G/CTAGC。

2.2.1.3 III 类限制性核酸内切酶

III 类限制性核酸内切酶的特性介于 I 类与 II 类之间，其数量也比较少，是由两个亚基组成的蛋白质复合物，既具有内切酶的活性，又有甲基化酶的活性，其中 M 亚基负责位点的识别与修饰，而 R 亚基则具有核酸酶的活性。这类酶也可识别特定的 DNA 序列，但切割 DNA 的位点往往在识别结合位点相邻的位置而不是像 I 类限制性核酸内切酶的1 000bp 那么远，尽管如此，它的切割位点仍然没有特异性。例如，用 *Hga* I 酶解由 ΦX174 RF 的 DNA，有 14 个酶切位点，图 2-3 列出了其中的 3 个位点，虽然 *Hga* I 的识别序列都是 GACGC，但切割后产生的 5'突出末端不同。由于这些 5'突出末端的不确定性，所以 *Hga* I 这些 III 类限制性核酸内切酶也无法用于基因工程实验。

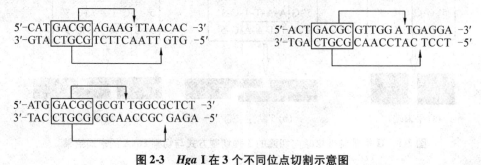

图 2-3 *Hga* I 在 3 个不同位点切割示意图

2.2.2 DNA 连接酶

DNA 连接酶（DNA ligase）是 1967 年在大肠杆菌细胞中发现的，简称连接酶，是指在双链 DNA 分子单链间断处或是两条 DNA 片段接头位置上相邻的 5'- PO$_4$ 和 3'- OH 之间催化形成一个磷酸二酯键，使两个 DNA 片段或 DNA 单链间连接起来的一种酶。这类酶在 DNA 复制、DNA 修复以及体内、体外重组过程中起重要作用。

　　DNA 连接酶具有以下特点：①DNA 连接酶需要在一条 DNA 链的 3′末端具有一个游离的羟基（—OH），而在另一条 DNA 链的 5′末端具有一个磷酸基（—PO₄）的情况下，才能发挥其连接 DNA 分子的功能；②只有当 3′- OH 和 5′- PO₄是彼此相邻的，并且是各自位于互补链上碱基配对的两个脱氧核苷酸末端时，才能将它们连接成磷酸二酯键；③不能够连接两条单链的 DNA 分子或环化的单链 DNA 分子，被连接的 DNA 链必须是双螺旋 DNA 分子的一部分；④只能封闭双螺旋 DNA 上失去一个磷酸二酯键所出现的单链缺口，而不能封闭双链 DNA 的某一条链上失去一个或数个核苷酸所形成的单链裂口，如图 2-4 所示；⑤DNA 连接酶在进行连接反应时，还需要提供一种能源分子（NAD$^+$或 ATP）。

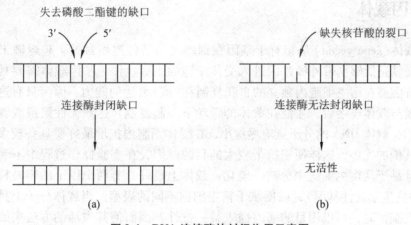

图 2-4　DNA 连接酶的封闭作用示意图

　　（1）T₄ DNA 连接酶

　　该酶从 T₄噬菌体感染的大肠杆菌中纯化而得，是由大肠杆菌 T₄噬菌体 DNA 编码的连接酶，相对分子质量为 68 000，需 ATP 做能源辅助因子。该酶比较容易制备，在分子生物学研究及基因克隆中有广泛的用途，既可用于双链 DNA 片段互补黏性末端之间的连接，也可用于带切口 DNA 的连接。聚乙二醇在低浓度（一般为 10%）下可促进 DNA 分子间的连接。T₄ DNA 连接酶还能够连接两条平末端的双链 DNA 分子，但反应速率要比黏性末端连接慢得多，低浓度聚乙二醇也可提高平末端连接速率。

　　（2）热稳定的 DNA 连接酶

　　该酶是从嗜热高温放线菌中分离纯化的一种能够在高温下催化两条寡核苷酸探针发生连接作用的核酸酶。这种连接酶在 85℃高温下具有活性，而且在重复多次升温到 94℃之后也仍然保持着酶活性。使用此种 DNA 连接酶进行体外连接，可明显降低形成非特异性连接产物的概率。现在已能够从克隆的大肠杆菌中大量制备此种核酸酶。

2.2.3　Taq DNA 聚合酶

　　DNA 聚合酶（DNA polymerase）是能够催化 DNA 复制和修复 DNA 分子损伤的一类酶，在基因工程操作中的许多步骤都是在 DNA 聚合酶催化下进行的 DNA 体外合成反应。而 Taq DNA 聚合酶是一种从水生栖热菌(*Thermus aquaticus*)内制备的一类聚合酶，其特点是耐高温，命名为 Taq 聚合酶(Taq polymerase)，简称 Taq 酶或 Taq，是目前基因扩增中使用最为广泛的一类酶。其活力定义为在 74°C、30min 内，以活性化的大马哈鱼精子 DNA 作为模板/引物，将 10nmol 脱氧核苷酸掺入到酸不溶物质所需的酶量。

Taq 聚合酶在 97.5°C 时的半衰期为 9min。它的最适温度为 75~80°C，72°C 时能在 10s 内复制一段 1 000bp 的 DNA 片段。这种较高的酶活性有明显的温度依赖性。低温下，Taq DNA 聚合酶表现活性明显降低，90°C 以上时合成 DNA 的能力有限。Taq 聚合酶的缺点之一为催化 DNA 合成时的相对低保真性。它缺乏 $3'→5'$ 核酸外切酶的即时校正机制，出错率为 1/9 000。

2.3　基因载体

基因载体(gene vector)是相对于基因在细胞之间的传递而言的，起运输工具的作用，其定义就是能够携带外源基因进入受体细胞的工具。作为基因载体需要具备以下要素：具有能够在宿主细胞内独立的自我复制和(或)表达的能力，因为只有这样，外源目的基因与载体连接后，才能在载体的带动下一起复制，达到无性繁殖或者是基因克隆的目的；载体 DNA 的分子量应尽量小，在受体细胞内扩增最好要具备较多的拷贝数或者有其他的优势，这样便于携带较大的目的基因，在实验操作过程中不易被机械性剪切，且易于从宿主细胞中分离、纯化；载体上最好具有两个以上的容易检测的遗传标记(如抗生素抗性基因)，以便赋予宿主细胞不同的表型。当载体分子上具有两种抗生素抗性基因时，可以用目的基因插入某一抗性基因而使其失活的方法来筛选重组体；载体应该具有多个限制性核酸内切酶的单一切点。这些单一的酶切位点越多，越容易从中选出一种酶，使它在目的基因上没有切点，保持目的基因的完整性。载体上的单一酶切位点最好是位于检测表型的遗传标记基因之内，这样，目的基因是否与载体连接就可以通过这一表型的改变与否而得知，利于筛选重组体。

目前已经用于基因克隆的载体有质粒载体、噬菌体载体(如 λ 噬菌体载体、M_{13} 噬菌体载体和 P_1 噬菌体载体等)、质粒-噬菌体杂合载体(如柯斯质粒载体、噬菌粒载体)和人工染色体载体(如酵母人工染色体载体、细菌人工染色体载体和 P_1 人工染色体载体等)4 类。每类载体都有独特的生物学性质，可携带的基因片段大小不同，适用于不同的应用目的。

2.3.1　质粒载体

质粒是指细菌细胞中游离于核外的小型共价闭合环状的 dsDNA，也有称 cccDNA (circular covalently closed DNA)。原核生物中的质粒大多是麻花状的超螺旋结构，也有部分是线形质粒，大小一般为 1.5~300kb，相对分子质量约为 $10^6~10^8$，仅相当于细菌核基因组大小的 1%。质粒上所携带的遗传物质使细菌等原核生物获得了某些对其生命活动并非必需的特殊功能，如细菌的结合、产毒、抗药、固氮、分泌特殊酶或降解环境毒物等功能。质粒是一种独立于细菌核染色体并能自我复制的遗传物质，通常称为复制子（replicon），如果其复制和核染色体的复制同步进行，称为严密型复制控制（stringent replication control），如果其复制过程和核染色体不同步，则称为松弛型复制控制（relaxed replication control）。在严密型复制控制的细胞中，一般只含有 1~2 个质粒，而在松弛型复制控制的细胞中，可含有 10~15 个甚至更多的质粒。少数质粒可在不同菌株间转移，如 F 因子或 R 因子等。含质粒的细胞在正常培养基上受某些因素处理时，质粒的复制会极大地受到影响，而核染色体能够继续进行复制，从而引起子细胞中不再含有质粒，这个过程就是质粒的消除（curing 或 elimination），而某些质粒有与核染色体发生整合（integration）与脱离的功能，这类质粒又可以叫做附加体（episome）。

目前，质粒是基因工程最常选用的一个基因片段载体，它具有明显的优点：①可自我复制和稳定遗传，有不受核基因控制的独立的复制起始点；②常呈环状，使其在化学分离过程中能保持性能稳定；③拷贝数多，可使外源 DNA 很快扩增；④质粒上存在许多抗性基因等选择性标记，便于含有质粒的克隆子的检出与选择；⑤可重组，不同质粒或质粒与染色体上的基因在细胞内或细胞外进行交换重组，可形成新的重组质粒；⑥质粒的体积小，便于 DNA 的分离和操作。由于质粒具有上述众多的优点，因此质粒已被广泛应用于各种基因工程领域中。

质粒 DNA 分子具有 3 种不同的构型（图 2-5）：①共价封闭环状 DNA（circular covalently closed DNA, cccDNA），其两条多核苷酸链保持着完整的环状结构，通常呈现超螺旋（supercoil）构型，即 SC 构型；②开环 DNA（open circle DNA, OC-DNA），其两条多核苷酸链中只有一条链保持着完整的环状结构，另一条链上有一个或几个切口，称做 OC 构型；③线形 DNA（linker DNA, L-DNA），闭合环状 DNA 分子双链断裂后成线形 DNA 分子，即 L 构型。由于空间构型不同，这 3 种 DNA 分子的电泳行为也不相同，根据这一特性，常用琼脂糖凝胶电泳将它们分开。不同构型的同一种质粒 DNA，尽管相对分子质量相同，在琼脂糖凝胶电泳中仍有不同的迁移率，其中走在最前沿的是 SC-DNA，其后依次是 L-DNA 和 OC-DNA。此外，在提取质粒的过程中会因为液体剪切力与质粒提取液的影响，在琼脂糖凝胶电泳中会有多于 3 条带或者是只有 2 条带的情况（图 2-6）。

超螺旋的SC构型　　松弛线形的L构型

松弛开环的OC构型

图 2-5　质粒 DNA 的 3 种结构

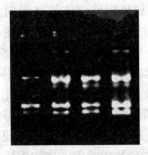

图 2-6　质粒 DNA 的琼脂糖凝胶电泳

2.3.2　λ噬菌体载体

λ噬菌体是最早使用的克隆载体，最初发现是在 1974 年，当时 Davis 发现当 λ 噬菌体失去某一部分达总量 20% 的 DNA 时仍不失活，这一部分缺失 DNA 的空间正好可以用于运载外源 DNA，第一次证明了 λ 噬菌体作为基因无性繁殖载体的可能性，至今已构建成 200 余种 λ 噬菌体载体，在重组 DNA 的研究中有着相当广泛的用途。

λ 噬菌体的基因组长达 50kb，共 61 个基因，相对分子质量为 3×10^6，是一种中等大小的温和噬菌体，由一个直径约 55nm 的正 20 面体头部和一条长约 150nm、粗约 12nm 的尾部构成。头部含有一条线状的 DNA 分子，长度约只有 T 偶数噬菌体的 1/4，包裹在头部外壳蛋白内的这条 DNA 是通过尾部注入细菌细胞内的。

在 λ 噬菌体线性双链 DNA 分子的两端，各有一条由 12 个核苷酸组成的彼此完全互补的 5′单链突出序列，即通常所说的黏性末端，如图 2-7 所示。

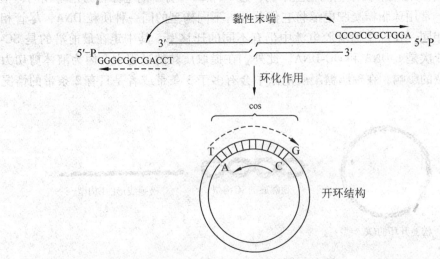

图 2-7　λ 噬菌体线性 DNA 的黏性末端及其环化作用结构图

若将含有 λ 线状的 DNA 分子的溶液加热至 60℃，然后慢慢冷却，两条黏性末端将通过它们的互补碱基的配对而连接起来，变成环状的 DNA 分子。若再将含有环状 λDNA 的溶液加热到 70℃ 并迅速冷却，则黏性末端形成的环合处又会拆离开，并恢复成线状的 DNA 分子。虽然 λ 噬菌体有时也会像烈性噬菌体一样复制、释放、再感染，但有时却会由于细菌的生理状况不同或基因组作用的改变，将自己的基因组整合到寄主染色体中而不再成为独立的复制子。

因此，将 λ 噬菌体导入非溶源性细菌时，能以两种状态存在，一种是自主的，即营养体状态，处在这种状态时，λDNA 不依赖寄主 DNA 而自行繁殖；另一种是整合的，即原噬菌体状态，处于这种状态时，λDNA 成为寄主 DNA 的一部分，并与其同步繁殖。典型的 λ 噬菌斑，是不透明的浊斑，这是因为它不全部裂解它所感染的细菌，部分敏感菌起溶源化作用。形成浊斑的能力是由 CⅠ、CⅡ和CⅢ3 个基因决定的。

2.3.3　黏粒载体

黏粒（cosmid）又称柯斯质粒，是一类由人工构建的含有 λDNA 黏性末端 cos 序列和质粒复制子的杂种质粒载体。它是为克隆和增殖真核基因组 DNA 的大区段而设计的，是组建真核生物基因文库及从多种生物中分离基因的有效载体，其负载基因的能力为31～45kb，且能够被包装成为具有感染性能的噬菌体颗粒。黏粒载体的特点是：①具有 λ 噬菌体的某些特性。黏粒载体在克隆了合适长度的外源 DNA，并在体外被包装成噬菌体颗粒之后，可以高效地转导对 λ 噬菌体敏感的大肠杆菌寄主细胞。但由于黏粒载体并不含有 λ 噬菌体的全部必要基因，因此它不能够通过溶菌周期，无法形成子代噬菌体颗粒。②具有质粒载体的特性。黏粒载体具有质粒复制子，在寄主细胞内能够像质粒 DNA 一样进行复制，并且在氯霉素作用下，同样也会获得进一步的扩增。此外，黏粒载体通常也都具有抗菌素抗性基因，可供做重组体分子表型选择标记，其中有一些还带上基因插入失活的克隆位点。③具有高容量的克隆能力。黏粒载体的分子仅具有一个复制起点，1～2个选择记号和 cos 位点等 3 个组成部分，其分子较小，一般只有 5～7kb。由于可包装到噬菌体颗粒中的最小 DNA 片段是大约 38 kb，噬菌体能容纳的最大 DNA 可达 52 kb，大多数常用的黏粒载体约为 5 kb，因而可以克隆的最小外源DNA 约为 33 kb，最大的外源 DNA 可长达 47kb。可见，黏粒克隆体系用于克隆大片段的 DNA 分子特别有效。④具有与同源序列的质粒进行重组的能力。实验发现，一旦黏粒与一种带有同源序列的质粒共存在同一个寄主细胞当中时，它们之间便会形成共合体。因此，假若黏粒与质粒各自具有一个互不相同的抗药性记号及相容性的复制起点，那么当它们转化到同一寄主细胞后，便可容易地筛选出含有两个不同选择标记的重组分子。

2.3.4　人工染色体载体

染色体是细胞中可被碱性染料着色的物质，呈线状或棒状，由 DNA、蛋白质和少量 RNA 组成。每条染色体具有 3 种必需元件或结构：着丝粒、端粒和自主复制序列，它们使得染色体具备自主完整复制和将遗传物质平均分配到子细胞的能力，在细胞传代中稳定存在。着丝粒是真核生物染色体的标志性结构，在有丝分裂和减数分裂中，着丝粒和特异性的蛋白结合形成动粒，由微管结合在动粒上牵引染色单体向两极运动。端粒位于真核生物染色体的末端，保证染色体的精确复制，维持染色体长度及稳定性。

自主复制序列(ARS)是能够和特定起始蛋白结合开始 DNA 复制的序列,真核生物基因组很大,通常具有多个复制起点。目前,真核生物着丝粒和端粒的超微结构、组装方式以及细胞学行为的研究取得长足的进展,为人工染色体的构建和应用奠定坚实的理论基础。人工染色体(artificial chromosome)通常是指人工构建的含有天然染色体基本功能单位的载体系统,目前有 4 种主要类型:酵母人工染色体(yeast artificial chromosome,YAC)、细菌人工染色体(bacterial artificial chromosome,BAC)以及后来的人类人工染色体(human artificial chromosome,HAC)和植物人工染色体(plant artificial chromosome,PAC)。这些载体系统具有超大的接受外源片段能力,并且独立于宿主基因组存在和传递。

1983 年,Murray 和 Szostak 在大肠杆菌质粒 pBR322 中插入酵母的着丝粒、ARS 序列及四膜虫核糖体 RNA 基因 rDNA(Tr)末端序列,并转化酵母菌,构建成了第一个酵母人工染色体,进一步基因工程改造使得 YAC 能够在后代中稳定传递。酵母人工染色体是人工染色体中能克隆最大 DNA 片段的载体,可以插入 100~2 000kb 的外源 DNA 片段。YAC 是由酵母的自主复制序列、着丝点、四膜虫的端粒以及酵母选择性标记组成的酵母线性克隆载体,左臂含有端粒、酵母筛选标记 Trp1、自主复制序列 ARS 和着丝粒,右臂含有酵母筛选标记 Ura3 和端粒,然后在两臂之间插入大片段 DNA 构成。但是 YAC 具有一些缺陷,如存在高比例的嵌合体,即一个 YAC 克隆含有两个本来不相连的独立片段;部分克隆不稳定,在传代培养中 YAC 载体的插入片段会出现缺失和基因重排的现象。

为了克服 YAC 载体的上述缺陷,细菌人工染色体(BAC)被开发出来并逐步替代 YAC。细菌人工染色体(BAC)是以细菌 F 因子为基础构建的细菌克隆载体。BAC 克隆容量可以达 300kb,可以通过电穿孔导入细菌细胞。BAC 是基于大肠杆菌中 F 质粒构建的质粒载体,包含一个氯霉素抗性标记,一个严谨型控制的复制子 oriS,一个易于 DNA 复制的由 ATP 驱动的解旋酶(RepE)以及 3 个确保低拷贝质粒精确分配至子代细胞的基因座(parA、parB 和 parC)。目前最常用的 BAC 载体(pBeloBAC11)空载时大小约 7.5 kb,在大肠杆菌中以超螺旋质粒形式存在和复制,外源基因组 DNA 片段可以通过酶切、连接克隆到 BAC 载体多克隆位点上,通过电穿孔的方法将连接产物导入大肠杆菌重组缺陷型菌株,转化效率比转化酵母高 10~100 倍。由于 BAC 载体在一个细菌细胞中只有 1~2 个拷贝,因此极少出现重排-嵌合现象。现在 BAC 被广泛应用于基因组测序、文库筛选和基因图位克隆和转基因研究。

人类人工染色体(HAC)是 YAC 理念和技术在高等真核生物中的发展和创新。1997 年 Harringotn 等利用来源于人类 17 号染色体的卫星 DNA 体外连接构建成了长约 1 Mb 的人工着丝粒,并将其和端粒序列以及部分基因组 DNA 相连构建了第一个人类人工染色体,将其转化到人类癌细胞中发现转化出的微小染色体能够在有丝分裂中稳定的存在。目前,科学家利用端粒介导截短法和从头染色体诱导合成法成功构建了 HAC,然后通过同源重组等方法向 HAC 中插入各种用途的基因序列,现已经用于基因治疗和医疗蛋白的生产。然而,由于很低的转染效率和纯化技术,严重阻碍了 HAC 在临床上的应用。除了基于卫星 DNA 的 HAC(Satellite DNA-based HACs,SATACs)能够通过脂质体转染外，其他的 HAC 只能通过整个细胞融合或者微细胞介导的染色体转移法（micro-cell-meditaed chromosome transfer，MMCT）。另外，HAC 的纯化也非常困难，必须借助于大型精密仪器才能进行筛选与纯化。

植物人工染色体（PAC）的研究起步较晚，目前仅在少数的实验室里完成了构建。国际上有人利用一个带有 6 个拷贝（约 2.5kb）拟南芥端粒序列的载体通过农杆菌介导和基因枪转化玉米幼胚，然后利用除草剂筛选阳性转基因植株。研究发现，插入到染色体上的端粒序列也可以整合到基因组中，也可以以很低的频率引起内源染色体截短。截短的 B 染色体能够忠实地随着细胞分裂传递，同时还可以在有正常 B 染色体存在的情况下发生剂量变化。这些独立于正常染色体传递的现象暗示截短染色体可以作为非常好的转基因载体，克服目前转基因研究中所遇到的随机插入和位置效应。这一开创性的工作为未来 PAC 的发展指明了一个方向，然而，PAC 载体的重组效率较低、截短染色体在转基因植株后代的稳定性、多个抗性优质基因同时向截短染色体的定向转移等仍然是目前 PAC 研究中的主要问题。和 HAC 一样，植物人工染色体本身的大小影响着其在有丝分裂和减数分裂过程中的传递率。

2.4　基因工程的基本技术

基因工程技术尽管其真正的发展时间不到 50 年，但是其作用已经在各行各业中得到了应用，如在农业上的植物基因工程，包括抗虫、抗除草剂以及动物基因育种等；在医药上用于新药物的开发以及基因治疗等。基因工程技术的主要步骤有：①从复杂的生物有机体基因组中，经过酶切消化或 PCR 扩增步骤，分离出带有目的基因的 DNA 片段；②在体外，将带有目的基因的外源 DNA 片段连接到能够自我复制并具有选择性标记的载体分子上，形成重组 DNA 分子；③重组 DNA 分子转移到适当的受体细胞，并与之一起增殖；④从大量的细胞繁殖群体中，筛选出获得了重组 DNA 分子的受体细胞克隆；⑤从这些筛选出来的受体细胞克隆，提取出已经得到扩增的目的基因，供进一步分析研究使用；⑥将目的基因克隆到表达载体上，导入寄主细胞，使之在新的遗传背景下实现功能表达，产生出人类所需要的物质。因此，其基本技术主要有核酸提取技术、电泳技术、基因的分子克隆、PCR 技术等。

2.4.1　核酸提取技术

核酸分子是基因工程的主要研究对象，包括 DNA、RNA 两种分子，在细胞中它们都是以与蛋白质结合的状态存在。真核生物的染色体 DNA 为双链线性分子，原核生物的基因组、质粒及真核细胞器 DNA 为双链环状分子，RNA 分子在大多数生物体内都是单链线性分子。基本上 95% 以上的 DNA 都存在于真核生物的细胞核或者原核生物的核区，其他都是在真核生物的细胞器或者原核生物的质粒中；RNA 则绝大部分都是在细胞质中，少量存在于细胞核与细胞器中。

要进行基因操作首先就是要提取纯化模板基因组，即核酸。因此，核酸的提取是基因工程中很重要的基本技术，也是进行基因工程操作的前提条件。核酸样品的质量直接关系着试验的成败。分离纯化核酸总的原则是应保证核酸一级结构的完整性及排除其他分子的污染。经纯化的核酸样品中不应存在对酶有抑制作用的有机溶剂和过高浓度的金属离子，其他生物大分子（如蛋白质、多糖和脂类分子）的污染应降低到最低限度，此外还要排除其他核酸分子的污染，如提取 DNA 分子时，应去除 RNA 分子，反之亦然。

为了保证分离核酸的完整性和纯度，在实际操作过程中应注意：①尽量简化操作步骤，缩短提取过程，以减少各种有害因素对核酸的破坏。②减少化学因素对核酸的降解，为避免过酸、过碱对核酸链中磷酸二酯键的破坏，造成核酸的不可逆的变性，所有的操作条件均需在 pH 4 ~ 10 的比较温和的条件下进行。③尽量减少物理因素对核酸的破坏，物理因素主要是机械剪切力，其次是高温。机械剪切力包括强力高速的溶液振荡、搅拌，使溶液快速地通过狭长的孔道，细胞突然置于低渗液，细胞爆炸式的破裂以及 DNA 样品的反复冻融。机械剪切作用的主要危害对象是对相对分子质量大的线性 DNA 分子，如真核细胞的染色体 DNA。对相对分子质量小的环状 DNA 分子，如质粒 DNA 及 RNA 分子，威胁相对小一些。高温，如长时间的煮沸，除水沸腾带来的剪切力外，高温本身对核酸分子中的有些化学键也有破坏作用。核酸提取过程中，常规操作温度为 0 ~ 4℃，此温度环境可降低核酸酶的活性与反应速率，减少其对核酸的生物降解。④防止核酸的生物降解，细胞内或外来的各种核酸酶能够降解核酸链中的磷酸二酯键，直接破坏核酸的一级结构。其中，DNA 酶需要金属二价离子 Mg^{2+}，Ca^{2+} 的激活，使用金属二价离子螯合剂乙二胺四乙酸（EDTA）、柠檬酸盐基本上可以抑制 DNA 酶的活性。但 RNA 酶不但分布广泛、极易污染样品，而且能耐高温、耐酸、耐碱、不易失活，所以生物降解是 RNA 提取过程中的主要危害因素。

总的来说，核酸提取的主要步骤就是破碎细胞，去除与核酸结合的蛋白质以及多糖、脂类等生物大分子，去除其他不需要的核酸分子，沉淀核酸，去除盐类、有机溶剂等杂质，纯化核酸等。核酸提取的方案，应根据具体生物材料和待提取的核酸分子的特点而定。

2.4.1.1 DNA 提取

从细胞中提取 DNA 要用尽可能温和的细胞破碎法，以免 DNA 被机械破碎。操作时还需要有 EDTA 的存在，以螯合 Mg^{2+}，Mg^{2+} 是 DNA 酶降解 DNA 所必需的。如果有细胞壁，要用酶进行消除，如用溶菌酶处理细菌，用蜗牛酶与几丁质酶处理真核生物，对于细胞膜要用去污剂溶解，对于不同来源的细胞、组织应当用不同的裂解液，如果必须使用物理破碎，一定要尽可能地轻缓。细胞破碎以及其后的操作都应在 4℃ 条件下进行。所用的玻璃器皿和溶液都要经过高压灭菌以破坏 DNA 酶。

当要求获得高质量的 DNA 时，要用 RNA 酶处理以去除 RNA。RNA 酶易污染 DNA 酶，因此要预先进行加热灭活。RNA 酶由于存在二硫键而对热稳定，这些二硫键在冷却后能快速复性。RNA 酶彻底处理后，剩余的杂质主要是蛋白质。蛋白质含量较高时，可先用蛋白酶 K 消化分解蛋白质，再通过饱和酚或者酚与氯仿的混合物抽提去除，因为这些物质能使蛋白质变性而不使核酸变性。对混合后产生的乳浊液进行离心，形成有机相与水相，两相交界处为变性蛋白质，收集水相溶液，去除中间的蛋白质即可。

最后，去除蛋白质后的 DNA 样品和 2 倍左右的无水乙醇混合，在低温下 DNA 可在溶液中形成沉淀。乙醇沉淀小于 200bp 的 DNA 片段时效果较差，可改用异丙醇等溶剂。在此过程中也可加入适量的乙酸钠等盐溶液，调整样品中阳离子浓度，可使 DNA 更易沉淀。再经过高速离心、70%乙醇洗涤数次、干燥 DNA 后，用含有 EDTA(灭活 DNA 酶)的缓冲液溶解沉淀，即可得到比较纯净的 DNA 样品。这种溶液能在 4℃保存至少 1 个月。虽然反复冻融有可能破坏长的 DNA 分子，但 DNA 溶液仍可以冷冻保存。

上述方法只适用于细胞总 DNA 的提取，不同来源的样品，处理时有不同的注意事项。对于新鲜动物组织脏器等提取材料，由于含有较丰富的 DNA 酶，应迅速冷冻保存备用，以减少 DNA 的降解；石蜡包埋组织块中 DNA 应先进行脱蜡处理；培养细胞裂解之前应用相应的缓冲液进行洗涤；质粒 DNA 提取之前先要经过细菌培养，获得对数生长后期的细胞后进行离心收集菌体，再通过碱性裂解法、去污剂法或煮沸法等进行提取，纯化过程也可使用酚/氯仿萃取法，对于小分子 DNA(小于 10kb)，可用涡旋混合器以保证溶液中有机相与水相混合均匀；当纯化 DNA 分子介于 $10 \sim 30$kb 时，应轻微振荡，避免 DNA 被机械剪切，小于 30kb 的 DNA 分子纯化时应更小心。如果要提取细胞器或病毒颗粒中的 DNA，最好先分离细胞器或病毒颗粒后再提取，因为要从 DNA 混合物中提取特殊类型的 DNA 是非常困难的。

对于高纯度的 DNA，可采用氯化铯密度梯度超速离心法，其特别适合质粒 DNA 的提取。可用琼脂糖凝胶电泳法检测 DNA 纯度(观察其电泳结果是否有杂带)，再根据 1 个光吸收单位等于 $50\mu g/mL$ DNA，可用公式法计算 DNA 的浓度，即

$$DNA 浓度(\mu g/mL) = A_{260} \times 50$$

是否有杂质污染也可以通过分光光度法进行检测，即用波长为 260nm 与 280nm 的紫外光吸收率之比接近 1.8，表示 DNA 纯度高；比例接近 2.0，则表示 RNA 的纯度高；如果比值低，则表示含有蛋白质或者是酚类物质，需要纯化。

2.4.1.2 RNA 提取

RNA 提取技术与 DNA 提取技术相似，都需要破碎细胞壁，释放出核酸物质。但是由于 RNA 分子相对较短，不易被剪切力损伤，因此细胞破碎可以用较强有力的方法。RNA 对 RNA 酶敏感，而 RNA 酶在自然界广泛存在，不仅各种细胞内都有 RNA 酶，操作者的手指上也有 RNA 酶，因此操作者必须戴手套，并且提取液中要有较强的去污剂存在，以便快速灭活 RNA 酶，一般常用焦磷酸二乙酯处理(diethyl pyrocarbonate, DEPC)。接下来的去蛋白操作须特别有力，因为 RNA 常和蛋白质紧密结合在一起。用 DNA 酶去除 DNA，用乙醇沉淀 RNA。RNA 提取要用硫氰酸胍，它既是较强的 RNA 酶抑制剂，又是蛋白变性剂。制备 RNA 时所用物品应完全无 RNA，如玻璃器皿用 0.1%焦磷酸二乙酯浸泡处理，高压灭菌(160℃，$2 \sim 4$h)，所用溶液应高压灭菌，不能高压灭菌的用 DEPC 水配制。整个操作应在冰浴中进行。RNA 的完整性可用琼脂糖凝胶电泳法检测，一般电泳检测为 2 条带。在 RNA 中含量最高的是 rRNA 分子。原核细胞的 RNA 为 23S 和 16S，真核细胞的为 18S 和 28S。当它们在琼脂糖凝胶上呈现独立的带时，表示 RNA 成分是完整的。琼脂糖凝胶电泳通常在变性条件下进行，以防止 RNA 形成次级结构。与 DNA 相似，RNA 的浓度也可用紫外分光光度计来检测。在波长 260nm

时，1 个光吸收单位等于 40μg/mL 的 RNA。

2.4.2　电泳技术

电泳是带电颗粒在电场作用下，向着与其所带电荷相反的电极移动的现象。这一现象在 1808 年就已发现，但是作为一项应用于生物化学研究的实验方法却是在 1937 年后，随着电泳仪器等装置的改进才有了较大的进展。而电泳真正在生物化学和其他领域的研究中得到广泛的应用，是在用滤纸作为支持物的纸电泳问世之后。20 世纪 60 年代以来，由于采用了新型的支持物和先进的仪器设备，适合于各种目的的电泳便应时而生。基因工程所涉及的电泳技术通常是区带电泳。

所谓区带电泳就是样品物质在惰性支持物（形成分子筛）上进行电泳的过程，因电泳后，样品的不同组分可形成带状的区间，故得名，亦称区域电泳。采用不同类型的支持物进行该电泳时，能分离鉴定小分子物质（如核苷酸、氨基酸和肽类等）和大分子物质（如核酸、蛋白质以及病毒颗粒等）。由于区带电泳有支持物存在，所以减少了界面之间的扩散和异常现象的干扰。加之某些支持物（如聚丙烯酰胺凝胶）同时具有分子筛的效能，因此，区带电泳的灵敏度和分辨率较高。另外，区带电泳还有设备简单、操作方便的优点，故在基因工程、生物化学、医学临床等方面的应用十分广泛。

电泳的基本原理是当把一个带净电荷（q）的颗粒放入电场时，便有一个力（F）作用其上。F 的大小取决于颗粒所带净电荷量及其所处的电场强度（E），它们之间的关系可用下式表示：

$$F = Eq$$

由于 F 的作用，使带电颗粒在电场中向极性相反的方向泳动。此颗粒在泳动过程中还受到一个相反方向的摩擦力（f_v）阻挡。当这两种力相等时，颗粒则以匀速向前泳动。根据 Stoke 公式，阻力大小取决于带电颗粒的大小、形状以及所处介质的黏度，则速度（v）公式为：

$$v = Eq/6r\pi\eta$$

式中，r 为颗粒半径；η 为介质黏度。

带电颗粒在单位电场中泳动的速度常用泳动度或迁移率表示。

从公式看出，带电颗粒在电场中泳动的速度与电场强度、颗粒所带的净电荷量成正比，而与颗粒半径和介质强度成反比。若颗粒是具有两性电介质性质的蛋白质分子时，它在一定 pH 值溶液中的电荷性质是独特的。这种物质在电场中泳动一段时间后，便会集中到确定的位置上呈一条致密区带。若样品为混合的蛋白质溶液时，由于不同蛋白质的等电点和分子量是不同的，经电泳后，就形成了泳动度不同的区带。利用此性质，便可把混合液中不同的蛋白质（或核酸）分离开，也可用其对样品的纯度进行鉴定。

在一定的条件下，任何带电颗粒都具有自己的特定泳动度。它是胶体颗粒的一个物理常数，可用其分离核酸、蛋白质等物质，还可用其研究蛋白质、核酸等物质的一些化学性质。影响这类生物大分子电泳泳动速度的因素主要有：

①颗粒性质　颗粒直径、形状以及所带的净电荷量对泳动速度有较大影响。一般

来说，颗粒带净电荷量越大，或其直径越小，或其形状越接近球形，在电场中的泳动速度就越快。反之，则越慢。

②电场强度　电场强度对泳动速度起着十分重要的作用。电场强度越高，带电颗粒的泳动速度越快。反之，则越慢。根据电场强度大小，又将电泳分为常压电泳和高压电泳。前者电场强度为 3~10 V/cm，后者为 70~200 V/cm，此外还有脉冲场电泳。用高压电泳分离样品需要的时间比常压电泳短，但往往产生很高的热量。

③溶液性质　溶液性质主要是指电极溶液和蛋白质样品溶液的 pH 值、离子强度和黏度等。溶液 pH 值决定带电颗粒的解离程度，也就决定其带净电荷的量。对蛋白质而言，溶液的 pH 值离其等电点越远，则其所带净电荷量就越大，从而泳动速度就越快。反之，则越慢。溶液的离子强度一般在 0.02~0.2mol/L 时，电泳较合适。若离子强度过高，则会降低颗粒的泳动度。其原因是，带电颗粒能把溶液中与其电荷相反的离子吸引在自己周围形成离子扩散层。这种静电引力作用的结果，导致颗粒泳动度降低。若离子强度过低，则缓冲能力差，往往会因溶液 pH 值的变化而影响泳动度的速率。泳动度与溶液黏度是成反比例关系的，溶液黏度必然会影响泳动度。

④电渗　当支持物不是绝对惰性物质时，常常会有一些离子基团(如羧基、磺酸基、羟基)等吸附溶液中的正离子，使靠近支持物的溶液相对带电。在电场作用下，此溶液层会向负极移动。反之，若支持物的离子基团吸附溶液中的负离子，则溶液层会向正极移动。溶液的这种泳动现象称为电渗。因此，当颗粒的泳动方向与电渗方向一致时，则加快颗粒的泳动速度，当颗粒的泳动方向与电渗方向相反时，则降低颗粒的泳动速度。

⑤筛孔　支持物琼脂糖和聚丙烯酰胺凝胶都有大小不等的筛孔，在筛孔大的凝胶中泳动速度快。反之。则泳动速度慢。

除上述影响泳动速度的因素外，温度和仪器装置等因素的影响也应考虑。

2.4.3　基因的分子克隆

基因的分子克隆 (gene cloning)技术是指利用酶将不同来源的 DNA 分子在体外进行特异性切割，重组连接，组成新的 DNA 重组子，导入宿主细胞，随着宿主细胞的繁殖，DNA 重组子在宿主细胞体内被扩增，从而得到大量子代 DNA 重组子或其表达产物的技术。该技术是基因工程的核心技术。其要素包括 DNA 切割(或修饰)、DNA 连接、载体和宿主细胞等，基本步骤有：分离或合成目的基因；将目的基因在体外插入载体形成重组 DNA；将重组 DNA 导入宿主细胞；重组体的筛选、鉴定和分析。

2.4.3.1　目的基因的制备或获得

目的基因即需要克隆的外源基因，可通过化学合成法制备小 DNA 片段；或者纯化全细胞 DNA、质粒、病毒核酸，在此基础上，常通过 PCR 技术扩增目的基因片段；或者将纯化的 DNA 用限制性内切酶或机械切割获得目的片段。常用的是限制性内切酶处理造成不同的黏性末端或者平末端的双链 DNA，或者是利用 PCR 技术获得带有 A 端残基的双链 DNA。

这里还包括载体 DNA 的制备，在本部分以质粒为例进行介绍。质粒 DNA 制备的关键是将其从大量染色体 DNA 中分离出来。根据染色体 DNA 与质粒 DNA 的差异，可将它们分离，一是分子大小的差异，染色体 DNA 比质粒 DNA 大得多；二是构型的差异，染色体 DNA 为线状，而质粒 DNA 为超螺旋环状。质粒 DNA 经过分离后，还需要进行纯化。由于载体是携带目的 DNA 片段进入宿主细胞进行扩增和表达的具有独立复制能力的 DNA，其纯化与 DNA 目的基因的纯化相似。纯化后的载体一般需经限制性内切酶切割，再与经同样限制性内切酶切割的目的基因片段进行连接。实验中为了减少载体的自身环化，连接前有时需要去磷酸化处理。

2.4.3.2 体外连接

基因克隆的关键之一是将目的基因用 DNA 连接酶在体外连接到合适的载体 DNA 上。在连接反应中，正确地调整载体 DNA 和外源 DNA 之间的比例，是获得高产量的重组体转化子的一个重要因素。不同的载体、不同的连接方式，比例有一定的差异。下面以使用最多的质粒载体为例简要说明。

(1)黏性末端连接

选用一种或者一对载体上的单一酶切位点(常在多克隆位点上)切割载体，产生具有黏性末端的线性 DNA 分子，去磷酸化处理后，再与经同样酶切、经胶回收纯化的外源性目的基因片段于连接缓冲液中混合，加入 DNA 连接酶，由于它们具有同样的黏性末端，可退火形成双链结合体，其小的单链切口经 DNA 连接酶封闭后，产生较稳定的 DNA 杂种分子；连接缓冲液有 Mg^{2+}、ATP 作为辅助因子、提供连接反应的能量，含有二硫苏糖醇(DTT)以防止酶的活性基团被氧化失活；含有小牛血清白蛋白(BSA)，避免因蛋白浓度太低酶变性失活。虽然连接酶的最适作用温度是 37℃，但为了使黏性末端的氢键结合更稳定，一般采用较低温度和较长作用时间，如 16℃、12~16h(过夜处理)或 7~9℃、2~3 天。现在有些试剂公司的快速 DNA 连接酶只需在室温连接 5min，即可进行后续的转化试验。

T-A 克隆(主要是针对 PCR 产物)中的连接也是黏性末端连接的一种，T 载体是直接用于克隆 PCR 产物的线性载体，其序列两端都有突出的胸腺嘧啶核苷(T)末端。Taq DNA 聚合酶可在 PCR 产物 3′末端加上一个脱氧腺嘌呤核苷(A)，因此 PCR 产物两端可带一个突出的 A，即 PCR 产物本身就是一个具有黏性末端的双链 DNA。将带有 T 末端的 T 载体和带有 A 末端的 PCR 产物进行连接反应，通过 A-T 配对即可连接得到环状重组载体。

(2)平末端连接

有些限制性内切酶在识别序列的对称轴上切割，形成的 DNA 片段具有平末端，由 mRNA 为模板反转录合成的 DNA 片段具有平末端，高保真的 PCR 扩增也能产生平末端 DNA 片段，不管平末端的来源如何，在连接酶作用下均可产生连接，但只能使用 T_4 噬菌体 DNA 连接酶，而且平末端连接反应效率较低，重组后一般不能原位删除。有时待连接的两种 DNA 片段中，一条具有平末端，一条为黏性末端，或者两条都是非互补的黏性末端，可使用 S1 核酸酶(可降解单链 DNA 和 RNA)处理，使其变成平末端后再进行连接。

待连接的两种 DNA 片段还可以通过其他一些改变后再连接起来，如加人工接头连接法、同聚物加尾等。

2.4.3.3　外源 DNA 导入宿主细胞

将外源 DNA 导入宿主细胞的方式包括转化、转染、转导、显微注射和电击等。根据载体和宿主的不同，导入方式各异。

（1）转化

转化（transformation）是指把带有目的基因的重组质粒 DNA 引入受体细胞的过程。转化的效率与宿主细胞的感受态有关。感受态是指受体菌能够接受外源 DNA 的一种生理状态，该状态下的细胞称为感受态细胞，一般是在对数生长期的后期，时间很短暂、数量很少，但用 $CaCl_2$ 处理对数生长期后期的受体细胞，细胞膨胀成球形，可提高膜的通透性。转化混合物中的 DNA，形成抗 DNase 的羧基-钙磷酸复合物，黏附于细胞表面，经42℃短时间热冲击处理（一般是 90s，根据使用的转化试管而定），会使受体细菌中诱导产生出一种短暂的感受态，在此期间它们能够摄取各种不同来源的 DNA，如质粒 DNA 或λ噬菌体 DNA 等。高压电击法既可将外源 DNA 导入真核细胞，又能用于转化细菌，通过优化电场强度、电脉冲强度和 DNA 浓度，高压电击法的转化率比化学法制备的感受态细胞的转化率高 10～20 倍。不能用常规方法进行转化的细菌通常采用高压电击法。

（2）转染

转染（transfection）是将重组噬菌体 DNA 直接引入受体细胞的过程。外源 DNA 被构建成重组噬菌体 DNA 或重组噬菌质粒，可通过转染方式进入宿主细胞。新鲜制备的λ噬菌体 DNA 的转染效率为 $10^5 \sim 10^6$。但重组的λ噬菌体 DNA 转染效率仅为 $10^3 \sim 10^4$。

（3）转导

转导（transduction）是指将重组噬菌体 DNA 体外包装到噬菌体头部成为有感染力的噬菌体颗粒，再以此噬菌体为运载体，通过直接感染大肠杆菌，将头部重组 DNA 导入受体细胞中，这一过程称为转导，也称为感染。转导的克隆形成效率常常比转染的高出几个数量级。

（4）显微注射

显微注射（microinjection）是在显微镜下操作的微量注射技术。可将细胞的某一部分（如细胞核、细胞质或细胞器）或外源物质（如外源基因、DNA 片段、mRNA、蛋白质等）通过玻璃毛细管拉成的细针，注射到细胞质或细胞核内。

2.4.3.4　重组体的筛选和鉴定

重组体主要通过表型特征进行筛选，对核酸和表达产物进行分析鉴定。下面以细菌为宿主细胞简要说明重组体筛选和鉴定的方法。

（1）抗生素平板法

根据克隆策略的不同，在某种抗生素平板上是否生长，具有不同的意义。如果外源 DNA 片段插入载体的位点位于抗生素抗性基因之外，将转化后的重组体细胞置于含有该抗生素的培养基平板上进行培养，仍能长出菌落，即含有重组子的菌表现出对该抗生素的抗性；但是还有一些自身环化的载体和未被酶解的载体，它们的转化细胞也能在含该抗生素平板上生长并形成菌落，而只有作为对照的宿主细胞不能生长，因此，此法的缺点是假阳性率高。如果外源 DNA 片段插入载体的位点位于抗生素抗性基因之内，外源 DNA 的插入会导致抗性基因的失活，即含有外源基因的重组菌在该抗生素平板上不生长，如质粒 pBR322 的 Bam HI 的位点位于四环素抗性基因之内，插入外源 DNA，四环素抗性基因不能表达（称为插入失活），含外源基因的重组菌只在含氨苄西林的平板上生长，在含四环素的平板上不能生长；如果是含无外源基因的载体的转化菌落，在两种抗生素的平板上均能生长，从而筛选出重组菌。还有一种情况称为插入表达法，即含有重组子的菌也表现出对该抗生素的抗性，但其机制是出于外源 DNA 的插入，使抗性基因的负控制序列失活，从而表达出对某种抗生素的抗性，如质粒 pTR262 有一个负调控的 C I 基因，当外源 DNA 片段插入 C I 基因中的 *Bc* II 或 *Hin* d III 位点，造成 C I 基因失活，位于 C I 基因下游的 *Tet* 基因（受 C I 基因控制）因解除阻遏而被表达，转化后的重组体细胞，在含有四环素的平板中可形成菌落；而未被酶解的质粒、自身环化质粒的转化细胞及未转化受体细胞均不能形成菌落，实现对重组菌落的筛选。

（2）β-半乳糖苷酶显色反应法（蓝白斑筛选）

该方法是根据野生型大肠杆菌产生的 β-半乳糖苷酶可以将无色化合物 X-gal（5-溴-4-氯-3-吲哚-β-D-半乳糖苷）分解为半乳糖和深蓝色的物质（5-溴-4-靛蓝）。有色物质可以使整个培养菌落产生颜色变化，而颜色变化是鉴定和筛选的最直观有效的方法。这种方法适用的宿主菌的染色体基因组中编码 β-半乳糖苷酶的基因突变，造成其编码的 β-半乳糖苷酶失去正常 N 段一个 146 个氨基酸的短肽（即 α 肽链），从而不具有生物活性，即无法作用于 X-gal 产生蓝色物质。用于蓝白斑筛选的载体具有一段称为 *lacz'* 的基因，*lacz'* 中包括：一段 β-半乳糖苷酶的启动子，编码 α 肽链的区段，一个多克隆位点（MCS）。MCS 位于编码 α 肽链的区段中，是外源 DNA 的选择性插入位点，但其本身不影响载体编码 α 肽链的功能活性。虽然上述缺陷株基因组无法单独编码有活性的 β-半乳糖苷酶，但当菌体中含有带 *lacz'* 的质粒后，质粒 *lacz'* 基因编码的 α 肽链和菌株基因组表达的 N 端缺陷的 β-半乳糖苷酶突变体互补，形成 β-半乳酸糖苷酶，具有了使 X-gal 生成蓝色物质的能力，这种现象即 α-互补。在实际操作中，添加 IPTG（异丙基硫代-β-D-半乳糖苷）以激活 *lacz'* 中的 β-半乳糖苷酶的启动子，在含有 X-gal 的固体平板培养基中菌落呈现蓝色。以上是携带空载体的菌株产生的表型。当外源 DNA（即目的片段）与含 *lacz'* 的载体连接时，会插进多克隆位点（MCS）中，使 α 肽链读码框破坏，这种重组质粒不再表达 α 肽链，将它导入宿主缺陷菌株则无 α 互补作用，不产生活性 β-半乳糖苷酶，即不可分解培养基中的 X-gal 产生蓝色，培养表型即呈现白色菌落。

（3）噬菌斑形成筛选法

野生型λ噬菌体被改造为克隆载体时，部分基因会被切除，保留的部分基因不到野生型的 75% 时，不能包装和感染宿主细胞形成噬菌斑，当有外源性基因插入后，使其长度在野生型基因长度的 75%～105% 范围内时，即可包装和感染宿主细胞，形成噬菌斑，这样只要观察到噬菌斑的形成，即表明该菌落含有重组噬菌体。

(4)根据重组 DNA 分子特征进行鉴定

最常用的方法是将初步筛选的阳性克隆小量培养后，提取重组质粒或重组噬菌体 DNA，用 1~2 种限制性内切酶酶切，然后进行凝胶电泳，检测插入 DNA 片段的有无和大小。也可以重组质粒 DNA 作为模板进行 PCR 分析，可快速测出插入 DNA 片段大小及鉴定其序列特异性。还可通过菌落(或噬菌斑)原位杂交或对重组体的 DNA 进行序列测定筛选和鉴定重组子。

(5)根据外源基因表达产物进行鉴定

外源基因表达产物的检测有两种方式，一是测定表达产物的免疫活性，借助标记的抗原抗体反应，即免疫酶技术、免疫荧光技术、放射免疫技术反应检测有无表达蛋白的存在；二是检测表达产物的生物活性，如果表达产物是一种酶，则可测定其酶活性，如果表达的蛋白质是一种酶的抑制剂，则可根据其抑制酶活性能力的大小等进行鉴定。

2.4.4 PCR 技术

PCR 技术在帮助基因工程获得目的基因方面起着无可撼动的地位，自从 PCR 技术出现，"自然界有限的基因资源变得不再有限"，人们可以轻易地用几个小时利用 PCR 技术获得任意长度的基因。但是在 1985 年以前，人们从生物材料中获得某一特定的 DNA 片段并对其进行序列分析的操作是非常困难，一般需要数周到数月的时间。1985 年，Kary Mullis 发明了具有划时代意义的 PCR 技术，只需要 3 个不同温度的水浴槽，通过控制反应时间和循环数，就可以实现 DNA 的大量扩增，1993 年，Kary Mullis 因此荣获了诺贝尔化学奖。人们最初使用的 DNA 聚合酶是大肠杆菌 DNA 聚合酶 I 的 Klenow 片段，90℃高温时极容易变性失活，每次循环都要重新加入，使得 PCR 技术在一段时间内没能引起足够重视。1988 年，从温泉水中被分离得到一株水生嗜热杆菌(*Thermus acquaticus*)，从中提取到一种耐热 DNA 聚合酶(Taq DNA 聚合酶)，此酶耐高温，在 93℃反应 2h 后其残留活性是原来的 60%，在 95℃下反应 2h 后其残留活性是原来的 40%，使得热循环时不必反复加入新酶，显著提高了扩增效率，缩短了扩增时间。此酶的发现促使 PCR 技术得到迅速和广泛的应用。

PCR 技术是一种模拟自然 DNA 复制过程的体外酶促合成特异性核酸片段技术。它以待扩增的两条 DNA 链为模板，以一对人工合成的寡核苷酸作为引物，通过 DNA 聚合酶的作用，在体外进行特异 DNA 序列扩增。其过程包括 3 步：①变性(denature)：模板 DNA 双螺旋的氢键断裂，双链解离形成单链 DNA 的过程。PCR 时通过加热使双链解离形成单链，作为和引物结合的模板。②退火(annealling)：单链 DNA 形成双链 DNA 的过程。在 PCR 时，由于模板分子结构比引物要复杂，且反应体系中引物量大大多于模板 DNA 量(是指分子数量)，因此引物与模板单链之间的复性机会比模板单链之间的机会大得多，形成较多的引物与模板的杂交链。③延伸(extension)：在 DNA 聚合酶和 4 种脱氧核糖核苷三磷酸(dNTP)及 Mg^{2+} 存在的条件下，DNA 聚合酶催化以引物为起始点的 DNA 链延伸反应，即遵循碱基互补配对的原则，在引物的 3′端，将碱基一个个地接上去，形成新的互补链。

经过高温变性、低温退火和中温延伸单个温度的循环，模板上介于两个引物之间的片段不断得到扩增。每循环一次，目的 DNA 的拷贝数就增加一倍，随着循环次数的增加，目的 DNA 以指数级增加。

PCR 扩增的特异片段是由人工合成的一对寡核苷酸引物所决定的。在反应的最初阶段，原来的 DNA 担负着起始模板的作用，随着循环次数的递增，由引物介导延伸的片段急剧地增多而成为主要模板。因此，绝大多数扩增物将受到所加引物 5′ 末端的限制，最终扩增产物是介于两个引物 5′ 端之间的 DNA 片段(图 2-8)。

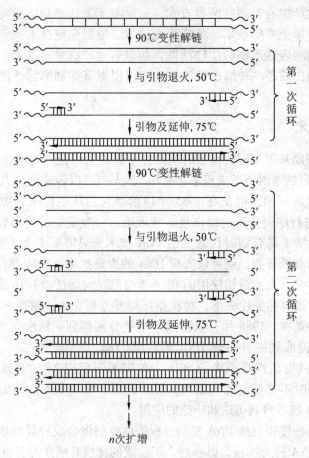

图 2-8 PCR 过程示意图

2.5 基因工程在食品工业中的应用

2.5.1 基因工程在改良食品加工原料中的应用

在植物食品加工原料的改良上，基因工程技术得到广泛的应用，并取得丰硕的成果，其主要集中于改良蛋白质、碳水化合物及油脂等食品原料的产量和质量上。众所周知，植物蛋白的营养功效要显著低于动物蛋白，尤其是植物蛋白中存在一些限制性氨基酸。此外，很多的人类必需氨基酸在植物中的含量也非常低，如谷物类蛋白质中赖氨酸与色氨酸、豆类蛋白中蛋氨酸和半胱氨酸等。这类问题可以通过采用基因导入技术实现，即通过把人工合成基因、同源基因或异源基因导入植物细胞的途径，获得高产蛋白质的作物或高产氨基酸的作物。

2002 年，宋东光等将人体必需氨基酸蛋白基因（*HEAAE*）导入马铃薯以改善马铃薯主食地区的蛋白质营养的研究得到了成功，经过 PCR 和 RT-PCR 分析，*HEAAE* 与 *GUS* 融合基因在马铃薯块茎专一性高表达 *class I patatin* 基因启动子驱动下在转基因马铃薯中获得了稳定表达。1990 年，Clercq 等用 Met 密码子序列取代了拟南芥菜 2s 白蛋白的可复区域，所获得的转基因拟南芥菜可生产富含 Met 的 2s 白蛋白。这些工作说明通过导入人工合成基因来修饰编码蛋白质的基因序列，提高蛋白质中必需氨基含量是可行的。

植物体中有一些含量较低、但氨基酸组成却十分合理的蛋白质，如果能把编码这些蛋白质的基因分离出来，并重复导入同种植物中去使其过量表达，理论上就可以大大提高蛋白质中必需氨基酸含量及其营养价值。例如，豆类植物的主要贮存蛋白质——球蛋白中的蛋氨酸含量很低，它是豆类植物的第一限制性氨基酸，但是豆类中赖氨酸含量却较高，与谷物作物中的蛋白质正好相反，通过基因工程技术，可将谷物类植物基因导入豆类作物，开发蛋氨酸含量提高的转基因大豆。此外，我国学者把从玉米中分离到的富含必需氨基酸的玉米醇溶蛋白基因导入马铃薯中，使转基因马铃薯块茎中的必需氨基酸含量提高了 10%。美国的科学家将外来的高分子量面筋蛋白基因导入普通小麦中获得了含有更多的高分子量面筋蛋白的小麦。这样的小麦面筋蛋白具有良好的延伸性与弹性。

基因工程在产油作物的改良方面是应用最为普遍的，为了获得高产油脂的大豆品种，国内外的很多科学家都进行了大量的转基因研究，并获得了巨大的成功。大豆经基因工程技术改良后，不但抗病虫害的能力得到了提高，单位面积产量也得到了提高，其出油率也提高了 3%～5%。因此，转基因大豆获得了国内外油企的青睐。目前，转基因大豆油基本占据了我国食用油市场的半壁江山，在国际上美国 2008 年转基因大豆的产量为数千万吨。此外，利用基因工程与传统育种技术结合起来，也可为人们提供改善植物油质量的新途径，它不仅可以改变植物油脂肪酸的饱和度，而且不会带来反式脂肪酸问题，提供对人体健康有益的植物油，如将硬脂酰 CoA 脱饱和酶基因导入作物后，可使转基因作物中饱和脂肪酸的含量有所下降，而不饱和脂肪酸的含量则明显增加。

另外，高等植物体内脂肪酸的合成由脂肪合成酶的多酶体系控制，因而改变脂肪合成酶的组成还可以改变脂肪酸的链长，以获得高品质、安全及营养均衡的植物油。目前，控制脂肪酸链长的几个酶的基因已被成功克隆，如通过导入硬脂酰脱氢酶的反义基因，可使转基因油菜种子中硬脂酸的含量从 2% 增加到 40%；美国一家公司正在开发高硬脂酸含量的大豆油和芥花菜油，新的大豆油和芥花菜油将含 30% 以上的硬脂酸，这些新油可以取代氢化油，用于制造人造奶油、液体起酥油和可可脂的替代品。

农作物淀粉含量的增加或减少都有其利用价值。增加淀粉含量，就可能增加干物质，使其具有更高的商业价值；减少淀粉含量，可生成其他贮存物质，如贮存蛋白的积累增加。目前，在增加或减少淀粉含量的研究方面都有成功的报道。Stark 等人利用突变的大肠杆菌菌株 G18 来源的 *AGPP* 基因和 *CMV*35 启动子构建了一个嵌合基因，并把此基因导入烟草、番茄和马铃薯中，结果得到了极少量的转基因植物，表明 *AGPP* 基因的表达对植物的生长、发育是有害的，它很可能改变了植物不同组织之间源库与沉积的关系。后来改用块茎特异表达的 *Patatin* 基因的启动子，获得的马铃薯块茎的淀粉含量较对照组提高了 35%。另外，在改变作物中直链淀粉与支链淀粉的比例方面也有成功的发现，因为通过反义基因抑制淀粉分支酶基因就可获得完全只含有直链淀粉的转基因马铃薯。

基因工程技术应用于动物主要是用来改善其生产性状（如饲料的利用率、瘦肉率和生长速度）和动物健康状况，并利用动物作为生物反应器来生产高附加值的产品。转基因动物尚未达到高等转基因植物的发展水平，但人们仍设法用它来表达高价值蛋白。转基因技术在家畜及鱼类育种上初见成效。中国科学院水生生物研究所在世界上率先进行转基因鱼的研究，成功地将人生长激素基因和鱼生长的激素基因导入鲤鱼，育成当代转基因鱼，其生长速度比对照快，并从子代测得生长激素基因的表达。中国农业大学生物学院瘦肉型猪基因工程育种取得初步成果，获得第二、三、四代转基因猪 215头。我国已生产出生长速度快、节约饲料的转基因鱼上万尾，为转基因鱼的实用化打下基础。1997 年 9 月上海医学遗传研究所与复旦大学合作的转基因羊的乳汁中含有人的凝血因子，既可以食用，又可以药用，使人类药物研究迈出了重大的一步。1999 年，我国首例试管牛"陶陶"诞生了，其产奶量可望达 10 000 kg，比山羊产奶量高 20 多倍。Pursel 等曾把牛的生长激素基因转入猪中生产出两个猪的家系，其生长速度提高11% ~14%，饲料转化率提高 16% ~ 18%。美国科学家培育的转基因鲁鱼可增产20% ~40%。我国科学家利用融合基因 *omT/pGH* 进行基因转移，转基因猪的生长速度提高 11.8% ~14.2%，饲料利用率提高 10%，瘦肉率也有所增加；另外，转基因鱼的生长速度提高 20%，节约饲料 10%。

转基因动物的研究虽然取得了显著进展，但目前生产效率低，转基因表达水平低，且外源基因的整合机制尚不清楚。转基因在宿主基因组中的行为难以控制，阻碍了该技术的发展。

2.5.2　基因工程在改良微生物菌种性能中的应用

基因工程应用于微生物菌种的改良，也称为基因工程育种，是依赖于基因工程技术的发展而发展起来的一类新的微生物菌种改良技术。基因工程育种已经由以往的随机育种转向了定向育种，人们已经可以按照自己的意志在微生物染色体的某些位点进行任意的基因切割、插入或改造，且微生物的表型性状可以按照人们的意志得到表现。

第一个成功采用基因工程改造的微生物为面包酵母（*Saccharamyces cerevisiae*）。由于把具有优良特性的酶基因转移至该菌中，使该菌含有的麦芽糖透性酶（maltose permease）及麦芽糖酶（maltase）的含量比普通面包酵母高，面包加工中产生 CO_2 气体的量也较高，最终制造出膨发性能良好、松软可口的面包产品。这种基因工程改造过的微生物菌种(或称为基因菌)在面包烘焙过程会被杀死,所以,使用上是安全的,英国于 1990 年已经批准使用。又如,啤酒发酵生产是采用啤酒酵母,但由于该微生物菌种不存在α-淀粉酶,需要利用麦芽产生的淀粉酶使谷物淀粉液化成糊精。现在已能采用基因工程技术,将大麦中α-淀粉酶基因转入啤酒酵母中并实现高效表达。这种酵母便可直接利用淀粉进行发酵,可缩短生产流程,简化工序,导致啤酒生产的革新。

基因工程技术应用于菌种改良的最新技术主要有以下几种。

(1)基因的定点突变

定点突变(site-specific mutagenesis 或 site-directed mutagenesis)是指在目的 DNA 片段的指定位点引入特定的碱基对的技术,包括寡核苷酸介导的定点突变、盒式诱变以及以 PCR 为基础的定点突变。由于 PCR 的定点突变技术具有突变效率高、操作简单、耗时短、成本低廉等优点,使其备受关注。因此,近年来,定点突变技术获得了长足的发展,并且在此基础上又发展了很多新技术。如寡聚核苷酸定点诱变技术(targeted amplification of mutant strand,TAMS),它是将目的 DNA 插入到复制型 M13 的多克隆位点上,去转染细菌,提取单链 DNA 作为突变的模板。根据需要设计并合成带有突变核苷酸序列的寡聚核苷酸引物,使与带有目的 DNA 的单链 M13 模板杂交,然后加入 DNA 聚合酶和 4 种脱氧核糖核苷酸,使杂交上的突变引物延伸,并用 DNA 连接酶使新合成的 DNA 成环状,再去转染细菌。可用 DNA 序列分析的方法从所得到的噬菌体中筛选出带有突变 DNA 序列的突变体。在制备出含有突变体的复制型 DNA 后,可以用突变的 DNA 片段置换未突变的 DNA 相应的区段,从而得到完整的 DNA 突变体,即已经获得改良的菌株。

(2)易错 PCR 技术

易错 PCR(error prone PCR)是在采用 DNA 聚合酶进行目的基因扩增时,通过调整反应条件,如提高镁离子浓度、加入锰离子、改变体系中 4 种 dNTPs 浓度或运用低保真度 DNA 聚合酶等,来改变扩增过程中的突变频率,从而以一定的频率向目的基因中随机引入突变,获得蛋白质分子的随机突变体。其关键在于对合适突变频率的选择,突变频率太高会导致绝大多数突变为有害突变,无法筛选到有益突变;突变频率太低则会导致文库中全是野生型群体。理想的碱基置换率和易错的最佳条件主要依赖于突变的 DNA 片段的长度。因为一次错配很难达到菌种改良的目的,由此又发展了连续易错 PCR(sequential error-prone PCR)技术。即将一次扩增得到的有益突变基因作为下一次扩增的模板,连续反复地进行随机诱变,使每一次扩增得到的正向突变累积而产生重要的有益突变。由于易错 PCR 涉及的遗传变化只发生在单一分子内部,故属于无性进化。它虽然可以有效地产生突变,且操作方法简单,但其一般只适用较小的基因片段,且突变碱基中转换高于颠换,应用范围较为有限。

(3)DAN 重排

DNA 重排(DNA shuffling)技术是将来源不同但功能相同的一组同源基因,用核酸酶Ⅰ消化成随机片段,由这些随机片段组成一个文库,使之互为引物和模板进行 PCR 扩增,当一个基因拷贝片段作为另一基因拷贝的引物时,引起模板互换,重组因而发生,导入体内后,选择正突变体作为新一轮的体外重组。此技术是在一个 PCR 反应体系中以两个以上相关的 DNA 片段为模板进行 PCR 反应。引物先在一个模板链上延伸，随之进行多轮变性、复性、延伸过程。在每一轮 PCR 循环中，那些部分延伸的片段可以随机地与含不同突变的模板进行杂交，使延伸继续，并由于模板转换而实现不同模板间的重组，这样重复进行直到获得全长基因片段，重组的程度可以通过调整时间和温度来控制。此方法省去了将 DNA 酶切成片段这一步，致使 DNA 重排方法进一步简化。

目前，已经成功利用基因工程技术改良的菌株，并能用于实践生产的如表 2-3 所示。除此之外许多食品生产中所应用的食品添加剂或加工助剂，如氨基酸、维生素、增稠剂、有机酸、乳化剂、表面活性剂、食用色素、食用香精及调味料等，都可以采用基因工程菌发酵生产而得到，故基因工程对微生物菌种改良大有可为。

表 2-3　部分用于生产改良的基因工程菌

基因工程菌名	改良之处	用　途
Lactobacillus	修饰细菌素合成	乳制品生产，防止杂菌污染
Lactococcus	修饰蛋白酶活性	乳制品生产加速奶酪熟化
	避免噬菌体感染	提高菌种稳定性
	修饰溶菌酶合成	干酪生产，防止杂菌污染
Saccharamyces	修饰麦芽发酵	啤酒生产，缩短发酵时间
Saccharamyces cerevisiae	修饰 *MSN2* 基因	提高葡萄酒酵母的抗性
	将絮凝素基因 *Fl01* 与启动子 *HSP30* 相连接	葡萄酒发酵，确保人工控制的絮凝在发酵结束时实现
	溶菌酶基因 *HEL1* 导入	葡萄酒发酵，抑制杂菌
	片球菌素基因 *PED* 导入	葡萄酒发酵，抑制杂菌
	明串珠菌素基因 *LCA1* 导入	葡萄酒发酵，抑制杂菌
	苹果酸通透酶基因 *mae1* 和 *mae2* 导入	将苹果酸转化为乙醇
	切木聚糖酶基因 *xlnA* 导入	葡萄酒果香有明显增加

2.5.3　基因工程在酶的生产中的应用

酶的应用起源于食品酿造，迄今酶制剂的最大应用对象仍是食品工业。因此，有关食品级酶制剂的生产和应用技术是食品生物技术的一个重要方面。我国现已批准许可使用的食品酶制剂有木瓜蛋白酶、固定化葡萄糖异构酶、α-淀粉酶、糖化酶和精制果胶酶等。目前，这些酶已经都可以进行大规模的工业化生产，其所用的微生物菌株很多已经由原来的诱变育种转向了基因工程育种。

凝乳酶(chymosin)是第一个应用基因工程技术把小牛胃中的凝乳酶基因转移至细菌或真核微生物生产的一种酶。1990 年，美国食品药品管理局(FDA)已批准其应用于干酪生产。由于生产这种酶的基因工程菌不会残留在最终产物上，符合 GRAS(generally recognized as safe)标准，被认定是安全的，无需标示。20 世纪 80 年代以来，为缓和小牛凝乳酶供应不足的紧张状态，日、英、美等国纷纷开展了牛凝乳酶基因工程的研究。

日本于 1981 年首次用 DNA 重组技术将凝乳酶原基因克隆到大肠杆菌中并成功表达。随后，英、美等国相继构建了各自的凝乳酶原的 cDNA 库存，并成功地在大肠杆菌、酵母菌、丝状真菌中表达。

重组 DNA 技术生产小牛凝乳酶，首先从小牛胃中分离出对凝乳酶原专一的 mRNA（内含子已被切除），然后借助反转录酶、DNA 聚合酶和 S1 核苷酸酶的作用获得编码该酶原的双链 DNA。再以质粒或噬菌体为载体导入大肠杆菌。由于所用的 mRNA 样品依然含有各种 RNA 片段，因此所得到的 cDNA 克隆实际上是一个混合的 cDNA 文库，用 mRNA 或 cDNA 探针进行杂交，可以挑选出含有专一性 cDNA 的克隆。所取得的 1095 核苷酸序列基本与凝乳酶原的氨基酸序列相符合，并在 N 端有一个由编码 10 个疏水性氨基酸组成的信号肽序列。为使外源基因在细菌中有效表达，在上游端还需插入适当转录启动子序列，核糖体结合部位以及翻译的起始位点 AUG。表达产物为一融合蛋白（N 端带有一小段细菌肽），但这不影响随后的酶原活化作用。在这一过程中该小肽与酶原的 42 肽一起被切除。用色氨酸启动子可以获得高效表达，问题是表达产物以不溶性的包含体的形式存在。因此，表达后的加工及基因的改造都是不可缺少的。

中国科学院微生物研究所张渝英等以 Tac 为启动子构建了牛凝乳酶原 B 基因表达质粒 PTaAc，转化大肠杆菌 JM105 进行培养。凝乳酶原基因的表达受培养基内诱导剂 IPTG、诱导时间和培养温度的影响。

1998 年，姚斌、范云六等从黑曲霉中克隆了适合于在饲料中使用的植酸酶基因，经分子改造后整合到一个酵母染色体上，其克隆后酵母植酸酶活力为 10^5 U/mL，比原菌株高 3 000 倍以上，也比国外所报道的植酸酶基因工程菌株产酶活力高 50 倍以上，这是基因工程在饲料应用中的一个新的突破，又经过近 10 年的研究，该酶生产菌株及其生产技术获得成功转让。

此外，在由自然界野生菌株向无危害的食品生产用菌株的选育方面，基因工程也体现了无可替代的作用。早在 2003 年，唐雪明等人就从 pBR322 衍生质粒和 pMA 衍生质粒构成 pHY300PLK 载体入手构建了敲除载体 pHK，通过碱变性的方法使双链环状 DNA 部分氢键断裂，造成部分单链区，使其成为同源重组的最佳底物，经电转化导入此前构建的整合型碱性蛋白酶工程菌中，经过反复筛选得到了 11 株不含抗性基因的整合型碱性蛋白酶工程菌。各株菌产酶水平比较接近。其中，以产酶水平最高菌株的产酶量较出发菌株高 0.5%，这一技术为转基因产品安全性的研究提供了成功的经验。

采用基因工程手段改良产酶菌株，近年来还应用于超氧化物歧化酶（SOD）。Hallewell 等报道了人的 Cu-Zn-SOD 的 cDNA 的核苷酸序列、分子克隆和用 Tac1 启动子指导其在大肠杆菌中高效表达。利用酵母甘油醛磷酸脱氢酶启动子指导人的 SOD 基因在酵母菌中高效表达，产生的人的 Cu-Zn-SOD 是可溶的，酶比活正常且对铜、锌表现出低水平的抗性。酵母产生的人的 SOD 酶在其 N—末端乙酰化，它与人们血红细胞的 Cu-Zn-SOD 物化特性相同。然而，细菌中表达产生的人的 SOD 不能乙酰化，酵母菌自身的 Cu-Zn-SOD 也不能乙酰化，可见用酵母表达生产人的 SOD 是很有应用前景的。中国科学院微生物所董志扬等人通过利用热泉资源建立基因文库，筛选到了高温 SOD 酶基因，并成功地利用基因工程技术，获得了高表达该酶的工程菌。

　　另外，还有报道利用基因工程技术将生产高果葡糖浆的葡糖异构酶的基因克隆入大肠杆菌中后，获得了比原菌高好几倍的酶产量。利用转基因微生物生产食品酶制剂是食品工业应用基因工程技术的一个重要领域，开发前景十分广阔，经济价值也不言而喻。目前，基因工程技术已成为微生物育种的主导方法，50%以上的工业用酶制剂来源于转基因微生物。全球范围内，很多企业已成功地应用转基因微生物生产食品酶制剂，如丹麦的诺维信公司及荷兰的 Gist Brocades 公司。生产食品酶制剂的转基因微生物包括浅青紫链霉菌、锈赤链霉菌、枯草芽孢杆面、地衣芽孢杆菌、特氏克雷伯菌、解淀粉芽孢杆菌、米曲霉和黑曲霉等。迄今为止，有据可查的能够用于食品的酶制剂中由基因工程菌发酵而来的有 20 种左右，部分列入表 2-4。

表 2-4　基因工程菌生产的食品用酶

酶名称	基因供体	基因受体	用　途
凝乳酶	*Calf*	*Escherichia coli*， *Kluyveromyces lactis* *Aspergillus awamori*	干酪生产
α-淀粉酶	*Bacillus sp*，*A. niger*	*Bacillus Subtilis*	酿造、淀粉修饰
葡萄糖氧化酶	*Aspergillus*	*Saccharomyces cererisiae*	葡萄糖酸生产，食品保鲜
葡萄糖异构酶	*Arthrobacter*	*E. coli*	果葡糖浆生产
转化酶	*A. niger Kluyveromyces*	*S. cerevisiae*，*pichia pastoris*	转化糖生产
普鲁多糖酶(苗霉多糖酶)	*Klebsiella pneumoniae*	*S. Cerevisiae*	淀粉脱支
脂肪酶	*Rhizopus miehei*	*Aspergillus Oryzae*	特种脂肪生产
α-半乳糖苷酶	*Guar*(瓜尔豆)	*S. Cerevisiae*	修饰食品胶
β-半乳糖苷酶	*Kluyveromyces lactis*	*S. Cerevisiae*	乳清的利用，乳制品生产
α-乙酸乳酸脱羧酶	*Bacillus brevis*	*Bacillus subtilis*	啤酒酿造、缩短加工时间
溶菌酶	*Chicken*，*Cow*	*S. Cerevisiae*，*Pichia pastoris*	食品保藏
碱性蛋白酶	*A. oryzae*	*Zygosaccharomyces rouxii*	大豆制品加工

2.5.4　基因工程在生产保健食品的有效成分中的应用

　　保健食品也称功能性食品(functional food)，是指其成分对人体能充分显示身体防御功能、调节生理节律以及预防疾病和促进康复等有关的身体调节功能的加工食品。欧美国家所通称的"健康食品"(healthy food)或"营养食品"(nutritional food)和我国俗称的"保健食品"，其所特指的含义及内容均与"功能性食品"相同或相似。

　　保健食品种类繁多，卫生部将其分为 22 类：免疫调节、调节血脂、调节血糖、延缓衰老、改善记忆、改善视力、促进排铅、清咽润喉、调节血压、改善睡眠、促进泌乳、抗突变、抗疲劳、耐缺氧、抗辐射、减肥、促进生长发育、改善骨质疏松、改善营养性贫血、对化学性肝损伤有辅助保护作用、美容、改善胃肠道功能。这些保健食品中很多都是小分子物质起作用，如人乳铁蛋白(human lactoferrin)，是由 703 个氨基酸组成的碱性单链糖蛋白，是转铁蛋白的一种，它是人体非特异性免疫系统中的重要成员之一，不仅乳腺可以分泌，其他腺体（如泪腺、唾液腺、支气管黏膜、胃黏膜等）也可以分泌，存在于腺体分泌性上皮细胞中，是胎儿防御系统的重要成分，具有明显的抗细菌、真菌和抗病毒等作用，且能够增加人体对铁的吸收。可作为保健食品的主要成分在食品中进行使用。但是由于其自然界来源是限制在奶源里的，其生产与需求存在着一定的矛盾。基因工程技术为此矛盾的解决提供了可能，目前利用转基因植物表达人乳铁蛋白取得了一些重要的成果。人乳铁蛋白已在转基因马铃薯、番茄、水稻、胡萝卜、烟草等植物中表达，人乳铁蛋白在转基因植物中具有和人体内源蛋白一样的活性，如抗菌活性。

　基因工程应用于食品确实有着非常显著的经济效益，特别是在粮食产量与减少农药使用方面，是其他技术所不能比拟的。但是转基因食品，其内部确实是被移植进外来基因，这与杂交有着本质的区别。这些外来基因存在于转基因食品是否会引起相关安全性的问题，在学术界依然褒贬不一，世界各国基于经济原因的考虑，对转基因禁止与否也存在着不同的声音。但是目前不论是欧美发达国家，还是新兴的各大经济体都对转基因食品有着严格的管理机制，各国都设置专门机构来监督转基因食品的生产与销售。

本章小结

　本章讲授了基因工程的原理及基因工程所使用的工具酶、基因载体，并比较详细地介绍了基因工程操作中的基本技术包括：核酸提取技术、电泳技术、基因的分子克隆、聚合酶链式反应技术。核酸提取的方案，应根据具体生物材料和待提取的核酸分子的特点而定。基因的分子克隆技术是指利用酶将不同来源的 DNA 分子在体外进行特异性切割、重组连接、组成新的 DNA 重组子，导入宿主细胞，随着宿主细胞的繁殖，DNA 重组子在宿主细胞体内被扩增，从而得到大量子代 DNA 重组子或其表达产物的技术。该技术是基因工程的核心技术。PCR 技术在帮助基因工程获得目的基因方面起着无可撼动的地位，PCR 技术是一种模拟自然 DNA 复制过程的体外酶促合成特异性核酸片段技术。它以待扩增的两条 DNA 链为模板，以一对人工合成的寡核苷酸作为引物，通过 DNA 聚合酶的作用，在体外进行特异 DNA 序列扩增。

　基因工程在食品工业中的应用体现在改良食品加工原料。不论是植物性原料、动物性原料，还是微生物菌体，都可以通过基因工程技术进行改良。基因工程应用于食品生产确实有着非常显著的经济效益，特别是在粮食产量与减少农药使用方面，是其他技术所不能比拟的。但是转基因食品在学术界依然褒贬不一，世界各国对转基因食品有着严格的管理机制。

思考题

1. 什么是基因工程？基因工程的发展史是怎样的？
2. 何为基因工程的工具酶？其作用特点是什么？
3. 限制性内切酶有哪几类？各自的酶学结构与切割特点有什么差异？
4. 何为同工酶？何为同尾酶？
5. 基因工程的基本步骤有哪些？
6. 何为基因工程的载体？基因工程的载体主要有哪几类？
7. 什么是人工染色体，其相比于质粒或者噬菌体载体有哪些差异？人工染色体的缺陷有哪些？
8. 基因工程在食品原料的改良上主要有哪些应用？

9. 应用于菌种改良的最新基因工程技术主要有哪些？

10. 除教材所列的改良菌株，你还知道有哪些已经用于生产实践的工程菌？

11. 什么是保健食品？基因工程在保健食品上的应用有哪些？

推荐阅读书目

基因工程原理．吴乃虎．科学出版社，2005.

分子克隆实验指南．黄培堂，译．科学出版社，2005.

转基因食品．陈卫，译．中国纺织出版社，2011.

第 3 章

发酵工程及其在食品工业中的应用

人类利用微生物生产各种产品已有数千年的历史。最初微生物的应用仅限于食品与酿酒发酵。随着近代微生物工程和发酵工程的发展，应用领域逐渐扩展到医药、轻工、农业、化工、能源、环境保护及冶金等多个行业。特别是基因工程和细胞工程等现代生物技术的发展和结合，人们通过细胞水平和分子水平改良或创建微生物新的菌种，使发酵工程的发酵水平大幅度提高，发酵产品的种类和范围不断增加。

3.1 发酵工程的原理与技术

3.1.1 发酵的定义

发酵(fermentation)最初来自拉丁语"发泡"(fervere)这个词，是指酵母作用于果汁或发芽谷物产生二氧化碳的现象。巴斯德研究了酒精发酵的生理意义，认为发酵是酵母在无氧条件下的呼吸过程，是"生物获得能量的一种形式"。也就是说，发酵是在厌氧条件下，糖在酵母菌等生物细胞的作用下进行分解代谢，向菌体提供能量，从而得到产物酒精和二氧化碳的过程。对生物化学家来说，发酵的定义是指微生物在无氧条件下分解代谢有机物质释放能量的过程。而生物学家把利用微生物在有氧或无氧条件下的生命活动来制备微生物菌体或其代谢产物的过程统称为发酵。

3.1.2 发酵工程概念及其特点

3.1.2.1 发酵工程概念

发酵工程(fermentation engineering)是利用微生物特定性状和功能，通过现代化工程技术生产有用物质或直接应用于工业化生产的技术体系，是将传统发酵与现代的 DNA 重组、细胞融合、分子修饰和改造等新技术结合并发展起来的发酵技术，也可以说是渗透有工程学的微生物学，是发酵技术工程化的发展。由于主要利用的是微生物发酵过程来生产产品，因此也可称为微生物工程。

发酵工程基本上可分为发酵和提取两大部分。发酵部分是微生物反应过程，提取部分也称为后处理或下游加工过程。虽然发酵工程的生产是以发酵为主，发酵的好坏是整个生产的关键，但后处理在发酵生产中也占有很重要的地位。完整的发酵工程应该包括从投入原料到获得最终产品的整个过程。发酵工程就是要研究和解决整个过程中工艺和设备问题，将实验室和中试成果扩大到工业化生产中去。现代发酵工程是以天然生物体和人工修饰的生物体为加工对象，集现代化高新技术为一体，生产产品或服务于人类社会的一种工程技术。

3.1.2.2 发酵工程特点

（1）发酵工程主体微生物的特点

发酵工业是利用微生物的生长和代谢活动生产各种有用物质的现代工业。工业微生物菌种是发酵工业的主体，能用于发酵生产的微生物即为工业微生物。发酵工程的菌种类型多种多样，但从工业化生产对菌种的要求来讲，发酵工业的菌种应具有如下特点：① 微生物种类繁多、繁殖速度快、代谢能力强；② 微生物酶的种类很多，能催化各种生物化学反应；③ 微生物能够利用有机物、无机物等各种营养源；④ 可以用简易的设备来生产多种多样的产品；⑤ 不受气候、季节等自然条件的限制。

（2）发酵工程技术的特点

与传统酿造技术相比，源于酒类、酱类、醋类等酿造技术的发酵工程技术发展非常迅速，并具有以下特点：① 发酵过程以生命体的自动调节方式进行，数十个反应过程能够在发酵设备中一次完成；② 反应通常在常温常压下进行，条件温和，耗能少，设备较简单；③ 原料通常以糖、淀粉等碳水化合物为主，可以是农副产品、工业废水或可再生资源（如植物秸秆、木屑等），微生物本身能有选择地摄取所需的物质；④ 容易生产复杂的高分子化合物，能高度选择地在复杂化合物的特定部位进行氧化、还原、官能团引入或去除等反应；⑤ 发酵过程中需要防止杂菌污染，大多情况下设备需要进行严格的冲洗、灭菌，空气需要过滤等。

（3）发酵工程反应过程的特点

发酵生产过程是利用生物体的生命活动来获取产品的，与化工生产过程相比，发酵工程反应过程的特点如下：① 作为生物化学反应，通常是在温和的条件（如常温、常压、弱酸、弱碱等）下进行；② 原料来源广泛，通常以糖、淀粉等碳水化合物为主；③ 反应以生命体的自动调节方式进行，若干个反应过程能够像单一反应一样，在单一反应器内很容易进行；④ 发酵产品多数为小分子产品，但也很容易生产出复杂的高分子化合物，如酶、核苷酸的生产等；⑤ 由于生命体特有的反应机制，能高度选择性地进行复杂化合物在特定部位的氧化、还原、官能团导入等反应；⑥ 生产发酵产物的微生物菌体本身也是发酵产物，富含维生素、蛋白质、酶等有用物质，除特殊情况外，发酵液一般对生物体无害；⑦ 要特别注意在发酵生产操作中的杂菌污染，一旦发生杂菌污染，一般都会遭受损失；⑧ 通过微生物菌种的改良，能够利用原有设备较大幅度地提高生产水平。

3.1.2.3 发酵工程的产品类型

常见的发酵工程产品类型有酒类、发酵食品、有机酸、醇及有机溶剂、酶制剂、氨基酸、核酸类物质、抗生素、生物活性物质、微生物菌体以及黄原胶、右旋糖酐、葡聚糖等多糖类。

3.1.3 发酵方式

微生物发酵是一个错综复杂的过程，尤其是大规模工业发酵，要达到预定目标，需要采用和研究开发多种多样的发酵技术。发酵方式是重要的发酵技术之一，通常可按如下几种方式分类(图 3-1)。

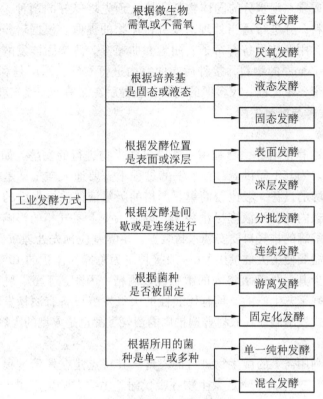

图 3-1　微生物工业发酵方式

实际上，在微生物发酵工业生产中，各种发酵方式往往是结合进行的，选择哪些方式组合起来进行发酵，取决于菌种特性、原料特点、产物特色、设备状况、技术可行性、成本核算等方方面面的因素。现代发酵工业大多数主流发酵方式采用的是好氧、液体、深层、分批、游离、单一纯种发酵方式结合进行的。

3.1.3.1　液体发酵与固体发酵

（1）液体发酵

液体发酵也称为液体培养，是指将微生物接种到液体培养基中进行的培养过程。由于在现代发酵工程中大多数发酵微生物是好氧性的且采用的发酵方式是液体搅拌，而微生物只能利用其中的溶解氧，所以，如何保证在培养液中有较高的溶解氧浓度至关重要。常温（20℃）常压下达到平衡时，氧在水中的溶解度仅为 6.2mL/L（0.28mmol），这些氧只能保证氧化 8.3mg（0.046mmol）葡萄糖，仅相当于培养基中常用葡萄糖含量的 1%。除葡萄糖外，培养基中的无机或有机养分一般都可保证微生物使用几小时至数天。所以，对好氧菌而言，生长的限制因子几乎总是与氧有关。

（2）固体发酵

固体发酵也称为固体培养或固态发酵，就是指利用固体培养基进行微生物的繁殖。

微生物黏附在营养基质表面生长，所以又可称为表面培养。固体发酵一般都是开放的形式，因而不是纯培养，无菌要求也不高，它的一般过程为：将原料预加工后再经蒸煮灭菌，然后制成含一定水分的固体物料，接入预先培养好的菌种，进行发酵。发酵成熟后要适时出料，并进行适当处理，或进行产物的提取。根据培养基的厚薄可分为薄层和厚层发酵，用到的设备有帘子、曲盘和曲箱等。薄层固体发酵是利用木盘或苇帘，在上面铺 1~2cm 厚的物料，接种后在曲室内进行发酵；厚层是利用深槽（或池），在其上部架设竹帘，帘上铺一尺多厚的物料，接种后在深槽下部通气进行发酵。

3.1.3.2 厌氧发酵与好氧发酵

（1）厌氧发酵

厌氧发酵也称静止培养，是利用一些厌氧微生物进行的发酵，如丙酮、丁醇、乳酸、乙醇的生产。因其不需供氧，整个发酵过程不需要通入空气，是在密闭的条件下进行的。厌氧发酵的设备一般比较简单。严格的厌氧液体深层发酵的主要特色是排除发酵罐中的氧。罐内的发酵液应尽量装满，以便减少上层气相的影响，有时还需要充入无氧气体。发酵罐的排气口要安装水封装置，培养基应预先处理减少其中的含氧量。此外，厌氧发酵需要使用大剂量接种（一般接种量为总操作体积的 10%~20%），使菌体迅速生长，减少其对外部氧渗入的敏感性。酒精、丙酮、丁醇、乳酸和啤酒等都是采用液体厌氧发酵工艺生产的。具有代表性的厌氧发酵设备有酒精发酵罐以及用于啤酒生产的锥底立式发酵罐。在农村普遍推广的沼气发酵也是典型的厌氧发酵。

（2）好氧发酵

好氧发酵是利用需氧的微生物进行的发酵。其特点是在发酵过程中需要不断地供给微生物氧气（或空气），以满足微生物呼吸代谢。多数发酵生产属于有氧发酵。好氧发酵的方法有通气、通气搅拌或表层培养等类型。

3.1.3.3 分批发酵与连续发酵

（1）分批发酵

分批发酵又称为分批培养，是指将所有的物料（除空气、消泡剂、调节 pH 值的酸碱物外）一次加入发酵罐，然后灭菌、接种、培养，最后将整个罐的内容物放出，进行产物回收，清罐结束后，重新开始新的装料发酵的发酵方式。

分批发酵在发酵开始时，将微生物菌种接入已经灭菌的培养基中，在微生物最适宜的培养条件下进行培养，在整个培养过程中，除氧气的供给、发酵尾气的排出、消泡剂的添加和控制 pH 值需加入的酸或碱外，整个培养系统与外界没有其他物质的交换。分批发酵过程中随着培养基中的营养物质的不断减少，微生物生长的环境条件也随之不断变化，因此，分批发酵是一种非稳态的培养过程（图 3-2）。

（2）补料分批发酵

补料分批发酵是指在分批发酵过程中，由于到了中后期，养料快要消耗完毕，菌体逐渐走向衰老自溶，代谢产物不能再继续分泌。这时为了延长中期代谢活动，维持较高的发酵产物的增长幅度，需要给发酵罐间歇或连续地补加新鲜培养基的发酵方式，又称半连续培养或半连续发酵，是介于分批发酵过程与连续发酵过程之间的一种过渡培养方式。

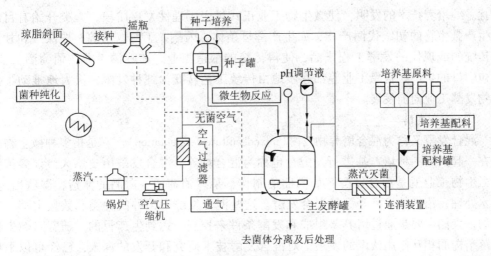

图 3-2　典型的分批发酵工艺流程

补料在发酵过程中的应用,是发酵技术上的一个划时代的进步。补料技术本身也由少次多量、少量多次,逐步改为流加方式,近年来又实现了流加补料的微机控制。但是,发酵过程中的补料量或补料率在生产中还只是凭经验确定,或者根据检测的静态参数(如基质残留量、pH 值、溶解氧浓度等)设定控制点,带有一定的盲目性,很难同步地满足微生物生长和产物合成的需要,也不可能完全避免基质的调控反应。因而,现在的研究重点在于如何实现补料的优化控制。

(3)连续发酵

连续发酵是指以一定的速度向培养系统内添加新鲜的培养液,同时以相同的速度流出培养液,从而使培养系统内培养液的量维持恒定,使微生物细胞能在近似恒定状态下生长的微生物发酵培养方式。连续发酵又称为连续培养,它与封闭系统中的分批发酵培养方式相反,是在连续流加的系统中进行的培养方式。在连续发酵过程中,微生物细胞所处的环境条件,如营养物质的浓度、产物的浓度、pH 值以及微生物细胞的浓度、比生长速率等可以自始至终基本保持不变,甚至还可以根据需要来调节微生物细胞的生长速率,因此,连续发酵的最大特点是微生物细胞的生长速率、产物的代谢均处于恒定状态,可以达到稳定、高速培养微生物细胞或产生大量的代谢产物的目的。此外,对于细胞的生理或代谢规律的研究,连续发酵是一种重要的发酵手段。

3.1.3.4　单一纯种发酵与混合发酵

(1)单一纯种发酵

为了培养某种纯的微生物,首先就必须将特定的微生物从它的自然生存环境中分离出来,然后转移到事先经过灭菌的纯净的培养基上进行培养。在操作过程中,还必须严格防止其他微生物混入,这称为无菌操作。把各种微生物彼此分开并培养成纯种微生物的技术,在微生物学上叫做分离和纯种培养技术,也称为单一纯种发酵。纯培养是由微生物学家科赫利用灭过菌的琼脂平板,分离到由单一微生物菌株形成的单菌落,从而使人们可以使用单一纯种微生物来进行发酵,避免了其他杂菌对发酵过程的干扰。纯培养技术的发明，使微生物工业正式进入了理性发展阶段，人类开始有目的地生产微生物的初级代谢产物，如生产酵母菌体、丙酮、丁醇、乙醇、柠檬酸和甘油等传统的或现代的发酵工程产品，使得传统的酿造工业，如啤酒工业、葡萄酒工业、面包酵母的生产、食醋工业等都逐步地由传统工艺转变为纯种发酵，极大地推动了微生物发酵工业向前发展。

（2）混合发酵

混合发酵又称为混合培养物发酵（mixed culture fermentation）。它是指多种微生物混合在一起共用一种培养基进行发酵，也称为混合培养。混合发酵历史悠久，许多传统的微生物工业就是混合发酵，如酒曲的制作，某些葡萄酒、白酒的酿造，湿法冶金，污水处理，沼气的发酵等都是混合发酵。这些混合发酵中菌种的种类和数量大都是未知的，人们主要是通过培养基组成和发酵条件来控制，达到生产目的。随着对微生物群落结构的相互作用认识的发展，对混合发酵技术研究和开发的深入，已经可以采用已鉴定的两种以上分离纯化的微生物作为菌种，共用同种培养基进行发酵，也有人将此称为限定混合培养物发酵。

3.1.3.5　固定化发酵技术

酶作为催化剂具有专一性强、催化效率高及作用条件温和等优点。大多数酶能溶解于水或其他极性溶剂中。在过去的生产中，一直都是以溶于水的状态进行催化反应的，因此，在发酵工业中不得不以分批法进行，反应完成后，酶不能重复使用而被弃去，而且有时不易与产物分开，影响产品提纯及质量。近十几年来发展了一项应用酶的新技术——酶与细胞的固定化。这种固定化酶是将水溶性酶制剂，通过物理或化学方法使之不溶于水，而仍然保持酶催化能力的制剂。它的作用特点是用固相的酶作用于液相的底物。

固定化酶与一般水溶性酶制剂相比，不但具有酶的高度专一性、催化效率高及作用条件温和等特点，而且比水溶性酶稳定，使用寿命长，一般可连续使用几百小时甚至一个月。固定化酶是悬浮于反应液中进行作用，反应后可用过滤或离心的方法与反应液分离，从而可反复使用多次。固定化酶还可装成酶柱，反应液流过酶柱后，流出液即为反应物，这样就可能使生产管道化、连续化及自动化。固定化酶在使用前可充分洗涤，除去水溶性杂质，因而不会污染反应液，产物的分离提纯简单，收率高，酶损失少。因此，它在实际生产中和理论研究中越来越受到重视。现在已经有许多酶制成固定化酶，但在大规模工业生产上应用的尚不多（图3-3）。

近年来，人们越来越注意固定化完整细胞甚至固定化活细胞的应用，固定化细胞较之固定化酶更具优点：不需要把酶从菌体中抽提出来，也不要提纯精制酶，而且酶的失活可降至最低限度。因此，固定化粒子的酶活性收率一般都较高，稳定性也较高，成本则显著降低。同时，一般说来固定化菌体细胞的制备和使用比固定化酶容易。但是，将微生物细胞固定化作为固体催化剂使用时，不应伴随副反应。如果目的微生物含有副反应，且只需用加热处理、pH处理等简单方法就能失活，这样的微生物也能进行固定化。固定化细胞如果用于基质是高分子或不溶时，或反应生成物是高分子或不溶时则反应很困难，只有当基质及反应产物均是低分子物质，反应才能在常温常压下进行，这些在细胞固定化时必须引起足够的注意。目前，固定化细胞正逐步应用于发酵工业生产中。

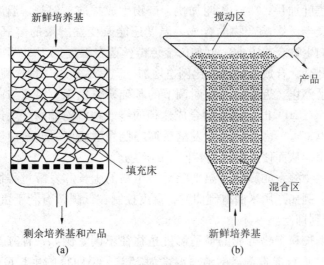

图 3-3　两种固定化反应器的模式图

（a）填充床固定化模式，这是一种工业上常用的技术，生物催化剂是附着在固体上的微生物，
通常是一种天然培养基，培养基缓慢地从上面流过填充床，剩余培养基和反应产物从下方流出
（b）流态床固定化模式，生物催化剂是固定在颗粒上的，这些颗粒悬浮在朝上流动的新鲜培养基中，
在反应器上部的液体流速放慢，因而能把生物催化剂颗粒保留在容器内

3.1.4　发酵过程控制

3.1.4.1　温度对发酵的影响及其控制

在发酵过程中需要维持生产菌的生长和产物合成的适当温度。微生物的生长繁殖和产物的合成都需要在一定的温度范围内进行，这两个温度通常是不同的。温度直接影响到微生物体内各种酶的活性，因此，在发酵过程中必须保证稳定和适宜的温度范围。

（1）影响发酵温度的因素

发酵热（$Q_{发酵}$）是在发酵过程中产生的净热量，它是引起发酵过程中温度变化的原因。发酵过程中，随着菌体对培养基的利用，氧化分解有机质以及机械搅拌的作用，将会产生一定的热量，同时，因发酵罐壁的散热、水分蒸发等也会带走部分热量。因此，发酵热的组成分别是生物热、搅拌热、辐射热和蒸发热。

生物热（$Q_{生物}$）是指微生物在生长繁殖中，培养基质中的碳水化合物、脂肪和蛋白质被氧化分解为二氧化碳、水和其他物质时释放出的热。这些释放出的能量一部分用来合成高能化合物，供微生物合成和代谢活动的需要，一部分用来合成代谢产物，其余部分则以热的形式散发出来。

搅拌热（$Q_{搅拌}$）是指在机械搅拌通气发酵罐中，由于机械搅拌带动发酵液做机械运动，造成液体之间、液体与搅拌器等设备之间的摩擦而产生的热。

（2）发酵最适温度选择

①温度对发酵的影响 温度对发酵的影响是多方面的。从酶反应动力学来看，温度升高，酶反应速度加快，生长代谢加快，产物生成提前。但是，温度越高，酶失活越快，菌体容易衰老，影响产物的合成。温度还能改变发酵液的溶氧从而影响发酵，此外，温度还影响生物合成方向。例如，金色链丝菌在温度低于30℃时，合成金霉素能力较强，温度升高，合成四环素的比例也增加，温度达到35℃时，则只产生四环素，而金霉素合成几乎停止。近年来对代谢调节的基础研究发现，温度与菌体的调节机制关系密切。例如，在20℃时，氨基酸合成途径的终产物对前端酶的反馈抑制比在正常温度时更大。所以，可考虑在抗生素发酵后期降低发酵温度，使蛋白质和核酸的正常合成途径提早关闭，从而使发酵代谢转向目的产物合成。

②温度对微生物酶系的影响 温度除对微生物的生长和发酵过程影响外，还影响酶的组成及特性。例如，用米曲霉制曲时，温度控制在低限，有利于蛋白酶的合成，α-淀粉酶的活性受到抑制。

同一菌种的生长和产物合成的最适温度也往往不同。例如，青霉素产生菌的生长最适温度为30℃，而合成青霉素的最适温度为25℃；黑曲霉的生长最适温度为37℃，产生糖化酶和柠檬酸时的温度为32～34℃；谷氨酸产生菌的最适宜生长温度为30～32℃，产生谷氨酸的温度为34～37℃；透明质酸产生菌的最适宜生长温度为39℃，而最适产物合成温度是33℃。但并非同一种菌的最适合细胞生长和产物生成的温度都是不一致的。例如，在谷氨酰胺转氨酶的摇瓶发酵实验中，细胞生长和产酶的最适宜温度都是30℃。

（3）发酵过程温度的控制

为了使微生物的生长速率最快，代谢产物的产率最高，在发酵过程中必须根据菌种的特性，严格选择和控制最适温度。不同的菌种和不同的培养条件以及不同的酶反应和不同的生长阶段，最适生长温度均有所不同。

因为最适合菌体生长的温度与最适合产物合成的温度有时存在差异，所以，在整个发酵过程中，往往不能仅控制在同一个温度范围内。例如，在抗生素的发酵中，生长初期抗生素还未开始合成，菌丝浓度较低，在此阶段主要是促进菌丝生长繁殖，因此，应优先考虑最适合菌体生长的温度。等到抗生素分泌期，菌丝已长到一定浓度，要把温度调整到适合产物合成的温度。

温度的选择还要参考其他发酵条件综合掌握。例如，在通气条件较差的情况下，最合适的发酵温度也可能比正常良好通气条件下低一些。这是由于在较低的温度下，氧溶解度相对大些，菌体的生长速率相对小些，从而弥补了因通气不足而造成的代谢异常。又如，培养基成分和浓度也对改变温度的效果有一定的影响。在使用较稀或易被利用的培养基时，降低培养温度，限制微生物的生长繁殖，可防止养料过早耗竭，菌丝过早自溶，从而提高代谢产物的产量。

3.1.4.2 pH值对发酵的影响及其控制

（1）pH值对发酵过程的影响

pH值是微生物生长和产物合成非常重要的参数，是代谢活动的综合指标，对于发酵过程具有十分重要的意义。不同种类的微生物对 pH 值的要求不同。大多数细菌的最适 pH 值为 6.5 ~ 7.5，霉菌一般为 4.0 ~ 5.8，酵母菌为 3.8 ~ 6.0，放线菌为 6.5 ~ 8.0。如果 pH 值范围不合适，则微生物的生长和产物的合成都要受到抑制。并且，控制一定的 pH 值不仅是保证微生物正常生长的主要条件之一，还是防止杂菌污染的一个有效措施。

对于同一种微生物，由于生长环境的 pH 值不同，也可能会形成不同的发酵产物。例如，黑曲霉在 pH 2 ~ 3 时发酵产生柠檬酸，而在 pH 值接近中性时则产生草酸。酵母菌在 pH 值为 4.5 ~ 5.0 时产生乙醇，但在 pH 8.0 时，发酵产物不仅有乙醇，还有醋酸和甘油。又如，在产气杆菌中与吡咯并喹啉醌（PQQ）结合的葡萄糖脱氢酶受培养液 pH 值的影响很大，在钾限制培养中，pH 值为 8.0 时不产生葡萄糖酸，而在 pH 值为 5.0 ~ 5.5 时，产生的葡萄糖酸和 2 - 酮葡萄糖酸最多。微生物菌体生长的最适 pH 值和产物合成的最适 pH 值往往不一定相同，但也有一致的，如透明质酸产生菌的菌体生长和产物合成的最适 pH 值都是 7.0。

发酵液 pH 值的改变，影响微生物生长繁殖和代谢产物形成的主要原因有下列几个方面：

①使微生物细胞原生质膜的电荷发生改变　原生质膜具有胶体性质，在一定 pH 值时可以带正电荷，而在另一 pH 值时则带负电荷，在电荷改变的同时，会引起原生质膜对某些离子渗透性的改变，从而影响微生物对培养基营养物质的吸收和代谢产物的分泌以及新陈代谢的正常进行。

②直接影响酶的活性　由于酶的作用均有其最适合的 pH 值，在不适宜的 pH 值下，微生物细胞中的某些酶的活性受到抑制，微生物的生长繁殖和新陈代谢也会因此而受到影响。

③直接影响代谢过程　发酵液的 pH 值直接影响培养基某些重要的营养物质和中间代谢产物的解离，从而影响微生物对这些物质的利用。

（2）发酵过程中 pH 值的控制

由于微生物不断地吸收、同化营养物质并排出代谢产物，因此，在发酵过程中，发酵液的 pH 值是不断变化的。这不但与培养基的组成有关，而且与微生物的生理特性有关。各种微生物的生长和发酵都有各自最适 pH 值，为了使微生物能在最适 pH 值范围内生长、繁殖和发酵，应根据微生物的特性，不仅要在原始培养基中控制适当的 pH 值，而且要在整个发酵过程中，随时检查 pH 值的变化情况，并进行相应的调控。

在实际生产中，调节控制 pH 值的方法应根据具体情况加以选用。如调节培养基的原始 pH 值，可加入缓冲剂（如磷酸盐）制成缓冲能力强、pH 值改变不大的培养基，若能使盐类和碳源的配比平衡，则不必加缓冲剂。也可在发酵过程中加弱酸或弱碱调节 pH 值，合理地控制发酵条件。此外，若仅用酸或碱调节 pH 值不能改善发酵情况，进行补料则是一个较好的办法，既可调节培养液的 pH 值，又可补充营养，增加培养基的浓度，减少阻遏作用，从而进一步提高发酵产物的产率。

在确定某种发酵过程中合适的 pH 值之后，就要采用各种方法来控制。首先需要考虑发酵培养基的基础配方，保证发酵过程中的 pH 值变化在合适的范围内。因为培养基中含有代谢产酸(如葡萄糖、硫酸铵)和产碱(如尿素、硝酸钠)的物质以及缓冲剂(如碳酸钙)等成分，它们在发酵过程中要影响 pH 值的变化，特别是碳酸钙能与酮酸等反应，从而起到缓冲作用。在分批发酵中，常用此法来控制 pH 值的变化。

发酵过程中利用上述方法调节 pH 值如达不到控制目标时，可用下述方法调节 pH 值：

①添加碳酸钙法　采用生理碱性铵盐作为氮源时，由于 NH_4^+ 被菌体利用后，剩下的酸根会引起发酵液 pH 值下降，在培养基中加入碳酸钙，就能调节 pH 值。乳酸的发酵中常用碳酸钙调节 pH 值，防止因 pH 值下降而引起的乳酸产量降低。

②氨水流加法　在发酵过程中，根据 pH 值的变化流加氨水调节 pH 值，且作为氮源，供给 NH_4^+。氨水价格便宜，来源容易。但氨水作用快，对发酵液的 pH 值波动影响大，应采用少量多次流加，以免造成 pH 值过高。

③尿素流加法　此法是目前国内味精厂普遍采用的方法。以尿素作为氮源进行流加调节 pH 值，pH 值变化具有一定的规律性，且易于操作控制。

④通过补料控制 pH 值　将 pH 值控制与代谢调节相结合，通过补料控制实现控制 pH 值，如青霉素的发酵过程中，按产生菌的生理代谢需要，通过调节加糖速率来控制 pH 值，比用衡速加糖、酸碱控制 pH 值提高青霉素产量 25% 以上。

3.1.4.3　溶解氧对发酵的影响及其控制

(1)微生物的临界溶解氧浓度

不影响微生物呼吸时的最低溶解氧的浓度称为临界溶解氧浓度。目前，最常用的测定溶氧的方法是基于极谱原理的电流型测氧覆膜电极法，即在发酵罐中安装溶氧电极进行溶氧的测定。

(2)溶解氧的控制

溶解氧是需氧发酵控制最重要的参数之一。由于氧在水、发酵液中的溶解度都很小，因此，需要不断通风和搅拌，才能满足不同发酵过程对氧的需求。

(3)提高溶解氧的措施

提高溶解氧的措施需要从影响氧溶解和传递的因素来考虑。在工业发酵中通常采用搅拌、控制培养基浓度、控制空气流速、改善发酵罐的结构等方式提高溶氧。

搅拌是提高溶氧的重要措施。在赤霉素发酵中溶氧水平对产物合成有很大的影响。通常在发酵 15~50h 之间溶氧下降到 10% 空气饱和度以下，此后如补料不匹配，使溶氧长期处于较低水平，导致赤霉素的发酵停滞不前。为此，将搅拌转速从 155r/min 提高到 180r/min，结果使氧的传质提高，有利于产物合成。值得注意的是，溶氧开始回升的时间因搅拌加快而提前 24h，赤霉素生物合成的启动也提前 1d，到 158h 发酵单位已超过对照放罐的水平。搅拌加快后很少遇到因溶氧不足而"发酸"和发酵单位不上升的现象。

改善发酵液的黏度能有效地提高传质。据报道，泰乐菌素的发酵生产，在气升式生物反应器中，通过改变培养基成分，降低黏度，提高了溶氧，从而使泰乐菌素的发酵单位增加 2.5 倍。

在培养基方面，限制养分的供给以降低菌的生长速率，也可限制菌对氧的大量消耗，从而提高溶氧水平。这看来有些"消极"，但从总的经济效益来看，在设备供氧不理想的情况下，控制菌量使发酵液的溶氧值不低于临界溶氧值，从而提高菌的生产能力，也能达到高产目标。此外，还可从控制空气流速、改善发酵罐的结构等方面提高溶氧。

3.1.4.4　CO_2浓度对发酵的影响及其控制

CO_2是微生物的代谢产物，也是合成反应所需的基质。CO_2对微生物生长和发酵具有刺激作用，它是细胞代谢和微生物发酵的可用指标，有人把细胞量和尾气CO_2的生成相关联，作为手段通过碳元素平衡来估算细胞的生长速率和细胞量。溶解在发酵液中的CO_2对氨基酸、抗生素等产品的发酵具有抑制或刺激作用。

（1）CO_2对菌体生长和产物形成的影响

CO_2对微生物生长有直接作用，微生物代谢产生的CO_2浓度高于$0.91mol/L$时，糖类的代谢和微生物的呼吸速率将下降。CO_2还会影响菌体的形态。以产黄青霉菌为例，当CO_2分压为$0.01 \times 10^5 Pa$时，菌丝主要呈丝状；当CO_2分压为$0.02 \times 10^5 \sim 0.03 \times 10^5$ Pa，菌丝主要呈膨胀、粗短状；当CO_2分压为$0.08 \times 10^5 Pa$时，则出现球状或酵母状，致使青霉素合成受阻。

CO_2和HCO_3^-都会影响细胞膜的结构，它们分别作用于细胞膜的不同位点。溶解于培养液中的CO_2主要作用于细胞膜的脂肪酸核心部位，而HCO_3^-则影响磷脂、亲水头部带电荷表面及细胞膜表面上的蛋白质。当细胞膜的脂质相中CO_2浓度达到临界值时，使细胞膜的流动性及表面电荷密度发生变化，这将导致许多基质的膜运输受阻，影响了细胞膜的运输效率，使细胞处于"麻醉"状态，细胞生长受到抑制，形态发生了改变。

在大规模发酵过程中CO_2的作用是非常突出的问题，很难进行估算和优化。发酵罐中CO_2的分压是液体深度的函数，10m深的发酵罐在$1.01 \times 10^5 Pa$气压下进行操作，底部CO_2分压是顶部的2倍。发酵过程中为了排除CO_2的影响，必须考虑CO_2在培养液中的溶解度、温度和通气状况。

（2）CO_2浓度的控制

CO_2在发酵液中的浓度变化受到许多因素的影响，如菌体的呼吸强度、发酵液流变学特性、通气搅拌程度和外界压力大小等。在大发酵罐发酵时，设备规模大小也对CO_2浓度有很大影响，由于CO_2的溶解度随压力增加而增大，大发酵罐中的发酵液的静压可达$1.01 \times 10^5 Pa$以上，又处在正压发酵，致使罐底部压强可达$1.5 \times 10^5 Pa$，CO_2浓度增大，通气搅拌如不变，CO_2就不易排出，在罐底形成碳酸，进而影响菌体的呼吸和产物的合成。在发酵过程中，如遇到泡沫上升而引起"逃液"时，采用增加罐压的方法来消泡，会增加CO_2的溶解度，对菌体生长是不利的。

3.1.4.5　培养基质浓度对发酵的影响及其控制

培养基质是指供微生物生长及产物合成的原料，也称为底物，主要包括碳源、氮源、无机盐、微量元素和生长调节物质等。在发酵过程中，营养基质是生产菌种代谢的基础，既关系到菌种的生长情况，又关系到代谢产物的形成。

（1）碳源的种类和浓度对发酵过程的影响及控制

碳源是构成菌体成分的重要元素，又是产生各种代谢产物和细胞内贮藏物质的主要原料,同时又是化能异养型微生物的能量来源。碳源主要有单糖中的己糖(以葡萄糖为主),寡糖中的蔗糖、麦芽糖、棉籽糖,多糖中的淀粉、糖蜜、纤维素、半纤维素、甲壳质和果胶质等。其中,淀粉是大多数微生物都能利用的碳源,如通过培养基优化实验,确定了淀粉为阿维菌素的最适合碳源物质。但也有一些例外,如谷氨酸产生菌不能利用淀粉,只能利用葡萄糖、果糖、蔗糖和麦芽糖等。此外,除了上述糖类外,油脂、有机酸和低碳醇也是工业发酵中常用的碳源。

碳源的浓度对于菌体生长和产物的合成有着明显的影响,如培养基中碳源含量超过5%,细菌的生长会因细胞脱水而开始下降。酵母或霉菌可耐受更高的葡萄糖浓度达200g/L,这是由于它们对水的依赖性较低。并且,在某一浓度下碳源会阻遏一个或更多的负责产物合成的酶,这称为碳分解代谢物阻遏。碳源浓度的优化控制,通常采用经验法和发酵动力学法,即在发酵过程中采用中间补料的方法进行控制。在实际生产中,要根据不同的代谢类型来确定补糖时间、补糖量、补糖方式等。而发酵动力学法要根据菌体的比生长速率、糖比消耗速率及产物的比生产速率等动力学参数来控制。

(2)氮源的种类和浓度对发酵的影响及控制

氮是构成微生物细胞蛋白质和核酸的主要元素,所以在发酵过程中,调节氮的种类和浓度对菌体生长和产物合成有着至关重要的作用。

根据氮的来源可分为无机氮和有机氮。发酵工业中常用的无机氮包括硝酸盐、铵盐、氨水等;有机氮包括豆饼粉、花生饼粉和玉米浆、蛋白胨、酵母粉、酒糟、尿素等。和碳源一样,也可以把氮源分为可快速利用氮源和缓慢利用氮源。前者包括氨基(或铵)态氮的氨基酸(或硫酸铵等)和玉米浆等;后者包括黄豆饼粉、花生饼粉、棉籽饼粉等蛋白质。

与碳源相似,氮源的浓度过高,会导致细胞脱水死亡,且影响传质;浓度过低,菌体营养不足,影响产物的合成。不同产物的发酵中,所需的氮的浓度也不同。例如,谷氨酸发酵需要的氮源比一般的发酵多得多。一般的发酵工业碳氮比为100 :(0.2 ~ 2.0),谷氨酸发酵的碳氮比为100 :(15 ~ 20),当碳氮比为100 : 11 以上时,才开始积累谷氨酸。

(3)磷酸盐浓度的影响及控制

磷是构成蛋白质、核酸和ATP的必要元素,是微生物生长繁殖所必需的成分,也是合成代谢产物所必需的营养物质。在发酵过程中,微生物从培养基中摄取的磷一般以磷酸盐的形式存在。因此,在发酵工业中,磷酸盐的浓度对菌体的生长和产物的合成有一定的影响。

在磷酸盐浓度的控制方面,通常是在基础培养基中采用适当的浓度给予控制。高浓度磷酸盐对许多抗生素,如链霉素、新霉素、四环素、土霉素、金霉素、万古霉素等的合成具有阻遏和抑制作用,磷酸盐浓度太低时,菌体生长不够,也不利于抗生素合成。因此,常采用生长亚适量(对菌体生长不是最适合但又不影响生长的量)的磷酸盐浓度。

3.1.4.6 泡沫对发酵的影响及其控制

发酵过程中因为通气搅拌、发酵液中产生的CO_2,以及蛋白质和代谢物等稳定泡沫的表面活性剂的存在而导致发酵产生很多泡沫。泡沫往往会给发酵带来不利的影响，必须加以控制。

（1）泡沫的形成

好氧性发酵过程中泡沫的形成是有一定规律的。泡沫的多少一方面与通风、搅拌的剧烈程度有关，搅拌所引起的泡沫比通风来得大；另一方面与培养基所用原材料的性质有关。蛋白质原料，如蛋白胨、玉米浆、黄豆粉、酵母粉等是主要的起泡因素；此外，还与配比及培养基浓度和黏度有关。糊精含量多也会引起泡沫的形成。葡萄糖等糖类本身起泡能力很差，但在丰富培养基中浓度较高的糖类增加了培养基的黏度，从而有利于泡沫的稳定性。通常培养基的配方含蛋白质多、浓度高、黏度大，更容易起泡，泡沫多而持久稳定。而胶体物质多、黏度大的培养基更容易产生泡沫，如糖蜜原料发泡能力特别强，泡沫多而持久稳定。糖水解不完全时，糊精含量多，也容易引起泡沫产生。

（2）泡沫对发酵的影响

泡沫的大量存在会给发酵带来许多副作用。主要表现在：①降低了发酵罐的装料系数，一般需氧发酵中，发酵罐装料系数为 $0.6 \sim 0.7$，余下的空间用于容纳泡沫。②泡沫过多时，造成大量逃液，发酵液从排气管路或轴封逃出而增加染菌机会和产物损失。③严重时通气搅拌也无法进行，菌体呼吸受到阻碍，导致代谢异常或菌体自溶。所以，控制泡沫乃是保证正常发酵的基本条件。

（3）泡沫的消除

发酵工业消除泡沫常用的方法有化学消泡法和机械消泡法。化学消泡法是一种使用化学消泡剂消除泡沫的方法，优点是化学消泡剂来源广泛，消泡效果好，作用迅速可靠，尤其是合成消泡剂效率高、用量少、不需改造现有设备，不仅适用于大规模发酵生产，同时也适用于小规模发酵试验，添加某种测试装置后容易实现自动控制等。常用的消泡剂有天然油脂类，高碳醇、脂肪酸和酯类，聚醚类，硅酮类（聚硅油）4 类。

机械消泡是一种物理作用，靠机械强烈振动、压力的变化，促使气泡破裂，或借机械力将排出气体中的液体加以分离回收。机械消泡的方法，一种是在发酵罐内将泡沫消除；另一种是将泡沫引出发酵罐外，泡沫消除后，液体再返回发酵罐内。罐内消泡有耙式消泡桨、旋转圆板式、气流吸入式、流体吹入式、冲击反射板式、碟式及超声波的机械消泡等类型；罐外消泡有旋转叶片式、喷雾式、离心力式及转向板式的机械消泡等类型。

3.1.4.7　补料对发酵的影响及其控制

补料是指在发酵过程中一次或多次补充营养物质，以促进发酵微生物的生长、繁殖，提高发酵产量的工艺方法。采用补料发酵的生产工艺称为补料工艺。分批发酵常因配方中的糖量过多造成细胞生长过旺，而造成供氧不足。同时，如果将所补加的全部料量合并在基础培养基内，势必造成菌体代谢的紊乱而失去控制，或者因为培养基浓度过高，影响细胞膜内的渗透压而无法生长，这些问题可以通过补料工艺加以解决。在现代化大规模发酵工业生产中，中间补料的数量为基础料量的 $1 \sim 3$ 倍。

补充的营养物质可分为 4 类：①补充能源和碳源，在发酵液中添加葡萄糖、饴糖、液化淀粉，作为消泡剂的天然油脂，同时也起了补充碳源的作用；②补充氮源，在发酵过程中添加蛋白胨、豆饼粉、花生饼、玉米浆、酵母粉和尿素等有机氮源，有的采用通入氨气或添加氨水；③加入微量元素或无机盐，如磷酸盐、硫酸盐、氯化钴等；④对于产诱导酶的微生物，适当加入该酶的作用底物，可提高酶产量。

补料的原则在于根据发酵微生物的品种及特征，特别是根据生产菌种的生长规律、代谢规律、代谢产物的生物合成途径，结合生产上的实践经验，通过中间补料工艺，采用各种措施，对发酵进行调节、控制，使发酵在中后期有足够但不多的养料，以维持发酵微生物代谢活动的正常进行，并大量持久地合成发酵产物，提高发酵生产的总产量。

补料的方式有连续流加、非连续流加和多周期流加。每次流加又可分为快速流加、恒速流加、指数速率流加和变速流加。从补料的成分来区分，又可分为单一组分补料和多组分补料等。工业生产中，主要对糖、氮源及无机盐进行中间补料工艺优化。

3.1.4.8 计算机对发酵过程的控制及参数检测

（1）计算机在优化控制中的作用

发酵过程的计算机优化控制，或者说采用知识工程、专家系统的发酵过程控制系统是发展的必然趋势。为实现发酵过程高级系统控制，尚需在现有计算机控制基础之上建立生化过程数据库，依靠专家指导、归纳和分析，并利用知识工程的方法发挥和完善数据库的功能。通过人机系统沟通使用者与知识库，然后在生产过程中实现生产的优化控制。

（2）发酵过程参数监测

发酵过程的好坏完全取决于良好生产环境的创造和控制，通过对发酵过程的各参数的测量和调节可直接有效地达到既定的目标。生物发酵控制系统主要检测和控制温度、pH 值、搅拌速率、空气流量、罐压、液位、黏度、CO_2、补料速度及补料量等参数。根据获得的途径不同，发酵过程的参数可分为状态参数和间接状态参数。

①在线仪器监测　最常用到的在线监测仪器包括标准化检测装置、传感器、气体分析仪、高效液相色谱等。标准化检测装置的大部分仪表用于温度、压力、搅拌转速、功率输入、流加速率和质量等物理参数的检测。对发酵液中的 pH 值、溶解氧、尾气中 O_2 和 CO_2 等化学参数的检测可采用 pH 电极、溶氧电极、CO_2 电极、膜管传感器等传感器和气体分析仪等来进行监测。

②离线发酵分析　由于缺乏可靠的生物传感器或一种能够无菌取样系统，一直以来菌体量、发酵液中的基质(糖、脂质、盐、氨基酸)浓度和代谢产物(抗生素、酶、有机酸和氨基酸)浓度等参数，较难采用在线仪器检测，而多是采用人工取样和离线分析，虽然结果具有明显的不连贯和滞后性，但对发酵工艺的控制和优化仍然十分重要。目前所使用的离线分析方法主要包括湿化学法、分光光度分析、红外光谱分析、原子吸收、高效液相色谱(HPLC)、气相色谱(GC)、气相色谱-质谱联用(GC-MS)及核磁共振(NMR)等。

3.1.4.9 发酵终点判断

发酵终点的判断，对提高产量和经济效益都很重要。发酵过程中产物的合成，有的随菌体生长而增加，如菌体蛋白和初级代谢产物如氨基酸等；有的则与菌体生长无明显关系，如抗生素等次级代谢产物。但无论哪种类型的发酵，到了一定时期，由于菌体的衰亡，分泌能力下降，使得产物合成能力下降，甚至会由于菌体自溶释放出分解酶类破坏已合成的产物。因此，必须综合考虑各种因素，确定合理的发酵终点即放罐时间。判断放罐的指标有：产物产量、过滤速度、氨基酸含量、菌体形态、pH 值、发酵液外观和黏度等。

3.2　发酵设备

发酵罐是发酵工程中最重要、应用最广泛的设备，可以说发酵罐是整个发酵工业的心脏。发酵罐的定义是指为特定一种或多种微生物所进行的生长代谢过程提供良好环境的容器。对于某些工艺来说，发酵罐是个密闭容器，同时附带精密控制系统；而对于另一些简单的工艺来说，发酵罐只是个开口容器，有时甚至简单到只要有一个开口的空间环境就可进行发酵。

3.2.1　发酵罐的类型和特征

3.2.1.1　发酵罐的分类

各种不同类型的发酵罐都可用于大规模的生物反应过程，它们在设计、制造和操作方面的精密程度，取决于某一产品的生物化学过程对发酵罐的要求。发酵罐的分类有以下几种：

(1)按微生物生长代谢需要分类

这种分类将发酵罐分为好氧的和厌氧的两大类。抗生素、酶制剂、酵母、氨基酸、维生素等产品都是在好氧发酵罐中进行；而丙酮-丁醇、酒精、啤酒、乳酸等采用厌氧发酵罐。它们的主要差别在于对无菌空气的需求不同，前者需要强烈的通风搅拌，目的是提高氧在发酵液中的传质系数 $KL\alpha$；后者则不需要通气。

(2)按照发酵罐设备特点分类

按照发酵罐设备特点可以分为机械搅拌通风发酵罐和非机械搅拌通风发酵罐。前者包括循环式、非循环式的通风式发酵罐以及自吸式发酵罐等；后者包括循环式的气升式、塔式发酵罐以及非循环式的排管式和喷射式发酵罐。这两类发酵罐是采用不同的方式使发酵罐内的气、固、液三相充分混合，从而满足微生物生长和产物形成对氧的需求。

(3)按容积分类

一般认为 1~50L 的是实验室发酵罐；50~5 000L 是中试发酵罐；5 000L 以上是生产规模的发酵罐。

(4)按微生物生长环境分类

发酵罐内存在悬浮生长系统和支持生长系统。一般来说，大多数发酵罐都含有这两种系统。在悬浮生长系统中微生物细胞是浸没在培养液中，且伴随着培养液一起流动。在支持生长系统中，微生物细胞生长在与培养液接触的界面上，形成一层薄膜。

然而，实际上悬浮生长系统的容器内壁上和上部的罐壁上也会生长着一层菌体膜；在支持生长系统中也有菌体分散在培养液之中。

（5）按操作方式分类

可分为分批发酵和连续发酵。分批发酵时，发酵工艺条件随着营养液的消耗和产物的形成而变化。每批发酵过程结束，要放罐、清洗和重新灭菌，再开始新一轮的发酵。分批发酵系统是非稳定态的过程。连续发酵时，新鲜营养液连续流加入发酵罐内，同时，产物连续地流出发酵罐。分批发酵的主要优点是污染杂菌的比例小，操作灵活性强，可用来进行几种不同产品的生产。其缺点是发酵罐的非生产停留时间所占比重大，非稳定态工艺过程的设计和操作困难。连续发酵的主要优点是可连续运行几个月的时间，非生产时间短；缺点是容易染菌。它适用于不易染菌的产品如丙酮-丁醇发酵、酒精、啤酒发酵等。

（6）其他类型

一种新型的超滤发酵罐已开始在工业发酵中得到应用，在运行时，成熟的发酵液通过一个超滤膜使产物能透过膜进行提取，酶可以通过管道返回发酵罐继续发酵，新鲜的底物可源源不断地加入罐内。

3.2.1.2 发酵罐的基本特征

为使微生物发挥最大的生产效率，现代发酵工程所使用的发酵罐应具有以下重要的特征：① 发酵罐应有适宜的径高比。罐身较长，氧的利用率较高。② 发酵罐应能承受一定的压力。因为发酵罐在灭菌和正常工作时，要承受一定的压力（气压和液压）和温度。③ 发酵罐的搅拌通风装置能使气液充分混合，实现传质传热作用，保证微生物发酵过程中所需的溶解氧。④ 发酵罐内应尽量减少死角，避免藏污积垢，保证灭菌彻底，防止染菌。⑤ 发酵罐应具有足够的冷却面积。⑥ 搅拌器的轴封要严密，以减少泄漏。

3.2.1.3 发酵罐设计原则

在设计和制造发酵罐时，应该考虑到以下原则：① 发酵罐应在无菌条件下工作数天，且应在长时间运转过程中保持稳定。② 通气和充分搅拌，以满足微生物代谢的需要，但不应损伤菌体。③ 尽可能低的功率消耗。④ 发酵罐上应配备有温度和 pH 值检测系统以及采样装置系统。⑤ 发酵罐内的蒸发损失不应太多。⑥ 在放料、清洗和维修等操作过程中具有最低的劳动力消耗。⑦ 发酵罐应有较好的适应性，以满足不同生产厂家的需求。⑧ 发酵罐内表面应该光滑，而且尽可能地采用焊接而不是用法兰来连接。⑨ 用于中试规模的发酵罐与用于实际生产的发酵罐应具有相同的几何形状，有利于放大生产。⑩ 使用既能满足工艺要求又比较便宜的制造材料，同时应配备完善的供给设施。

3.2.2 常见的工业发酵罐类型

3.2.2.1 机械搅拌通气发酵罐

机械搅拌通气发酵罐是发酵工厂最常用的通气发酵罐，也称为通用式发酵罐，它是利用机械搅拌器的作用使通入的无菌空气和发酵液充分混合，促使氧在发酵液中溶解，满足微生物生长繁殖和发酵所需要的氧气，同时强化热量的传递。主要部件包括罐体、搅拌器、挡板、轴封、空气分布器、传动装置、冷却装置、消泡器、视镜等（图3-4）。

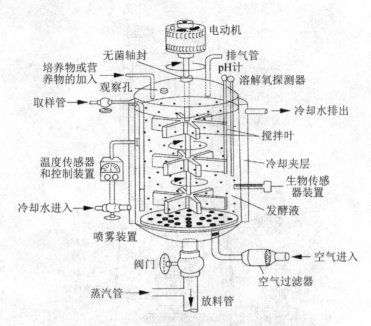

电动机
无菌轴封
排气管
pH计
培养物或营养物的加入
观察孔
溶解氧探测器
取样管
冷却水排出
搅拌叶
温度传感器和控制装置
冷却夹层
生物传感器装置
冷却水进入
发酵液
喷雾装置
阀门
空气进入
空气过滤器
蒸汽管
放料管

图3-4　发酵工业中使用的大型通气搅拌发酵罐示意图

　　通用型机械搅拌通气发酵罐多用于抗生素、维生素、氨基酸、酶类的生产。呈圆筒状，罐高和罐径多为 1.0～3.0m，通入的空气经分布管进入罐内。搅拌多为平桨式和涡轮式，一般可分为上段或下段两层。为了改善空气在罐内的混合状态，罐内装有挡板，在罐内上部装有消泡桨。为降低发酵罐温，在罐内装有冷却排管，罐外装有冷却罐套(图3-4)。

　　这种通用型发酵罐也存在着一些不足：①不同种类的培养物在培养过程中产生大量的泡沫占据了罐内有效容积，因此要增加消泡剂用量。②搅拌需要较大的动力，罐体越大，消耗动力也越大。这不仅耗能，而且还涉及搅拌结构功能、轴封的严密程度等一系列问题。③内部结构复杂，罐体不易洗净，增加了杂菌污染机会。④搅拌的剪切作用容易损伤放线菌、霉菌的菌体，有可能降低产率。

　　在通用型发酵罐内设置机械搅拌装置的重要作用是：① 打碎空气气泡，增加气-液接触界面，以提高气-液间的传质速率。② 使发酵液充分混合，液体中的固形物料保持悬浮状态。③ 搅拌器可以使被搅拌的液体产生轴向流动和径向流动，不同类型的搅拌器产生的两种流向侧重也不同。控制发酵液的流向往往以径向液流为主，同时兼顾轴向翻动。通用型发酵罐是既有机械搅拌，又有压缩空气分布装置的发酵罐。

3.2.2.2　自吸式发酵罐

　　自吸式发酵罐是一种不需要空气压缩机提供无菌空气，而是通过高速旋转的转子产生的真空或液体喷射吸气装置吸入空气的发酵罐(图3-5)。这种发酵罐20世纪60年代由欧美国家研究开发，最初应用于醋酸发酵，取得了良好的效果，醋酸转化率达到96%～97%，耗电少。随后在国内外的酵母及单细胞蛋白生产、维生素生产及酶制剂等生产中得到了广泛的应用，并取得了很好的效果。

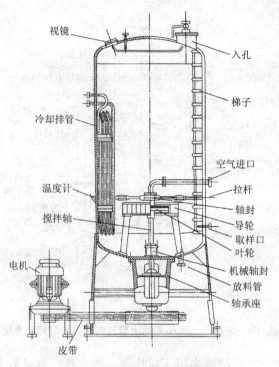

图 3-5　机械搅拌自吸式发酵罐

（1）自吸式发酵罐的工作原理

自吸式发酵罐的结构见图 3-5。其主要结构是吸气搅拌叶轮及导轮，简称转子和定子。转子由罐底升入的主轴带动，当转子高速转动时由于形成负压而将空气由导气管吸入。当发酵罐内装有液体并将转子浸没时，启动电机使转子高速转动，转子内腔中的液体或空气在离心力的作用下，被甩向叶轮外缘，转子的转速越高，液体和气体的动能也越大，吸入的空气量也越大。气体和液体通过导向叶轮均匀分布甩出。由于转子的搅拌作用，气液在叶轮周围形成强烈的湍流，使空气在循环的发酵液中分裂成细微的气泡，在湍流状态下混合、扩散到整个罐中。因此，自吸式充气装置在搅拌的同时完成了充气作用。

（2）自吸式发酵罐的优点

①可省去空气净化系统的空气压缩机及其附属设备，节省了设备投资，减少厂房占地面积。

②可大大提高溶氧的利用率，吸入的空气中 70%～80% 的氧被利用，能耗较低，供给 1kg 溶氧耗电量仅为 0.5kW·h。

③设备结构简单，可减少发酵设备投资，经济效益明显提高。

（3）自吸式发酵罐的缺点

①由于这种自吸式发酵罐是依靠负压吸入空气，使得发酵罐内空气处于负压状态，因而增加了染菌的机会。

②这类发酵罐的搅拌转速特别高，因而有可能使菌丝被搅拌器切断，使得发酵的菌体细胞不能正常生长。所以，这类发酵罐在抗生素制药企业中使用不多，但在食醋发酵、酵母培养生产中仍广泛使用。

自吸式发酵罐常见的有文氏管发酵罐（喷射式自吸式发酵罐）、弗盖布氏（Vogel-busch）发酵罐（回转翼片式自吸式发酵罐）。

3.2.2.3　气升式环流发酵罐

气升式环流发酵罐是指借助气体上升的动力来搅拌的发酵罐。这种流体的上升是通过一种特殊装置导流筒内外流体重度的差异，使其产生静压差，再加上气液喷出时的动能，使流体自导流筒上升，形成向周围环境下降的循环流动。

（1）气升环流发酵罐结构特点

这种发酵罐类型是借助于设在环流管底部的空气喷嘴将空气以 250～300m/s 的高速喷入环流管，使气泡分散在培养基中。由于环流管内部的液体溶有大量气泡，其密度明显小于反应器主体中培养液的密度，气升式环流发酵罐正是借助这两者之间的密度差使培养液在环流管与反应主体间作循环式流动，把反应主体中由于菌体代谢而溶氧量低的培养液送入环流管，待培养液补充氧气后再送回反应主体，从而为菌体生长提供良好充足的氧气供应。气升式环流发酵罐包括内环流（循环）式和外环流（循环）式两种类型（图3-6）。

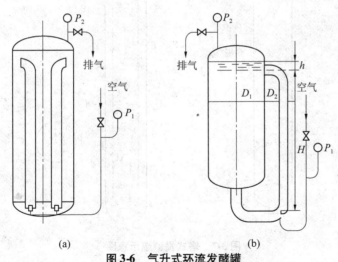

图3-6　气升式环流发酵罐
（a）内循环气升式发酵罐　（b）外循环气升式发酵罐

（2）气升式环流发酵罐的优点

①气体从罐体的下部通入，可带动流体在整个发酵罐内循环流动，使反应器内的溶液容易混合均匀。

②由于不用机械搅拌桨，省去了密封装置，使污染杂菌的机会减少，同时降低了

机械剪切作用对细胞的伤害。

③由于液体循环速度较快，反应器内的供氧及传热都较好，利于节约能源。

（3）气升式环流发酵罐的缺点

气升式环流发酵罐不适宜在黏度大或含有大量固体的培养液中应用。通常，衡量气升式环流发酵罐性能的参数主要有循环周期和气液比。循环周期是指培养液在环流管内循环一次所需的时间。气液比是指培养液的环流量与通风量之比。循环周期越短，气液比值越大，说明向培养基内供氧越充分。气升式发酵罐广泛用于酵母、细胞培养、酶制剂、有机酸等发酵生产，同时也被广泛用于废水生化处理。

3.2.2.4 塔式发酵罐

这是一种类似塔式反应器的发酵罐。它的高径比值（H/D）值约为7，罐内装有若干块筛板，压缩空气由罐底导入，经过筛板逐渐上升，气泡在上升的过程中带动发酵液同时上升，上升后的发酵液又通过筛板上带有液封作用的降液管下降而形成循环。这种发酵罐的特点是省去了机械搅拌装置，如培养基浓度适宜，操作正常的情况下，在不增加空气流量时，基本上可达到通用型发酵罐的发酵水平（图3-7）。

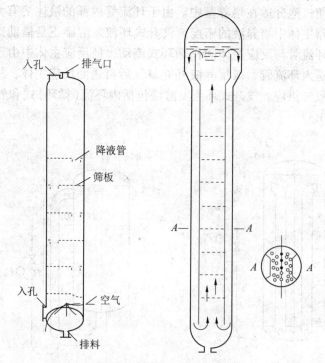

图3-7 塔式发酵罐示意图

3.3 发酵食品生产

发酵工程在食品工业中广泛应用于各类发酵酒、蒸馏酒、发酵调味品、乳酸发酵食品等的生产。本节仅介绍白酒、食醋及酱油的生产。

3.3.1　白酒

白酒是用谷物、薯类或糖分等为原料，经糖化发酵、蒸馏、陈酿和勾兑制成的酒精浓度大于 20% 的一种蒸馏酒（distilled liquors），它澄清透明，具有独特的芳香和风味。我国白酒生产历史悠久，工艺独特，他与国外的白兰地（Brandy）、威士忌（Whisky）、伏特加（Vodka）、朗姆酒（Rum）和金酒（Gin）并列为世界六大蒸馏酒，许多著名白酒在国际上享有盛誉。

(1)清香型白酒基酒生产工艺

清香型酒曲是低温曲的典型代表，制曲品温不得超过 50℃。清香型曲酒的生产工艺以汾酒为代表，即采用清蒸二次清、地缸、固态分离发酵法。所谓清蒸，就是酒醅的原料都要清蒸处理，将经蒸煮后的高粱拌曲放入陶瓷缸，缸埋土中，发酵 28d，取出蒸馏。蒸馏后的酒醅不再配入新料，只加曲进行第二次发酵，仍发酵 28d，蒸取二次酒，其醅为扔糟，两次蒸馏得酒，经贮存勾兑成为汾酒。由此可见，原料和酒醅都是单独蒸馏，与其他白酒生产工艺显著不同。

(2)酱香型白酒基酒生产工艺

高温制曲是酱香型酒特殊的工艺之一。其特点：一是制曲温度高，品温最高可达 65～69℃；二是用曲量大，与酿酒原料之比为 1:1，如果折成小麦用量，则超过高粱；三是成品曲的香气是酱香的主要来源之一。

酱香型酒在工艺操作方面与清香型、浓香型酒的最大区别在于酿酒用高温曲、碎石窖、糙沙、堆积、回沙、多轮次发酵烤酒，用曲量大，周期长。

(3)浓香型白酒基酒生产工艺

浓香型酒制曲最高品温在酱香型酒曲和清香型酒曲之间。浓香型白酒生产的主要特点是混蒸续糟、泥土老窖、万年糟。这种工艺在全国比较普遍，因它酒质优美，出酒率高，成本较低。浓香型大曲酒采用粮粉与母糟混蒸续糟工艺，配料中的母糟赋予成品酒以特殊风味，提供发酵成香显味的前体物质，调节酸度，有利于淀粉糊化，也有为发酵提供比较合适的酸度和调节淀粉含量等作用。

3.3.2　酱油

酱油工业是我国传统发酵工业的重要产业之一。目前，酱油不仅在东方人的许多特色菜肴中、面食中及一些酱腌菜中不可缺少，而且在许多西方国家的中餐馆、日本料理甚至西方人家庭中也喜欢这一东方特色的烹调调料。功能性酱油新产品的开发，对于进一步提高发酵法生产酱油的整体水平，完善我国酱油工业，调整产品结构，改善人们生活，满足国内外市场需求具有十分重要的意义。

3.3.2.1　酱油生产所用的微生物

酱油生产中所用的微生物主要有 3 种：霉菌、酵母菌和乳酸菌。酱油生产中所用的米曲霉含有多种酶类，有较强的蛋白质分解能力，同时又具有糖化能力。在酿造酱油生产中常用的酵母菌有鲁氏酵母、易变球拟酵母和埃切球拟酵母以及毕赤酵母。在酱油生产中乳酸菌参与米曲霉和酵母菌的共同发酵作用，才产生了酱油的各种风味成分。酱油乳酸菌是指在高盐稀态发酵的酱醪中生长的并参与酱醪发酵的耐盐性乳酸菌。植物乳酸菌也比较耐盐，能在7%~8%的食盐浓度环境中生长。

3.3.2.2 低盐固态发酵法酱油生产技术

低盐固态发酵法酱油生产技术是我国目前酱油生产的主流工艺技术，现阶段全国酱油总产量的90%是由这种速酿技术生产的。低盐固态发酵工艺是在固态无盐发酵工艺的基础上经过改进发展起来的，低盐固态发酵工艺目前有低盐固态发酵移池浸出法和低盐固态发酵原池浸出法两种类型。

发酵过程在酱油酿造中是一个重要环节。加水量、盐水浓度、水的温度、拌水均匀程度以及发酵温度等均将直接影响酱油质量及全氮利用率，因此，必须认真按发酵工艺要求操作，以提高全氮利用率和改善产品风味。其工艺流程如下：

食盐、水→溶化→盐水→加热

成曲→粉碎→拌和→入发酵池→酱醪保温发酵→成熟酱醪

酱醪成熟后需要进行浸淋，工艺流程如下：

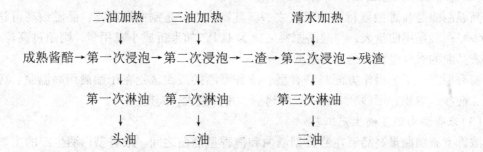

为了使酱醪中的有效成分能够最大限度地进入酱油成品中，必须掌握合理的浸提次数。具体操作要求是用前批二油作为酱醪的浸提液及淋取本批头淋油，又用前批三油作为本批头淋渣的浸提液，以淋取本批二淋油，之后以加热清水作为本批二淋油的浸提液，以淋取本批三淋油。本批头淋油及酱油成分较高的部分二淋油供配制酱油成品，其余二淋油及三淋油作为为下批酱醪及头淋的浸提液，如此循环，既可以逐步提高头油及二油中可溶性成分的浓度，又可用较少量的水把醪中的酱油成分尽可能多地回收，提高全氮利用率。

接下来是加热灭菌和配制，工艺如下：

甜味料+助鲜剂+防腐剂

生酱油→加热→配制→澄清→质量检测→成品酱油

酱油的加热灭菌温度常因设备条件、品温要求等情况而不同。

酱油的澄清：生酱油经过加热灭菌后，原来悬浮在生酱油中的一些物质、菌体以及未被酶分解的蛋白质等常常凝聚成絮状，使酱油浑浊，这些浑浊物质的清除，多采用静置沉淀法，一般不少于5d。

3.3.3　食醋

食醋是世界上最古老、最普及的调味副食品，几乎每个国家和地区都生产食醋。食醋中醋酸(L 酸)含量一般在 5% ~8% ，但因产地不同也有所差别。

3.3.3.1　食醋的种类

食醋的种类很多，由于原料和工艺条件的不同，使食醋风味各异。按生产原料分，有米醋、薯干醋、糖醋、果醋等；以原料的处理方式来分，有生料醋和熟料醋；以制醋所用糖化曲来分，有大曲醋、小曲醋和麸曲醋；以醋酿造方式分，有固态发酵醋、液态发酵醋等；以食醋的颜色来分，有浓色醋、淡色醋和白醋。

3.3.3.2　食醋酿造中的微生物

用于食醋生产的微生物主要有曲霉菌、酵母菌、醋酸菌及乳酸菌等。

(1)曲霉菌

在食醋生产中黑曲霉应用最为广泛，其在食醋生产中主要作用是糖化。黑曲霉的糖化能力较强，培养温度为 35 ~36℃ ，最适 pH 值为 4.5 ~5.0 。生长繁殖需足够的氧气，常用菌株为 AS3.4309、AS3.324、AS3.758。

(2)酵母菌

酵母菌在食醋酿造过程中主要是将葡萄糖分解为酒精、CO_2 及其他成分，为醋酸发酵创造条件。因此，要求酵母菌有强的酒化酶系，耐酒精能力强，耐酸，耐高温，繁殖速度快，具有较强的繁殖能力，生产性能稳定，变异性小，抗杂菌能力强，并能产生一定香气。酵母菌的最适培养温度为 28 ~32℃ ，最适 pH 值为 4.5 ~5.5 。酵母菌为兼性厌氧菌，只有在无氧条件下才进行酒精发酵。

(3)醋酸菌

醋酸菌是能把酒精氧化为醋酸的一类细菌的总称。因此，要求醋酸菌耐酒精，氧化酒精能力强，分解醋酸产生 CO_2 和水的能力弱。我国生产食醋时常用的菌株有恶臭醋酸杆菌(AS1.41)、奥尔兰醋酸杆菌、产醋酸杆菌及沪酿 1.01 醋酸杆菌等。

3.3.3.3　固态发酵法生产食醋

我国食醋生产的传统工艺，大都为固态发酵法。采用这类发酵工艺生产的产品，在体态和风味上都具有独特风格。

固态发酵法生产食醋工艺流程如下：

```
            水                    糖化剂、发酵剂
            ↓                         ↓
主料→粉碎→润料→蒸料→出锅冷却→糖化、酒精发酵→醋酸发酵→加盐陈酿→
        浸淋、勾兑→灭菌、沉淀→检测→包装→成品
```

等级醋按质量标准调整后，按规定添加防腐剂，并在 80℃ 进行消毒处理，澄清后包装，即为成品。

3.4 营养强化剂生产

3.4.1 氨基酸

氨基酸发酵属于典型的代谢控制发酵，这是由于氨基酸的生物合成受到严格的反馈调节。目前，用于发酵生产氨基酸的菌种主要有谷氨酸棒状杆菌、黄色短杆菌、乳糖发酵短杆菌、短芽孢杆菌、黏质寒来氏菌。下面主要介绍赖氨酸发酵。

L-赖氨酸的化学名称为 2，6 -二氨基己酸，分子式 $C_6H_{14}O_2N_2$。作为第一限制性必需氨基酸，广泛应用于食品、饲料和医药工业，在平衡氨基酸组成方面起着十分重要的作用。

（1）菌种

赖氨酸的直接发酵法生产主要采用短杆菌属和棒杆菌属细菌的各种变异株。

（2）赖氨酸的发酵控制

赖氨酸生产菌大多以谷氨酸生产菌为出发菌株，通过选育解除自身的代谢调节获得赖氨酸的高产菌株。

①培养基中苏氨酸、蛋氨酸的控制　赖氨酸生产菌是高丝氨酸缺陷型突变株。苏氨酸和蛋氨酸是赖氨酸生产菌的生长因子。赖氨酸生产菌缺乏蛋白质分解酶，不能直接分解蛋白质，只能将有机氮源水解后才能被利用。常用大豆饼粉、花生饼粉和毛发的水解液。发酵过程中，如果培养基中的苏氨酸和蛋氨酸丰富，就会出现只长菌体，而不产或少产赖氨酸的现象，所以要控制其在亚适量，当菌体生长到一定时间后，转入产酸期。

②生物素对赖氨酸的影响　赖氨酸生产菌大多是生物素缺陷型，如果在发酵培养基中限量添加生物素，赖氨酸发酵就会向谷氨酸转换，大量积累谷氨酸；若添加过量生物素，使细胞内合成的谷氨酸对谷氨酸脱氢酶产生反馈抑制作用，则抑制谷氨酸的大量生成，使代谢流向合成天冬氨酸方向。因此，生物素可促进草酰乙酸生成，增加天冬氨酸的供给，提高赖氨酸的产量。

③赖氨酸发酵的工艺条件　发酵温度前期为 32℃，中后期为 34℃；pH 6.5 ~ 7.5。发酵过程中，通过添加尿素或氨水来控制 pH 值，同时尿素和氨水还能为赖氨酸的生物合成提供氮源。种龄和接种量要求以对数生长期的种子为好，当采用二级种子扩大培养时，接种量约为 2%，种龄一般为 8 ~ 12h；当采用三级种子扩大培养时，接种量约为 10%，种龄一般为 6 ~ 8h。赖氨酸发酵要求供氧充足。

（3）赖氨酸的提取与精制

赖氨酸的提取过程包括发酵液预处理、提取和精制 3 个阶段。从发酵液中提取赖氨酸通常有沉淀法、有机溶剂抽提法、离子交换法和电渗析法。工业上大多采用离子交换法来提取赖氨酸。

3.4.2 维生素

3.4.2.1 维生素 C

维生素 C(vitamin C,以下简称 Vc)又名 L-抗坏血酸(L-ascorbic acid),是一种人体必需的水溶性维生素。Vc 广泛存在于生物组织中,在新鲜水果、蔬菜和动物肝脏等中的含量尤为丰富。绿色植物能够自己合成 Vc,而人和许多动物由于肝脏中缺少一种古洛内酯氧化酶,因而不能自己合成,必须从外界摄取。

(1)发酵法生产 Vc 的概况

莱氏法生产 Vc 是 20 世纪 30 年代问世的。其基本原理是,首先将 D-葡萄糖氢化为 D-山梨醇,再经弱氧化醋酸杆菌(*Acetobacter suboxydans*)或生黑醋酸杆菌(*Acetobacter melanogenum*)发酵,氧化为 L-山梨糖,再经一系列化学反应合成 L-抗坏血酸。工艺流程如图 3-8 所示。

由于莱氏法生产工艺路线复杂冗长,辅助原料消耗量大,20 世纪 70 年代初,我国的尹光琳等发明了 Vc 二步发酵法新工艺,并很快在国内推广使用。二步发酵法在莱氏法一步发酵之后又用微生物将 D-山梨糖或 D-山梨醇直接发酵转化成 2-酮基-L-古洛糖酸,大大简化了莱氏法的生产工序。此外,二步发酵法产品成本较低,转化率高达79.5%。因此,得到国内外 Vc 生产商的高度评价。严格地讲,二步发酵法也是一种半微生物发酵半化学合成方法。工艺流程如图 3-9 所示。二步发酵法为我国首创,是沿袭半个多世纪的 Vc 生产方法的巨大发展。

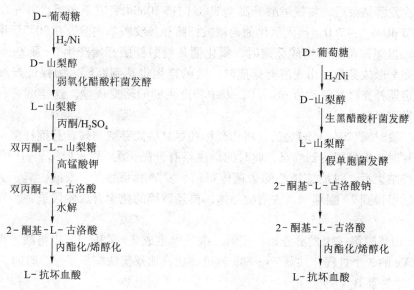

图 3-8　莱氏法生产 Vc 的工艺流程　　**图 3-9　二步发酵法生产 Vc 的工艺流程**

(2)发酵菌种

①大、小菌株的协同作用　二步发酵法的第二步发酵是采用大菌、小菌两株菌的混合发酵过程。小菌为氧化葡萄糖酸杆菌(*Gluconobacter oxydans*),大菌为巨大芽孢杆菌(*Bacillus megaterium*)、蜡状芽孢杆菌(*Bacillus cereu*)或条纹假单胞杆菌(*Pseudomonas* stritia）。研究发现，在大菌、小菌的混合培养中，两者的增殖是同步进行的。小菌是2-酮基-L-古洛酸合成的主体，大菌一方面直接参与2-酮基-L-古洛酸的合成过程，而另一方面对小菌的生长起促进作用。小菌合成的2-酮基-L-古洛酸对大菌的生长增殖有明显的抑制作用，而大菌的存在却是小菌的生长增殖和合成2-酮基-L-古洛酸所必需的。进一步研究发现，大菌的胞内液和胞外液均可促进小菌的生长。此外，胞外液还具有促进小菌转化L-山梨糖生成2-酮基-L-古洛酸的作用。

②新菌种的选育　优良的菌种对于 Vc 产量和经济效益的提高具有重要意义。陈建华等筛选得到的优良伴生菌——短小芽孢杆菌（Bacillus pumilus）与氧化葡萄糖酸杆菌混合发酵生产2-酮基-L-古洛酸的山梨糖转化率高达 90%。尹光琳等选育得到的新组合菌系 SCB329 ~ SCB933 的发酵周期仅为 40 ~ 50h，2-酮基-L-古洛酸的发酵单位高达 115 ~ 130mg/mL。

（3）发酵工艺

生产时，可直接用葡萄糖做原料，也可用甘薯、木薯或土豆淀粉为起始原料，经酸法或双酶法转化成精制葡萄糖水溶液。催化反应得到符合要求的山梨醇溶液。其中，山梨醇含量要求为 70%、残留糖及糊精含量不大于 0.2% 和 0.1%，pH 6.5。

将山梨醇溶液泵入内循环气升式发酵罐中，加水调节山梨醇含量至 10% ~ 35%，通常在发酵初期浓度较低，待菌体繁殖至对数期再提高含量。接种弱氧化醋酸杆菌进行发酵，调节 pH 6.2 ~ 6.8，温度 28 ~ 30℃，发酵罐内压力 0.02 ~ 0.1MPa，通气量 0.6 ~ 1vvm，罐内装填率 70% ~ 80%。经 14 ~ 33h 后结束，山梨糖得率可达 96.5%。

第一次发酵结束后，将发酵醪升温至 80℃保持 10min 完成杀菌后，补充所需的原辅料，调节 pH 6.7 ~ 7.0，接入氧化葡萄糖酸杆菌和条纹假单胞菌，在 30℃温度下进行共生发酵，当芽孢菌开始生成芽孢时，氧化葡萄糖酸杆菌开始产生2-酮基-L-古洛酸，直到完全形成芽孢。出现游离芽孢时，酸的产生也达到高峰。为保证产酸的正常进行，应定期补充碱溶解调节 pH 7.0，以中和产生的酸转变成盐，这样就有利于产酸菌的继续发酵产酸。

经过一段时间（20 ~ 36h）之后，将山梨糖耗尽且游离芽孢与残存芽孢杆菌菌体逐步自溶成碎片时，发酵即达到终点，此时的温度略有升高，为（32 ± 1）℃，pH 值约 7.2。第二次发酵结束后，过滤或离心除去菌体蛋白，发酵液经静置、澄清、离子交换、浓缩和干燥后可得到2-酮基-L-古洛酸晶体，再经后续的化学合成阶段进一步转变成终产品 Vc。

从 D-山梨醇第一次发酵开始，至第二次发酵生成2-酮基-L-古洛酸，再经化学合成生产 Vc 的 3 个过程，共需 76 ~ 80h 就可完成，比莱氏法缩短了很多时间。

3.4.2.2　维生素 B₂

维生素 B₂，又名核黄素（riboflavin），化学名为 6，7-二甲基-9-（1'-D-ribityl）-异咯嗪。

维生素 B₂ 的微生物发酵生产采用三级发酵法。首先将 25℃培养后的维生素 B₂ 产生菌的斜面孢子用无菌水制成孢子悬浮液，接种于种子培养基中培养（29 ~ 31℃，30 ~ 40h），再移种到二级发酵罐中培养（29 ~ 31℃，20h），最后将二级发酵液移种至三级发酵罐发酵（29 ~

31℃，160h），得到含维生素 B_2 的发酵液。其培养基配方可为：米糠油4%、玉米浆1.5%、骨胶1.8%、鱼粉1.5%、KH_2PO_4 0.1%、NaCl 0.2%、$CaCl_2$ 0.1%、$(NH_4)_2SO_4$ 0.02%。

图 3-10 所示为从发酵液中提取结晶维生素 B_2 的工艺路线。首先，将维生素 B_2 发酵液以稀盐酸水解，释放部分与蛋白质结合的维生素 B_2。然后，加黄血盐和硫酸锌，除去蛋白质等杂质。加入3-羟基-2-萘甲酸钠，使之与维生素 B_2 形成复盐，最后分离精制即可。

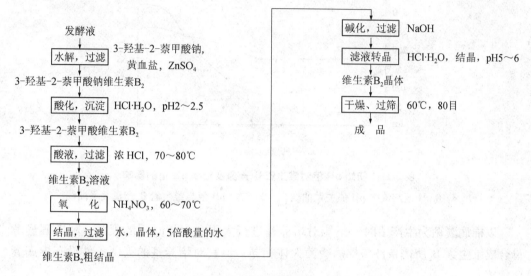

图 3-10 发酵液中提取结晶维生素 B_2 工艺路线

（1）发酵菌种

工业上使用的维生素 B_2 产生菌，主要是棉病囊菌（*Ashbya gossypii*）和阿氏假囊酵母（*Eremothecium ashbyii*），其维生素 B_2 产量高达5g/L。其他维生素 B_2 的产生菌还有乙丁酸梭状芽孢杆菌（*Clostrictium acetobutylicum*），当限制铁含量在1mg/kg时，其产量可达100mg/L。假丝酵母属类球菌德巴利酵母（*Debaryomycessubglobosus*）、无名球拟酵母（*Torulopsis famara*）、季也蒙毕赤酵母（*Picha guilliermondii*）以及许多丝状真菌和不动杆菌（*Acinetobacter anitratum*），也都能产生维生素 B_2。

（2）碳源

棉病囊菌和阿氏假囊酵母可以多种碳水化合物为碳源发酵产生维生素 B_2，其中葡萄糖、果糖和蔗糖都是较好的碳源，也可用糖蜜甚至是海藻及鱼粉产品的下脚料为碳源。

（3）促进剂

棉病囊菌和阿氏假囊酵母的培养基中，需有系列无机盐、天门冬氨酸或谷氨酸盐。在阿氏假囊酵母培养基中加入5.0%红糖、3.0%特种胨、1.0%小麦芽和0.3%牛肉浸汁，7d后维生素 B_2 可达1 800μg/mL。L-谷氨酸、L-冬氨酸、L-丝氨酸或L-酪氨酸均可促进阿氏假囊酵母生物合成维生素 B_2，但L-半胱氨酸却会抑制其生长和合成。

（4）发酵条件

棉病囊菌和阿氏假囊酵母的适宜发酵温度为 $26\sim28℃$。阿氏假囊酵母发酵生产维生素 B_2，其初始 pH 值影响着产量和最终 pH 值，如图 3-11 所示。培养基较高的初始 pH 值有利于维生素 B_2 的生产，初始 pH6.8 时产量最高。发酵终点 pH 值对维生素 B_2 合成也有一定影响。初始 pH 值越高，最终 pH 值也越高，发酵越完全，维生素 B_2 产量也越高。

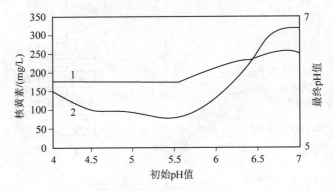

图 3-11　初始 pH 值对维生素 B_2 产量及最终 pH 值的影响

1. 初始 pH 值与最终 pH 值关系曲线　　2. 初始 pH 值与维生素 B_2 产量关系曲线

以棉病囊菌为生产菌时，不能对培养基进行太强和太长时间的灭菌。阿氏假囊酵母合成维生素 B_2 所需条件与棉病囊菌大体相同，但它对培养基的灭菌条件没有棉病囊菌敏感。

3.5　食品添加剂生产

3.5.1　食品胶类

食品胶是食品工业中最重要的原料之一，它在食品加工中主要起稳定食品形态的作用，如悬浮稳定、泡沫稳定、乳化稳定等。此外，它可以改善食品的感观及加工食品的色、香、味和水相等的稳定性。

3.5.1.1　黄原胶

黄原胶的工业化生产无论从技术变革和进步，还是从生产规模和产品质量来看，美国均首屈一指。以食品级产品为例，全世界年产量不足 3×10^4 t，美国 Kelco 公司独家产量超过 2×10^4 t。其质量合格率也远远超过欧洲其他各国。在东方，日本、中国台湾、韩国均在起步阶段，尚未形成规模。因此，东方市场一向被美国、法国公司所占领。

黄原胶别名汉生胶、甘蓝黑腐病黄单胞菌胶、黄杆菌胶、黄单胞杆菌胞多糖、黄单胞多糖，是由甘蓝黑腐病黄单胞菌发酵产生的一种酸性胞外杂多糖。

（1）制备方法

①菌种　生产黄原胶有广泛的微生物来源。黄单胞菌属的许多种类都能产生黄原胶，用发酵工程可进行工业化生产。

②培养基　以糖类、淀粉等碳水化合物为碳源，蛋白质、硝酸盐为氮源，在有机酸、无机盐、Fe、Mn、Zn 等存在条件下进行发酵。

③生产工艺流程　生产过程中，黄单胞菌酶将原料淀粉中的 1，6 -糖苷键切断，打开支链，按 1，4 -糖苷键重新合成直链多糖，最终形成黄原胶。

将纯培养的 *Xanthomonas. campestris* 接种到种子罐培养，然后再接到大发酵反应器。发酵过程中由于阴离子基团构成多糖结构，发酵液 pH 值随着发酵进行而降低，因此必须添加碱使 pH 值维持在 6.0～7.5。发酵周期一般为 60h 左右，为了满足产品的不同需要，可缩短至 48h 或延长至 72h。发酵温度维持在（30±1）℃。经灭菌后的发酵液中加入异丙醇或乙醇使产品沉淀，再用异丙醇或乙醇精制，干燥、粉碎而得。

（2）黄原胶的应用

黄原胶应用于饮料、冷食、调味料、奶制品中可作为乳化稳定剂，并可改进口感和增强风味。

3.5.1.2　结冷胶

结冷胶（gellan gum）是英文名的汉语音译名，是 S-60 多糖，结冷胶是商业名称，用"结"指出了此胶的胶凝特性。天然结冷胶能形成弹性凝胶，而脱酰基结冷胶在阳离子存在的条件下，加热后冷却时会生成坚实的脆性凝胶。由于多糖含量高，纯化产品的功能度比未纯化产品强。

（1）结冷胶的生产技术

在含有碳源、磷酸盐、有机和无机氮源及适量微量元素的介质中，用伊乐藻假单胞菌（*Pseudomonas elodea* ATCC 31461）菌株有氧发酵生产结冷胶。种子培养基的组成为蔗糖 20g，蛋白胨 5g，牛肉膏 3g，酵母浸出汁 1g，pH 7.0。发酵培养基组成为蔗糖、豆粉、蛋白胨、磷酸二氢钾等。发酵在消毒的条件下严格控制通气量、搅拌、温度和 pH 值，发酵完成后，发酵液用巴斯德灭菌杀死活菌体。

（2）结冷胶的应用

在食品工业中，结冷胶不仅作为一种胶凝剂，更重要的是可以赋予食品优良的质地和口感。通常可与多种食品胶配合使用，使产品获得最佳的产品结构和稳定性。主要应用于糖果、果冻、果酱、馅饼、布丁类等食品的加工。

3.5.1.3　短梗霉多糖

短梗霉多糖（pullulan）是出芽短梗霉（*Aureobacidium pullulans*）在发酵过程中所合成的一种细胞外水溶性大分子中性多糖。由于该多糖具有极佳的成膜性、阻氧性、黏结性和易自然降解等许多优良的理化特性，因此，在医药制造、食品包装、水果和海产品保鲜、化妆品工业等众多领域有很广泛的应用前景。

（1）短梗霉多糖的制备

工业生产为批式发酵，以水解淀粉为碳源，硫酸铵为氮源及添加适量微量元素，控制氮源可提高产量，培养基中磷酸盐的浓度影响产生多糖的分子量。詹晓北等以玉米淀粉为原料进行短梗霉多糖发酵，淀粉不完全水解，经脱色、脱盐处理后配制成培养基，多糖转化率较高。无论是酸法水解糖还是酶法水解糖，其 *DE* 值在 40～50 之间可获得较高的多糖产率。在 pH 5.0～6.5 的范围内多糖转化率随 pH 值上升而增高，

pH 6~7多糖产率最高。

（2）短梗霉多糖的应用

短梗霉多糖在食品中可以用做糖果原料、食品增稠剂、农副产品保鲜剂，还可以用来制造食用薄膜、食品品质改良剂、食品成塑剂和黏结剂、食品稳定剂和抗氧化剂等。

3.5.2 呈味剂

3.5.2.1 酸味剂

常用的酸味剂有柠檬酸、乳酸、乙酸、酒石酸、苹果酸、富马酸、磷酸、琥珀酸等。但是天然存在的酸主要是柠檬酸、苹果酸等有机酸。目前，作为酸味剂使用的主要也是有机酸，其中使用最多的是柠檬酸，常用于饮料、果酱、糖类、酒类和冰激凌等食品的制作。下面主要介绍柠檬酸的发酵生产。

（1）原料及处理

发酵法生产柠檬酸的原料可以是淀粉质、糖蜜或石油等。淀粉质来源有甘薯、木薯、马铃薯和玉米等。不同的原料处理方法有所不同，国内使用薯类淀粉，液化后直接发酵；国外多用玉米淀粉，则先行糖化，以缩短发酵时间。

（2）生产菌种

大多数微生物在代谢过程中均能合成柠檬酸，但由于微生物自身的代谢调控，在正常生理状况下很少有柠檬酸积累。青霉、曲霉中的一些菌株能生产过量柠檬酸分泌到培养基中，其中黑曲霉（*Aspergillus*）和温氏曲霉（*A. wentii*）能分泌大量的柠檬酸，而黑曲霉产酸量高，转化率也高，且能利用多种碳源，因而是柠檬酸生产的最好菌种。因此，工业生产几乎都是用黑曲霉作为生产菌。

（3）发酵及后处理

不论采用何种微生物，柠檬酸的发酵都是典型的好氧发酵，发酵时利用空气中的氧或液相中的溶解氧均可。工业上的好氧发酵基本上有3种，即表面发酵、固体发酵和深层发酵。前两种是利用空气中的氧，后者主要是利用溶解氧。目前，国内多数工厂采用深层发酵法生产柠檬酸，一般是在带有通气与搅拌的发酵罐内使菌体在液体内进行培养。好气性发酵过程中，必须供给大量的氧才能维持微生物的正常呼吸，但是所供给的空气必须先进行过滤和净化。

将发酵后的物料加热到100℃，以杀死各种微生物，终止发酵过程。同时，加热可以使蛋白质变性凝固有利于过滤操作，此外，菌体受热膨胀后破裂释放出体内的柠檬酸，可以提高收率。

中和操作是为了使生成的柠檬酸钙从发酵液中沉淀出来，达到与其他可溶性杂质分离的目的。酸解使柠檬酸钙滤出，滤液用1%～3%活性炭在85℃下脱色。脱色后的过滤液中除了柠檬酸之外，还混有发酵和提取过程中带入的大量杂质，如钙、铁及其他金属离子。一般采用强酸型阳离子交换树脂去除杂质。

将柠檬酸浓缩至含水量低于20%时才能形成结晶析出。在常压浓缩时，柠檬酸长时间受热会分解生成乌头酸。乌头酸的生成会使结晶色泽变深，影响产品质量，因此通常采用减压浓缩。影响结晶的因素主要有温度、浓度、结晶和搅拌速度等。将结晶后的物料离心分离得到固体柠檬酸，柠檬酸的干燥一般在较低的温度下进行，否则会失去结晶水而影响产品色泽。

3.5.2.2　发酵法生产谷氨酸

发酵法制造谷氨酸是当今国内外使用最广泛的一种谷氨酸制造的方法。此法有如下优点：原料来源广泛，利用淀粉质原料、含糖原料（糖厂废料糖蜜或赤砂糖等）、碳氢化合物等经微生物发酵均可获得所需产品，不像水解法那样只能利用蛋白质为原料；收率高，成本低，按目前发酵水平，每100kg糖发酵转化为谷氨酸的量可达45g左右，成本较水解法低1/2以上。有利于生产的机械化和自动化，劳动强度较低，生产率高。

（1）原料

发酵法制造谷氨酸，国内主要使用淀粉质原料，如玉米淀粉、薯类淀粉、大米淀粉和野生植物淀粉等。谷氨酸产生菌不能直接利用淀粉，只能利用葡萄糖作为碳源。因此，在谷氨酸生产过程中首先要将淀粉水解成葡萄糖。

（2）菌种

我国常用的菌种有北京棒杆菌 AS1.299，钝齿棒杆菌 AS1.542，黄色短杆菌617、HU7251 和 T6-13 等，其中以黄色短杆菌 T6-13 应用较为普遍。

（3）发酵过程中的条件控制

温度30～32℃；pH 7.0～7.2；发酵至 18～20h，pH 值在 7.0 时，流加尿素量为0.5%～0.8%；发酵至 24～25h，流加尿素量为 0.1%～0.2%；风压控制为 0.1MPa；通风比（即 $1m^3$ 发酵液每分钟通入无菌空气的量）一般控制在 1：0.12；发酵时间一般为28～32h；在发酵过程中要注意及时加入消泡剂。

发酵后，发酵液呈不太黏稠的液体状，pH 6.0～7.0，谷氨酸含量为4%～8%，氨基酸含量在1%以下，葡萄糖在1%以下，氨和其他微量离子0.5%～0.8%，干菌体0.9%左右，还含有有机色素。发酵结束之后，应立即进行谷氨酸的提取。

（4）提取

谷氨酸的提取法有等电点法、离子交换法、直接浓缩法、电渗析法等。国内一般采用等电点法提取谷氨酸，此法具有设备简单、操作方便等优点。在提取后的废液中通常还含有约2%的谷氨酸，较为先进的厂家还会采用离子交换法再进行提取。

3.6　功能性食品生产

3.6.1　真菌多糖

真菌多糖是具有某种独特生理活性的多糖化合物，因具有抗肿瘤、延缓衰老、降血糖、调节血脂、抗辐射，增强骨髓的造血等功能，已成为现今热门和活跃的研究领域。研究表明，香菇、金针菇、银耳、灵芝、蘑菇、黑木耳、茯苓、猴头菇、姬松茸、冬虫夏草、云芝、灰树花中的某些多糖都是很重要的活性多糖。

真菌多糖的生产原料来源于两方面：一是大型食用菌的子实体栽培；二是真菌多糖的深层发酵。

与传统的固态栽培食用菌的方法不同，发酵法生产是在大型发酵罐内进行，可通过调节发酵基质的组成、发酵温度、时间、pH 值、溶氧量等，在短时间内得到大量菌丝体，这些菌丝体和固体栽培的子实体无论在化学组成或生理功能上均很近似。从发酵所得菌丝体提取的多糖、蛋白质和其他活性物质，可调制成保健食品。

发酵法生产食用真菌的主要工艺是：母种→摇瓶菌种→种子罐发酵→发酵罐深层发酵。现以香菇举例说明其深层发酵。香菇菌深层发酵的主要工艺为：

斜面移种培养→一级摇瓶种子→二级摇瓶种子→种子罐→发酵罐

斜面培养基组成（%）为：葡萄糖 2.0、酵母膏 0.5、磷酸二氢钾 0.1、七水硫酸镁 0.1、琼脂 2.0 和自然 pH 条件。

摇瓶和种子罐培养基组成（%）为：葡萄糖 2、白糖 2、干酵母 1、奶粉 1、蛋白胨 0.12、磷酸二氢钾 0.15、七水硫酸镁 0.001、氯化钠 0.1、氯化锌 0.017、氯化钙 0.0047、维生素 B_1 和维生素 B_2 各 0.005、pH 5.5。

深层发酵至培养液变稠，颜色由棕黄变为淡褐色，并散发出酒香味时终止发酵。在罐内加入 0.06% ~ 0.1% 的柠檬酸调 pH 值为 5.5，再通入蒸汽使发酵液温度升至 45~55℃。保持 5~6h，此时香菇菌丝体细胞膜逐渐溶解，细胞中多糖、蛋白质、氨基酸、肌苷酸及鸟苷酸等游离出来。

若要提取比较纯净的香菇多糖，可将发酵液加热至 95~100℃ 后匀浆，搅拌 4h 后过滤，滤渣加 3 倍质量的水加热至 95~100℃，搅拌 2h 后再次过滤。两次过滤滤液合并后加入氢氧化钠中和并过滤，滤渣用水清洗，清洗液合并入滤液中，经减压浓缩至原体积的 1/4。冷却后往浓缩液中加入 4 倍体积的 95% 乙醇，多糖即可沉淀析出。过滤或离心收集沉淀物，用水溶解后再次用乙醇重复处理 1~2 次，从滤液或离心清液中回收乙醇，以降低生产成本。这样得到的多糖沉淀物依次用丙酮、乙醚洗净，低温干燥后粉碎即得白色或灰色的香菇多糖粉末。

3.6.2　活性肽

蛋白质是基本营养素之一，是组成机体组织细胞的基本成分，对机体的生命活动有重要作用。活性肽是蛋白质序列中某些特定的短肽。研究发现，这些被提取的短肽不仅能提供人体生长、发育所需的营养物质和能量，还具有某些特殊的生理调节功能，这一类肽称为活性肽，如促免疫功能肽、降血压肽、促钙吸收肽等。这些功能是食物蛋白或其组成氨基酸所不具备的，而且许多活性肽的组成氨基酸并不一定是必需氨基酸。活性肽还具有在体内容易被吸收、安全性极高、稳定性好的特点，为厂家和消费者乐于接受。

3.6.2.1　谷胱甘肽

谷胱甘肽（glutathione，GSH）是由谷氨酸、半胱氨酸和甘氨酸通过肽键缩合而成的三肽化合物，其结构式为：

$$H_2N-CH-CH_2-CH_2-\overset{\overset{\displaystyle O}{\|}}{C}-\underset{H}{N}-CH-\overset{\overset{\displaystyle O}{\|}}{C}-\underset{H}{N}-CH_2-COOH$$

谷氨酸　　　　半胱氨酸　　　　甘氨酸

谷胱甘肽（GSH）

　　从结构式可知，GSH 与其他肽及蛋白质有所不同，它的分子中有一个特殊肽键，是由谷氨酸的 γ-羧基(—COOH)与半胱氨酸氨酸的 α-氨基(—NH$_2$)缩合而成的肽键。

　　谷胱甘肽分子中含有一个活泼的巯基，易被氧化脱氢，两分子的 GSH 脱氢后转变为氧化型谷胱甘肽(oxidized form glutathione，GSSG)。在生物体中起重要生理功能作用的是还原型谷胱甘肽，GSSG 需还原成 GSH 才有生理活性。

　　目前，GSH 的制备方法有溶剂萃取法、酶法、发酵法和化学合成法 4 种。从酵母细胞提取 GSH 的工艺流程如图 3-12 所示。

　　通过生物技术途径制备 GSH 有两种方法，一种是选育富含 GSH 的高产酵母菌株，再由此分离提取制得；另一种方法是通过培养富含 GSH 的绿藻，再用与图 3-12 酵母相似的方法提取。

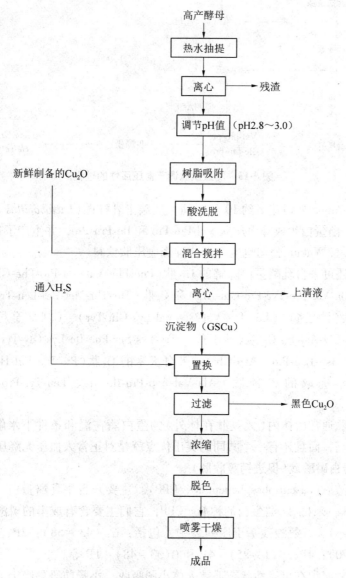

图 3-12　从酵母细胞中提取 GSH 的工艺流程

3.6.2.2 降血压肽

降血压肽是通过抑制血管紧张素转移酶(aniotensin converting emzyme, ACE)的活性来体现降血压功能的,因为在 ACE 作用下促进血管紧张素 I 转变为血管紧张素 II,后者使末端血管收缩导致血压升高。它们调节血压活性的过程如图 3-13 所示。

血管紧张素原为:APS-Arg-Val-Tyr-Ile-His-Pro-Phe-His-Leu-Leu-Val-Tyr-Ser-R

血管紧张素 I 为:APS-Arg-Val-Tyr--Ile-His-Pro-Phe-His-Leu

血管紧张素 II 为:APS-Arg-Val-Tyr-Ile-His-Pro-Phe

血管紧张素转移酶抑制肽为:Val-Pro-Pro,Ile-Pro-Pro

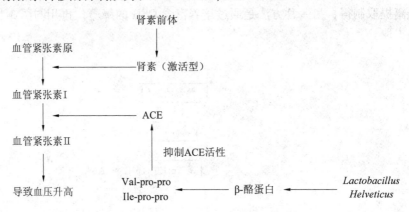

图 3-13 降血压肽调节血压活性的过程

日本 Calpis 公司花了约 10 年时间,从瑞士乳杆菌(*Lactobacillus helveticus*)中选育到可降解 β-酪蛋白生成降血压肽 Val-Pro-Pro 和 Ile-Pro-Pro,并生产了这种活性饮料。日本另一家公司,Yakult 公司也生产了这种降血压肽饮料。

降血压肽还可来自乳酪蛋白降解的 C_{12} 肽(Phe-Phe-Val-Ala-Pro-Phe-Glu-Val-Phe-Gly-Lys)、G_1 肽(Ala-Val-Pro-Tyr-Pro-Glu-Arg)和 C_6 肽(Thr-Thr-Met-Pro-Leu-Trp);来自鱼贝类降解的 C_8 肽(沙丁鱼)(Leu-Lys-Val-Gly-Val-Lys-Gln-Tyr)、C_8 肽(金枪鱼)(Pro-Thr-His-Ile-Lys-Trp-Gly-Asp)、C_{11} 肽(沙丁鱼)(Try-Lys-Ser-Phe-Ile-Lys-Gly-Tyr-Pro-Val-Met);来自大豆的肽(Asp-Leu-Pro,Asp-Gly);来自玉米的 C_5 肽(Pro-Pro-Val-His-Leu)以及无花果乳液热水提取的 3 种肽:Ala-Val-Asp-Pro-Ile-Arg、Leu-Tyr-Pro-Val-Lys、Leu-Val-Arg。

这些活性肽通常由体内(大豆肽在体外)的蛋白酶在温和条件下水解蛋白而获得,食用安全性极高,而且还有一个共同的突出优点就是对正常人血压无降压作用。

3.6.2.3 酪蛋白磷酸肽(促进钙吸收肽)

酪蛋白磷酸肽(casein phosphopeptide, CPP)。主要来自牛乳酪蛋白,来自 α-酪蛋白的称 α-CPP;来自 β-酪蛋白的称 β-CPP,它们主要含有成串的磷酸丝氨酸(phosphoserine, Ser-p)和谷氨酸残基于序列之中,包括:$\alpha_{S1}(43-58):2P$、$\alpha_{S1}(59-79):5P$、$\alpha_{S2}(46-70):4P$、$\beta(1-25):4P$ 和 $\beta(33-48):1P$ 等。

矿物元素钙必须在可溶性状态下被人体小肠吸收,小肠前段黏膜上 pH 值较低,钙能被溶解并依赖维生素 D 的协助以主动运输的方式来吸收钙，通常小肠对钙的吸收率只有 30% ~50% 。然后到了小肠的回肠和小肠末端是以被动运输的方式吸收钙，在正常的生理状态下，被动运输的区域是影响钙平衡主要的部分，只要增进钙的溶解度或者改变渗透压，将增进小肠末端对钙的吸收，CPP 可扮演这个角色，由于 CPP 带有高浓度的负电荷，使得他们与钙结合，成为可溶性钙，因而有效地防止磷酸钙沉淀的形成，增加可溶性钙的浓度，进而促进肠内钙的吸收。

将 CPP 与钙、铁一起配合使用，有望促进儿童骨骼发育、牙齿生长、预防和改善骨质疏松症，促进骨折患者康复和预防贫血。

制备 CPP 的方法很多，这里介绍日本明治制果公司的方法，他们利用蛋白酶水解酪蛋白配合其他加工方式进行。即将适量的胰蛋白酶加入酪蛋白溶液中，酪蛋白经部分分解释放 CPP，当达到所需要的蛋白分解程度时，加热使酶失活，经喷雾干燥即得产品 CPP-1，加热使酶失活，经脱苦处理再喷雾干燥所得产品 CPP-2；当胰酶反应后加酸产生沉淀，取上清加入适量钙及乙醇又产生沉淀，沉淀物干燥得产品 CPP-3。3 种固形物中以 CPP-3 含 CPP 最多，可达 85% 以上，其他产品只有 12%，3 种产品均为白色粉末，除 CPP-1 带苦味，其他产品没有异味。CPP 生产工艺流程如图 3-14 所示。

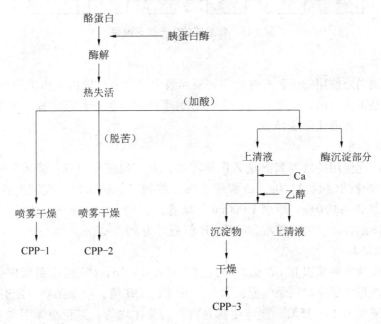

图 3-14　酪蛋白磷肽的制作工艺流程

3.6.3　螺旋藻

螺旋藻(*Spirulina*)属于蓝藻门颤藻科螺旋藻属，是一种多细胞的丝状蓝绿藻。蓝藻门(*Cyanophyta*)又称蓝细菌(*Cyanobacteria*)。

螺旋藻含蛋白质极高(60% 以上)，必需氨基酸组成平衡、丰富，含 6 种维生素，其中维生素 B_6 含量特别高，是动物肝脏的 3.5 倍，是已知生物中含量最高的一种，β -

胡萝卜素、γ-亚麻酸等含量也很高。螺旋藻还含多种人体必需的微量元素，如铁、锌、铜、硒等，它们不仅易被人体吸收利用，也是有效调节机体平衡及酶的活性。近年研究表明，螺旋藻还含小分子多糖、糖蛋白等生物活性物质。

螺旋藻的规模生产应具备和掌握好以下几个环节：藻种、培养基质、大池培养以及采收和干燥。生产工艺流程如图 3-15。

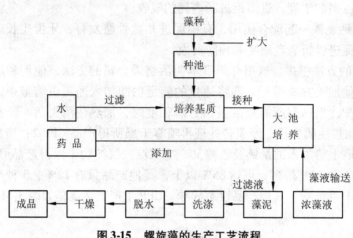

图 3-15　螺旋藻的生产工艺流程

（1）藻种

目前，国内外使用的藻种有钝顶螺旋藻和极大螺旋藻，国内大多采用钝顶螺旋藻。优良的藻种是很重要的，在培养过程中还应对藻种进行生产性能考察，根据需要进行驯化和复壮，以防退化和变异。

（2）培养基质

国内外广泛使用的培养基质是 Z 氏培养基，由下列成分组成：碳酸氢钠 4.5g、硝酸钠 1.5g、氯化钠（粗盐）1.0g、硫酸钾 1.0g、磷酸二氢钠 0.5g、硫酸亚铁 0.01g、硫酸镁 0.2g、氯化钙 0.04g，淡水 1 000mL。培养过程中，根据温度、光线、pH 值及藻体形态特征不断补添新的培养液。基质 pH 值通常为 9。

（3）大池培养

藻种的大池接种量以其 OD 值 0.1 为宜，培养 4～5d，OD 值达到 0.8～1.0，即可采收。培养过程中要定时记录气温、水温、pH 值、OD 值，清除杂物，定时开关搅拌。最适的培养温度为 25～35℃，搅拌使营养物质和藻体均匀，避免藻体因受光不匀带来的光伤害和光饥饿，同时排出过多的氧，减少因氧饱和而产生光合抑制。pH 值控制在 10 左右，调节 pH 值用碳酸氢钠。

（4）采收和干燥

采收和干燥是关键的环节，也是比较困难的。藻液的过滤一般采用斜筛、重力曲筛，脱水设备采用三足式离心机或真空吸滤机，干燥可采用喷雾干燥技术。

3.6.4 活性微量元素

3.6.4.1 硒

硒能促进动物生长，能保护心血管和心肌健康，降低心血管病的发病率。硒还能减轻体内重金属的毒害作用，因硒与某些金属有很强的亲和力，是一种天然的抗重金属的解毒剂，在生物体内与汞、镉、铅等结合形成金属-硒-蛋白质复合物，而使这些金属得到解毒和排泄。此外，一些流行病学调查和动物试验还显示硒有一定的抗肿瘤作用。

富硒酵母：所用菌种是啤酒酵母。菌种所用培养基由2%葡萄糖、1%甘氨酸和0.1%酵母粉组成，调整pH值为6。实践中使用麦芽汁（或糖蜜）加硒酸钠作为培养基。麦芽汁的制备：往麦芽碎粒中加4倍质量的水，55~60℃保温糖化3~4h，过滤并煮沸滤液，冷却，澄清。在12~13°Be′的麦芽汁中加入预杀菌的亚硒酸钠浓溶液（为10%），使其中含硒浓度约为5mg/kg，然后接入酵母菌种，30℃培养，通气量为$1.6m^3/(m^3 \cdot min)$，发酵培养3~4h，此时，发酵液pH值降至4.2~4.5，通过离心分离酵母，洗涤后干燥（55~60℃），粉碎后即得淡黄的干酵母粉。

富硒酵母的硒含量可高达1 000mg/kg，通常为300mg/kg，蛋白质含量55.8%，维生素$B_1$3.2mg/kg，维生素$B_2$33.2mg/kg，是一种很好的食品原料。

酵母有高度的富硒能力以及将无机硒转化为有机硒的转化能力，在生理活性方面，富硒酵母较无机硒高，如对肿瘤的抑制效果较亚硒酸钠显著。在提高机体血硒水平及留存在机体的数量方面均明显高于亚硒酸钠。富硒酵母的毒性大大低于亚硒酸钠，动物试验表明，富硒酵母没有致畸和致突变方面的毒性。

3.6.4.2 锗

锗是准金属类（metalloid）的微量元素，日本浅井一彦（1950）首先合成有机锗并从事锗的研究工作，他发现人参、灵芝等滋补中药材中含有丰富的锗，我国学者白明章（1987）等合成有机锗并研究了它的抗癌活性，国内外许多学者研究表明：有机锗几乎无毒，具有诱发自身干扰素、增加NK细胞活性、活化巨噬细胞、促进抗体产生及抗肿瘤、抗衰老等生物学作用。

富锗酵母和硒一样，通过酵母的富集作用可增加天然酵母中的锗含量，菌种以葡萄酒酵母和啤酒酵母为好。培养基由10°Be′的麦芽汁与酵母浸膏组成，培养基添加锗（GeO_2或Ge-132），培养温度30℃，试管菌种先静置培养16h，再振荡培养16h。发酵罐培养时间约20h，通气量$1.5m^3/(m^3 \cdot min)$，发酵结束离心萃取菌种，洗净后干燥、粉碎即得富锗酵母粉，其锗含量可达820mg/kg。锗浓度在0~100mg/kg范围内，酵母的富锗效果与锗添加浓度成正比，超100mg/kg，效果不明显。除了富锗酵母外，还有富锗豆芽、富锗鸡蛋、富锗牛乳和富锗蜂蜜等。

3.6.5 微生态制剂

微生态制剂（microecoslogics）又称微生态调节剂（microecoslogical modulator）。它可调节机体内的微生态平衡，因而达到治疗或保健的目的。

3.6.5.1 乳酸菌

乳酸菌是一类可发酵利用碳水化合物而产生大量乳酸的细菌。与微生态制剂有关的具有保健、增加机体的免疫力、治疗和防病作用的乳酸菌包括乳杆菌和链球菌。

近年来，随着乳酸菌尤其是双歧杆菌、嗜酸乳杆菌等肠道有益菌的许多重要生理功能的确认，人们认识到乳酸菌对人体有很多好处。① 乳酸菌能控制肠道内病原菌的生长繁殖从而起到预防感染等作用。② 将乳糖转化为乳酸，发酵中可增加可溶性微量元素，其营养价值及风味有很大提高。③ 乳酸菌对肠道微生态环境有利，代谢产物乳酸和醋酸可杀菌。④ 乳酸菌及其代谢产物能促进宿主消化酶的分泌和肠道的蠕动，促进食物的消化吸收。⑤ 乳酸菌还能降低胆固醇水平，预防心脏病的发生以及具有防癌、抗癌作用。因此，乳酸菌是一类对人体健康非常有益的功能因子，有必要通过食品途径补充。

在微生态制剂中常用的菌种是嗜酸乳杆菌（*Lactobacillus acidophilus*）、保加利亚乳杆菌（*L. delbiueckii* subsp. *bulgaicus*）、植物乳杆菌（*L. plantarum*）。

3.6.5.2 双歧杆菌

双歧杆菌（*Bifid bacrium*）是一类革兰阳性厌氧菌或兼性厌氧菌。所有的双歧杆菌都发酵葡萄糖、半乳糖和果糖。分解葡萄糖是经过6-磷酸果糖途径，最终产生乙酸和乳酸，降低肠道pH值，抑制肠道中腐生菌的生长，从而解除腐生菌代谢产物（如吲哚、甲酚、胺等）对肝脏的毒害作用，促进人体的正常代谢。

以医用微生态制剂的生产工艺而论，不论以何种状态上市都包括如下工序：

生产种子液→生产培养→浓缩→真空冻干→封装成品

本章小结

微生物在无氧条件下分解代谢有机物质释放能量的过程即发酵。发酵工程是渗透有工程学的微生物学，是发酵技术工程化的发展，是发酵原理与工程学的结合。发酵工程中的微生物主体、工程技术和反应过程各有其不同的优点，使得发酵工程的应用领域逐渐扩展到医药、轻工、农业、化工、能源、环境保护及冶金等多个行业。

发酵根据不同的发酵条件可分为不同的发酵方式，如固体/液体发酵、好氧/厌氧发酵、分批/连续发酵、单一/混合发酵等方式。

发酵过程的控制需考虑的主要因素有：发酵温度、pH值、溶氧、CO_2浓度、培养基质（碳源、氮源、磷酸盐等）的浓度、泡沫、补料等，这些因素对发酵的影响皆不可小视。随着现代科技的发展，已经可以通过计算机发酵过程控制系统来控制发酵过程，大大提高了发酵的效率。随着发酵工业的5个阶段的发展，发酵设备也有了很大的改善，在设计、制造和操作方面更加的精密和易于操作。

发酵工程在食品工业中的应用非常广泛：①用于生产各种发酵食品，如发酵酒、蒸馏酒、发酵调味品、乳酸发酵食品等的生产；②用于营养强化剂的生产，如维生素C、维生素B_2等；③用于食品添加剂的生产，如食品胶类（黄原胶、结冷胶等）、短梗霉多糖和呈味剂等；④用于功能性食品的生产，如真菌多糖、活性肽、螺旋藻、活性微量元素和微生态制剂等。

发酵工程及其在食品工业中的应用给人类生活带来了巨大的利益，为可持续发展作出了重大的贡献。

思考题

1. 发酵的传统概念和现代意义上的概念是什么？
2. 分析发酵工程的一般特征。
3. 描述发酵过程中 pH 值的一般变化规律和控制策略。有哪些因素影响 pH 值变化？
4. 简述发酵设备的功能和分类。
5. 简述维生素 B_2 的发酵生产工艺。
6. 简述食品胶在食品加工中的作用以及主要种类。
7. 影响螺旋藻培养的因素有哪些？
8. 微生态制剂的功能有哪些？

推荐阅读书目

发酵工艺原理．熊宗贵．中国医药出版社，2001.

现代工业微生物学教程．杨汝德．科学出版社，2006.

微生物工程工艺原理．姚汝华．华南理工大学出版社，2005.

第4章
酶工程及其在食品工业中的应用

在当今的食品工业发展中，酶工程技术被越来越广泛地应用于制糖业、淀粉加工、果蔬加工、畜产品和水产品加工以及食品添加剂的生产、食品保鲜和食品分析等食品行业的各个领域。而且从长远看，酶工程技术将逐步取代或融合于一些其他领域，如固定化活细胞技术已在或将在某些领域取代一些传统的发酵技术，作为传统的生物反应器——发酵罐也将逐步地、部分地被第二代生物反应器——酶反应器所取代。

4.1 酶催化作用的特点

酶工程(enzyme engineering)又称酶技术，是生物技术的重要组成部分，随着酶学研究的迅猛发展，使得酶学基本原理与化学工程相结合，便形成了酶工程。酶工程是在发酵工程的基础上发展起来的，它与发酵工程的联系极为密切，同时也是生物工程的重要组成部分。酶作为催化剂具有高效性、专一性；酶促反应无副反应，需要温和的反应条件。

4.1.1 酶催化作用的专一性

大多数酶作用的底物和催化反应都有高度专一性。一种酶仅能作用一种物质或一类结构相似的物质，发生一定的化学反应，这种对底物的选择性称为酶的专一性。如蛋白酶只能水解蛋白质。酶的专一性主要取决于酶活性中心构象和性质，结构专一性中，有的酶只作用一定的键，对键两端的基团没有一定的要求，如二肽酶只催化二肽肽键，而与肽键连接的氨基酸没有关系；酯酶既能催化甘油酯，也能催化丙酰胆碱、丁酰胆碱中的酯键，这种单一性称为"键专一性"。有的酶对底物要求较高，不但要求一定的化学键，而且对键一端的基团也有一定要求，如糖腈化合物水解，这种单一性称为"基团专一性"。

酶的专一性有许多学说，获得广泛支持的有锁钥学说、诱导契合学说，还有过渡态学说。这些学说都有共同点，即酶作用专一性必须通过它的活性中心和底物结合后才表现出来。

4.1.2 酶催化作用的效率

一个化学反应体系中，只有那些具有较高能力的"活化分子"的碰撞才能发生化学反应。"活化分子"越多，反应就越迅速，分子由常态转变成活化态所需的能量称为活化能。

4.1.3　酶催化作用的条件

(1)临近和定向效应(proximity and orientation effect)

一个底物分子和酶一个催化基团进行反应时，彼此间保持适当的角度构成次级键（氢键、范德华力），反应基团分子轨道要互相交叉重叠，这就像是把底物固定在酶的活性部位，并以一定的构象存在，才能有效地发挥作用。底物与酶活性中心相结合，活性中心是酶分子表面一个有限区域，底物在活性中心有限区域内互相趋向，这就是临近效应。

定向效应：底物特异结合和定向于酶的活性部位，以及酶与底物结合后使得底物变形可以更好地解释酶的催化作用。底物靠近活性部位，使得底物有效浓度增高，利于反应进行。酶与底物结合有一定的方式，可以帮助(也包括辅助因子)敏感键靠近活性部位的催化基团，容易形成过渡态。许多酶的活性部位与底物结合后会发生变形，使得敏感键易于断裂和促使新键形成。

(2)酸碱催化

质子供体(酸)和质子受体(碱)形式的广义酸碱催化(general acid-base catalysis)在生物化学反应中普遍存在。酶分子中存在许多酸性基团和碱性基团，它们可以作为质子供体和质子受体，特定的 pH 值条件下起广义酸碱催化作用。如氨基、羧基、巯基、酚羟基和咪唑基，既是一个很强的亲核基团(电子对供体)，又是一个有效的酸碱催化基团。咪唑基的解离常数约为 6.0，接近生物体液的 pH 值条件下，有一半以酸形式存在，另一半以碱形式存在，即咪唑基既可作为质子供体，也可作为质子受体在酶促反应中发挥作用，并且提供质子和接受质子十分迅速(半衰期小于 10^{-3} s)，因此，咪唑基是很有效、很活泼的基团。

(3)共价催化

共价催化是指酶催化过程中亲核和亲电催化过程。如果催化反应的速度是被底物从催化剂接受电子对这一步控制，称为亲核催化；如果催化反应速度是被催化剂从底物接受电子对这一步控制，称为亲电催化。

(4)静电催化

过渡态也可通过底物的荷电基加以稳定，正碳离子可通过负电荷的羧基稳定；同样含氧阴离子的负电荷，也可通过金属离子加以稳定。

(5)金属离子催化

金属离子在许多酶中是必要的辅助因子，它的催化作用和酸的催化作用相似，但有些金属可以带不止一个正电荷，作用比质子强，且它还具有络合作用，易使底物固定在酶分子上。所有已知的酶中，几乎有 1/3 的酶表现活性时需要金属离子。

(6)微环境影响

每一种酶蛋白都有特定的空间结构，这种酶蛋白特定的空间结构就提供了功能基团发挥作用环境，称为微环境。该微环境是非极性的，在这个环境中，介电常数比在水环境或其他极性环境中的介电常数低。

4.1.4 影响酶催化作用的因素

一切有关酶活性的研究，均以测定酶反应速度为依据。酶催化作用的速度受到很多因素影响，主要有底物浓度、酶浓度、温度、pH值、激活剂和抑制剂等。

(1)底物浓度对酶促反应速度的影响

当底物浓度很低时，增加底物浓度反应速度随之迅速增加，反应速度与底物浓度成正比，称为一级反应。当底物浓度较高时，增加底物浓度反应速度也随之增加，但增加的程度不如底物浓度低时那样明显，反应速度与底物浓度不再成正比，称为混合级反应。当底物增高至一定浓度时，反应速度趋于恒定，继续增加底物浓度反应速度也不再增加，称为零级反应。

(2)酶浓度对酶促反应速度的影响

酶作用的最适条件下，如果底物浓度足够大，足以使酶饱和，则酶促反应速度(v)与酶浓度$[E]$成正比：$v = K[E]$，K为反应速度常数。

(3)温度对酶促反应速度的影响

一定的温度范围内，酶促反应速度随温度升高而加快。但由于酶是蛋白质(或核酸)，温度过高会导致酶变性失活，使酶活力反而下降。因此，酶只有在一定温度时才显示最大活力，这一温度称为酶的最适温度(optimum temperature)。温血动物酶的最适温度一般为35~40℃，植物来源的酶的最适温度为45~60℃，微生物酶的最适温度差别较大，细菌高温淀粉酶的最适温度达80~90℃。大多数酶在55~60℃即由于变性而失活，但也有一些酶具有较高的抗热性。

(4)pH值对酶促反应速度的影响

溶液pH值对酶活性影响很大，在一定pH值范围内酶表现催化活性。某一pH值酶的催化活性最大，此pH值称为酶作用最适pH值。偏离酶最适pH值越远，酶活性越小，过酸或过碱则可使酶完全失去活性。

各种酶最适pH值不同，植物及微生物来源酶最适pH值多为4.5~6.5，动物酶最适pH值多为6.5~8。人体大多数酶最适pH值7.35~7.45。但也有例外，如胃蛋白酶的最适pH值为1.9、肝脏精氨酸酶9.7、胰蛋白酶8.1。不同酶活力随pH值变化情况也不相同，大多数酶pH值活性曲线都为钟罩形。

同一种酶最适pH值可因底物种类及浓度不同，或所用缓冲剂不同而稍有改变，所以最适pH值也不是酶的特征性常数。

(5)激活剂对酶促反应速度的影响

凡能提高酶活性、加速酶促反应进行的物质都称为酶激活剂(activator)，其中大部分是无机离子和小分子有机物。按化学属性，酶激活剂可分为无机离子激活剂、小分子有机物激活剂和生物大分子激活剂3类。

①无机离子激活剂 无机离子激活剂有：Cl^-、Br^-、I^-、CN^-等阴离子，以及某些金属离子Na^+、K^+、Mg^{2+}、Ca^{2+}、Zn^{2+}、Mn^{2+}等都可以作为激活剂。Mg^{2+}是多数激酶及合成酶的激活剂，Cl^-是唾液淀粉酶的激活剂。

②小分子有机物激活剂 一些小分子有机物能作为酶激活剂，如抗坏血酸、半胱

氨酸、还原型谷胱甘肽等对某些含巯基酶有激活作用，保护酶分子巯基不被氧化，从而提高酶活性。一些金属螯合剂（如 EDTA 等）能除去重金属离子对酶的抑制，也可视为酶的激活剂。

③生物大分子激活剂 一些蛋白激酶可激活某些酶，如磷酸化酶 b 激酶可激活磷酸化酶 b，而磷酸化酶 b 激酶又受到 cAMP 依赖性蛋白激酶的激活；酶原可被一些蛋白酶选择性水解而被激活。这些蛋白激酶和蛋白酶也可看成是激活剂。

激活剂对酶的作用有一定选择性，即一种激活剂对某些酶起激活作用，而对另一些酶起抑制作用。如 Mg^{2+} 是脱羧酶、烯纯化酶、DNA 聚合酶的激活剂，但对肌球蛋白腺苷三磷酸酶却有抑制作用。

（6）抑制剂对酶促反应速度的影响

①可逆性抑制 抑制剂与酶非共价结合，可以用透析超滤等简单物理方法来恢复酶的活性，因此是可逆的。根据抑制剂在酶分子上结合位置不同，又分为竞争性抑制剂和非竞争性抑制剂。

②不可逆抑制 若抑制剂通过共价键牢固地结合到酶分子上而使酶活性丧失，不能用透析或超滤方法除去抑制剂而恢复酶活性，这种抑制作用称为不可抑制作用。

4.2 酶的发酵生产

酶生产早期，人们主要是从动植物体内获取酶制剂。目前，仍有蛋白酶、淀粉酶、溶菌酶等少数几种酶，以动植物体为原料获得，但由于生产周期、地理、气候和季节的限制，给大规模的生产带来困难。目前，酶生产主要以微生物为原料，见表4-1。

表4-1 目前主要商品酶制剂及其来源

酶制剂	来源
α-淀粉酶	黑曲霉、米曲霉、地衣芽孢杆菌、麦芽、猪胰脏
β-淀粉酶	黑曲霉、蜡状芽孢杆菌
过氧化氢酶	青霉、溶壁小球菌、牛肝、辣根
纤维素酶	里氏木霉、绳状木霉
右旋糖苷酶	绳状木霉、木壳霉
β-葡聚糖酶	黑曲霉、曲霉属、枯草芽孢杆菌、青霉
糖化酶	黑曲霉、米曲霉、泡曲霉、根霉
半纤维素酶	黑曲霉
脂肪酶	黑曲霉、青霉、假丝酵母、根霉、小球菌、毛霉、假单胞菌、无色杆菌、胰脏
溶菌酶	鸡卵清
果胶酶	黑曲霉、米曲霉、蜜蜂曲霉、地衣芽孢杆菌、枯草芽孢杆菌、嗜碱芽孢杆菌、根霉
单宁酶	黑曲霉、青霉、根霉、毛霉
蛋白酶	枯草芽孢杆菌、栖土曲霉、米曲霉、黑曲霉、土褐曲霉、放线菌等
凝乳酶	易脆毛霉、微小毛霉、总状毛霉、五通桥毛霉等
几丁质酶	链霉菌、高温单胞菌、球孢白僵菌
漆酶	真菌产生含铜的多酚氧化酶，用于生物制浆、生物漂白、废水处理等

4.2.1 产酶菌种的要求

选用微生物生产酶制剂的优点有：微生物种类多、酶种丰富，且菌株易诱变；微生物生长繁殖快，易提取酶，特别是胞外酶；微生物培养基来源广泛、价廉；可以采用微电脑等新技术，控制酶发酵生产过程，生产可连续化、自动化，经济效益高；可以利用以基因工程为主的近代分子生物学技术，选育菌种、增加酶产率和开发新酶种。

菌种是发酵生产酶的重要条件。菌种不仅与产酶种类、产量密切相关，而且与发酵条件、工艺等关系密切。目前投入工业发酵生产的酶有 50~60 种。它们的生产菌种十分广泛，包括细菌、放线菌、酵母菌和霉菌，见表 4-2。产酶菌种要求不是致病菌，在系统发育上最好与病原体无关，也不产生毒素。特别是对于食品用酶和医药用酶尤其如此；能够利用廉价原料，发酵周期短，产酶量高；菌种不易变异退化，不易感染噬菌体；最好选用产生胞外酶的菌种，有利于酶分离，回收率高。

表 4-2　目前工业用主要酶的生产菌来源

微生物类别	菌　名	产生的酶	用　途
细菌	枯草杆菌 S_{17}，S_{56}	淀粉酶	纺织品脱胶，淀粉加工
	枯草杆菌 S_{114}	蛋白酶	生丝脱胶
	大肠杆菌 AS1.357	L-天门冬酰胺酶	治疗白血病
	异型乳酸杆菌	葡萄糖异构酶	由葡萄糖制果糖
	大肠杆菌 AS1.76	青霉素酰化酶	制取新青霉素的母核
	枯草杆菌 AS1.398	蛋白酶	皮革脱毛，酱油酿造
	枯草杆菌 BF7658	淀粉酶	酒精发酵、葡萄糖生产等
酵母	解脂假丝酵母 AS2.1203	脂肪酶	洗涤剂，绢丝原料脱脂等
霉菌	点青霉 AS3.3871	葡萄糖氧化酶	食品加工，试剂
	河内根霉 AS3.866	淀粉葡萄糖苷酶	酿酒厂糖化
	日本根霉 AS3.849	淀粉葡萄糖苷酶	制葡萄糖
	黑曲霉 AS3.350	酸性蛋白酶	毛皮软化，啤酒澄清
放线菌	转化白色放线菌	蛋白酶	皮革脱毛

1977 年，联合国粮农组织（FAO）和世界卫生组织（WHO）的食品添加剂专家联合委员会（JEFA）就有关酶的生产应用安全问题向二十一届大会提出了如下意见：①凡是从动、植物可食部分组织或食品加工传统使用的微生物生产的酶，可作为食品对待，无需进行毒理学试验，而只需建立有关酶化学与微生物学的详细说明即可。②凡是由非致病菌的一般食品污染微生物所制取的酶，需做短期毒性试验。③由非常见微生物制取的酶，应做广泛的毒性试验，包括慢性中毒在内。

4.2.2　菌种的分离纯化

菌种是工业发酵生产酶制剂的重要条件。优良菌种不仅能提高酶制剂产量、发酵原料的利用效率，而且还与增加品种、缩短生产周期、改进发酵和提炼工艺等密切相关。

4.2.2.1　产酶菌种的采集

产酶菌种的采集：一是根据微生物的生态特征从自然界中取样，二是从发酵生产材料中进行分离。

土壤是微生物的大本营，一般在有机质较多的肥沃土壤中，微生物的数量最多，中性偏碱的土壤以细菌和放线菌为主，酸性红土壤及森林土壤中霉菌较多，果园、菜园和野果生长区等富含碳水化合物的土壤和沼泽地中，酵母和霉菌较多。采样方式是在选好适当地点后，用无菌刮铲、土样采集器等，采集有代表性的样品，如特定的土样类型和土层，叶子碎屑和腐质，根系及根系周围区域，海底水，泥及沉积物，植物表皮及各部，阴沟污水及污泥，反刍动物第一胃内含物，发酵食品等。

具体采集土样时，可取离地面 5～15cm 处的土。先刮去表土 2～5cm，在同一线选取 3～5 个点取样，每点取样 10g。将采集到的土样盛入清洁的聚乙烯袋、牛皮袋或玻璃瓶中。采样必须完整地标上样本种类及采集日期、地点以及采集地点地理、生态参数等。采样应及时处理，暂不能处理的也应贮存于 4℃下，但贮存时间不宜过长。

4.2.2.2 富集培养

一般情况下，采来的样品可以直接进行分离，但是如果样品中所需要的菌类含量并不很多，而另一些微生物却大量存在的话，为了容易分离到所需要的菌种，应设法增加所要菌种的数量，以增加分离成功的概率，可采用控制温度和营养成分及 pH 值等有利于所需微生物生长条件的办法，以便于筛选。

在分离细菌时，培养基中添加浓度一般为 50μg/mL 的抗真菌剂（如放线菌酮和制霉素），可以抑制真菌的生长。在分离放线菌时，通常加入抗真菌剂制霉菌素或放线菌酮，以抑制真菌的繁殖。在分离真菌时，利用低碳氮比的培养基可使真菌生长菌落分散，利于计数、分离和鉴定；在分离培养基中加入一定的抗生素（如氯霉素、四环素、卡那霉素、青霉素、链霉素等）即可有效地抑制细菌生长及其菌落形成。

4.2.2.3 菌种的纯化

通过富集培养，样品中的微生物还是处于混杂生长状态。因此，还必须分离、纯化。在这一步，增殖培养的选择性控制条件还应进一步应用，而且要控制得更细更严格。同时，必须进行纯种分离，常用的分离方法有稀释分离法、划线分离法和组织分离法。

4.2.3 酶的发酵技术

酶的发酵生产是以获得大量所需酶为目的。为此，除了选择性能优良的产酶细胞外，还必须满足细胞生长、繁殖和发酵产酶的各种工艺条件。

4.2.3.1 培养基的营养成分

培养基的组分一般包括碳源、氮源、无机盐和生长因子等几方面。

(1)碳源

酶制剂生产使用的菌种大都是只能利用有机碳的异养微生物。为了利于工业化大生产，在选择碳源时，必须考虑原料的供求和价格问题。有机碳的来源有：农副产品，如甘薯、麸皮、玉米、米糠等淀粉质原料；野生植物，如土茯苓、橡子、石蒜等淀粉质原料。目前，以石油为原料生产蛋白酶、脂酶已成功；采用分批补料流加法，使葡萄糖浓度保持在 0.4%～1%，酶产量可提高一倍。

（2）氮源

酶制剂生产中的氮源有两种：一是有机氮，常利用农产品榨油后的副产品，如豆饼、花生饼、菜子饼、玉米浆和蛋白胨等；二是无机态氮，如硫酸铵、氯化铵、硝酸铵和磷酸铵等。不同氮源对微生物产酶有诱导和抑制作用，如蛋白胨对黑曲霉的酸性蛋白酶生产有很强的抑制作用；胺盐对一些霉菌和细菌蛋白酶的生产有抑制作用；但以蛋白质为氮源往往对蛋白酶生产有促进作用，优于蛋白质的水解物；某些氨基酸对酶产生有抑制作用，有些却有促进作用，赖氨酸、天冬氨酸对泡盛曲霉产生酸性蛋白酶有刺激作用，蛋氨酸等含硫氨基酸对黑曲霉合成酸性蛋白酶有抑制作用。

（3）无机盐

无机盐主要作用是提供细胞生命活动不可缺少的无机元素，并对培养基 pH 值、氧化还原电位和渗透压起调节作用。产酶培养基常需添加一定量无机盐，主要是含 P、S、K、Mg、Ca、Na 等的盐。

（4）微量元素

产酶培养基中微量元素有：Cu、Mn、Zn、Mo、Co、I 等。微量元素需要量很少，过量反而会引起不良效果，必须严加控制。

（5）生长因子

生长因子包括氨基酸、维生素、嘌呤或嘧啶等，酶制剂生产中所需的生长因子大多数是由天然原料提供，如玉米浆、麦芽汁、豆芽汁、酵母膏等。目前，广泛采用玉米浆作为生长因子原料。

（6）产酶促进剂

培养基中添加少量物质，能显著提高酶产率，这类物质称为产酶促进剂。产酶促进剂分为两类：一是诱导物；二是表面活性剂，如吐温 - 20，吐温 - 80，其含量在 0.1% 能大幅增加酶产量。表面活性剂能增加细胞膜通透性，处于气-液界面，改善氧传递速度，还可以保护酶活性。

4.2.3.2　发酵条件对产酶的影响

（1）温度对产酶影响

温度不仅影响微生物生长繁殖，而且也影响酶和其他代谢物合成、分泌和积累。温度对产酶影响有 3 种情况：一般情况下，菌体的产酶温度低于生长温度，如采用酱油曲霉生产蛋白酶，在 28℃ 的温度条件下，其蛋白酶的产量比 40℃ 条件下高 2～4 倍；产酶温度与生长温度一致，如链霉菌合成葡萄糖异构酶大约在 30℃；产酶温度也有高于生长温度的。

（2）pH 值对产酶影响

培养基 pH 值与细胞的生长繁殖以及发酵产酶关系密切，发酵过程中必须进行必要的条件控制。不同细胞生长繁殖最适 pH 值有所不同。细胞发酵产酶最适 pH 值与生长最适 pH 值往往不一致，细胞产生某种酶最适 pH 值通常接近于该酶催化反应最适 pH 值。例如，发酵生产碱性蛋白酶最适 pH 值为碱性（pH 8.5～9.0）；生产中性蛋白酶的 pH 值为中性或者微酸性（pH 6.0～7.0）；而酸性（pH 4.0～6.0）条件有利于酸性蛋白酶产生。然而，有少数细胞产酶最适 pH 值与酶催化反应最适 pH 值有所差异。例如，枯草杆菌碱性磷酸酶作用最适 pH 值为9.5，而产酶最适 pH 值为7.4。

有些细胞可以同时产生几种酶，在生产过程中通过控制培养基的 pH 值，有时可以改变各种酶之间的产量比例。例如，采用米曲霉发酵生产蛋白酶时，当培养基的 pH 值为碱性时，主要产生碱性蛋白酶；当培养基的 pH 值为中性时，主要生产中性蛋白酶；当培养基 pH 值为酸性时，则以生产酸性蛋白酶为主。

（3）溶解氧和搅拌对产酶影响

为了获得细胞生长繁殖和酶合成所需要的大量能量，细胞必须获得充足的氧气，从而能量物质经过降解产生 ATP。可以通过调节通气量、氧分压、气液接触时间、气液接触面积、降低培养液的黏稠度及消泡方法，提高氧气溶解在培养基中的溶氧速率。

4.2.3.3　发酵方法

（1）固体发酵法

固体发酵法又称麸曲发酵法，其发酵培养基以麸皮、米糠为主，有时也用玉米粉、豆饼为辅助原料，加入其他必要的营养成分，制成半固体或者固体曲，经蒸汽灭菌，冷却，拌入产酶菌种，装入帘子或者曲盘上，摊薄，入培养室发酵培养。固体发酵法设备简单、操作方便、酶提取容易、曲种酶浓度高、后处理设备少、节约能源。固体发酵法一般用于真菌酶制剂的生产，其中用黑曲霉生产淀粉酶，用米曲霉和毛霉生产蛋白酶在中国和日本已有悠久的历史，我国传统的各种酒曲、酱油曲等都是采用这种发酵方式。

（2）液体发酵法

液体发酵法是将液体培养基置于发酵容器内经高温灭菌、冷却接入菌种、搅拌通气进行培养的方法。根据通风方法不同可以分为液体表层发酵法和液体深层发酵法。液体深层发酵法是目前酶制剂发酵生产的主要方式，一般用于微生物发酵，也适用于动、植物细胞和基因工程菌的发酵。液体深层发酵的机械化程度高、酶的生产效率高、发酵条件容易控制、生产量大、不易污染，还可以大大减轻劳动强度，国内外酶制剂发酵生产普遍采用这种方法。

4.2.4　提高酶发酵产量方法

在酶的发酵生产过程中，要提高酶发酵产量，首先要选择使用优良的产酶菌株或细胞，此外还可以采取以下方法：①通过酶的合成调控机制提高酶产量。②通过发酵条件控制提高酶产量。③通过基因突变提高酶产量。④其他提高酶产量的方法。添加诱导物，控制阻遏物浓度，添加表面活性剂，添加产酶促进剂等。

4.3　酶的提取与分离纯化

酶的分离纯化目的在于获得一定量的、不含有或者含杂质较少的酶制品或者提纯为结晶，以利于在科学研究或者生产中应用。酶的使用目的不同，要求的纯度也不同。

4.3.1　酶溶液的制备

微生物发酵是工业生产酶的重要来源，酶在活的生物体内普遍存在，每个细胞都要合成大量不同的酶来维持细胞内的代谢反应。酶纯化的过程依赖于酶所处的位置，在商业中使用的酶大部分是胞外酶，对于胞外酶的分离过程，第一步是将细胞从溶液中分离。对于胞内酶的分离，第一步工作包括细胞破碎。细胞破碎的方法见表4-3，但是目前只有几种方法在工业上使用。

表4-3　细胞破碎的方法

分　类	细胞破碎方法	破碎原理
机械破碎法	捣碎法、研磨法、匀浆法	通过机械运动产生的剪切力，使组织细胞破碎
物理破碎法	温度差破碎法、压力差破碎法、超声波破碎法	通过各种物理因素的作用，使组织细胞的外层结构破坏，破碎细胞
化学破碎法	添加有机溶剂、添加表面活性剂	通过各种化学试剂对细胞膜的作用，使细胞破碎
酶促破碎法	自溶法、外加酶制剂法	通过细胞本身的酶系或外加酶制剂的催化作用，使细胞外层的结构破坏，达到细胞破碎

4.3.1.1　酶提取的方法

酶提取是把酶从生物组织或细胞中以溶解状态释放出来的过程，以供进一步从中分离纯化所需要的酶。随着目的酶在生物体中的存在部位和状态的不同应采取不同的提取方法。常用的酶提取方法见表4-4。

表4-4　酶提取的方法

提取方法	使用的溶剂或者溶液	提取对象
盐溶液提取	$0.02 \sim 0.5 mol/L$ 的盐溶液	提取在低盐浓度中溶解度较大的酶
酸溶液提取	pH2～6 的水溶液	提取在稀酸溶液中溶解度大且稳定性好的酶
碱溶液提取	pH8～12 的水溶液	提取在稀碱溶液中溶解度大且稳定性好的酶
有机溶剂提取	可与水混溶的有机溶剂	提取那些与脂质结合牢固或者含有较多非极性基团的酶

提取酶时，首先，应根据被提取的酶的溶解特性选择适当的溶剂。一般情况下，提取酶的溶剂是具有合适 pH 值和离子强度的缓冲溶液或者等渗盐溶液，在保证能够最大限度地溶出目的酶的同时尽量的除去干扰物质。其次，提取的原则是"少量多次"，并始终保持最低温度操作，防止酶变性。最后，要在提取过程中防止水解酶的作用，必要时加入一定的保护和稳定剂，如巯基乙醇、二硫苏糖醇、甘油、蔗糖、乙二醇、半胱氨酸等；添加金属离子和配合剂（如 EDTA、Mg^{2+} 等）；添加蛋白酶抑制剂（如磷酸二异丙基氟或酶的底物等）。

4.3.1.2　影响酶提取的主要因素

影响酶提取的主要因素是酶在所使用的溶剂中的溶解度以及酶向溶剂中扩散的速度。此外，还受到温度、pH 值、提取液体积等提取条件的影响。

一般来说，适当提高温度，可以提高酶的溶解度，也可以增加酶分子的扩散速度。溶液的 pH 值对酶的溶解度和稳定性有显著影响，为了提高酶的溶解度，提取时应该避开酶的等电点。增加提取液的用量，可以提高酶的提取率，但是过量的提取液会使酶的浓度降低，对进一步的分离纯化不利，所以提取液的总量一般为原料体积的 3 ~ 5 倍，最好分几次提取，即"少量多次"原则。

4.3.2　酶的沉淀分离

沉淀是将溶液中的目的产物或主要杂质以无定形固相形式析出再进行纯化，沉淀方法有等电点沉淀法、盐析法、有机溶剂沉淀法和 PEG 沉淀法。

4.3.2.1　等电点沉淀法

等电点沉淀法的原理是酶和蛋白质为两性电解质，在等电点时溶解度最低，并且不同的酶和蛋白质具有不同的等电点，可以采用一定的措施使提取液的酸碱度达到酶或者蛋白质的等电点，使其沉淀与其他物质分离开来，最终达到分离纯化酶的效果。

4.3.2.2　盐析法

盐析法的原理是盐析过程中，盐离子与酶和蛋白质分子争夺水分子，减弱了酶和蛋白质的水合程度，使酶和蛋白质的溶解度降低；盐离子所带电荷与酶和蛋白质上的部分电荷中和，使其静电荷减少，酶和蛋白质也易沉淀，由于酶和蛋白质具有不同的相对分子质量和等电点，所以不同的酶和蛋白质将会在不同的中性盐浓度下析出，从而达到分离纯化的目的。

4.3.2.3　有机溶剂沉淀法

有机溶剂（如冷乙醇、冷丙酮）与水作用能破坏酶分子周围的水化膜，同时改变溶液的介电常数，导致酶溶解度降低析出。利用不同的酶在不同浓度的有机溶剂中的溶解度不同而使酶分离的方法称为有机溶剂沉淀法。

4.3.2.4　PEG 沉淀法

PEG（polyethylene glycol，聚乙二醇）是一种具有螺旋状和亲水性的大分子物质，在生化分离中常用的是 PEG 2000 ~ 6000。聚乙二醇沉淀技术操作简便，效果良好，在生化分离中广泛采用，但是沉淀的原理却并不是很清楚。多数人接受的是空间排阻假说，即 PEG 分子在溶液中形成网状结构，与溶液中的酶分子发生空间排挤作用，从而使酶分子凝聚而沉淀析出。酶的溶解度与 PEG 的浓度呈负相关。此外，酶的相对分子质量、浓度、溶液的 pH 值、离子强度、温度及 PEG 的聚合度（平均相对分子质量）等都影响沉淀过程。

4.3.3　酶的过滤与膜分离

过滤是借助于过滤介质将不同大小、不同形状的物质分离的技术过程。常用的过滤介质有滤纸、滤布、纤维、多孔陶瓷、烧结金属和高分子膜等。根据过滤介质的不同可以分为膜过滤和非膜过滤。

根据过滤介质截留的物质颗粒大小不同，过滤可分为粗滤、微滤、超滤和反渗透 4 类。它们的主要特性见表 4-5。

表 4-5　过滤的分类及其特性

类型	截留的颗粒大小	截留的主要物质	过滤介质
粗滤	> 2μm	酵母、霉菌、动物细胞、植物细胞、固形物	滤纸、滤布、纤维、多孔陶瓷、烧结金属
微滤	0.2 ~ 2μm	细菌、灰尘等	微滤膜、微孔陶瓷
超滤	20Å ~ 0.2μm	病毒、生物大分子等	超滤膜
反渗透	< 20Å	生物小分子、盐、离子	反渗透膜

4.3.3.1　非膜过滤

采用高分子膜以外的材料，如滤纸、滤布、纤维、多孔陶瓷、烧结金属等作为过滤介质的分离技术称为非膜过滤，包括粗滤和微滤。

（1）粗滤

借助于过滤介质截留悬浮液中直径大于 2μm 的大颗粒，使固形物与液体分离的技术称为粗滤，通常所说的过滤就是指粗滤而言。粗滤使用的过滤介质主要有滤纸、滤布、纤维、多孔陶瓷和烧结金属等，主要用于分离酵母、霉菌、动物细胞、植物细胞、培养基残渣及其他大颗粒固形物。为了加快过滤速度，提高分离效果，经常需要添加助滤剂，常用的助滤剂有硅藻土、活性炭、纸粕等。

根据推动力的产生条件不同，过滤有常压过滤、加压过滤、减压过滤 3 种类型，见表 4-6。

表 4-6　常用粗滤方法的比较

类　型	过滤原理	应　用
常压过滤	以液位差为推动力	实验室常用的滤纸过滤以及生产中使用的吊篮或者吊袋过滤
加压过滤	压力泵或压缩空气产生的压力为推动力	生产中常用各种各样压滤机
减压过滤（真空过滤或抽滤）	在过滤介质的下方抽真空，增加过滤介质上下方之间的压力差，推动液体介质通过介质，截留住大颗粒	压力差最高不超过 0.1MPa，多用于黏性不大的物料过滤

（2）微滤

微滤又称为微孔过滤，微滤介质截留的物质颗粒直径为 0.2 ~ 2μm，主要用于细菌、灰尘等光学显微镜可以看到的物质颗粒的分离。非膜微滤一般采用微孔陶瓷、烧结金属等作为过滤介质，也可以采用微滤膜为过滤介质进行膜分离。

4.3.3.2　膜分离技术

借助于一定孔径的高分子膜，将不同大小、不同形状和不同特性的物质颗粒或分子进行分离的技术称为膜分离技术。膜分离所使用的薄膜主要是丙烯酰胺、醋酸纤维素、赛璐玢以及尼龙等高分子聚合物制成的高分子膜，有时也可以采用动物膜等。根据物质颗粒或分子通过薄膜的原理和推动力的不同，膜分离可以分为 3 类。

（1）加压膜分离

以薄膜两边的流体静压差为推动力的膜分离技术，在静压差的作用下，小于孔径的物质颗粒穿过薄膜，而大于孔径的物质颗粒被截留。根据所截留的物质颗粒的大小，加压膜分离可以分为微滤、超滤和反渗透 3 种。

（2）电场膜分离

电场膜分离是在半透膜的两侧分别装上正、负电极。在电场作用下，小分子的带电物质或离子向着与其本身所带电荷相反的电极移动，透过半透膜，从而达到分离的目的。电渗析和离子交换膜电渗析都属于此类。

电渗析主要用于酶液或其他溶液的脱盐、海水淡化、纯水制备以及其他带电荷小分子的分离，也可以将凝胶电泳后的含有蛋白质或核酸等的凝胶切开，置于中心室，经过电渗析，使带电荷的大分子从凝胶中分离出来。

（3）扩散膜分离

扩散膜分离是利用小分子物质的扩散作用，不断透过半透膜扩散到膜外，而大分子被截留，从而达到分离效果，常见的透析就是属于扩散膜分离。透析膜可用动物膜、羊皮纸、火棉胶或赛璐玢等制成。透析主要用于酶等生物大分子的分离纯化，从中除去无机盐等小分子物质。

4.3.4　层析分离

层析分离是利用混合物中各组分物理化学性质的差异（如吸附力、分子形状及大小、分子亲和力、分配系数等），使各组分在流动相和固定相中的分布程度不同，并以不同的速度移动而达到分离的目的。

在食品工业上应用的酶都是具有完整空间构象的蛋白质分子，根据其氨基酸数量、相对分子质量和分子大小、解离和带电状态、空间构象的不同，可以运用一系列的层析分离方法对酶进行分离（表 4-7）。

表 4-7　常用的层析方法及分离依据

层析方法	分离依据
吸附层析	利用吸附剂对不同物质的吸附力不同而使混合物中各组分分离
分配层析	利用各组分在两相中的分配系数不同，而使各组分分离
离子交换层析	利用离子交换剂上的可解离基团（活性基团）对各种离子的亲和力不同而达到分离目的
凝胶层析	以各种多孔凝胶为固定相，利用流动相中所含各种组分的相对分子质量不同而达到物质分离
亲和层析	利用生物分子与配基之间所具有的专一而又可逆的亲和力，使生物分子分离纯化
聚焦层析	将酶等两性物质的等电点特性与离子交换层析的特性结合在一起，实现组分分离
反相层析	利用固相载体上偶联的疏水性较强的配基，在一定非极性的溶剂中能够与溶剂中的疏水分子发生作用，以非极性配基为固定相，极性溶剂为流动相来分离不同极性的物质
羟基磷灰石层析	利用钙离子和磷酸根离子的静电引力吸附，再用磷酸盐缓冲液竞争吸附来洗脱

4.3.4.1　疏水层析（hydrophobic interaction chromatography，HIC）

从分离纯化的机制看，属吸附层析类。利用疏水层析介质和蛋白质分子都具有一定的疏水性质,根据被分离成分与固定相之间疏水力大小的不同而进行分离。

疏水层析原理如下:蛋白质表面一般有疏水与亲水集团,疏水层析是利用蛋白质表面某一部分具有疏水性;与带有疏水性的载体在高盐浓度时结合。在洗脱时,将盐浓度逐渐降低,因其疏水性不同而逐个地先后被洗脱而纯化,可用于分离其他方法不易纯化的蛋白质。影响疏水作用的因素包括:盐浓度、温度、pH 值、表面活化剂和有机溶剂。疏水层析的应用与离子交换层析的应用刚好互补,因此,可以用于分离离子交换层析很难或不能分离的物质。

4.3.4.2 离子交换层析(ion exchange chromatography,IEC)

离子交换层析是利用离子交换剂上的可解离基团(活性基团)对各种离子的亲和力不同而达到分离目的的一种层析分离方法。离子交换层析中,基质是由带有电荷的树脂或纤维素组成。带有正电荷的称为阴离子交换树脂,而带有负电荷的称为阳离子树脂。通过在不溶性高分子物质(母体)上引入若干可解离基团(活性基团)而制成。

离子交换剂是含有若干活性基团的不溶性高分子物质。按活性基团的性质不同,离子交换剂可以分为阳离子交换剂和阴离子交换剂。常用的交换基团有阴离子交换基团 DEAE、QAE 和阳离子交换基团 CM、SP。

由于酶分子具有两性性质,所以可用阳离子交换剂,也可用阴离子交换剂进行酶的分离纯化。常用的离子交换剂有离子交换纤维素、离子交换葡聚糖和离子交换树脂。在分离中,根据酶的稳定性选择阴阳离子交换剂:若 < pI 稳定,蛋白质带正电荷,用阳离子交换剂;若 > pI 稳定,蛋白质带负电荷,用阴离子交换剂。

4.3.4.3 凝胶过滤层析 (gel filtration chromatography,GFC)

凝胶层析又称为凝胶过滤,分子排阻层析,分子筛层析等,是指以各种多孔凝胶为固定相,利用流动相中所含各种组分的相对分子质量不同而达到物质分离的一种层析技术。凝胶层析柱中装有多孔凝胶,当含有各种组分的混合溶液流经凝胶层析柱时,大分子物质由于分子直径大,不能进入凝胶的微孔,只能分布于凝胶颗粒的间隙中,以较快的速度流过凝胶柱。较小的分子能进入凝胶的微孔内,不断地进出于一个个颗粒的微孔内外,这就使小分子物质向下移动的速度比大分子的速度慢,从而使混合溶液中各组分按照相对分子质量由大到小的顺序先后流出层析柱,而达到分离的目的。它具有一系列的优点:操作方便,不会使物质变性,层析介质不需再生,可反复使用等;因而在酶纯化中占有重要位置。由于凝胶层析剂的容量比较低,所以在生物大分子物质的分离纯化中,一般不作为第一步的分离方法,而往往在最后的处理中被使用。

4.3.4.4 亲和层析(affinity chromatography,AC)

亲和层析是利用生物分子与配基之间所具有的专一而又可逆的亲和力,而使生物分子分离纯化的技术。酶与底物、酶与竞争性抑制剂、酶与辅助因子、抗原与抗体、酶 RNA 与互补的 RNA 分子或片段、RNA 与互补的 DNA 分子或片段等之间,都是具有专一而又可逆亲和力的生物分子对。故此,亲和层析在酶的分离纯化中有重要应用。将待纯化酶的特异配基通过适当的化学反应共价连接到载体上,待纯化的酶可被配体吸附,杂质则不被吸附,从层析柱流出,变换洗脱条件,即可将欲分离的酶洗脱下来,实现分离提纯。根据酶与配基的结合特性,亲和层析可以分为共价亲和层析、疏水层析、金属离子亲和层析、免疫亲和层析、染料亲和层析、凝集素亲和层析。

4.3.4.5　高效液相层析(high performance liquid chromatography，HPLC)

HPLC 是利用样品中的溶质在固定相和流动相之间分配系数的不同，进行连续的无数次的交换和分配而达到分离的过程。许多类型的柱层析都可用 HPLC 来代替，如离子交换层析、吸附层析、凝胶过滤等。按溶质(样品)在两相分离过程的物理化学性质分类有：亲和色谱、吸附色谱、离子交换色谱、凝胶色谱和分配色谱。分配色谱用得最多，它又可分为：正相色谱，固定相为极性，流动相为非极性；反相色谱，固定相为非极性，流动相为极性。反相色谱中，固定相用硅胶填料，是非极性的，官能团为烷烃；流动相组成常用"甲醇- H_2O"。蛋白质按其疏水性大小进行分离，极性越大疏水性越小的溶质，越不易与非极性的固定相结合，先被洗脱下来，即随着甲醇梯度的增加而洗脱出疏水性越来越强的蛋白质。

高效液相层析的特点：①使用的固相支持剂颗粒很细，表面积很大，因而分辨率很高。②溶剂系统采用高压，因此洗脱速度增大。

4.3.5　酶的结晶

结晶是溶质以晶体形式从溶液中析出的过程。酶的结晶是酶分离纯化的一种手段，它不仅为酶的结构与功能等的研究提供了适宜的样品，而且为较高纯度的酶的获得和应用创造了条件。

4.3.5.1　结晶的条件

酶在结晶之前，酶液必须经过纯化达到一定的纯度。如果酶液纯度太低，不能进行结晶。通常酶的纯度应当在 50% 以上，方能进行结晶。总的趋势是酶的纯度越高，越容易进行结晶。要说明的是，不同的酶对结晶时的纯度要求不同。有些酶在纯度达到 50% 时就可能结晶，而有些酶在纯度很高的条件下也无法析出结晶。所以，酶的结晶并非达到绝对纯化，只是达到相当的纯度而已。酶的浓度越高越易结晶，控制在饱和区以上，过饱和区以下的介稳区内。同时，酶的结晶温度、溶液 pH 值、离子强度、晶核、结晶时间等都对酶的结晶有影响，不同的酶具有不同的结晶条件。

4.3.5.2　结晶的方法

结晶的方法通常有两种：一是除去一部分溶剂，如蒸发浓缩使溶液达到过饱和状态而析出晶体；二是不除去溶剂，而在溶液中加入沉淀剂，如中性盐、有机溶剂等。前述的盐析法、有机溶剂法、等电点均可用于结晶。

常用的结晶方法是透析平衡结晶法：将酶液装进透析袋，对一定浓度的盐溶液进行透析，使酶液逐步达到过饱和状态而析出结晶的过程。前提条件是酶液要达到一定纯度(经过纯化)，酶液要浓缩到一定浓度。

4.3.6　酶的制剂与保存

4.3.6.1　酶的制剂

酶的剂型根据其纯度和形态的不同可以分为 4 种剂型：液体酶制剂、固体粗酶制剂、纯酶制剂、固定化酶制剂。

（1）液体酶制剂

液体酶制剂包括稀酶液和浓缩酶液。一般除去固体杂质后，不再纯化而直接制成，或加以浓缩而成，一般需要加稳定剂。这种酶制剂不稳定，且成分复杂，只用于某些工业生产。

（2）固体粗酶制剂

发酵液经杀菌后直接浓缩或喷雾干燥制成。有的加入淀粉等填充料，用于工业生产；有的经初步纯化后制成，如用于洗涤剂、药物生产。用于加工或生产某种产品时，必须除去起干扰作用的杂酶，才不会影响质量。固体酶制剂适于运输和短期保存，成本也不高。

（3）纯酶制剂

纯酶制剂包括结晶酶，通常用做分析试剂和医疗药物，要求较高的纯度和一定的活力单位数。用做分析工具酶时，除了要求没有干扰作用的杂酶存在外，还要求单位质量的酶制剂中酶活力达到一定的单位数。用做基因工程的工具酶要求不含非专一性的核酸酶或完全不含核酸酶。

（4）固定化酶制剂

固定化酶制剂是一种特别有利于使用和保存的新型酶制剂，固定化酶的研究与应用是食品工业的重要领域。

4.3.6.2 酶的保存方法

在酶的制备过程中必须始终保持酶活性的稳定，酶提纯后也必须设法使酶活性保持不变，才能使分离出来的酶作用得以发挥。为了保持酶的活性，一般情况下都是保存在低温（$0 \sim 4^\circ C$）、干燥和避光的条件下，并尽量以固体的形式保存；或者加甘油，分装冻在 $-20^\circ C$ 或 $-80^\circ C$，严禁反复冻融。

为提高酶稳定性，常加入稳定剂：底物、抑制剂和辅酶，它们的作用可能是通过降低局部的能级水平，使酶蛋白处于不稳定状态的扭曲部分转入稳定状态；对巯基酶，可加入 $-SH$ 保护剂，如二巯基乙醇、GSH（谷胱甘肽）、DTT（二硫苏糖醇）等；其他，如 Ca^{2+} 能保护 α-淀粉酶，Mn^{2+} 能稳定溶菌酶，Cl^- 能稳定透明质酸酶。

4.4 酶的修饰

随着各个学科及相关技术的发展，特别对酶结构与功能的深入了解、基因工程及固定化技术的普及，酶的分子改造工程进入实用阶段。总体来说，酶的分子工程分两部分：一是分子生物学水平，即用基因工程方法对 DNA 进行分子改造，以获得化学结构更合理的酶蛋白；另一种就是通过各种方法使酶分子结构发生某些改变，从而改变酶的某些特性和功能的过程。酶分子经过修饰后，可以显著提高酶的使用范围和应用价值，如可以提高酶的活力，增加酶的稳定性，消除或降低酶的抗原性等。

4.4.1 肽链有限水解修饰

酶的催化功能主要决定于酶活性中心的构象，活性中心部位的肽段对酶的催化作用是必不可少的，而活性中心以外的肽段起到维持酶的空间构象的作用。

酶蛋白的肽链被水解以后，将可能出现以下 3 种情况中的一种。若肽链水解后活性中心被破坏，则酶将失去其催化功能；若将肽链的一部分水解后，仍可维持其活性中心的完整构象，酶的活力仍可保持或损失不多；若肽链的一部分水解除去以后，有利于活性中心与底物的结合并且形成准确的催化部位，则酶可显示出其催化功能或使酶活力提高。在后两种情况下，肽链的水解在限定的肽键上进行，称为肽链有限水解。

4.4.2　氨基酸置换修饰

酶蛋白是由各种氨基酸通过肽键联结而成的，在特定位置上的各种氨基酸是酶的化学结构和空间结构的基础。若将肽链上的某一个氨基酸换成另一个氨基酸，则会引起酶蛋白空间构象的某些改变，从而改变酶的某些特性和功能，这种修饰方法，称为氨基酸置换修饰。

4.4.3　金属离子置换修饰

通过改变酶分子中所含的金属离子，使酶的特性和功能改变的方法称为金属离子置换修饰，又称为离子置换方法。

有些酶含有金属离子，而且金属离子往往是酶活性中心的组成部分，对酶的催化功能起重要作用。若从酶分子结构中除去其所含有的金属离子，酶往往也会失活，若重新加入原有的金属离子，酶可以恢复原有活性，若加进不同的金属离子，则可使酶呈现不同的特性。有的可使酶活性降低，甚至失活，有的却可以使酶的活力提高并增加酶的稳定性。用于酶分子修饰的金属离子，多是二价金属离子，如 Ca^{2+}、Mg^{2+}、Mn^{2+} 等。金属离子置换修饰法只适用于本来在结构中含有金属离子的酶。

4.4.4　大分子结合修饰

利用水溶性大分子与酶结合，使酶的空间结构发生某些精细的改变，从而改变酶的特性与功能的方法称为大分子结合修饰法，简称大分子结合法。

通常使用的水溶性大分子修饰剂有：右旋糖酐、聚乙二醇、肝素、蔗糖聚合物(Ficoll)、聚氨基酸等。这些大分子在使用前一般需要经过活化，然后在一定条件下与酶分子以共价键结合，对酶分子进行修饰。大分子结合修饰是目前应用最广的酶分子修饰方法。

水溶性大分子通过共价键与酶分子结合后，可使酶的空间结构发生某些变化，使酶的活性中心更有利于和底物结合，并形成准确的催化部位，从而使酶活力提高。同时，大分子与酶结合后，形成复合物，使酶活性中心的构象得到保护，从而起到保护酶天然构象的作用，从而增加了酶的稳定性。

4.4.5　基因修饰

基因修饰主要是指利用生物化学方法修改 DNA 序列，将目的基因片段导入宿主细胞内，或者将特定基因片段从基因组中删除，从而达到改变宿主细胞基因型或者使得原有基因型得到加强，以获得化学结构更合理的酶蛋白。基因修饰目前已经广泛应用于人类生活的各个领域。

4.4.6 修饰酶的性质

酶修饰后其酶学性质会发生变化，其中以热稳定性、体内半衰期及抗原性等变化最为显著。

4.4.6.1 热稳定性

许多修饰剂分子存在多个活性反应集团，因此常常可与酶形成多点交联，相对固定化酶的分子构象，增强了酶的热稳定性。酶化学修饰则是基于上述观点，从增强酶天然构象的稳定性着手来减少酶热失活。酶化学修饰通过将酶与修饰剂交联后，就可能使酶的天然构象产生"刚性"，不易伸展打开，并同时减少酶分子内部基团的热振动，从而增强酶的热稳定性。

4.4.6.2 抗原性

酶分子结构上除了蛋白水解酶的"切点"外，还有一些氨基酸残基组成了抗原决定簇，当酶作为异源蛋白进入机体后，就会诱发产生抗体，抗原抗体反应不但能使酶失活，且会对人体造成伤害及危险。通过酶化学修饰，有些组成抗原决定簇的基团与修饰剂形成了共价键，这样就可能破坏酶分子上抗原决定簇，使酶的抗原性降低乃至消除。同时，大分子修饰剂也能"遮盖"抗原决定簇和阻碍抗原抗体产生结合反应。此外，也有些修饰酶在消除酶抗原性上并无作用。

许多酶经过化学修饰后，由于增强了抗蛋白水解酶、抗抑制剂和抗失活因子的能力，以及热稳定性的提高，体内半衰期比天然酶长，这对提高药用酶的疗效具有很重要的意义。

4.4.6.3 最适 pH 值

有些酶经过修饰后，最适 pH 值发生变化，这在生理和临床应用上都有重要意义。例如，猪肝尿酸酶的最适 pH 值为 10.5，在 pH 值为 7.4 生理环境下仅剩 5%～10% 酶活，但用白蛋白修饰后，最适 pH 值范围扩大，当在 pH 值为 7.4 时仍保留 60% 酶活，这就更有利于酶在体内发挥作用。解释这一现象的假设是修饰尿酸酶的微环境更稳定，当酶在 pH 值为 7.4 时，酶活性部位仍能处于相对偏碱的环境内行使催化功能，或者修饰酶被"固定"在一个更活泼的状态，并且当基质 pH 值下降时，酶仍能保持这种活泼状态使酶催化功能不受影响。

4.4.6.4 酶学性质的变化

绝大多数酶经过修饰后，最大反应速度 V_m 没有变化。但有些酶在修饰后，米氏常数 K_m 会增大。据研究认为，这可能主要是交联于酶上的大分子修饰剂所产生的空间障碍影响了底物对酶的接近和结合。但人们同时认为，修饰酶抵抗各种失活因子的能力增强和体内半衰期的延长，都能弥补 K_m 增大的缺陷，不影响修饰酶的应用价值。

4.4.6.5 对组织的分布能力变化

一些酶经过化学修饰后，对组织的分布能力有所改变，能在血液中被靶器官选择性吸收。

（1）α-葡萄糖苷酶

Pempes 病（糖原贮积病Ⅱ型），又称酸性麦芽糖酶缺陷病，主要是由于糖原贮积于肝细胞的二级溶酶体所造成的。因此，在用 α-葡萄糖苷酶进行治疗时，希望酶在体内尽量避免受到吞噬细胞的破坏，尽快到达肝细胞。现在已知，肝细胞上具有特异性的白蛋白受体，因此用白蛋白修饰酶后，能有利于肝细胞对酶的摄入，使更多的酶到达靶位发挥作用。

（2）辣根过氧化物酶

辣根过氧化物酶用聚赖氨酸修饰后，细胞的摄入量增加，这种穿透细胞的能力增强被认为可能是聚赖氨酸增加了酶分子上的正电荷，因为当聚赖氨酸上氨基被酰化后，修饰酶就不表现出细胞穿透力增强的现象。

（3）溶菌酶

天然溶菌酶几乎不被肝细胞吸收，用唾液酸酐酶处理后也没有变化。但溶菌酶与胎球蛋白来源糖肽交联后，再用唾液酸酐酶除去糖肽末端唾液酸，暴露出半乳糖残基，就很快能被肝细胞吸收。如果用半乳糖苷酶除去半乳糖，则肝细胞的吸收立刻又下降。由此可见，肝细胞表面有特异性的半乳糖受体来识别和结合半乳糖分子，而此修饰方法也能使一些酶或药物被肝吸收加快。

4.5　酶的固定化

酶作为一种生物催化剂，在常温常压条件下能高效的催化反应（$10^7 \sim 10^{13}$），并且具有很高的专一性；不过由于酶是一种由氨基酸组成的蛋白质，它的高级结构对环境的变化十分敏感，各种因素如物理因素（温度、压力、电磁场等）、化学因素（金属离子、pH 值、有机溶剂）、生物因素（酶的修饰以及酶的降解）都可以使酶丧失活性或导致其活性的下降；即使是在酶的最佳反应条件下，随着反应时间的延长，酶的催化效率也会逐渐地下降；同时，酶催化反应后与产物混合在一起，反应后酶的分离纯化十分的复杂。酶的这些特点严重地影响了酶在现代工业领域的大规模应用。

固定化酶的研究是从 20 世纪 50 年代开始，1953 年德国的 Grubhofer 和 Schleith 采用聚氨基苯乙烯树脂为载体，经重氮法活化后，分别与羧肽酶、淀粉酶、胃蛋白酶、核糖核酸酶等结合，而制成固定化酶。1969 年，日本的千畑一郎首次在工业生产规模应用固定化氨基酰化酶从 DL-氨基酸生产 L-氨基酸，实现了酶应用史上的一大变革。固定化酶最初是将水溶性酶与水不溶性载体结合起来，成为水不溶性的衍生物，所以也曾叫水不溶酶（water insoluble enzyme）和固相酶（solid phase enzyme）。后来发现，也可以将酶包埋在凝胶内或置于超滤装置中，高分子底物与酶都在超滤膜一边，而产物可以透过膜流出，而此时酶依然是流动的溶解状态，因而水不溶酶或固相酶就已不恰当了。在 1971 年第一届国际酶工程会议上，正式建议采用固定化酶（immobilized enzyme）的名称。

固定化酶与游离酶相比，具有下列优点：①极易将固定化酶与底物、产物分开；②可以在较长时间内进行反复分批反应和装柱连续反应；③在大多数情况下，能够提高酶的稳定性；④酶反应过程能够加以严格控制；⑤产物溶液中没有酶的残留，简化了提纯工艺；⑥较游离酶更适合于多酶反应；⑦可以增加产物的收率，提高产物的质量；⑧酶的使用效率提高，成本降低。

与此同时，固定化酶也有一些缺点：①固定化的酶活力有损失；②增加了生产的成本，工厂初始投资大；③只能用于可溶性底物，而且较适用于小分子底物，对大分子不适宜；④与完整菌体细胞相比不适宜于多酶反应；⑤胞内酶必须经过酶的分离程序。

4.5.1 酶固定化的方法

酶的种类有很多，目前发现的已经有数千种。根据应用目的、环境的不同，用于固定化酶的方法也有很多，材料更是多种多样。根据酶与载体结合形式的不同，固定化酶的方法可分为：包埋法、吸附法、共价结合法、交联法等。

4.5.1.1 包埋法

将酶或含酶菌体用一定方法包埋于半透性的载体中，制成固定化酶的方法称为包埋法。该载体的孔径大小应介于小分子底物、产物和大分子的酶之间，从而达到产物与酶易于分离的目的。这种方法的优点是酶分子本身不参与水不溶性载体的形成，通常不需要与酶蛋白氨基酸残基进行结合反应，很少改变酶的高级结构，很多酶都可以用这种方法进行固定，而且相较于其他方法，包埋法也较为简便，酶分子仅仅是被分隔包埋起来，没有受到任何的化学反应，因而也就可以得到更高活性的固定化酶，酶活回收率也较高；但是，这种方法对于大分子底物的酶是不适用的；同时，由于高聚物网架会对大分子物质的扩散产生阻力而导致酶的动力学行为的改变，从而降低酶的活性。包埋法根据载体材料和方法的不同，可以分为凝胶包埋法和微胶囊包埋法。

(1)凝胶包埋法

凝胶包埋法又称网格法，是将酶分子定位于凝胶内部的微孔中，形成一定形状的固定化酶，大部分为球状或者片状，同时也可按照需求制成相应的形状，常用的材料有聚丙烯酰胺、聚乙烯酰胺以及光敏树脂等高分子合成材料，还有些是明胶、淀粉、胶原、海藻酸等天然化合物。合成高分子化合物常用单体或预聚物在酶或微生物存在下聚合的方法，而溶胶状的天然高分子化合物则在酶或微生物存在下凝胶化。

目前，工业上凝胶包埋法固定酶是应用最为广泛、最有效的方法。它具有以下特点：①方法简便，酶被包埋在形成的聚合物之中；②条件温和，可选用不同的聚合物载体、不同的包埋系统和条件，以保持酶的催化活性。

(2)微胶囊包埋法

微胶囊包埋法又称半透膜法，是将酶分子定位于半透性的聚合体膜内制成微胶囊，直径 $1 \sim 100 \mu m$。半透膜的孔径为几埃到几十埃($1\text{Å} = 0.1nm$)，比一般酶分子的直径要小一些，固定化的酶不会从小球中漏出来。只有小于半透膜孔径的小分子底物和小分子产物可以自由通过半透膜。而大于半透膜孔径的大分子底物或大分子产物则无法进出。微胶囊法有很多优点：其微胶囊的大小可以控制，胶囊化时间较短，酶和底物接触面积大，多种酶可以同时包埋在同一胶囊中，有利于多种酶的固定化；但是它对反应条件要求高，制备成本也较高，制备微囊型固定化酶的方法主要有以下几种：

①界面沉淀法　是利用某些高聚物在水相和有机相的界面上溶解度极低而形成皮膜将酶包埋的方法。例如，先将含高浓度血红蛋白的酶溶液在与水不互溶的有机相中乳化，在油溶性的表面活性剂存在下形成油包水的微滴，再将溶于有机溶剂的高聚物在油-水界面上沉淀、析出，形成膜，将酶包埋，最后在乳化剂的帮助下由有机相移入水相。

②界面聚合法　其原理是将疏水性单体和亲水性单体在界面进行聚合，将酶包埋于半透性聚合体的方法。

③二级乳化法　酶溶液先在高聚物(一般是乙基纤维素、聚苯乙烯等)的有机相中乳化分散，乳化液再在水相中分散形成次级乳化液，当有机高聚物固化后，每个固体球内都包含着多滴酶液。这种方法相较于其他方法更为简单，但是其膜会比较厚，影响底物的扩散。

④脂质体包埋法　这是近年来发展起来的一种技术。其采用的是双层脂质体形成的极细球粒包埋酶。将卵磷脂、胆甾醇和二鲸蜡磷酸酯(7：2：1)溶于三氯甲烷中，加入酶液，混合物在旋转蒸发器中，在氮气下 32℃，通过 Sepharose 6B 柱，可以得到含有酶的微胶囊。

4.5.1.2　吸附法

吸附法分为离子吸附法和物理吸附法，是利用离子键、物理吸附等方法，将酶固定在纤维素、琼脂糖等多糖或多孔玻璃、离子交换树脂等载体上从而达到固定的目的。其工艺简便，要求的条件温和，载体可供选择的范围大，从天然的到人工合成的很多都可以被当做载体，而且其吸附的过程中可实现纯化和固定化的同步进行，酶失活后可重新活化，载体可再生。

(1)物理吸附法

酶被各种固体吸附剂物理吸附在其表面而使酶固定化的方法称为物理吸附法。物理吸附法常用的无机载体有活性炭、氧化铝、硅藻土、多孔陶瓷、多孔玻璃、硅胶、羟基磷灰石等；以及大孔型合成树脂、陶瓷等载体；天然的高分子载体有淀粉、谷蛋白等；此外，一些具有疏水基的载体(丁基或乙基-葡聚糖凝胶)也可以做疏水性吸附酶，以及以单宁作为配基的纤维素衍生物载体。物理吸附法制备固定化酶，操作简便、条件温和，不会引起酶的变性失活，载体价廉易得，而且可反复使用。但由于是靠物理吸附作用，结合力较弱，酶与载体结合不太牢固而易脱落。

(2)离子吸附法

离子吸附法是将酶和含有离子交换基的水不溶性载体结合而进行固定的方法。此类载体有阴离子交换剂，如 DEAE-葡聚糖凝胶、DEAE-纤维素、Amberlite IRA-93 等；阳离子交换剂，如纤维素-柠檬酸盐、CM-纤维素、Amberlite CG-50、Amberlite IR-120 等。

离子吸附法操作简单，处理条件温和，酶的高级结构和活性中心的氨基酸残基不易被破坏，能够得到酶活回收率高的固定化酶。但是酶与载体间的结合比较容易受到缓冲液或者 pH 值的影响，在离子强度提高的条件下反应时，酶经常会从载体上脱落下来。

4.5.1.3 共价结合法

共价结合法的原理是酶蛋白分子上的功能基团和固相支持物表面上的反应基团之间形成共价键，从而将酶固定在支持物上。其操作原理归纳起来有两种：一是将载体有关基团活化，然后与酶有关基团发生偶联反应；二是在载体上接上一个双功能试剂，然后将酶偶联上去。由于酶与载体间连接牢固，不易发生酶的脱落，这种方法得到的固定化酶有良好的稳定性以及重复使用性，是目前的一个研究热点。

这种方法对载体的基本要求是：①载体结构疏松，表面积大，有较好的机械强度；②载体必须带有在温和的条件下与酶进行结合的基团；③载体吸附功能有一定的专一性；④载体来源广泛，价格便宜，能够重复利用。共价结合法所用载体分3类：天然有机载体(如多糖、蛋白质、细胞)；无机物(如玻璃、陶瓷等)；合成聚合物(如聚酯、聚胺、尼龙等)。

共价结合法与离子结合法或物理吸附法相比的优点是：酶与载体结合牢固，稳定性好，利于连续使用，一般不会因底物浓度高或存在盐类等原因而轻易脱落。但是，共价结合法反应条件苛刻，操作复杂，有时还会引起酶蛋白高级结构变化，破坏部分活性中心。

4.5.1.4 交联法

交联法(cross-linking)是指借助于双功能或多功能试剂使酶分子之间发生交联作用，而利用双功能试剂或多功能试剂使酶与酶之间交联，制成网状结构固定化酶的方法。

参与交联反应的酶蛋白的功能团主要有：N末端的α-氨基、赖氨酸的ε-氨基、酪氨酸的酚基、半胱氨酸的巯基、组氨酸的咪唑基等。常用的交联剂有：形成希夫碱的戊二醛，形成肽键的异氰酸酯，发生重氮偶合反应的双重氮联苯胺或N，N'-乙烯双马来亚胺等。最常用的交联剂是戊二醛。

这种方法的主要特点是：制备的固定化酶一般比较牢固，可以长时间使用。固定化的酶活回收率一般较低。降低交联剂浓度和缩短反应时间有利于固定化酶比活的提高。这种方法使用的交联剂一般比较昂贵，单独使用交联剂制备的固定化酶活力比较低，因而这种方法很少单独使用，一般作为其他固定方法的辅助手段，通常和吸附法、包埋法等结合使用。

4.5.2 固定化酶的性质

由于固定化也是一种化学修饰，酶本身的结构必然受到破坏，同时酶固定化后，其催化作用由均相移到异相，由此带来的扩散限制效应、空间位阻效应、载体性质造成的分配效应等因素必然对酶的性质产生影响。

(1) 固定化酶的稳定性

固定化酶的使用稳定性通常以半衰期($t_{1/2}$)，即固定化酶活力下降为最初活力的1/2所经历的连续工作时间表示。稳定性是固定化酶能否实际应用的关键，大多数情况下酶固定化后稳定性(热稳定性、对蛋白酶的稳定性、操作稳定性、贮藏稳定性)都有不同程度的提高，这对固定化酶的实际应用十分有利。

（2）作用的温度

酶反应的最适温度是酶热稳定性与反应速度的综合结果。由于固定化后，酶的热稳定性提高，所以最适温度也随之提高。

（3）作用的 pH 值

酶的催化能力对外部环境特别是 pH 值非常敏感。酶固定化后，对底物作用的最适 pH 值常常发生偏移。最适 pH 值的变动依据酶蛋白和载体的电荷而定。带负电荷的载体往往导致固定化酶的最适 pH 值向碱性方向移动。带正电荷的载体则相反，其最适 pH 值向酸性偏移。

（4）底物的特异性

固定化酶的底物特异性与游离酶比较有所不同。例如，对一些可作用于大分子底物，也可作用于小分子底物的酶而言，经固定化后，由于受到载体空间位阻作用的影响，大分子底物难于接近酶分子，而使其催化反应速度大大降低，而小分子底物的反应速度则不受影响。例如，糖化酶用 CM－纤维素叠氮衍生物固定化时，对相对分子质量 8 000 的直链淀粉的活性为游离酶的 77%，而对相对分子质量 500 000 的直链淀粉的活性只有 15%～17%。

4.6　酶在食品工业中的应用

近年来，随着酶工程技术的不断提高，酶制剂已在制糖业、淀粉加工、果蔬加工、畜产品和水产品加工以及食品添加剂的生产、食品保鲜和食品分析等食品行业的各个领域得到广泛应用。在酶的使用方法上，更多地使用酶固定化技术。

4.6.1　酶工程在制糖工业中的应用

（1）果糖生产

食糖是日常生活必需品，也是食品、医药等工业原料。甜味剂的甜度不高是制糖工业的一大难题。果糖的甜度是葡萄糖的两倍，利用酶将后者转化为前者是提高糖利用率的一个途径。高果葡糖浆是利用葡萄糖异构酶反复催化葡萄糖异构化生成果糖而得到的含高果糖含量的果葡糖浆。与蔗糖相比，高果葡糖浆具有甜度高、不易结晶、易发酵等特点，备受点心和冷饮加工业的青睐。目前，国际上已经普遍采用固定化葡萄糖异构酶来生产果葡糖浆，如丹麦 Novo 公司是世界上最大的一家酶制剂生产厂商，该公司生产的固定化葡萄糖异构酶行销各国，用于果葡糖浆的生产，占全世界所用固定化葡萄糖异构酶总量的 70%。

（2）低聚糖甜味剂

随着人们生活水平的提高，饮食的不合理导致各种疾病的发生，低聚糖、非糖甜味剂需求量也随之增长迅猛。低聚异麦芽糖、低聚果糖、低聚乳果糖等功能性低聚糖是很好的甜味剂。它具有一定程度的甜味，难被不具备分解消化低聚糖的酶系统的人体消化吸收，具有预防龋齿、降低血清胆固醇和预防结肠癌等保健功能，日益受到人们青睐。目前，酶法生产低聚麦芽糖、低聚果糖已实现了工业化生产。在日本和欧洲已有十多种新型低聚糖的商品生产，用于各种功能保健品、婴幼儿食品中。

（3）非糖甜味剂

酶法合成新型甜味剂也得到了开发。阿斯巴甜（aspartame）即 L-α-天门冬酰-L-苯丙氨酸甲酯是一种新型甜味剂，其甜度是蔗糖的 200 倍，口感近似于白糖，发热量却大大低于白糖，即使常吃也不易使人发胖。它的生产有化学合成和酶法合成两种路线，其中日本的酶法合成是利用一种中性蛋白酶催化 L-苯丙氨酸甲酯与天门冬氨酸衍生物缩合。由于该酶专一性强，反应只在天门冬氨酸的 α-羧基上发生，β-羟基无需保护。

（4）淀粉糖生产

淀粉类食品是世界上产量最大的农产品及其加工产品，对玉米、薯类和谷类等淀粉原料进行酶水解而转化成淀粉糖是农产品深加工之一，具有重要的经济价值。以淀粉为原料，通过不同的淀粉酶分解淀粉，可以生产出饴糖、麦芽糊精、麦芽糖浆（三糖、四糖）、高麦芽糖浆（麦芽糖含量达 60%）、麦芽糖、麦芽糖醇和果糖等甜味剂，具有来源广、价格低的优点。

4.6.2 酶工程在焙烤食品及面条生产中的应用

（1）焙烤食品中的应用

在焙烤食品中应用酶制剂，如淀粉酶、蛋白酶、葡萄糖氧化酶、木聚糖酶、脂酶等，可以增大面包体积，改善面包皮色泽，改良面粉质量，延缓陈变，提高软度，延长保质期存限。大量文献资料表明，利用淀粉酶能改善或控制面粉处理品质和产品质量；将蛋白酶添加到面粉中，使面团的蛋白质在一定程度上降解成肽和氨基酸，导致面团中的蛋白质含量下降，面团筋力减弱，满足了饼干、曲奇、比萨饼等对弱面筋力面团的要求；葡萄糖氧化酶具有良好的氧化性可显著增强面团筋力，使面团不黏，有弹性；木聚糖酶能够增加面团的体积并改进面团的稳定性，从而提高面团烘烤的膨胀性；脂酶具有显著延缓老化，提高面团流动性，增加面团在过渡发酵时的稳定性，增加烘烤膨胀性以使面包有更大的体积改进。

（2）面条生产中的应用

在面条生产中，一般要加入一定量的添加剂来改变面条的品质。使用的面条品质改良剂（如增白剂、氧化剂、面筋增强剂等）大多数是由化学改良剂组成，存在安全隐患。酶制剂作为一种天然安全的添加剂来满足市场需求是一种不错的选择。葡萄糖氧化酶能增强面团的筋力，被认为是较为理想的溴酸钾替代物之一。在面条制作过程中加入脂肪氧合酶，能防止面筋蛋白水解，并通过偶合反应破坏胡萝卜素的双键结构，从而使面粉增白，可望替代现用的面粉增白剂过氧化苯甲酰。作为面用改良剂的酶制剂以转谷氨酰胺酶为主要成分，通过强化网络结构来增强其黏弹性，赋予面条良好的韧性，并且可以使其韧性保持很长时间，抑制面条煮坨或糊烂。

4.6.3 酶工程在果蔬加工中的应用

在果蔬类食品的生产过程中，为提高产量和产品质量，常常使用各种酶。果蔬加工酶最常用的有果胶酶、纤维素酶、半纤维素酶、淀粉酶、阿拉伯糖酶等。将酶制剂用于果蔬加工，主要有以下几个方面的作用。

（1）增加果汁的出汁率

果浆榨汁前添加一定量果胶酶可以有效地分解果肉组织中的果胶物质，使果汁黏度降低，容易榨汁、过滤，从而提高出汁率。纤维素酶可以使果蔬中大分子纤维素降解成分子较小的纤维素二糖和葡萄糖分子，破坏植物细胞壁，使细胞内容物充分释放，提高出汁率以及可溶性固形物含量。另外，果胶水解酶还有使水果组织变软的作用，此法处理可以大幅度提高压榨和过滤的效率，既可以节约能源，又可以提高出汁率。近年来，采用果胶酶和其他酶（如纤维素酶等）处理蔬菜，大大提高了蔬菜的出汁率，简化了工艺步骤，并且可制得透明澄清的蔬菜汁，再经过种种调配就可以制出品种繁多的饮料制品。

（2）增加果汁的澄清度

果汁生产的一个关键环节是澄清，一般加工工艺生产的原果汁是混浊的，影响产品的感官品质。造成果汁的混浊主要原因是其中的果胶成分，果胶由于自身的理化特性，对悬浮物形成稳定的胶体保护体系。一般的过滤和分离很难达到理想的效果，利用果胶水解酶可以很容易地破坏这一体系，果胶酶与果胶作用生成低甲氧基果胶，然后利用 Ca^{2+} 沉淀过滤后就可以得到澄清的果汁。现在的研究趋势是使用固定化果胶酶系统进行果汁澄清，这些酶中包括降低果汁黏度、降解果实组织的酶，甚至包括除去果汁中淀粉的淀粉酶系统。

（3）增加果汁的色泽和香气

许多水果和蔬菜，如葡萄、桃、草莓、芹菜等都含有花青素，花青素的颜色随着pH 值的不同而改变，在光照和稍高的温度下很快变成褐色，与金属离子反应则成灰紫色。因此，含花青素的果蔬制品必须用花青素酶处理，使花青素水解成无色的葡萄糖和配基，以保证产品的质量。果汁香气和风味是影响其质量的主要因素，极易在加工过程中损失。近年来的研究表明，在果蔬汁中添加酶制剂可使风味前体物水解产生香味物质。风味前体物通常是与糖形成糖苷以键合态形式存在的风味物质。研究表明，单萜类化合物是嗅觉最为敏感的芳香物质，而果蔬中大多数单萜类物质均与吡喃、呋喃糖以键合态的形式存在，果蔬成熟过程中，内在 β-葡萄糖苷酶游离释放出部分单萜类物质，但仍有大量键合态的萜类未被水解，因此可通过外加 β-葡萄糖苷酶促进果蔬汁的香气和风味。

（4）脱除果汁的苦味

在某些柑橘制品中，有时认为苦味不超量是一种理想的柑橘制品特征。在混合体系中，苦味会抑制柑橘果汁的应用，因此部分脱苦的柑橘具有重要的商业价值。酶法脱苦主要是利用不同的酶分别作用于苦味物质柚皮苷和柠檬苦素，使其生成不苦的物质。工业生产中常用固定化柚皮苷酶减少柑橘类果汁中的柚皮苷含量以去除苦味物质取得良好的效果。柚皮苷酶可以从商品柑橘果胶制剂、曲霉等获得。柚皮苷酶有两种酶活性——鼠李糖苷酶和葡萄糖苷酶，添加柚皮苷酶可使柚皮苷水解成没有苦味的黑樱素和鼠李糖，起到脱苦的作用。加入柠檬苷素脱氢酶可把柠檬苦素氧化成柠檬苦素环内酯,从而达到脱苦的目的。

4.6.4 酶工程在畜产品加工中的应用

4.6.4.1 酶在肉类嫩化中应用

嫩度是影响肉食品质量的重要特征。肉的总嫩度基本上是由结缔组织中胶原蛋白含量所决定的。通过添加蛋白酶,使肉类胶原蛋白中的肽键和交联发生断裂,破坏蛋白质严密的空间结构,可使肉嫩化。生产中最常用的是木瓜蛋白酶,从植物中提取的菠萝蛋白酶和无花果蛋白酶也可以作为肉类嫩化剂。但是这两种酶来源少,而木瓜蛋白酶相对使用较为方便,价格也较低廉。已应用于肉类嫩化的食品级微生物蛋白酶有枯草芽孢杆菌蛋白酶、黑曲霉蛋白酶、米曲霉蛋白酶、根霉蛋白酶等微生物蛋白酶。

4.6.4.2 蛋白酶在水解物生产中的应用

屠宰加工过程中常产生大量的肉类副产品,如骨、骨架、骨饼、机械去骨肉、脂肪及油渣等。这些副产品往往被视为低价值产品,有些被当做动物饲料廉价出售,有些则无法加以利用。利用酶工程技术水解其中的动物蛋白,将这些副产品加工成肉类提取物,添加于火腿肠、香肠等肉制品中,可明显改善肉制品的胶黏性、切割性,并减少肉制品的烹调损失,使制品富含多种氨基酸、多肽及呈味核酸,既保持肉类的原香,又滋味鲜美,口感圆润。国外对蛋白水解物和活性肽的研究比较深入。蛋白质酶水解物和活性肽类食品在西欧、日本和美国早已有各种商品化的产品。

4.6.4.3 酶在水产品生产中的应用

(1)鱼类加工中的应用

目前,对于传统的鱼加工过程的控制引起了人们的兴趣,酶已用在去鱼皮、膜分离和鱼卵纯化中。金枪鱼的鱼皮用手工和机械方法都很难去除,若将鱼浸在含有蛋白水解酶的温水浴中 10~90min,浸过后,水冲就可以去掉大部分鱼皮。酶还可以用于鱿鱼的去皮和嫩化。

海洋中有许多鱼类因色泽、外观、味道欠佳都不宜直接食用,但却占海洋水产的80%左右。用蛋白酶部分水解蛋白质使其溶解,经浓缩干燥制成含氮量高、富含各种水溶性蛋白质的鱼粉,可作为营养强化剂添加于面包、面条或作为动物饲料添加剂。

(2)虾、蟹、藻中的应用

甲壳素广泛存在于甲壳类动物(虾、蟹)及昆虫的外壳,是自然界产量仅次于纤维素的第二大生物有机资源。脱乙酰酶催化水解甲壳素生产壳聚糖不但可以解决目前壳聚糖生产中的环境污染问题,而且可以生产出用化学法不能解决的壳聚糖产品质量问题。壳聚糖的水溶性差,其应用受到一定限制。近年来,发现壳聚糖降解产物,即甲壳低聚糖具有独特的生理功能,因而筛选产甲壳素酶、壳聚糖酶微生物,用酶法制备甲壳低聚糖已成为研究热点。制备出的甲壳低聚糖由于水溶性好,更利于人体吸收,因而在食品工业中可作为添加剂。

(3)提高水产制品品质上的应用

在水产品加工过程中,酶也用于改善水产制品的品质,如在鱼糜制品中加入谷氨酰胺酶可提高产品的硬度和弹性,植物酶如菠萝蛋白酶、木瓜蛋白酶能够在更短的时间消化鱼组织，缩短鱼酱的加工过程。利用酶技术还可以缩短生产鱼露等鱼调味品的发酵时间。传统的鱼露加工主要是食盐防腐、自然发酵，由于食盐量较多，抑制了酶的活性，发酵周期要一年，而通过加酶的方法，使得鱼露的生产发酵时间只要 24h。

水产品含有丰富的 ω-3 不饱和脂肪酸，特别是 EPA 和 DHA，其在人体内的生理功能不仅局限于必需脂肪酸营养功能方面，而且在防治心血管疾病、抗癌、抗炎症、健脑等方面也有功效。海产鱼油中 EPA 和 DHA 含量一般为 3%～30%。利用各种脂肪水解酶的专一性，选择性地水解甘油三酯中非多不饱和脂肪酸部分或利用酯交换特性在甘油三酯分子上接上 2～3 个多不饱和脂肪酸分子可起到富集和纯化 EPA、DHA 的作用。

4.6.4.4 酶在低乳糖奶生产中的应用

乳糖是哺乳动物乳汁中特有的糖类，由于乳糖不易发酵，溶解度低，在冷冻制品中易形成结晶而影响食品的加工性能。液态牛奶高温瞬时杀菌时，乳糖的存在会产生胶状物堵塞管道。如果牛乳中加入乳糖酶，则可使乳糖水解生成葡萄糖和半乳糖，不仅大大改善加工性能，而且更有利于乳酸发酵生成酸奶，克服"乳糖不耐症"，提高乳糖消化吸收率，改善乳制品口味。

4.6.4.5 酶在奶酪生产中的应用

传统干酪的制作过程中成熟时间太长，这对于工业规模的奶酪制造来说是一个缺点。大多数加快熟化的研究都是控制蛋白质分解成肽和氨基酸以及控制脂肪分解成脂肪酸、内酯和丙酮，从而控制干酪的成熟。通过外源酶(蛋白酶、脂肪酶、β-半乳糖苷酶、肽酶、酯酶等)的应用，可加速干酪的成熟，改善奶酪质量。

4.6.5 酶工程在酒及酒精工业中的应用

在白酒、啤酒、葡萄酒、黄酒及酒精生产中，酶可以用来处理发酵原料，提高原料利用率，赋予产品特殊风味、提高稳定性等。

(1)白酒生产中的应用

在白酒生产中使用纤维酶、淀粉酶、酯化酶等可使白酒生产成本降低，缩短生产周期和提高白酒出酒率及质量。

(2)啤酒工业中的应用

以非发芽谷类原料加酶制剂取代部分麦芽来制造啤酒，可节约粮食，降低成本，节省建厂投资等。这类酶制剂是淀粉酶(α-淀粉酶、β-淀粉酶、R-酶等)，这些酶可使原料中淀粉降解，变成小分子的可发酵性糖，即麦芽糖、麦芽三糖、葡萄糖和低分子糊精。

双乙酰是啤酒发酵中重要的风味物质，双乙酰浓度极稀时有奶香味，但含量超过一定量时即有馊饭味。因此，双乙酰含量的高低可视为判断啤酒发酵是否成熟、评定啤酒品质好坏的一个重要因素。为了防止发酵过程中从 α-乙酰乳酸生成双乙酰而推迟啤酒的成熟期，目前普遍加入 α-乙酰乳酸脱羧酶使 α-乙酰乳酸转变为乙偶姻，可促进啤酒成熟，缩短发酵周期，大大节约制冷能耗。β-葡聚糖酶的作用是分解大麦 β-葡聚糖，使麦汁黏度降低，容易过滤。啤酒在贮存过程中，因其含有的多肽和多酚物质发生的聚合反应而使啤酒浑浊。利用戊二醛交联木瓜蛋白酶制成反应柱或用几丁质固定化木瓜蛋白酶处理啤酒，使啤酒在贮存中保持稳定。

（3）葡萄酒工业中的应用

果胶酶是分解果胶生成半乳糖醛酸和果胶酸的一类酶。果胶酶用于葡萄酒制造，可以提高葡萄汁出汁率和葡萄酒的出品率，增加葡萄酒的澄清效果，大大提高葡萄酒的过滤速度。蛋白酶制剂的添加可防止成品酒发生蛋白质混浊，提高葡萄酒的稳定性。

（4）酒精工业中的应用

酒精工业使用的酶制剂有两类：液化型细菌淀粉酶和糖化型霉菌淀粉酶。液化型细菌淀粉酶是使原料中淀粉颗粒经蒸煮、吸水膨胀、发生破裂而分散于水溶液中的淀粉分子液化为糊精。糖化型霉菌淀粉酶则是使糊精进一步分解成低分子的可发酵性糖，使发酵易于进行，酒精产量提高。

（5）黄酒酿造中的应用

黄酒酿造中使用的酶制剂主要有淀粉酶和蛋白酶。淀粉酶主要有细菌淀粉酶和霉菌淀粉酶，作用是分解淀粉生成糖。蛋白酶在黄酒生产中的作用与啤酒生产中的作用相同，分解蛋白质，促进相互凝聚而沉淀，便于过滤除去，增加黄酒的稳定性。

4.6.6　酶工程应用于纤维素的开发利用

燃料乙醇已成为世界各国首选的生物能源，全世界都将燃料乙醇的原料集中在产量大、来源广的纤维质上。国内外重点开展了高活性纤维素酶菌种和戊糖发酵菌株的选育及天然木质纤维素酶水解工艺研究，并取得了一定的进展。Zomed 等利用纯化的 β-葡萄糖苷酶和纤维素酶同时酶化纤维素，大大提高了糖化速率，几乎使所有的纤维素都能转化为葡萄糖；Han 等利用模式菌种里氏木霉 QM29414 产生的纤维素酶对香蕉叶子进行降解，获得了较高的糖化率。Nichols 等报道了一种带有转磷酸酶（PtsG）突变大肠杆菌菌株的异种，能同时发酵己糖和戊糖，乙醇得率可达理论值的 87% ~94%。

4.6.7　酶工程在其他食品加工中的应用

随着人们对食品的要求不断提高和科学技术的不断进步，一种崭新的食品保鲜技术——酶法保鲜技术正在崛起。酶法保鲜技术是利用生物酶的高效催化作用，防止或消除外界因素对食品的不良影响，从而保持食品原有的优良品质和特性的技术。由于酶具有专一性强、催化效率高、作用条件温和等特点，可广泛地应用于各种食品的保鲜，有效地防止外界因素，特别是氧化和微生物对食品所造成的不良影响。

4.6.7.1　葡萄糖氧化酶在食品保鲜方面的应用

葡萄糖氧化酶（glucose oxidase）是一种氧化还原酶，它可催化葡萄糖和氧反应，生成葡萄糖酸和过氧化氢。将葡萄糖氧化酶与食品一起置于密封容器中，在有葡萄糖存在的条件下，该酶可有效地降低或消除密封容器中的氧气，从而有效地防止食品成分的氧化作用，起到食品保鲜作用。葡萄糖氧化酶的作用归纳起来不外乎 3 个方面：一是去葡萄糖，二是脱氧，三是杀菌。

（1）蛋类食品的脱糖保鲜

葡萄糖氧化酶最重要的应用之一就是防止美拉德反应。由于蛋清中含有 0.5% ~ 0.6% 的葡萄糖，因此在蛋类制品加工和贮藏过程中，极易发生葡萄糖分子中的羰基与蛋白质分子的氨基发生美拉德反应。美拉德反应不但导致食品中葡萄糖和游离氨基消失，还会使食品褐变、营养损失，风味也会发生变化，甚至产生有毒物质。因此，在蛋制品加工过程中往往要先进行蛋清的脱糖处理，以防止食品因氧化而引起的品质下降和变质。

早期在蛋制品工艺中多采用干或湿酵母发酵的方法除去葡萄糖，该方法的缺点是周期长、卫生条件差、产品质量也不理想。近年来，在干制蛋品加工中已普遍采用葡萄糖氧化酶进行脱糖处理。

采用葡萄糖氧化酶脱糖后的蛋制品基本上不会发生褐变。另外，脱糖处理后蛋清可保持原有色泽，且蛋腥味消失，起泡性和起泡稳定性均有明显提高，凝胶强度也有所增加。优良的起泡性和高凝胶性是蛋清的重要功能性质，在食品工业上有广泛应用，因此葡萄糖氧化酶脱糖法还有助于提高产品的实用价值。

（2）防止食品氧化

食品在运输贮藏保存过程中，由于氧的作用，容易发生一系列不利于产品质量的化学反应，引起色、香、味的改变。例如，氧的存在容易引起花生、奶粉、饼干、油炸食品等富含油脂的食品发生氧化作用，引起油脂酸败，产生不良风味而造成食品营养损失、变质。氧化也会引起去皮果蔬、果酱以及肉类发生褐变。另外，氧的存在也为许多微生物生长创造了条件，导致食品风味品质下降。

解决氧化问题的根本办法是脱氧。葡萄糖氧化酶是一种理想的除氧保鲜剂，可有效防止食品因氧化而引起的质量下降和变质。罐藏食品可以使用含葡萄糖氧化酶的吸氧保鲜袋防止氧化，罐装果汁、酒和水果罐头等可以直接加入葡萄糖氧化酶以保持品质。葡萄糖氧化酶也可以有效地防止罐装容器的氧化作用。脱氧方法具体应用如下：

①干鲜食品脱氧　瓶装或罐装的干鲜食品贮藏时，因容器密封性差，所以有必要除去氧。可以在容器中放入含葡萄糖氧化酶及其作用底物葡萄糖的吸氧保鲜袋，这样容器中的氧气透过薄膜进入袋中就在葡萄糖氧化酶作用下与葡萄糖反应，从而达到脱氧的目的。

②酒类脱氧　啤酒中含氧过高易引起啤酒的氧化，产生老化味，严重影响啤酒质量。利用葡萄糖氧化酶复合体系，可以有效地去除啤酒中的溶氧，在啤酒加工过程中以及包装后的贮藏中起到保护作用。葡萄糖氧化酶用于啤酒脱氧时的使用量为每升啤酒中加 10 ~70 个单位，添加时机以发酵后啤酒与酵母刚刚分离时较为理想。但是，尽管利用葡萄糖氧化酶可以有效地去除溶氧，啤酒风味的稳定性并没有得到很好的改善，因此近几年来葡萄糖氧化酶在啤酒脱氧方面应用的研究进展不大。

氧的存在给白葡萄酒的生产造成极大的困难，葡萄皮、葡萄梗和葡萄籽中含有较高的多酚氧化酶和酚类物质，会使白葡萄酒发生褐变，尤其是使用原料的成熟度较差或以霉变的葡萄为原料酿制白葡萄酒，问题更为严重。如在生产过程中每升酒添加 20 ~40 单位的葡萄糖氧化酶，便可以有效地减轻氧造成的危害。

另外，当葡萄糖氧化酶应用于葡萄酒脱氧时，添加适量的葡萄糖可在一定程度上加快氧气消除的速度。白葡萄酒中加入葡萄糖氧化酶能够防止葡萄酒发生酶褐变和口感、味觉的变化，还可以防止色素的沉淀，延长保存期。

③饮料脱氧保鲜　果汁在深加工过程中若发生氧化作用，其中的一些不饱和成分（如不饱和脂肪酸和烯二醇类物质）将会分解，使果汁品质低下。尤其是 Vc 等维生素类的物质的氧化会使营养大量流失。添加葡萄糖 1g/L，葡萄糖氧化酶 20mg/L 即可有效防止氧化的发生。含有果汁或天然油的所有柑橘类软饮料风味物质都容易逸失，光照后还会产生日光臭，降低饮料的品质和货架期。采用葡萄糖氧化酶除氧剂可以保持柑橘饮料的新鲜色泽风味。该方法对于无果汁饮料也同样有效，实验证明葡萄糖氧化酶在软饮料中起到保持正常口味、防止饮料氧化褪色、除残氧后降低饮料中氧化的铁质等作用。

④虾肉食品保鲜　由于虾类固有的生物和生物化学特性（含水 77%、蛋白质 20.6%），使得其在加工贮藏、运输及销售过程中很容易腐败变质，严重影响它的经济价值和营养价值。传统的新鲜虾类保鲜方法是采用低温保存，但由于虾类自身存在的多酚氧化酶在虾类冷冻、冰藏和解冻期间仍然保持着活性，致使虾类食品都难以避免地发生褐变，因此对虾类保鲜来说防褐变是非常重要的。如果将虾肉置于葡萄糖氧化酶-过氧化氢酶溶液中浸泡，或将酶液加入到包装的盐水中，就能有效阻滞虾肉颜色的改变和防止哈败的产生。采用葡萄糖氧化酶保鲜的虾肉食品，冷藏、冻藏都能保持二级鲜度，色泽、气味和弹性保持良好。葡萄糖氧化酶在虾、蟹肉等食品保鲜方面的应用有很好的发展前途。

⑤稳定食品乳状液的质量　油水乳化后的食品乳状液如蛋黄酱，由于在加工过程中引入了占总体积 10% ~ 20% 的空气，尽管在控制金属离子污染上作了很大的努力，并且使用了螯合剂，然而货架寿命仍然因为受保藏的氧的作用而显著缩短。保藏期间的质量下降主要表现为颜色减褪和哈败，并失去乳化性。在包装蛋黄酱的密闭容器中适量添加葡萄糖氧化酶-过氧化氢酶体系以防止其在贮藏期间的变质，在之后 6 个月的保藏期内，通过感官评定和测定过氧化值来比较经处理的蛋黄酱和对照试样的质量稳定性，可以得出以下的结论：酶处理的效果显著，而且酶催化反应中生成的葡萄糖酸对于蛋黄酱的风味没有不良的影响。

⑥防止马口铁罐壁氧化腐蚀　罐头生产虽然采用抽真空封罐，但罐头顶隙仍有氧气残留，特别是酸性介质，腐蚀罐壁，形成氧化圈，影响罐内食品的风味，尤其对电素马口铁这样镀锡薄的水果罐头，情况更为严重。在罐头中应用葡萄糖氧化酶，可以减轻和防止氧化圈和罐内的溶锡。对罐装啤酒，也能减少马口铁罐壁的氧化腐蚀和铁、锡等重金属离子的溶出，保持其原有风味。

（3）杀菌

由于葡萄糖氧化酶能去除氧，所以能防止好气菌的生长繁殖；同时，由于产生过氧化氢，也可起到杀菌的作用。因此，葡萄糖氧化酶可用于在特殊情况下防止微生物的繁殖。

4.6.7.2 过氧化氢酶在食品保鲜方面的应用

过氧化氢酶，是催化过氧化氢成氧和水的酶，存在于细胞的过氧化物体内。过氧化氢酶是过氧化物酶体系的标志酶，约占过氧化物酶体系总量的40%。过氧化氢酶存在于所有已知的动物的各个组织中，特别在肝脏中以高浓度存在。过氧化氢酶在食品工业中被用于除去用于制造奶酪的牛奶中的过氧化氢。过氧化氢酶也被用于食品包装，防止食物被氧化。

在常温下采集和运输原料奶，因保鲜不好常会造成原料奶变质，而采用固定化过氧化氢酶对原料奶保鲜，具有高效、安全、低耗、方便使用等特点，是一种值得推广的保鲜新方法。

4.6.7.3 溶菌酶在食品保鲜方面的应用

溶菌酶（N-乙酰胞壁质聚糖水解酶，EC3.2.1.17）又称为胞壁质酶，是一种专门作用于微生物细胞壁的水解酶。溶菌酶是由129个氨基酸构成的单纯碱性球蛋白，化学性质非常稳定。在自然界中，溶菌酶普遍存在于鸟类、家禽的蛋清和哺乳动物的眼泪、唾液、血液、鼻涕、尿液、乳汁和组织细胞中（如肝、肾、淋巴组织、肠道等），从木瓜、芜菁、大麦、无花果和卷心菜、萝卜等植物中也能分离出溶菌酶，其中以蛋清含量最高。

（1）溶菌酶的抗菌机理

溶菌酶能有效地水解细菌细胞壁的肽聚糖，其水解位点是N-乙酰胞壁酸（NAM）的1位碳原子和N-乙酰葡萄糖胺（NAG）的4位碳原子间的β-1,4糖苷键，结果使细菌细胞壁变得松弛，失去对细胞的保护作用，最后细胞溶解死亡。

对于革兰阳性细菌与革兰阴性细菌，其细胞壁中肽聚糖含量不同，革兰阳性细菌细胞壁几乎全部由肽聚糖组成，而革兰阴性细菌只有内壁层为肽聚糖，因此，溶菌酶只能破坏革兰阳性细菌的细胞壁，而对革兰阴性细菌作用不大。

（2）溶菌酶在食品上的应用

①溶菌酶用于水产类熟制品、肉类制品的防腐和保鲜 溶菌酶可作为鱼丸等水产类熟制品和香肠、红肠等肉类熟制品的防腐剂。只要将一定浓度（通常为0.05%）的溶菌酶溶液喷洒在水产品或肉类上，就可起到防腐保鲜的作用。

②用于新鲜海产品和水产品的保鲜 一些新鲜海产品和水产品（如虾、蛤蜊肉等）在0.05%的溶酶菌和3%的食盐溶液中浸渍5min后，沥去水分，进行常温或冷藏贮存，均可延长其贮存期。

③在乳制品中的应用 在奶酪生产中使用溶菌酶，特别是中期、长期熟化奶酪中，可以防止奶酪的后期起泡，以及奶酪风味变化，而且不影响在老化过程中的奶酪基液。溶菌酶不仅对乳酸菌生长很有利，而且还能抑制污染菌引起的酪酸发酵，这种特性为一般防腐剂不能达到的。

溶菌酶还可用于乳制品防腐，尤其适用于巴氏杀菌奶，能有效地延长其保存期，由于溶菌酶具有一定的耐高温性能，也适用于超高温瞬时杀菌奶。

④在糕点和饮料上的应用 在糕点中加入溶菌酶，可防止微生物的繁殖，特别是含奶油的糕点容易腐败，在其中加入溶菌酶也可起到一定的防腐作用。

在 pH6.0～7.5 的饮料和果汁中加入一定量的溶菌酶具有较好的防腐作用。在低度酒方面的应用是日本已成功地使用鸡蛋蛋清溶菌酶代替水杨酸作为防腐剂用于清酒的防腐，其加入量为 15mg/kg。此外，溶菌酶还可作为料酒和葡萄酒的防腐剂和澄清剂，使用量为 0.005%～0.05%。

（3）溶菌酶在食品包装工业中的应用

将溶菌酶固定化在食品包装材料上，生产出有抗菌功效的食品包装材料，以达到抗菌保鲜功能。目前许多肉制品软包装都需要经过高温灭菌处理。经过处理的肉制品脆性变差甚至产生蒸煮味。如果在产品真空包装前添加一定量的溶菌酶（1%～3%），然后巴氏杀菌（80～100℃，25～30min），可获得很好的保鲜效果。

4.6.8 酶传感器的制造

酶传感器（enzyme sensor）是生物传感器中出现得最早、应用最多的一类传感器。这种生物传感器利用酶的催化作用，在常温常压下将醇类、糖类、有机酸、氨基酸、胺、酚类等生物分子氧化或分解，然后通过换能器将反应过程中化学物质的变化转变为电信号记录下来，进而推出相应的生物分子浓度。酶传感器在食品工业生产监控、成分分析等方面具有重要的应用价值。

本章小结

本章介绍了酶工程的原理与技术、酶的发酵生产方法、酶的提取与分离纯化技术、酶的固定化、酶的修饰方法以及酶在食品工业中的应用。酶作为催化剂具有高效性、专一性，在生产上应用需要特定作用条件，如需要最适作用温度、pH 值、一定的离子强度、激活剂等。工业用的酶制剂大多数为微生物发酵生产的，少数为植物提取和动物提取的酶制剂。微生物产酶菌株要求不是致病菌，系统发育上最好与病原体无关，也不产生毒素，特别是对于食品用酶和医药用酶尤其如此；能够利用廉价原料，发酵周期短，产酶量高；菌种不易变异退化，不易感染噬菌体；最好选用产生胞外酶的菌种，有利于酶分离，回收率高。发酵生产需要最适合的碳源、氮源、无机盐和生长因子等。发酵生产方式分液体发酵或固体发酵。酶制剂的分离纯化方法有很多，分离纯化目的在于获得一定量、不含有或者含杂质较少的酶制品，或者提纯为结晶，以利于在科学研究或者生产中应用。一般工业上的酶制剂用量比较大，要求纯度不高，只需进行简单的分离纯化就可以满足生产的需要。酶的分离纯化包括 3 个基本的环节，一是抽提，即把酶从材料转入溶剂中制成酶溶液；二是纯化，即把杂质从酶溶液中除掉或者从酶溶液中把酶分离出来；三是制剂，即将酶制成各种剂型。酶分子可以通过修饰改造后改变其特性，经过修饰后，可以显著提高酶的使用范围和应用价值，如可以提高酶的活力，增加酶的稳定性，消除或降低酶的抗原性等。为了反复利用酶制剂，提高酶的稳定性和 pH 值的耐受性，采用多种方法对酶进行固定化。固定化酶的方法有包埋法、吸附法、共价结合法、交联法，以包埋法较好。

酶工程技术在食品工业中得到了广泛的应用，用于制糖业、淀粉加工、果蔬加工、畜产品和水产品加工以及食品添加剂的生产、食品保鲜和食品分析等食品行业的各个领域。

思考题

1. 影响酶催化作用的因素有哪些？
2. 食品酶工程的概念是什么？简述其基本原理和内容。
3. 发酵产酶培养基的营养成分分别有哪些？

4. 提高酶产量的一般方法有哪些？

5. 工业生产酶常用的发酵方法有哪些？

6. 简述泡沫对发酵过程的影响和消除泡沫的主要措施。

7. 在酶提取之前破碎微生物细胞常用的方法有哪几种？

8. 简述酶提取的方法有哪些？

9. 影响酶提取的因素有哪些？

10. 影响盐析效果的因素有哪些？

11. 膜分离技术的分类为何？

12. 什么是酶修饰？酶修饰主要有哪些方法？比较各种方法的优缺点。

13. 设计酶修饰要注意哪些问题？

14. 固定化酶有哪些具体方法？试比较其各自的优缺点。

15. 试举例阐述固定化酶的应用研究进展。

16. 举例说明酶在食品工业上的应用。

推荐阅读书目

现代酶学 . 2 版 . 袁勤生 . 华南理工大学出版社，2007.

酶学原理与酶工程 . 周晓云 . 中国轻工业出版社，2005.

工业酶——制备与应用 . 沃尔夫冈·埃拉 . 化学工业出版社，2005.

第 5 章
细胞工程及其在食品工业中的应用

细胞工程与基因工程代表着生物技术最新的发展前沿，伴随着试管植物、试管动物、转基因生物反应器等的相继问世，细胞工程在生命科学、农业、医药、食品、环境保护等领域发挥着越来越重要的作用。细胞工程的优势在于避免了分离、提纯、剪切和重组等基因操作，这项技术可以把不同种属或者不同种类的细胞进行融合，如融合不同种的动物或植物细胞，还可以把动物细胞与植物细胞融合在一起。细胞工程对创造新的动、植物和微生物品种具有重要意义。

5.1 细胞工程的原理

细胞工程是指应用现代细胞生物学、发育生物学、遗传学和分子生物学的理论与方法，按照人们的需要和设计，在细胞水平上的遗传操作，重组细胞的结构和内含物，以改变生物的结构和功能，即通过细胞融合、细胞核移植、染色体或基因移植以及组织和细胞培养等方法，快速繁殖和培养出人们所需要的新物种的生物工程技术。根据研究生物类型不同，细胞工程可分为动物细胞工程、植物细胞工程、微生物细胞工程。

细胞是细胞工程操作的主要对象。生物界有两大类细胞，原核细胞与真核细胞。原核细胞没有核膜，遗传物质集中在一个没有明确界限的低电子密度区，DNA 为裸露的环状分子，通常没有结合蛋白，没有恒定的内膜系统，细胞生长迅速，便于人们对其进行遗传操作，因此它们是细胞改造的良好材料。真核细胞具有明显的核膜，细胞质中存在由膜构成的细胞器，并且细胞核中染色体数在一个以上，一般都有明显的细胞周期，处于有丝分裂时期的染色体呈现高度螺旋紧缩状态，既不利于基因的剪切，也不利于外源基因的插入。因此，采取一定的措施诱导真核细胞同步化生长，对于成功地进行细胞融合及细胞代谢物的生产具有十分重要的作用。

细胞的全能性是细胞工程学科领域的理论核心。细胞全能性是指多细胞生物中每个体细胞的细胞核具有个体发育的全部基因，只要条件适合，都可发育成完整的个体，也就是说细胞经分裂和分化后仍具有形成完整有机体的潜能或特性。一般来说，细胞全能性高低与细胞分化程度有关，分化程度越高，细胞全能性越低，全能性表达越困难，克隆成功的可能性越小。植物细胞全能性高于动物细胞，而生殖细胞全能性高于体细胞，在所有细胞中受精卵的全能性最高。

5.2　细胞工程基本技术

当前，细胞工程所涉及的主要技术领域有细胞培养、细胞融合、细胞拆合、染色体操作及基因转移等方面。植物、微生物细胞工程常用技术有细胞培养、细胞融合；动物细胞工程常用技术有动物细胞培养、动物细胞融合、单克隆抗体、胚胎移植、核移植。

5.2.1　细胞培养技术

细胞培养技术也称做细胞克隆技术，指从同一个亲代细胞形成大量子细胞的无性繁殖过程，这些子细胞和亲代细胞完全相同细胞培养技术主要包括微生物细胞的培养、动物细胞的培养和植物细胞的培养。通过细胞培养可得到大量的细胞或其代谢产物，如单细胞蛋白、抗生素、氨基酸、酶制剂、疫苗等，具有广泛的用途。因为生物产品是从细胞得来，所以细胞培养技术是生物技术中最核心、最基础的技术。

5.2.1.1　微生物细胞培养

(1)培养基的组成

微生物人工培养的条件比动、植物细胞简单得多。虽然微生物种类繁多，所需的培养条件相差很大，但一般的培养基包括以下成分：

①碳源　碳元素是构成菌体成分的主要元素，又是产生各种代谢产物的重要原料。培养微生物最常用的碳源主要有葡萄糖、蔗糖、淀粉等。此外，由其他谷物、马铃薯、红薯、木薯等得到的糖类物质，也常在发酵生产中应用。

②氮源　氮元素是构成微生物细胞、蛋白质和核酸的主要元素。因此，氮源在微生物培养过程中，是仅次于碳源的另一重要元素。工业微生物利用的氮源可分为无机氮源和有机氮源两类。无机氮源主要包括氨气、铵盐和硝酸盐等，其中铵盐用的最多，利用率也较高。有机氮源有氨基酸、蛋白质和尿素等，最常用的是牛肉膏、酵母膏、植物的饼粕粉和蚕蛹粉等，由动、植物蛋白质经酶消化后的各种蛋白胨尤为广泛使用。

③无机盐　无机盐类是微生物生命活动所不可缺少的物质。大量元素有磷、硫、镁、钾、钙等，通常在配制培养基时加入相应化学试剂即可，但其中首选的应是 K_2HPO_4 和 $MgSO_4$，因为它们可同时提供 4 种大量元素。微量元素有钴、铜、铁、锰、钼及锌等，因为它们在其他天然成分、一般化学试剂、天然水或玻璃器皿中都以杂质状态普遍存在，所以除非做特别精密的营养或代谢研究，一般不需要另外添加。

④维生素　微生物在生长时，自身往往缺乏合成这种有机物的能力，因此必须由外界提供。与微生物培养关系较大的主要是 B 族维生素，如乳酸菌生长时必须有泛酸。在很多天然的氮源与碳源中，均含有多种维生素，所以在配制培养基时，一般不需要另外加入。

(2)微生物细胞培养的方法

根据研究目的的不同，可采用不同的微生物培养方法。如为了获得纯培养的平板分离法，为了获得在自然界数量少或难培养的微生物的富集培养法，为了获得寄生微生物而与其寄主微生物共同培养的二元培养法，为了获得在特定环境中相互依赖共同生存的微生物的共培养法等，以及培养系统相对密闭的分批培养法、培养系统相对开放的连续培养法和特殊基础研究采用的同步培养法等。无论是基础研究还是在发酵工业生产实践中，为了达到某种特殊目的或提高培养效率，常采取两种方法加以综合的培养方式。食品工业中常将分批培养方式与连续培养方式综合起来使用，一般称为补料分批培养或半连续培养，在发酵工业上也称为半连续发酵。

5.2.1.2 植物细胞培养

植物细胞培养是指对植物器官或愈伤组织上分离出的单细胞或小细胞团进行培养，形成单细胞无性系或再生植株，或生产代谢产物的技术。食品工业上采用较多的是细胞悬浮培养，将组织振荡分散成游离的悬浮细胞，通过继代培养使细胞增殖来获得大量细胞群体从而获得细胞代谢产物。

离体的植物器官、组织或细胞，培养一段时间，通过细胞分裂形成愈伤组织。由高度分化的植物器官、组织或细胞产生愈伤组织的过程，称为植物细胞的脱分化，或者称为去分化。脱分化产生的愈伤组织继续进行培养，又可以重新分化成根或芽等器官，这个过程称为再分化。再分化形成的试管苗，移栽到地里，可以发育成完整的植物体。这个过程依据的原理是植物细胞的全能性。植物细胞培养体系如图 5-1 所示，植物组织培养体系如图 5-2 所示。

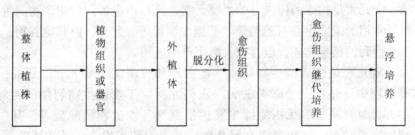

图 5-1　植物细胞培养体系

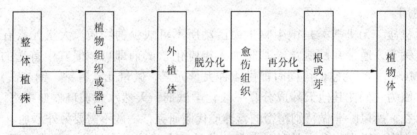

图 5-2　植物组织培养体系

(1)培养基的组成

用于植物细胞培养的基础培养基成分基本上与培养整个植物的要求一样，但是用于培养细胞、组织和器官的培养基需要满足各自特殊要求。根据特定的植物种类和培养系统，培养基的基本营养成分可做适当的调整。植物细胞培养基一般由无机盐类、碳源、维生素、植物生长激素、有机氮源、有机酸和有机附加物组成。

①无机盐类　大量元素中，氮源通常有硝态氮或铵态氮，但在培养基中用硝态氮的较多，也有将硝态氮和铵态氮混合使用的。磷和硫则常用磷酸盐和硫酸盐来提供。钾是培养基中主要的阳离子，在近代的培养基中，其数量有逐渐提高的趋势，而钙、钠、镁的需要则较少。微量元素包括碘、锰、锌、钼、铜、钴和铁。培养基中的铁离子，大多以螯合铁的形式存在，即 $FeSO_4$ 与 Na_2-EDTA（螯合剂）的混合。

②碳源　蔗糖和葡萄糖是常规的碳源，果糖的效果比前两者差。在配制培养基时常选用蔗糖，因为蔗糖除作为培养基内的碳源和能源外，对维持培养基的渗透压也起重要作用；另外，增加培养基中蔗糖的含量，还可以增加培养细胞的次生代谢产物的量。

③维生素　在培养基中加入维生素，常有利于外植体的发育。培养基中的维生素属于 B 族维生素，其中效果最佳的有维生素 B_1、维生素 B_6、生物素、泛酸和肌醇等。

④植物生长激素　大多数植物细胞培养基中都含有天然或合成的植物生长激素。生长激素包括植物生长素、细胞分裂素、赤霉素和脱落酸四大类。

⑤有机氮源　通常采用的有机氮源有蛋白质水解物、谷氨酰胺或氨基酸混合物等。

⑥有机酸　加入丙酮酸、柠檬酸、苹果酸和琥珀酸三羧酸循环的中间产物，能够保证植物细胞在以铵盐作为单一氮源的培养基上生长，并且使细胞对钾盐的耐受能力至少提高到 10mmol/L。除此之外，这些有机酸还能提高低密度接种的细胞和原生质体的生长。

⑦有机附加物　包括人工合成或天然的有机附加物。最常用的有酪朊水解物、酵母提取物、椰子汁及各种氨基酸等。另外，琼脂也是最常用的有机附加物，它主要是作为培养基的支持物，使培养基呈固体状态，以利于各种外植体的培养。

植物细胞、组织培养是否成功，在很大程度上取决于对培养基的选择。不同培养基有不同特点，适合于不同的植物种类和接种材料。目前，应用最广的基础培养基主要有 MS、B5、E1 以及 N6 培养基。

（2）植物细胞培养方法

植物细胞培养已形成了多种方法，下面主要介绍悬浮培养、固定化培养、单细胞培养。其中悬浮细胞培养是食品工业生产中应用最多的一种培养方法。

①悬浮培养　指把离体的植物细胞悬浮在液体培养基中进行无菌培养，使其增殖并分离提取细胞产生的代谢产物。悬浮细胞可以直接用来进行原生质体的分离、培养与杂交以及次生代谢物生产等，悬浮细胞具有愈伤组织或其他外植体无可比拟的优越性。植物细胞悬浮培养方法主要有分批培养法、半连续培养法、连续培养法3种。

a. 分批培养法　将植物细胞分散在一定容积的培养基系统中进行培养的方法。在培养过程中除空气和挥发性代谢物可以向外输送进行完全交换外，其余培养都是在一个封闭系统中进行的。培养基中基质浓度随培养时间增加而下降，细胞浓度和产物浓度则随培养时间的增加而增加。分批培养的特点是细胞生长在固定体积的培养基中，当培养基中的养分耗尽时，细胞的分裂和生长就停止了。分批培养和微生物培养一样，经历诱导期、对数期、稳定期和衰亡期。

b. 半连续培养法　在反应器中投料和接种培养一段时间后，将部分培养液和新鲜培养液进行交换的培养方法。反应过程通常以一定时间间隔进行数次反复操作，以达到培养细胞与生产有效物质的目的。此方法可不断补充培养液中营养成分，减少接种次数，使培养细胞所处环境与分批培养法一样，随时间而变化。工业生产中为简化操作过程，确保细胞增殖量，常采用半连续培养法。

c. 连续培养法　在培养过程中，不断抽取悬浮培养物并注入等量新鲜培养基，使培养物不断得到养分补充和保持其恒定体积的培养方法。连续培养由于不断加入新鲜培养基，保证了养分的充分供应，不会出现悬浮培养物发生营养不良的现象；可以在培养期间使细胞长久地保持在对数生长期，细胞增殖速率快；适合于大规模工业化生产等特点。连续培养包括封闭式连续培养和开放式连续培养。封闭式连续培养是指新鲜培养液和老培养液以等量进出，并把排出的细胞收集，放入培养系统中继续培养，所以培养系统中的细胞数目不断增加；开放式连续培养，是在连续培养期间，新鲜培养液的注入速度等于细胞悬浮液的排出速度，细胞也随悬浮液一起排出，当细胞生长达到稳定状态时，流出的细胞数相当于培养系统中新细胞的增加数，因此，培养系统中的细胞密度保持恒定。

植物细胞悬浮培养的关键在于建立出良好的悬浮细胞系，在生产实践中应注意以下几方面：一是选择适宜的外植体。对于不同植物，外植体的选择差异较大，合适的外植体才能得到胚性愈伤率和再生率较高的再生体系，进而更容易快速建立起高频再生的悬浮细胞系。二是选择合适的培养基。悬浮细胞培养基可以参照愈伤组织培养基，但有时愈伤组织培养基并不合适悬浮培养，有的可使悬浮细胞褐变、生长很慢或停止等，需重新选择培养基，选择顺序为：基本培养基、激素种类与浓度。要及时更换新鲜培养基，一般以3~5d为宜。三是诱导疏松易碎的愈伤组织。在进行细胞培养时，需要提供容易破裂的愈伤组织进行液体振荡培养，愈伤组织经过悬浮培养可以产生比较纯的单细胞。用于悬浮培养的愈伤组织应该是易碎的，这样在液体培养条件下能获得分散的单细胞，而紧密不易碎的愈伤组织就不能达到上述目的。优良的愈伤组织具有松散性好、增殖快、再生能力强，外观上看一般是色泽呈鲜艳的乳白或淡黄色，呈细小颗粒状，疏松易碎。四是培养条件。培养液的灭菌情况、摇床的质量、转速、培养温度、光照强度与时间都是非常重要的因素。五是继代次数及周期。随着固体愈伤组织继代次数的增加，愈伤组织转入液体培养后形成的悬浮系质量越来越高，其鲜重增长率、分散程度、圆细胞率都明显增高。随着悬浮继代次数的增加，胚性愈伤率和愈伤的分化再生率都会提高。不同的植物其最适合的继代次数不同。继代时间过久，愈伤组织变化出现水化、褐化、再生率下降，应不断调整激素浓度，使其处于良好状态。

继代周期指具有一定起始密度的细胞，从开始培养到细胞数目和总量增长停止的一个过程。继代周期的长短取决于细胞的基因型、起始细胞密度、延迟期的长短、生长速率等因素。一般植物细胞悬浮培养的继代周期为15~30d。过早或过晚进行继代培养都不合适。六是悬浮培养物的分散程度。悬浮培养物在适宜的浓度和合适的培养液中，能保持较好的分散状态。当浓度过大时易出现聚堆、结块现象。

②固定化培养　指把细胞固定在一种惰性基质(如琼脂、藻类盐、聚丙烯酰胺、纤

维膜）上或里面，细胞不能运动，而营养液可以在细胞间流动，供应其营养。细胞固定化培养技术按照固定载体与作用方式不同，可分为 6 种类型，即包埋法、吸附法（载体结合法）、交联法、共价键结合法、自固定法和表面固定法。其中，包埋法和吸附法最为常见，自固定法和表面固定法目前在生产中应用较少。

a. 包埋法固定化　指将细胞包埋在凝胶载体的微小空格内或包埋于半透性聚合物的超滤膜内，它又分为凝胶包埋法和微囊法。

凝胶包埋法固定化：用做凝胶的天然包埋载体有海藻酸盐、卡拉胶、琼脂、明胶等，合成包埋载体有聚丙烯酰胺胶、聚乙烯醇凝胶等。在应用中，有载体的单独使用，也有它们的联合使用。一般要求凝胶颗粒大小在 2～4mm。凝胶包埋法以其价格便宜、操作简单、可再生、毒性小、便于作用、固定化条件温和等优点成为应用最为基本和普遍的一种固定化方法。

微囊法固定化：微囊法是利用天然或合成的高分子材料作为微囊壁材，将细胞、蛋白质等大分子物质包裹成数微米至数百微米的微小球囊，培养基的营养成分以及代谢产物等小分子物质可以通过微囊膜进行物质传递，使微囊内形成一个微小环境，改变了细胞生活的物理环境，使之不受外界因素的影响，从而促进或延缓细胞的生长或代谢。微囊半透膜的孔径是培养基的营养成分及代谢物进行膜内外交换与截留一定相对分子质量蛋白质的关键。目前，已有许多材料可用于制作微囊的壁材，如多聚赖氨酸/海藻酸、海藻酸/壳聚糖/海藻酸等。

b. 吸附法固定化　利用细胞固有的吸附能力，通过物理吸附、化学或离子结合的方法，使细胞通过主动或被动的方式固定在载体上的一种固定方法，很多细胞都有吸附到其他细胞表面的能力，这种吸附能力可以是其固有的，也可以是经过处理诱导产生的。供植物细胞吸附用的载体多为多孔性惰性物质材料，主要有尼龙网、聚氨酯泡沫、中空纤维等材料。

c. 交联法固定化　利用双功能或多功能试剂，直接与细胞表面的反应基团发生反应，使细胞彼此交联，形成网状结构，形成固定化细胞。但交联法所采用的载体是非水溶性的，如采用戊二醛或偶联苯胺等带有两个以上多功能团的交联剂与细胞进行交联，可形成固定化细胞，但反应条件激烈，对细胞活性影响较大。

d. 共价键结合法固定化　是细胞表面上功能团（如氨基、羧基、羟基、巯基等）和固相支持物表面的反应基团之间形成化学共价键，从而成为固定化细胞。该法使细胞与载体之间的连接很牢固，使用过程中不会发生脱落，稳定性好，但反应条件激烈，操作复杂，控制条件苛刻，容易造成细胞的死亡。

固定化培养系统的优点在于：可以较容易地控制培养系统的理化环境，从而可以研究特定的代谢途径，并便于调节；细胞位置的固定使其所处的环境类似于在植物体中所处的状态，相互间接触密切，可以形成一定的理化梯度，有利于次生产物的合成；由于细胞固定在支持物上，培养基可以不断更换，可以从培养基中提取产物，免除了培养基中因含有过多的初生产物对细胞代谢的反馈抑制；由于细胞留在反应器中，新的培养基可以再次利用这些细胞生产初生产物，从而节省了生产细胞所付出的时间和费用；细胞固定在一定的介质中，并可以从培养基中不断提取产物，因此，它可以进行连续生产。目前，用于植物细胞固定化培养的固定化细胞反应器主要有平床培养系统、填充床和流化床反应器和膜反应器。

③单细胞培养　是对分离得到的单个细胞进行培养，诱导其分裂增殖，形成细胞团，再通过细胞分化形成芽、根等器官或胚状体，直至长成完整植株的技术。单细胞的培养方法有看护培养法、平板培养法和微室培养法等。

a. 看护培养法　用一块活跃生长的愈伤组织块来看护单个细胞，并使其生长和增殖的方法。此法简单易行，易于成功，但不能在显微镜下直接观察细胞生长过程。其培养方法是：把含琼脂的培养液加到小三角瓶中，厚约1cm，高压灭菌后备用。在无菌条件下，取处于活跃生长期的约1cm^{2}的愈伤组织块，安放在三角瓶中固体培养基上的中央部位，并在愈伤组织块上放一片约1cm^{2}的无菌滤纸片，将其在培养室中放置过夜，使滤纸充分吸收从组织块渗出来的营养成分。然后将分离出的单个细胞接种到滤纸上面进行培养。培养基和愈伤组织供给单细胞营养使细胞能持续分裂形成细胞团。一般一个多月后，单细胞可分裂成为肉眼可见的愈伤组织小块，待2~3个月后即可从滤纸上直接转移到新鲜培养基上，得到单细胞无性系。

b. 平板培养法　把单个细胞与融化的琼脂培养基均匀混合，并平铺薄薄一层（1mm）在培养皿底上的培养方法。该方法是选择优良单细胞株的常用方法，显微镜下可对细胞分裂增殖进行全程追踪观察。其培养方法是，先从细胞悬浮物中分离单细胞，并将悬浮液中细胞的密度调整到10^3~10^{5}个/mL，然后和琼脂培养基按一定的比例混合均匀（40℃），将含有细胞的培养基倒在培养皿中制成平板，用胶带封口，在25℃的条件下培养，定期观察。大约3周后即形成单细胞无性系。

平板培养的效果一般用植板率衡量。植板率是指已形成细胞团的单细胞与接种总细胞数的百分比。

c. 微室培养法　人工制造一个小室，将单细胞培养在小室中的少量培养基上，使其分裂增殖形成细胞团的方法。该方法可在暗视野（或相差显微镜）下清楚地观察到活细胞的各种变化，甚至可以观察到线粒体的变化。由于培养基少，导致营养、水分和pH值变动大，培养的细胞仅能短期分裂。

5.2.1.3　动物细胞培养

动物细胞培养是指离散的动物活细胞在体外人工无菌条件下的生长增殖，在整个过程中细胞不出现分化，不再形成组织。所有的细胞离体培养中，最困难的就是动物细胞培养。根据培养的动物细胞是否附于支持物上的生长特性，可分为贴附型和悬浮型。贴附型是指细胞贴附在支持物表面生长，只依赖贴附才能生长的细胞叫做贴附型细胞。这种现象与细胞分化有关，如来自中胚层的成纤维型细胞，来自外胚层的上皮型细胞。悬浮型细胞是指不贴附在支持物生长的细胞，胞体圆形，在培养液中生长空间大，可长时间的生长，繁殖旺盛便于做细胞代谢研究，如血液里的白细胞等。

培养细胞的容器一般是培养瓶、器皿或其他容器，细胞的生存空间及营养是有限的。当细胞增殖到一定密度后，分离出一部分细胞和更新营养液，使细胞更好地生存，这一过程称为传代。每次传代，细胞在生长和增殖方面受到一定的影响。从供体取得组织细胞后在体外进行的首次培养，称为原代培养，这是建立各种细胞系的第一步，也是获得细胞的主要手段。这一时期细胞比较活跃，进行细胞分裂，但不旺盛，多呈二倍体核型。原代与体内原组织形态结构和功能活动基本相似，各细胞的遗传性状互不相关，细胞相互依存性强，如果把原代稀释分散成单细胞，再在软琼脂培养基中进行培养，细胞克隆的形成率下降，表明细胞独立生存性差。初代培养细胞一经传代便称为细胞系，在全生命期中此期的持续时间最长，一般可传 30～50 代。这一时期细胞主要特点是细胞增殖旺盛，并维持二倍体核型，也叫二倍体细胞系，为了保存二倍体细胞性质，细胞应在初代或传代早期冻存最好，一般细胞在 10 代以内冻存。

（1）培养基的组成

用于动物细胞的培养基可以分为天然培养基和合成培养基两大类。天然培养基是使用最早、最为有效的动物细胞培养基，它主要取自于动物体液或从动物组织分离提取而得，其优点是营养成分丰富、培养效果良好；缺点是成分复杂、个体差异大、来源有限。天然培养基的种类有很多，包括生物性液体（如血清）、组织浸出液（如胚胎浸出液）、凝固剂（如血浆）等。合成培养基是对动物体内生存环境中各种已知物质在体外人工条件下的模拟，它给细胞提供了一个近似体内的生存环境，又便于控制和标准化的体外生存空间。由于细胞种类和生存条件的不同，合成培养基的种类也相当多。但在合成培养基中加入一定比例的天然培养基，可以克服合成培养基的只能维持细胞不死、不能促进细胞分裂的不足的缺点。现在动物细胞培养基中常用成分有：葡萄糖、氨基酸、无机盐、维生素、有机添加剂和动物血清等。

①葡萄糖　多数培养基都含有葡萄糖以做能源。

②氨基酸　必需氨基酸是生物体本身不能合成的，所以在培养基中需要添加，另外还需要添加半胱氨酸和酪氨酸。

③无机盐　主要是指 Na^+、K^+、Mg^{2+}、Ca^{2+}、Cl^-、SO_4^{2-}、PO_4^{3-} 和 HCO_3^- 等金属离子和酸根离子，它们是决定培养基渗透压的主要成分。悬浮培养减少钙的用量，可以降低细胞的聚集和贴壁。

④维生素　Eagle 最低基本培养基只含有 B 族维生素，其他都由血清来提供。

⑤有机添加剂　复杂培养基中含有核苷、柠檬酸循环中间体、丙酮酸、脂类及其他各种化合物。

⑥动物血清　血清中含有包括大分子的蛋白质和核酸等丰富的营养物质，对促进细胞生长繁殖、黏附及中和某些物质的毒性起着一定的作用。用于组织细胞培养的血清种类很多，其来源主要是动物，有小牛血清、胎牛血清、马血清、兔血清以及人血清等，使用最广泛的是小牛血清和胎牛血清。

（2）动物细胞培养的方法

根据动物细胞的类型，可采用悬浮培养、贴壁培养、固定化培养和灌注培养等多种方法进行大规模培养。

①悬浮培养　是指细胞在反应器中自由悬浮生长的过程，是在微生物发酵的基础上发展起来的，主要用于非贴壁依赖型细胞培养，如杂交瘤细胞等。对于小规模培养，悬浮培养可采用转瓶和滚瓶培养方式，大规模培养则可采用发酵罐式的细胞培养反应器。悬浮培养对设备要求简单，但是此方法培养的细胞密度低且容易发生变异，因此

有潜在的致癌危险，用悬浮培养的病毒易失去病毒标记而降低免疫力，此外，有许多动物细胞属于贴壁依赖性细胞，不能进行悬浮培养。

②贴壁培养　是指细胞贴附在一定的固相表面进行的培养。贴壁依赖性细胞在培养时要贴附于培养（瓶）器皿壁上，细胞一经贴壁就迅速铺展，然后开始有丝分裂，并很快进入对数生长期。一般数天后就铺满培养器皿表面，并形成致密的细胞单层。贴壁培养系统主要有转瓶、中空纤维、玻璃珠、微载体系统等。这种培养的优点：容易更换培养液，细胞紧密黏附于固相表面，可直接倾去旧培养液，清洗后直接加入新培养液；容易采用灌注培养，从而达到提高细胞密度的目的；因细胞固定表面，无需过滤系统；当细胞贴壁于生长基质时，很多细胞将更有效的表达一种产品；同一设备可采用不同的培养液与细胞的比例；适用于所有类型细胞。

③固定化培养　是将动物细胞与水不溶性载体结合起来，再进行培养。既适用于贴壁依赖性细胞，又适用于非贴壁依赖性细胞的培养，具有细胞生长密度高、抗剪切力和抗污染能力强等优点，细胞易与产物分开，有利于产物分离纯化。制备方法很多，包括吸附法、共价贴附法、离子/共价交联法、包埋法、微囊法等。

吸附法：用固体吸附剂将细胞吸附在其表面而使细胞固定化的方法称为吸附法。操作简便、条件温和，是动物细胞固定化中最早研究使用的方法。缺点是载体的负荷能力低、细胞易脱落。微载体培养和中空纤维培养是该方法的代表。

共价贴附法：利用共价键将动物细胞与固相载体结合的固定化方法称为共价贴附法。此法可减少细胞的泄漏，但须引入化学试剂，对细胞活性有影响，且因贴附而导致扩散限制小，细胞得不到保护。

离子/共价交联法：双功能试剂处理细胞悬浮液，会在细胞间形成桥，从而絮结产生交联作用，此固定化细胞方法称为离子/共价交联法。交联试剂会使一些细胞死亡，也会产生扩散限制。

包埋法：将细胞包埋在多孔载体内部制成固定化细胞的方法称为包埋法。一般适用于非贴壁依赖性细胞的固定化，常用载体为多孔凝胶，如琼脂糖凝胶、海藻酸钙凝胶和血纤维蛋白。

微囊法：是用一层亲水的半透膜将细胞包围在珠状的微囊里，细胞不能逸出，但小分子物质及营养物质可自由出入半透膜；囊内处于一种微小的培养环境状态，与液体培养相似，能保护细胞，减少损伤，故细胞生长好、密度高。微囊直径控制在 $200 \sim 400 \mu m$ 为宜。

④灌注培养　在灌注培养中，细胞保留在反应器系统中，收集培养液的同时不断地加入新鲜的培养基。其主要优点是连续灌注的培养基可以提供充分的营养成分，并可带走代谢产物，同时细胞保留在反应器系统中，可以达到很高的细胞密度。同其他方法相比，灌注培养的产率可以提高一个数量级，并且可以降低劳动力消耗。该技术已成为动物细胞大规模培养的主要方法。灌注培养主要可分为悬浮灌注培养和床层培养。悬浮灌注培养是在普通悬浮培养的基础上，加上一个细胞分离器而成，以微载体悬浮培养加旋转过滤分离器最为常见；床层培养是把细胞直接保留于床层，不需要细胞分离器，其中堆积床和大孔载体培养的应用较广。

由于动物细胞体外培养的生物学特性、相关产品结构的复杂性和质量以及一致性要求，动物细胞大规模培养技术仍难于满足具有重要医用价值生物制品的大规模生产的需求，迫切需要进一步研究和发展细胞培养工艺。

（3）动物组织细胞的分离

动物的各种组织均由结合相当紧密的多种细胞和纤维成分组成。一般将体积大于 $1mm^3$ 的组织块置于培养瓶中后，只有处于周边的少量细胞可以生存和增殖，大部分中间的细胞因营养穿透有限而代谢不良，且受周围细胞及组织的束缚而难以移出。为获取大量生长良好的细胞，必须把组织细胞分散开，使细胞解离出来。目前分散组织的方法主要有机械法和消化法，可根据组织种类和培养要求，采用适宜的方法。

①机械法　包括离心分离法、切割分离法和机械分散分离法。

离心分离法：适用于血液、羊水、腹水和胸水等细胞悬液的细胞分离。用 500 ~ 1 000r/min 速度离心 5 ~ 10min 即可。如悬液量大，可适当延长离心时间，但离心速度不能过大，时间不能太长，否则容易挤压细胞使之受损或死亡。

切割分离法：在进行组织块移植培养时可采用剪切法，即将组织剪切成 $1mm^3$ 左右的小块然后分离培养。为避免剪刀对组织挤压损伤，也可以用手术刀或保险刀片交替切割组织。

机械分散分离法：对纤维成分含量很少的某些软组织和间质成分少的肿瘤，可采用机械法进行分散。常采用两种方法：一是将组织放入注射器内通过针头压挤，但对组织损伤较大；二是把组织置于尼龙筛中用钝物轻磨，再用培养液冲洗过滤细胞，简单实用。

②消化法　是利用生物化学和化学的手段把已剪切成较小体积的组织进一步分散的方法。用此方法获得的细胞制成悬液可直接进行培养。消化作用可使组织松散、细胞分开，使细胞容易生长，成活率高。各种消化试剂的作用机制各不相同，实验中可根据组织的不同，选择不同的消化方法。

胰蛋白酶消化法：一般来说，浓度大、温度高、新配制的胰蛋白酶对细胞分离作用快。常用胰蛋白酶的浓度为 0.25%，pH7.2 左右。一旦细胞分散后可加入一些含血清的培养液来终止消化。胰蛋白酶是目前应用最为广泛的消化剂，适于细胞间质较少的软组织及传代细胞的消化，但对于纤维性组织或较硬的癌组织则效果较差。胰蛋白酶的消化效果主要与 pH 值、温度、胰蛋白酶的浓度、组织块的大小和硬度有关。

胶原酶消化法：胶原酶主要水解结缔组织中的胶原蛋白成分。当拟消化的组织较硬，内含较多结缔组织或胶原成分时，用胰蛋白酶解离细胞的效果较差，这时可采用胶原酶解离细胞法。

螯合剂消化法：细胞培养经常使用的螯合剂包括乙二胺四乙酸二钠（EDTA-Na）、柠檬酸钠、枸橼酸钠等。它们是一种非酶性消化物，主要作用是通过结合（螯合）细胞间质中的二价阳离子从而破坏细胞连接。用螯合剂溶液解离细胞，分离效果一般较差且该成分不容易从培养液中去除。通常与胰蛋白酶按不同比例混合使用效果较好。

（4）动物细胞培养的基本过程

取动物胚胎或幼龄动物器官、组织。将材料剪碎，并用胰蛋白酶（或用胶原蛋白酶)处理(消化),处理形成单个细胞,将单个的细胞放入培养基中配成一定浓度的细胞悬浮液。悬液中分散的细胞很快就贴附在瓶壁上,成为细胞贴壁。当贴壁细胞分裂生长到互相接触时,细胞就会停止分裂增殖,出现接触抑制,这时期的细胞培养是原代培养。然后需要将出现接触抑制的细胞重新使用胰蛋白酶处理,再配成一定浓度的细胞悬浮液,这时进入传代培养。通过一定的选择或纯化方法,从原代培养物或细胞系中获得的具有特殊性质的细胞称为细胞株。当培养超过50代时,大多数的细胞已经衰老死亡,但仍有部分细胞发生了遗传物质的改变出现了无限传代的特性,即癌变。此时的细胞称为细胞系。

5.2.2 细胞融合技术

细胞融合或细胞杂交是指真核细胞通过介导和培养,在离体条件下将两个或多个细胞合并成一个核或多核细胞的过程。细胞或原生质体融合后,亲本遗传物质发生交换、重组后的子代叫做融合重组子。人工细胞融合开始于20世纪50年代,60~70年代其作为一门新兴的技术,发展非常快,应用范围也极为广泛。除了同种类细胞间可以融合,种间远缘细胞也能融合,细胞与组织不同,不排斥异类、异种细胞,动物细胞如此,植物细胞也是如此。现在,微生物、动物、植物不仅种内可以杂交,种间、不同生物物种间都可以杂交。基因型相同的细胞融合成的杂交细胞称为同核体,来自不同基因型的杂交细胞则称为异核体。

5.2.2.1 细胞融合的方法

根据细胞或原生质体是否同源,原生质体融合方式可分为自发融合和诱导融合两种。自发融合,发生在亲本原生质体本身,融合的结果得到同核体。在体细胞杂交中,彼此融合的原生质体应该是来源不同的,因此,自发融合是无意义的。我们需要的是不同种的细胞融合,要使它们融合,一定要用物理或化学的方法来诱导,这种融合就称为诱导融合。动物细胞或原生质体的融合过程一般包括3个主要阶段:①两个或多个原生质体的质膜彼此靠近;②局部区域质膜紧密黏连,彼此融合;③融合完成,形成球形的异核体或同核体。目前,常用的融合方法有:生物学方法(仙台病毒法)、化学融合法(聚乙二醇融合法,即PEG法)和物理法(电融合法)。

(1)生物学方法

采用病毒促进细胞融合。很多病毒都具有凝集细胞的能力,它一边黏接在一个细胞表面,另外一边黏接在另一个细胞表面,从而使两个细胞在病毒的作用下靠近发生融合。目前,在副黏病毒科的副流感病毒和新城鸡瘟病毒的被膜中发现了两种

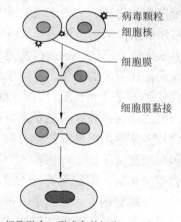

图5-3 用灭活的病毒诱导动物细胞融合过程

糖蛋白,较大的一种具有黏附细胞和凝血的作用;较小的一种可介导病毒同宿主细胞

融合，也可诱导细胞与细胞融合，称为融合蛋白。人工利用病毒诱导细胞融合即是利用病毒的这一特性，使用时先用紫外线将病毒灭活，稀释到一定浓度加入到细胞悬液中，诱导细胞融合。还有仙台病毒（HVJ）、疱疹病毒、天花病毒等都可诱导细胞融合，其中仙台病毒是最早应用于动物细胞融合的融合剂。

病毒促使细胞融合的主要步骤为：两个原生质体或细胞在病毒黏结作用下彼此靠近；通过病毒与原生质体或细胞膜的作用使两个细胞膜间互相渗透，胞质互相渗透；两个原生质体的细胞核互相融合，两个细胞融为一体；进入正常的细胞分裂途径，分裂成含有两种染色体的杂种细胞，如图 5-3 所示。

病毒介导细胞融合方法在使用前需要对病毒进行繁殖与灭活，操作烦琐，如灭活不完全则易对实验人员造成伤害，因此现在一般不使用此方法。

（2）化学融合法

采用的化学融合剂包括聚乙二醇（PEG）、二甲亚砜、甘油醋酸酯及磷脂酰丝氨酸等脂类化合物，其中 PEG 的应用最广，因为 PEG 作为融合剂比病毒更容易制备和控制。聚乙二醇融合法实验原理到目前为止还没有完全定论，学者们一般认为，PEG 由于分子中醚键的存在使其分子末端带有微弱电荷，能与水、蛋白质、糖等极性物质的正极形成氢键，从而在质膜之间形成分子桥，直接或间接地通过 Ca^{2+} 起作用，改变各类细胞的膜结构，使两个细胞相互接触部位的膜脂双层中磷脂分子发生疏散，进而使其结构发生重排，再加上膜脂双层的相互亲合以及彼此间表面张力的作用，引起相邻的重排质膜在修复时相互合并在一起，使两细胞的胞质沟通，从而使相互接触的细胞之间发生融合。

PEG 法的优点是融合成本低，无需特殊设备；融合子产生的异核率较高；融合过程不受物种限制。其缺点是融合过程烦琐，PEG 可能对细胞有毒害。

（3）物理法

电融合法是 20 世纪 80 年代出现的细胞融合技术，在直流电脉冲的诱导下，细胞膜表面的氧化还原电位发生改变，使异种细胞黏合并发生质膜瞬间破裂，进而质膜开始连接，直到闭合成完整的膜，形成融合体。电融合的基本过程：①细胞膜的接触，当原生质体（或动物细胞）置于电导率很低的溶液中时，电场通电后，电流即通过原生质体而不是通过溶液，其结果是原生质体在电场作用下极化而产生偶极子，从而使原生质体紧密接触排列成串。②膜的击穿，原生质体成串排列后，立即给予高频直流脉冲就可以使原生质膜击穿，从而导致两个紧密接触的细胞融合在一起。

电融合法具有融合率高、重复性强、对细胞伤害小；装置精巧、方法简单、可在显微镜下观察或录像观察融合过程；免去 PEG 诱导后的洗涤过程、诱导过程可控性强等优点。

5.2.2.2　微生物细胞原生质体的制备、融合与融合子的筛选

（1）微生物细胞原生质体的制备

微生物细胞一般是有细胞壁的，进行细胞融合的第一步就是制备原生质体。目前，去除细胞壁的方法主要有机械法、非酶法和酶法。采用前两种方法制备的原生质体效果差、活性低，仅适用于某些特定菌株，因此，并未得到推广。在实际工作中，最有

效和最常用的是酶法。该方法时间短、效果好，使用的酶主要为蜗牛酶或溶菌酶，具体根据所用微生物的种类而定，不同菌种往往需要不同的酶或多种酶混合使用才能达到较好的溶壁效果。革兰阳性菌（G^+菌）易被溶菌酶除去壁，但革兰阴性菌（G^-菌）由于其成分及结构较复杂，必须采用溶菌酶和 EDTA 一起处理，一般溶菌酶用量为 100 ~ 1 000U/mL。酵母菌则用蜗牛酶，丝状真菌常用纤维素酶或纤维素酶与蜗牛酶配合使用，霉菌则往往添加壳聚糖酶或其他酶互相配合，从而达到细胞原生质体化的目的。

原生质体制备之前，微生物细胞需经过种子培养、振荡培养到一定的对数生长期，其菌量约为菌悬浮液中 4×10^8 个/mL（$OD_{570} = 2$）时为宜，然后加溶菌酶在 42℃ 轻轻振荡 45min，即形成原生质体。原生质体对渗透压敏感，在琼脂培养基上涂布培养，原生质体会在低渗条件下破裂失活，不能形成菌落，菌落越少说明原生质体化效果越好。原生质体形成率 = 原生质体数/未经酶处理的总菌数。

（2）微生物细胞原生质体融合和再生

原生质体融合就是把两亲本的原生质体混合在一起，采用不同的方法进行，最常用的是 PEG 融合和电融合。以 PEG 融合为例来说明其融合过程：将 A 株和 B 株原生质体悬浮液混合在一起，离心（4 000 × g）去清液，沉淀置于高渗稳定的溶液中，加40% PEG，用滴管轻轻吹打，使细胞分散均匀，水浴保温一定时间，再稀释，取少量最后稀释液涂布在高渗再生平板上，保温培养后检查其重组菌株。原生质体化后能否复原再生显得特别重要，如果不能再生则失去其实用意义。

微生物原生质体再生是使原生质体重新生长出细胞壁，恢复为完整的细胞形态。再生需要在再生培养基中进行。各类微生物原生质体的再生条件各不相同，不但属间不同，即使是非常相近的种间，再生条件也差别很大。影响再生及再生率的因素有培养基的组成成分、培养温度、制备原生质体的菌龄、溶解细胞壁的酶量、融合过程中助融剂的用量及其作用时间、温度等。但有一点是相同的，都需要高渗透压，因为在微生物原生质体再生时所用培养基的渗透环境都是高渗的，所以被称为高渗再生培养基，在基础培养基内加入17%的蔗糖，使原生质体再生。微生物原生质体再生恢复率一般比较低，细菌在 3% ~ 10%，放线菌中的链霉素最高为 50%，真菌为 5% ~ 8%。为获得较高的再生率，在实验过程中应避免因强力使原生质体破裂；再生平板培养基在涂布原生质体悬液前，宜预先去除培养基表面的冷凝水；涂布时，原生质体悬液的浓度不宜过高，因为若有残存的菌体存在，它们将会先在再生培养基中长成菌落，并抑制周围原生质体的再生。

（3）微生物细胞融合重组子的检出

①直接法　对于以营养缺陷为标记的融合重组子，将融合后的细胞悬液涂布在相应的基本培养基上；如果是以抗药性为标记的融合重组子，应将融合后的细胞悬液涂布在含有两种药物的培养基上。应该用高渗再生培养基，这样就可以直接筛选出营养缺陷型或有双重抗药性的融合重组子了。直接法的特点是简便，但是对具有遗传标志性表型延迟的融合重组子不适用，因其会出现遗漏。

②间接法　将融合后的细胞悬液涂布在完全培养基上，此时亲本菌株细胞及融合重组子均可长成菌落，然后用影印接种法复制到基本培养基上或含有两种抗生素的培养基上，以

检出融合重组子。间接法略显复杂，但对具有遗传标志性表型延迟的融合重组子也可以检出。

5.2.2.3　植物细胞原生质体的制备、融合与融合子的筛选

植物原生质体融合又称体细胞杂交，是指将不同来源的植物原生质体（除去细胞壁的细胞）相融合并使之分化再生、形成新物种或新品种的技术。一般先将两种不同植物的体细胞经过纤维素酶、果胶酶消化，除去其细胞壁，得到原生质体，而后通过物理或化学方法诱导其细胞融合形成杂种细胞，继而再以适当的技术进行杂种细胞的分检和培养，促使杂种细胞分裂形成细胞团、愈伤组织直至杂种植株，从而实现基因在远缘物种间的转移，如图 5-4 所示。

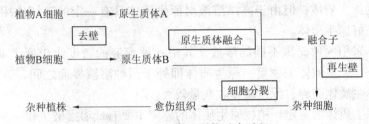

图 5-4　植物原生质体融合过程

（1）植物细胞原生质体的制备

植物各个器官，如根、茎、叶、花、果实、种子及愈伤细胞和悬浮细胞等都可作为分离原生质体的材料。但是，要获得高质量的原生质体，应选用生长旺盛、生命力强的组织做材料。材料的生理状况是原生质体质量的决定性因素之一。对原生质体材料进行预处理能提高原生质体的分裂频率，还可以逐步提高植物材料的渗透压，以适应培养基中的高渗环境。这些处理包括：暗处理、预培养、低温处理等。例如，把豌豆的枝条取下后，在分离原生质体前，先让材料在黑暗中的一定湿度条件下放 1～2d，这样得到的原生质体存活率高，并能继续分裂。下面简要叙述植物原生质体制备的一般过程。

①植物原生质体的分离　植物原生质体分离的方法主要有机械分离法和酶解分离法。

机械分离法：常用于分离藻类原生质体。细胞在高渗糖溶液中发生轻微质壁分离，原生质体收缩成球形后，再用机械法磨碎组织，原生质体会从受损的细胞壁中释放出来。该方法缺点是获得完整的原生质体的数量比较少，利用此法产生原生质体的植物种类有限。优点是可避免酶制剂对原生质的破坏作用。

酶解分离法：用纤维素酶、半纤维素酶、果胶酶、蜗牛酶、胼胝质酶、EA3-867 酶等细胞壁降解酶，脱除植物细胞壁，获得原生质体的方法。当制备花粉母细胞和四分孢子的原生质体时，常用蜗牛酶和胼胝质酶，因为这类细胞外有胼胝质壁，用其他酶效果差。该方法优点是可以应用于几乎所有植物及植物材料，以获得大量的原生质体。缺点是这些酶制剂常污染有核酸酶、蛋白酶、过氧化物酶以及酚类物质，会影响到原生质体的活力。

②植物原生质体的纯化　植物材料经过一段时间的酶解后，在分离的原生质体中，

常常混有细胞碎片、维管束成分、未解离细胞、破碎的原生质体以及微生物等，这些杂物的存在会对原生质体产生不良影响。另外，还需要除去残留的酶溶液。纯化原生质体常用的方法有过滤法、离心沉淀法、漂浮法、界面法，在实际操作中一般会将几种方法联合起来运用，这样效果会更好。

过滤法：用滤网过滤酶解混合物，滤去未被酶解的细胞、细胞团及组织块。

离心沉淀法：利用密度原理，在具有一定渗透压的溶液中，先行过滤再低速离心，使原生质体沉淀于试管底部。该方法比较简单，但由于原生质体沉淀在一起相互挤压，常引起原生质体破碎。

漂浮法：应用渗透剂含量较高的高渗溶液使原生质体漂浮于液面。该方法能够获得比较纯净的原生质体，但由于高渗溶液对原生质体具有一定的破坏作用，所以仅能获得少量的完好原生质体。

界面法：采用两种比重不同的溶液，其中一种溶液的密度大于原生质体的密度，另一种溶液小于原生质体的密度，原生质体即处于两种溶液界面之间。该方法可防止因挤压引起原生质体破碎，原生质体收获量较大。

③植物原生质体的鉴定　植物原生质体的鉴定主要有低渗爆破法和荧光增白剂法。

低渗爆破法：将纯化后的原生质体置于低渗溶液中，观察其胀破情况。良好的原生质体胀破后留下的残迹是无形的。如果原生质体还带有部分细胞壁，则原生质体从无壁部分胀破，破碎后留下的残迹仍保持半圆形的细胞壁。

荧光增白剂法：用荧光增白剂对原生质体进行染色，取一滴原生质体培养悬液放在载玻片上，加一滴0.1%荧光增白剂溶液。在荧光显微镜下，当用波长366nm的紫外光照射时，如果有细胞壁未去除，将发黄绿色荧光。

④原生质体活力测定及影响原生质体数量和活力的因素　可以采用原生质体的形态识别法、荧光显微镜识别（FAD）法、伊凡蓝染色法等对原生质体的活力进行测定。影响原生质体数量和活力的主要因素有细胞壁降解酶的种类和组合、渗透压稳定剂、质膜稳定剂、pH值、温度及植物材料的生理状态。

⑤植物原生质体的培养方法　植物原生质体的培养方法包括固体培养法、液体培养法和固液结合培养法。

固体培养法：将悬浮在液体中的原生质体悬液与热融的含琼脂的培养基等量混合，培养基温度必须冷却到45℃才能加入原生质体，使琼脂的最终浓度为0.6%左右，冷却后原生质体包埋在琼脂培养基中。由于原生质体被机械地彼此分开并固定了位置，避免了细胞间有害代谢产物的影响并便于定点观察和追踪单个细胞的发育过程。

液体培养法：是在培养基中不加凝胶剂，原生质体悬浮在液体培养基中，常用的是液体浅层培养法，即含有原生质体的培养液在培养皿底部铺薄薄一层。这种方法操作简便，对原生质体伤害较小，并且便于添加培养基和转移培养物，是目前原生质体培养工作中广泛应用的方法之一。其缺点是原生质体在培养基中分布不均匀，容易造成局部密度过高或原生质互相黏连而影响进一步的生长发育，并且难以定点观察，很难监视单个原生质体的发育过程。

固液结合培养法：最简便的固液结合培养方法是在培养皿的底部先铺薄薄一层含

凝胶剂的固体培养基，再在其上进行原生质体的液体浅层培养。这样，固体培养基中的营养成分可以慢慢地向液体中释放，以补充培养物对营养的消耗，培养物所产生的一些有害物质也会被固体部分吸收，对培养物的生长更有利。现已证明，这种方法对烟草和矮牵牛原生质体的再生细胞起到了促进分裂的作用，实验中为了有效地吸附培养物所产生的有害物质，在下层固体培养基中添加活性炭，结果使原生质体形成细胞团的数量提高了23倍。

（2）植物细胞原生质体的融合

植物细胞原生质体的融合一般选用化学融合法和电融合法。化学融合法除上述的聚乙二醇融合法外，还有高pH-高钙融合法、PEG-高Ca^{2+}-高pH相结合的融合法。实验发现，当pH值为9.5~10.5，用Ca^{2+}浓度大于0.03mol/L的溶液处理原生质体，融合效果较好。具体处理方法是：在原生质体沉淀中加入0.4mol/L甘露醇和0.05mol/L $CaCl_2 \cdot 2H_2O$，pH值调到10.5，在37℃下保温0.5h，可使原生质体融合率达到10%左右。高pH值能导致质膜表面离子特性的改变，有利于原生质体的融合。Ca^{2+}能稳定原生质体，也起联系融合的作用。

植物原生质体融合过程一般是先经膜融合形成共同的质膜，然后经胞质融合，产生细胞壁，最后是核融合。细胞核的融合是异种原生质体融合的关键。融合体只有成为单核细胞后才能继续生长，才能合成DNA、RNA，并进行细胞分裂，这就要求两个核必须同步分裂，如果两个核所处时期不同，一个开始合成DNA，另一个还处于合成的中途或已完成了复制，它们之间就会相互影响，导致最终不能进行细胞分裂。所以，诱导供体细胞同步有丝分裂，对于原生质体的融合也是非常重要的。

（3）植物细胞原生质体融合重组子的筛选

尽管尝试过多种方法提高融合的频率，但真正的杂合细胞占很小的比例（0.5%~10%）。所以，需要用一定的筛选方法将杂种细胞与未融合的以及和同源融合的亲本细胞分开。常用的筛选方法如下：

①根据可见标记性状的机械选择法　利用融合细胞所具有的可见标记，在倒置显微镜下，用微管将融合细胞吸取出来进行选择。常用的可见标记为叶肉细胞的绿色，也可以应用荧光染料标记，在荧光显微镜下分离或用流式细胞仪分拣。

②以亲本为对照进行形态特征和特性鉴定　一般利用明显的标记特征，如气孔大小等。根据遗传和生理、生化特性的互补选择，常用的互补选择法包括抗性互补选择法、营养代谢互补选择法、生长互补选择法等。

③细胞学鉴定杂种细胞　利用染色体显带技术，以亲本染色体为对照，对细胞杂种的染色体数目、形态和带型进行观察来鉴定杂种细胞。

④同工酶鉴定杂种细胞　根据亲本和杂种同工酶谱的差异来鉴别杂种细胞。杂种细胞有的呈双亲谱带的总和、有的出现新谱带或丢失部分亲本谱带。鉴定酶为乙醇脱氢酶、乳酸脱氢酶、过氧化物酶、酯酶等。

⑤DNA分子标记鉴定法　根据DNA的多态性，在DNA水平上对亲本和杂种植株遗传差异进行鉴定的一种技术。

⑥染色体原位杂交鉴定法　是一种基于Southern杂交的分子标记技术，它利用特

异性核酸片段做探针，直接同染色体 DNA 片段杂交，在染色体上显示特异 DNA。

5.2.2.4　动物细胞的融合与融合子的筛选

动物细胞融合也称细胞杂交，是指两个或多个动物细胞融合成一个细胞的过程。融合后形成的具有原来两个或多个细胞遗传信息的单核细胞，称为杂交细胞。在进行动物细胞融合之前，也必须获得单个分散的细胞，常用方法与动物细胞培养里介绍的动物组织细胞的分离方法基本一致。获得的单细胞应用上述的融合方法进行融合。

动物细胞融合子的筛选最简便的方法是应用选择培养基，使亲本细胞死亡，而仅让杂种细胞存活下来。同微生物、植物细胞融合子筛选一样，利用亲本细胞的药物抗性、营养缺陷型和温度敏感性等遗传标记，可以建立多种选择系统。另外，在融合前用人工标记亲本细胞，或以致死剂量的生化阻抑剂处理亲本细胞，也是一种较为有效的筛选办法。

5.2.3　动物细胞的单克隆抗体技术

当动物体受抗原刺激后可产生抗体。抗体的特异性取决于抗原分子的决定簇，抗原分子具有很多抗原决定簇，因此免疫动物所产生的抗体实为多种抗体的混合物。用这种传统方法制备抗体效率低、产量有限，并且动物抗体注入人体会产生严重的过敏反应；此外，分开不同的抗体也极困难。在生命科学中应用价值极大的单克隆抗体制备技术是在细胞融合技术上发展起来的。

抗体是由 B 淋巴细胞分化形成的浆细胞合成、分泌的。每一种 B 淋巴细胞在成熟的过程中通过随机重排只产生识别一种抗原的抗原受体基因。动物脾脏有上百万种不同的 B 淋巴细胞系，重排后具有不同基因的 B 淋巴细胞合成不同的抗体。当机体受抗原刺激时，抗原分子上的许多决定簇分别激活各个具有不同基因的 B 细胞。被激活的 B 细胞分裂增殖形成效应 B 细胞(浆细胞)和记忆 B 细胞，大量的浆细胞克隆合成和分泌大量的抗体分子分布到血液、体液中。如果能选出一个制造一种专一抗体的浆细胞进行培养，就可得到由单细胞经分裂增殖而形成的细胞群，即单克隆。单克隆细胞将合成针对一种抗原决定簇的抗体，称为单克隆抗体。

制备单克隆抗体需先获得能合成专一性抗体的单克隆 B 淋巴细胞，但这种 B 淋巴细胞不能在体外生长。试验发现，小鼠骨髓瘤细胞能在体内外无限增殖和分泌无抗体活性的免疫球蛋白，而免疫小鼠脾细胞具有产生抗体的能力，但不能无限增殖。应用细胞杂交技术使骨髓瘤细胞与免疫的淋巴细胞合二为一，得到杂种的骨髓瘤细胞。该细胞继承了两种亲代细胞的特性，它既具有 B 淋巴细胞合成专一抗体的特性，也有骨髓瘤细胞能在体内外培养增殖的特性，用这种来源于单个融合细胞培养增殖的细胞群，可制备抗一种抗原决定簇的特异单克隆抗体，如图 5-5 所示。

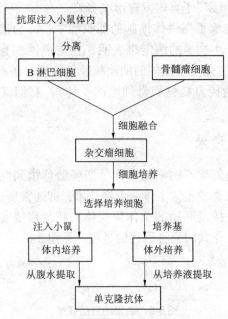

图 5-5 单克隆抗体制备过程示意

5.2.4 动物细胞的细胞核移植技术

细胞核移植技术是将供体细胞核移入除去核的卵母细胞中, 使卵母细胞不经过精子穿透等有性过程, 即无性繁殖即可被激活、分裂并发育成新个体, 使得核供体的基因得到完全复制。依据供体核的来源不同, 可分为胚细胞核移植与体细胞核移植两种。

1996 年 7 月 5 日, 英国爱丁堡罗斯林研究所(Roslin)的伊恩·维尔穆特(Wilmut)领导的科研小组, 利用克隆技术培育出的小绵羊"多莉"就是用已经分化的成熟的体细胞(乳腺细胞)克隆出的羊。它是体细胞核移植的成功例子之一。主要有 4 个步骤, 现简单介绍如下:

①从一只 6 岁雌性的芬兰多塞特(Finn Dorset)白面绵羊(称之为 A)的乳腺中取出乳腺细胞, 将其放入低浓度的培养液中, 细胞逐渐停止分裂, 此细胞为供体细胞。

②从一头苏格兰黑面母绵羊(称之为 B)的卵巢中取出未受精的卵细胞, 并立即将细胞核除去, 留下一个无核的卵细胞, 此细胞为受体细胞。

③利用电脉冲方法, 使供体细胞和受体细胞融合, 形成融合细胞。电脉冲可以产生类似于自然受精过程中的一系列反应, 使融合细胞像受精卵一样进行细胞分裂、分化, 从而形成胚胎细胞。

④将胚胎细胞转移到另一只苏格兰黑面母绵羊(称之为 C)的子宫内, 胚胎细胞进一步分化和发育, 最后形成小绵羊"多莉"。

换言之, 多莉有 3 个母亲: 它的"基因母亲"是芬兰多塞特白面母绵羊(A); 科学家取 A 绵羊的乳腺细胞, 将其细胞核移植到第二个"借卵母亲"—— 一个剔除细胞核的苏格兰黑面母绵羊(B)的卵子中, 使之融合、分裂、发育成胚胎; 然后移植到第三只黑面母绵羊(C)——"代孕母亲"子宫内发育形成多莉。

从理论上讲，多莉继承了提供体细胞的那只绵羊(A)的遗传特征，它是一只白脸羊，而不是黑脸羊。分子生物学的测定也表明，它与提供细胞核的那头羊，有完全相同的遗传物质(确切地说，是完全相同的细胞核遗传物质，还有极少量的遗传物质存在于细胞质的线粒体中，遗传自提供卵母细胞的受体)，它们就像是一对隔了6年的双胞胎。

5.2.5　动物胚胎移植技术

胚胎移植，是将体内外生产的哺乳动物早期胚胎移植到同种的生理状态的雌性动物生殖道内，使之继续发育成正常个体的生物技术，即通常所说的"借腹怀胎"。其中，提供胚胎的个体为供体，接受胚胎的个体为受体。胚胎移植实际上是产生胚胎的供体和孕育胚胎的受体分工合作共同繁育后代的过程，见图5-6。

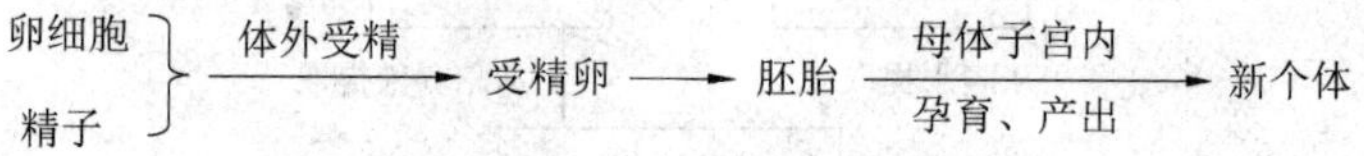

卵细胞　精子 —体外受精→ 受精卵 —→ 胚胎 —母体子宫内 孕育、产出→ 新个体

图5-6　动物的胚胎移植

胚胎移植的意义在于：①发挥优良母畜的繁殖力，迅速扩大优良畜种数量，加速优良畜种的推广应用；②缩短世代间隔，增加选择强度，促进家畜改良速度；③长期保存冷冻胚胎，便于优良品种的种质运输和保存；④胚胎移植是胚胎分割、胚胎嵌合、性别鉴定和核移植等其他胚胎生物技术的基础，也是基础生命科学研究的重要手段。

5.2.6　动物干细胞工程

动物干细胞工程是指利用干细胞的生物学特性，按照人的意图，借助于化学的、物理的或生物的方法，定向诱导分化，产生机体各种功能细胞或组织的生物工程技术。干细胞具有自我更新、持续增殖能力及多种分化潜能，它包括胚胎干细胞、成体干细胞和肿瘤干细胞。

由于干细胞具有分化为多种功能细胞的特性，其在人类医学、基因治疗、发育调控等领域显现出了重要的科学意义和广泛的应用前景，因此越来越受到重视。

5.2.7　染色体工程

染色体工程是按照预先的设计，添加、消除或替代同种或异种染色体的全部或部分，从而达到定向改变生物遗传性状、选育新品种的目的。它是从染色体水平改变细胞遗传组成的细胞工程技术。染色体组工程是在人为设计的技术路线下添加、消除同种或异种染色体组以达到定向改变生物遗传性状的目的。动物染色体工程主要包括染色体倍性改造、结构改造及人工染色体的利用等技术；植物染色体工程技术包括植物染色体倍性改造和非整倍体改造。

5.3 细胞工程的应用

细胞工程作为科学研究的一种手段已经渗入到生物工程的各个方面，成为必不可少的配套技术。在农林、园艺、食品和医学等领域中，细胞工程正在为人类作出巨大的贡献。

5.3.1 微生物细胞工程的应用

微生物细胞工程的应用领域十分广泛，几乎可以涉及人类生产和生活的各个方面。微生物细胞工程在食品领域的产品种类多，生产效率较高，产量也很大。另外，微生物原生质体融合技术已成为微生物育种的重要手段，高等真菌(如金针菇)的原生质体融合育种在我国也获得成功。

(1)微生物细胞工程在氨基酸生产菌育种中的应用

在氨基酸生产菌育种研究中，第一个被研究的是 L -谷氨酸生产菌。该菌自 1956 年首次从自然界分离到棒杆菌后，经过几十年各种方法的人工诱变或多重的营养缺陷型菌株筛选得到的 FM84-415，目前已成为我国推广应用于味精的高产优良谷氨酸生产菌。由于该菌仍不太稳定，易被噬菌体感染，赵广铃等人选用 FM84-415 和 FM242-4 作为出发菌株进行原生质体融合，前者带有噬菌体敏感的 phage[a] 遗传标记。FM242-4 菌株是由 FM242 菌种用浓度为 0.7mg/mL 的 NTG 溶液处理 30min，经 pH6 的磷酸缓冲液稀释，平皿培养 24h，挑取菌落分别点种于 MM 与 CM 平板，所得缺陷型中一株产谷氨酸的菌株，定名为 FM242-4 菌株。经过融合后筛选抗性菌株，经初筛后再进行复筛，筛选出产菌能力比出发菌株高，而且对噬菌体有抗性的谷氨酸发酵生产菌株。

细胞融合技术是一种改良微生物发酵菌种的有效方法，主要用于改良微生物菌种特性，提高目的产物的产量，使菌种获得新性状，合成新产物等。与基因工程技术结合，使对遗传物质进一步修饰提供了多样的可能性。例如，日本味之素公司应用细胞融合技术使产生氨基酸的短杆菌杂交，获得比原产量高 3 倍的赖氨酸产生菌和苏氨酸高产新菌株。酿酒酵母和糖化酵母的种间杂交，分离的后代中个别菌株具有糖化和发酵的双重能力。目前，微生物细胞融合的对象已扩展到酵母、霉菌、细菌、放线菌等多种微生物的种间及属间，不断培育出用于各种领域的新菌种。

(2)微生物细胞工程在酵母菌育种中的应用

啤酒工业中所用的酿酒酵母(即酒精酵母)不具备发酵乳糖的能力，国外已经有人通过原生质体融合技术获得了具有发酵乳糖能力的酵母菌株，国内张博润和蔡金科也作了相关的研究。两个亲本分别是酿酒酵母和乳酸克鲁维酵母，后者具有很好的乳糖发酵能力，酿酒酵母与乳酸克鲁维酵母通过 PEG 诱导融合，获得了种间融合子，融合子不仅能发酵葡萄糖、蔗糖、麦芽糖、棉籽糖和蜜二糖，而且还可以发酵乳糖，在以乳糖为碳源的培养基中其发酵能力是亲本乳酸克鲁维酵母的 2 倍。

(3)微生物细胞工程在酶制剂生产菌育种中的应用

枯草杆菌是蛋白酶、淀粉酶等酶制剂的生产菌，也是细胞融合技术研究得最多的一类菌种。诸葛健等人已对蛋白酶生产菌——枯草芽孢杆菌进行过系列的育种研究，成功地得到了枯草芽孢杆菌和地衣芽孢杆菌的种间融合子，融合频率为 $2.28 \times 10^{-5} \sim 7.47 \times 10^{-4}$，其中一株融合子产中性蛋白酶的能力较亲本高出 30%。为了提高 α-淀粉酶生产菌的稳定性，凌晨等人做了 α-淀粉酶生产菌的原生质体融合研究，采用地衣芽孢杆菌（*Bacillus licheniformis*）变异菌 A.4041-E 和地衣芽孢杆菌 PF1093 两个亲株，在 30℃ PEG 助融下，进行原生质体融合，其融合频率为 3.07×10^{-5}。在选择培养基上进一步选择，最后得到一株融合子，其酶活力比亲株高 50%～75%。

5.3.2 植物细胞工程的应用

植物细胞工程是在植物细胞全能性的基础上，以植物细胞为基本单位，在体外条件下进行培养、繁殖和人为的精细操作，使细胞的某些生物学特性按照人们的意愿发生改变，从而改良品种、研制出新种、加速繁殖植物个体、获得有用产物的过程统称植物细胞工程。

（1）植物细胞工程在粮食与蔬菜生产中的作用

利用植物细胞工程技术进行作物育种，使人类受益很多。我国在这一领域已达到世界先进水平，以花药单倍体育种途径，培育出的水稻品种或品系有近百个、小麦有 30 个左右。其中，河南省农业科学院培育的小麦新品种，具有抗倒伏、抗锈病、抗白粉病等优良性状。

在常规的杂交育种中，育成一个新品种一般需要 8～10 年，而用细胞工程技术对杂种的花药进行离体培养，可大大缩短育种周期，一般提前 2～3 年，而且有利优良性状的筛选。近几年，植物的快速无性繁殖技术在农业生产上也有广泛的用途，其技术比较成熟，并已取得较大的经济效益。例如，我国已解决了马铃薯的退化问题，日本麒麟公司已能在 1 000L 容器中大量培养无病毒微型马铃薯块茎作为种薯，实现种薯生产的自动化。通过植物体细胞的遗传变异，筛选各种有经济意义的突变体，为创造种质资源和新品种的选育发挥了作用。现已选育出优质的番茄、抗寒的亚麻以及水稻、小麦、玉米等新品系。通过这一技术改良作物的品质，使它更适合人类的营养需求。

植物体细胞融合的基础是原生质体的培养及从原生质体再生完整植株。据统计，世界上已有 120 多种原生质体再生植株；我国已在水稻、小麦、大麦、玉米、谷子、棉花、大豆、马铃薯、柑橘等作物上获得原生质体再生植株；成功地进行了小麦与黑麦草、柑橘等 18 个属间、26 个种间体细胞融合，获得体细胞杂交育种，如番茄＋马铃薯、甘薯栽培种＋野生种、甘蓝＋白菜、拟南芥＋甘蓝型油菜、酸橙＋甜橙，红橘＋枳壳等杂种培育；利用细胞融合技术，还获得了一些特异的新种质，如细胞质雄性不育水稻、细胞质雄性不育烟草等。

蔬菜是人类膳食中不可缺少的成分，它为人体提供必需的维生素、矿物质等。蔬菜通常以种子、块根、块茎、插杆或分根等传统方式进行繁殖，消费成本低。但是，在引种与繁育、品种的种性提纯与复壮、育种过程的某些中间环节，植物细胞工程技术仍起到很大作用。例如，从国外引进蔬菜新品种，最初往往只有几粒种子或很少量的块根、块茎等，要进行大规模的种植，必须先大量增殖，这就可应用微繁殖技术，在较短时间内迅速扩大群体。在常规育种过程中，也可应用原生质体或单倍体培养技术，快速繁殖后代，简化制种程序。据报道，我国已通过细胞工程方法获得了西瓜、冬瓜和西葫芦等再生植株。李培夫利用自制的"DR-1"型多功能细胞融合仪，成功进行了细胞质雄性不育的甘蓝叶内原生质体与白菜悬浮细胞原生质体融合，异源融合率达到46%。异核体经培养获得愈伤组织，并在分化培养基上再生了根系，育成体细胞杂交种。李春玲等从1976年开始至今用花药单倍体已育成了7个甜(辣)椒品种，并在全国多个地区推广和试种，取得了一定的成功。另外，还可结合植物基因工程技术，改良蔬菜品种。

(2)植物细胞工程在食品添加剂生产中的应用

20 世纪 90 年代起，利用植物细胞工程进行天然产物的生产进入了一个新的发展阶段，植物细胞培养生产的植物次生代谢产物应用于食品领域最多的是食用色素和香精、香料。

利用植物细胞、组织和器官大规模培养技术，可以大量培养香料植物，提高生产效率，从而获得高价值的香料物质。如 Knuth 和 Sahai 以香荚兰为材料进行高密度细胞培养，发酵液中的香兰素浓度可达 1.9g/L，并且其产量可通过植物激素调节。Westcott 等采用香荚兰的根进行组织培养，发现组织中香兰素的最高浓度达 7g/kg。另外，通过植物细胞培养还可以进行香气成分的生物转换，这种转换包括氧化、还原、异性化、环化、氢化及水解反应，利用这些反应系统制成了特异的香气成分。Drawert 等利用细胞培养，试验了龙脑、香茅醇等物质的生物转换，并得到了很高的转换率。Corbier 等利用蔷薇花的细胞培养进行萜稀类的转换，从外旋体的香茅醇醋酸酯中获得2%的玫瑰氧化物，玫瑰氧化物在培养的第10天达到最高浓度，这个浓度相当于天然玫瑰中含量的 3~5 倍。

利用植物组织培养法生产色素不受自然条件的限制，能在短期内生产大量色素细胞，然后进行提取。如用甜菜根的根头细胞培养生产红色素；用栀子组织和细胞培养生产栀子黄色素。目前，已报道的能产生花青素的植物有大戟属、翠菊属、苹果、葡萄、胡萝卜、商陆、筋骨草属等。大规模培养植物细胞生产食用色素和香精、香料将会有很大的发展。

5.3.3　动物细胞工程的应用

动物细胞工程是细胞工程的一个重要分支，它主要从细胞生物学和分子生物学的层面上，根据人类的需要，一方面深入探索改造生物遗传物种；另一方面应用工程技术手段，大量培育细胞或动物本身，收获细胞及其代谢产物或提供利用的动物。

(1)动物细胞工程在临床医学与药物上的应用

自 1975 年英国剑桥大学的科学家利用动物细胞融合技术首次获得单克隆抗体以来，许多人类无能为力的病毒性疾病遇到了克星。用单克隆抗体可以检测出多种病毒中非常细微的株间差异，鉴定细菌的种型和亚种。这些都是传统血清法或动物免疫法所做不到的，而且诊断异常准确，误诊率大大降低。例如，抗乙型肝炎病毒表面抗原(HBsAg)的单克隆抗体，其灵敏度比当前最佳的抗血清还要高 100 倍，能检测出抗血清的 60% 的假阴性。

近年来，应用单克隆抗体可以检查出某些还尚无临床表现的极小肿瘤病灶，检测心肌梗死的部位和面积，这为有效的治疗提供方便。单克隆抗体已成功地应用于临床治疗，主要是针对一些还没有特效药的病毒性疾病，尤其适用于抵抗力差的儿童。人们正在研究"生物导弹"——单克隆抗体做载体携带药物，使药物准确地到达癌细胞，避免化疗或放疗把正常细胞与癌细胞一同杀死的副作用。

生物药品主要有各种疫苗、菌苗、抗生素、生物活性物质、抗体等。过去制备疫苗是从动物组织中提取，产量低而且费时，通过培养、诱变等细胞工程或细胞融合途径，不仅大大提高了效率，还能制备出多价菌苗，可以同时抵御两种以上的病原菌的侵害。用同样的手段，也可培养出能在培养条件下长期生长、分裂并能分泌某种激素的细胞系。1982 年，美国科学家用诱变和细胞杂交手段，获得了可以持续分泌干扰素的体外培养细胞系，现已应用。

目前，在我国动物细胞工程的发展中，技术最成熟的是细胞融合。其中，淋巴细胞杂交瘤在国内已普遍开展，并培育了许多具有很高实用价值的杂交瘤细胞株系，它们分泌产生的单克隆抗体在诊断和治疗病症方面发挥重要作用，如甲肝病毒单克隆抗体、抗人 IgM 单克隆抗体、肿瘤疫苗等可用于治疗疾病；抗人结肠癌杂交瘤细胞系分泌的单克隆抗体、抗 M-CSFR (Macrophage Colony – Stimulating Factor Receptor，巨噬细胞集落刺激因子受体) 胞外区的单克隆抗体等则对诊断疾病具有重要价值。由于技术已趋成熟，许多单克隆抗体已经进入产业化的生产阶段。

（2）动物细胞工程在繁育优良品种上的应用

传统的动物繁殖技术主要是靠自然交配加适当的人工选种，这种传统的方法已经不能满足畜牧业发展的需要。随着动物细胞工程的不断发展，新的繁殖技术应运而生，如人工授精、胚胎移植、核移植技术等。目前，人工授精、胚胎移植等技术已广泛应用于畜牧业生产，特别是牛的胚胎移植，在发达国家的畜牧业生产领域已被很好地应用，并在奶牛的遗传改良中起到了巨大的作用。我国自 20 世纪 70 年代后期至今，先后在兔、绵羊、牛、马、山羊等方面试验成功。我国应用核移植技术培育鱼类新品种已有多年的研究基础，在哺乳动物细胞核移植方面的研究也开展得很好，除了传统的胚胎细胞核移植外，体细胞克隆也在牛、山羊、小鼠等物种上均获得了成功。

人工授精、胚胎移植、精液和胚胎的液氮超低温（–196℃）保存技术的综合使用，使优良公畜、禽的交配数与交配范围扩大，并且突破了动物交配的季节限制。另外，可以从优良母畜或公畜中分离出卵细胞与精子，通过体外授精，然后再将人工控制的新型受精卵种植到种质较差的母畜子宫内，繁殖优良新个体。综合利用各项技术，如核移植技术、细胞融合技术、显微操作技术等，在细胞水平改造卵细胞，有可能创造出高产奶牛、瘦肉型猪等新品种。随着活体采卵、体外成熟、体外授精、体外培养技术的完善，体外生产胚胎的商业化应用会进一步提高，冻胚胎的使用率会越来越高，国际间的胚胎贸易也会随着全球经济一体化的进程而日益繁荣。

本章小结

本章主要介绍了细胞工程的基本概念、基本原理、基本技术。根据研究生物类型不同，细胞工程可分为动物细胞工程、植物细胞工程、微生物细胞工程。细胞的全能性是细胞工程学科领域的理论核心。本章以微生物细胞、植物细胞、动物细胞为例，详细介绍了细胞培养技术中涉及的培养基的配制、细胞的分离方法、细胞的培养方法以及细胞融合技术中常用的融合方法，同时还介绍了微生物细胞和植物细胞原生质体的制备、融合与融合子的筛选、动物细胞的融合与融合子的筛选；然后简单介绍了动物细胞的单克隆抗体技术、动物细胞的细胞核移植技术、动物胚胎移植技术、动物干细胞工程、染色体工程；最后对微生物细胞工程、植物细胞工程、动物细胞工程在食品等领域的应用进行了简单介绍。

思考题

1. 什么是细胞工程？它的基本技术有哪些？
2. 微生物、动物、植物细胞培养的方法有哪些？
3. 细胞融合的方法有哪些？有何优缺点？
4. 在植物细胞培养中一个好的悬浮细胞系应该有哪些特征？用于建立悬浮细胞系的愈伤组织有何要求？
5. 微生物细胞、植物细胞原生质体制备的方法有哪些？
6. 为什么原生质体要培养在等渗培养基中？
7. 简述动植物细胞工程在食品工业中的应用。

推荐阅读书目

细胞工程 . 2 版 . 安利国 . 科学出版社，2009.

细胞工程 . 潘求真，岳才军 . 哈尔滨工程大学出版社，2009.

第6章
蛋白质工程及其在食品工业中的应用

蛋白质是一切生命活动存在的物质基础和形式，是对生命至关重要的一类生物大分子。可是，生物体内存在的天然蛋白质，有的不尽如人意，需要进行改造。由于蛋白质是由许多氨基酸按一定顺序连接而成的，每一种蛋白质有自己独特的氨基酸顺序，所以改变其中关键的氨基酸就能改变蛋白质的性质。而氨基酸是由三联体密码决定的，只要改变构成遗传密码的一个或两个碱基就能达到改造蛋白质的目的。蛋白质工程的一个重要途径就是根据人们的需要，对负责编码某种蛋白质的基因重新进行设计，使合成的蛋白质变得更符合人类的需要。蛋白质工程是基因工程的深化和发展，也是生物技术中最具有发展前景的高新技术领域之一。

6.1 蛋白质工程的概念及发展历史

1983 年，美国科学家厄尔默(Ulmer)在 *Science* 上率先提出了"蛋白质工程"这一名词，之后，这一概念被广泛接受和普遍采用。蛋白质工程(protein engineering)，是指通过生物技术对蛋白质的分子结构或者对编码蛋白质的基因进行改造，以便获得更适合人类需要的蛋白质产品的技术。实际上，蛋白质工程包括蛋白质的分离纯化，蛋白质结构和功能的分析、设计和预测，通过基因重组或其他手段改造或创造蛋白质。从广义上来说，蛋白质工程是通过物理、化学、生物和基因重组等技术改造蛋白质或设计合成具有特定功能的新蛋白质。

蛋白质工程的研究和发展与对蛋白质结构的深入了解密不可分。20 世纪初，物理学家马克恩·冯·劳埃(Max Von loue)发现 X-射线通过晶体时产生的衍射现象，后来劳·布拉格(L. Bragg)等认为这是个重大的发现，而且指出这种衍射现象表明各种晶体的不同结构性质，是研究晶体结构的有力手段。单色 X-射线应用于结构分析，其波长为 0.1nm 左右，这个数值相当于分子中原子之间的距离。X-射线发生仪主要由 X-射线管、滤波器、高压系统、真空系统和照相机等部件构成。高压系统提供的电压为 30~50kV，真空系统可以维持 X-射线管一定的真空度(一般为 $1.33 \times 10^{-3} \sim 1.33 \times 10^{-2}$ Pa)；由 X-射线管产生的各种波长的 X-射线经过滤波器(如镍片等)得到单色 X-射线，并通过晶体产生衍射线，从而在照相底片得到衍射图谱。通过对衍射图谱中衍射斑点的位置与强度的测定和计算，便可确定晶体的结构。这种方法是测定物质结构的一种有效的方法，特别是对于研究蛋白质三维空间结构显得特别重要。所以说，蛋白质结晶学是蛋白质工程的设计基础。而核磁共振技术只能应用于研究个别小肽或相对分子质量较小的蛋白质的结构分析。只有通过 X -射线衍射法才能精确地统计出蛋白质二级结构中各种氨基酸残基在 α -螺旋、β -折叠、β -转角以及无规则卷曲等结构中出现的概率。

自从 20 世纪 50 年代末，X -射线结晶学方法测定了第一个蛋白质——肌红蛋白质的结构以来，已有二三百个蛋白质的三维空间结构被测定，包括各种酶、激素、抗体等。70 年代以来，由于基因工程的发展，使那些在机体内含量极低而难以提取的蛋白质的结构也得到了充分研究。同时，同步辐射、强 X -射线源、镭探测器以及计算机的使用，使数据收集过程大大地加速，从而使测定一个大分子蛋白质结构所需的时间与过去相比也大大缩短。

然而，蛋白质晶体学提供的仅仅是一个静态的结构，更深刻的问题在于一维的多肽链究竟是怎样折叠成三维蛋白质的；蛋白质在与其作用对象相互作用时，它的三维结构又是经历什么样的动态过程并发挥其活力的，这是蛋白质动力学的重要研究课题。只有了解这些问题，才能预测基因水平的改造最终会对蛋白质结构与功能产生什么后果，才能称得上是具有真正意义的分子设计。应该说，在这个领域中人们目前知道的并不多。就蛋白质工程而言，眼下我们能做的事情是发展一种微扰方法，即用计算机控制的图像显示系统把所要研究蛋白质的已知三维结构显示在屏幕上，仔细分析哪些残基对分子内相互作用可能是重要的，哪些对分子间相互作用可能是重要的。前者通常对稳定蛋白质结构是重要的，而后者则多是分子识别及活性的重要部位。按预先设想替换蛋白质上的一些侧链基团，经过"微扰"后，用计算机寻找使蛋白质分子的能量趋于极小化的状态，预测由于这种替换可能造成的后果，这无疑为蛋白质工程的研究带来了某种可能性。

近年来，随着蛋白质结构测定技术的改进和先进仪器设备的采用，已经积累了大量的有关蛋白质高级结构和一级结构的数据，从中能够寻找出一些有关蛋白质折叠方式、结构以及与其功能性相关的规律，加之 DNA 测序技术的发展也加速了蛋白质工程的研究进展。特别是由于计算机技术和图像显示技术的快速发展，已经使人们有可能利用现有的蛋白质和基因数据库，分析蛋白质结构，构建蛋白质模型，进行结构预测、分子设计和能量计算，与此相关的理论、技术和软件正在成为定向改造蛋白质分子的重要手段，是蛋白质工程设计工作中不可或缺的条件。

分子遗传学是蛋白质工程的另一支柱。采用定位突变的方法，可以根据分子设计所提供的改造方案，在多肽链确定的位置上有目的的增加、删除或者置换一个或一段氨基酸，达到定向改造蛋白质的目的。如果目的基因很难获得，人们可以利用已获得的蛋白质确定其氨基酸顺序，用化学方法部分或全部地合成一条适用的基因，并借助日趋成熟的基因操作和表达技术，就能得到一个定向改造的突变体蛋白。然后，对这个突变体蛋白再进行结构和生物活力测定，考察它是否达到了改造的目的。根据这些测定结果，分析成功或不成功的原因和经验，在此基础上提出第二轮的改造方案。如此循环反复，以期逐步达到改进蛋白质性能的预定目标。

实质上，自然界漫长的进化和选择过程会导致一系列天然突变的发生，即天然的蛋白质工程。这些天然突变对于机体可能是有害的，但值得我们学习和借鉴，并从中寻找和总结规律，满足人类自身的需要。例如，酶在人类生产和生活中的应用有着悠久的历史，在长期的实践中，人们早已发现尽管酶在机体内能最好地发挥生物活力，但是在体外条件下，特别是当人类将它用于工业生产时，就往往需要予以改造，如提高稳定性、耐热性、耐酸碱、抗氧化的能力等，以适应工业生产条件的苛刻要求。蛋白质工程不仅为此提供了强有力的工具，而且还预示人类能设计并创造出自然界不存在的优良蛋白质的可能性，从而为社会提供巨大的经济效益。

6.2　蛋白质的结构与功能

蛋白质结构与功能的关系的认识对蛋白质设计是至关重要的。蛋白质工程的基本目标是按预期的结构和功能，通过基因修饰或基因合成，对现有蛋白质加以定向改造、设计、构建并最终生产出性能比天然蛋白质更加优良、更加符合人类社会需要的新型蛋白质。无论是改造现有蛋白质还是从头设计全新蛋白质，都必须以蛋白质分子的结构规律及其与生物功能的关系为基础。

蛋白质的结构涉及一级结构（序列）及三维结构。即使蛋白质的三维结构是已知的，选择一个合适的突变体仍是困难的，这说明蛋白质设计任务的艰巨性，它涉及多种学科的配合，如计算机模拟专家、X-射线晶体学家、蛋白质化学家、生物技术专家等的合作与配合。

蛋白质分子中，氨基酸通过肽链连接形成多肽。每种蛋白质都有其独特的氨基酸排列顺序，这种顺序由编码该蛋白质基因中的 DNA 碱基顺序决定，被称为蛋白质的一级结构。构成蛋白质一级结构的氨基酸顺序又进一步决定了多肽链的折叠方式和高级结构。在空间上，多肽链卷曲形成具有一定形状和大小的分子，在分子的表面有特殊的互补区和裂缝。这些互补区和裂缝里的残基具有不同的侧链，使蛋白质分子和其他分子间形成氢键、静电相互作用和范德华力接触，而这些相互作用的强度和持续时间都是精确控制的。例如，牛核糖核酸酶（ribonuclease）的功能是水解核糖核酸，它是由124 个氨基酸残基组成的一条多肽链，含有 4 对二硫键，使该酶可以在空间上折叠成一个具有催化活性的球状分子；如果用尿素和 β-巯基乙醇处理该酶，则分子中的二硫键全部被还原成巯基，酶的构象就会破坏而转变成一条松散无规则的线性多肽链，其催化活性也随之丧失。可见，蛋白质的功能是与其高级结构相联系的，是由分子中原子的三维空间排列分布决定的。蛋白质的天然构象被破坏，必然导致其正常生物活力的丧失。

食品中某种蛋白质的营养质量以及它的功能特性对于其在食品中的应用是非常重要的。蛋白质的功能特性决定了其理化特征，而这种理化特征又会赋予食品某些渴望的特征，如良好的溶解性、与水的结合能力、与脂肪的结合能力以及形成泡沫的特性等。某些食品蛋白质由于其自身结构的限制，使它们缺乏某种典型的理化特点，从而限制了它们在食品中发挥某种功能作用。所以，有必要运用物理、化学、基因工程以及酶等方法对这类食品蛋白质的功能加以改善。

目前，PDB（protein data bank）已收集数以万计的蛋白质晶体结构，但是通常蛋白质序列的数目比蛋白质三维结构的数目大 100 倍。大量精细结构的阐明，蛋白质三维结构具有极大的多样性和极高的复杂性。当我们开始对某一天然蛋白质进行蛋白质分子设计时，首先要查找 PDB 了解这个蛋白质的三维结构是否已被收录。如果 PDB 中没有收录又未见文献报道，我们需要通过蛋白质 X -射线晶体学及核磁共振方法测定蛋白质的三维结构，或者通过结构预测的方法构建该蛋白质三维结构模型。

　　十几年来，人们已经能通过遗传措施改变蛋白质的基本序列，从而改变蛋白质的结构，这为食品科学家利用分子手段对食品中的蛋白质进行修饰，改变蛋白质的功能特性开辟了途径。同时，化学、酶和分子生物学技术也可以帮助食品学家更好地了解影响蛋白质功能特性的结构与功能间的关系。当然，分子生物学也可以从实践上提供可能的途径，把人们想得到的理化特性转入到食品蛋白质中，这就使得蛋白质工程在食品产业中具有很好的应用前景。

6.3　蛋白质工程的一般步骤

　　蛋白质工程一般要经过以下步骤：

　　①分离纯化目的蛋白，使之结晶并作 × 晶体衍射分析，结合核磁共振等其他方法的分析结果，得到其空间结构的尽可能多的信息。

　　②对目的蛋白的功能做详尽的研究，确定它的功能域。

　　③通过对蛋白质的一级结构、空间结构和功能之间相互关系的分析，找出关键的基团和结构。

　　④围绕这些关键的基团和结构提出对蛋白质进行改造的方案，并用基因工程的方法去实施。

　　⑤对经过改造的蛋白质进行功能性测定，检测改造的效果。

　　⑥对结果进行分析，并与原来的结构进行比较。

　　⑦重复④和⑤这两个步骤，直到获得比较理想的结果。

　　⑧对新合成的蛋白质进行分离、纯化及表征特征的描述(图 6-1)。

　　以上步骤是开展蛋白质分子设计的主要过程。在实践中，也常依据改造部位的多少将蛋白质分子设计分为定点突变或化学修饰、拼接组装设计及从头设计全新蛋白质。如果人们十分清楚了解需要改造的蛋白质的结构与其功能间的关系，便能够准确地预知改变某种氨基酸残基可能会引起该蛋白质的结构和功能发生怎样的变化，就能够有目的的选择不同的氨基酸残基加以改变。但是在大多数情况下，目标蛋白质的结构与功能间的关系是不清楚的，这时对蛋白质进行改造就比较困难。

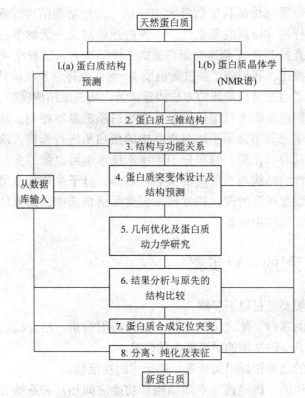

图 6-1　蛋白质工程分子设计流程框图

6.4　蛋白质工程的改造方法

蛋白质工程研究的内容是以蛋白质结构与功能关系的知识为基础，通过周密的分子设计把蛋白质改造为预期的新特征的突变蛋白质，在基因水平上对蛋白质进行改造，按改造的规模和程度可以分为：①个别氨基酸的改变和一整段氨基酸序列的删除、置换或插入，可称为初级改造；②蛋白质分子的剪裁，如结构域的拼接，可称为高级改造。此外，利用化学方法直接对蛋白质分子进行修饰仍然是很有用的方法。而通过蛋白质设计产生一个结构确定、具有新的所希望性质的稳定的新蛋白质也是一个途径。

6.4.1　蛋白质的初级改造

基因突变技术是通过在基因水平上对其编码的蛋白质分子进行改造，这一技术的出现使蛋白质结构功能关系的研究产生了革命性的变化。根据其特点，可将基因突变分为两大类：位点特异性突变和随机突变。其中，位点特异性突变又可大体分为 3 种类型。

（1）寡核苷酸介导的基因突变

蛋白质的结构和功能研究常常集中在少数几个氨基酸残基，如活性部位的必需氨基酸。利用寡核苷酸介导的定点诱变，可以增删或置换 DNA 序列上的核苷酸，特异地产生试验预期的个别氨基酸的突变。1982 年，佐勒和史密斯两位科学家根据已有的科学实践，首先阐述了这种定点突变的思想（图 6-2）。这种方法能够准确地按照人们的意图进行 DNA

突变，即能做到想变哪一个碱基，就只改变哪一个，而不改变其他碱基。这种定点突变方法的基本原理是利用一种环状噬菌体 M13，这种噬菌体 DNA 可以以单链的形式在宿主细胞外存活。当它自身要繁殖时，就进入细胞中，把单链 DNA 变成双链 DNA，进行复制。复制出的单链 DNA 被包装成噬菌体释放到细胞外。在体外（试管内）也可以进行这种 DNA 复制。只要将单链 M13 噬菌体 DNA 与人工合成的一小段寡聚核苷酸（14～30 个碱基）拼接在一起，升温至 55℃，再逐渐冷却，相互配对后，再加入 DNA 聚合酶和 4 种脱氧核苷酸，在 37℃ 下保温，这样以单链 DNA 为模板，寡聚核苷酸为引物，同样可以将 M13 单链 DNA 变成双链 DNA。于是，佐勒和史密斯首先将要改造的蛋白质目的基因重组 M13 置于单链 DNA 中，以这种重组后的带有目的基因的 M13 单链 DNA 为模板，再人工合成一段寡聚核苷酸（其中包含了所要改变的碱基）作为引物，在体外进行双链 DNA 的合成。这样合成的双链 DNA，其中一条为含有天然目的基因的模板，而另一条单链则为新合成的含有突变目的基因的 DNA 链，因为它是以那段带有突变碱基的寡核苷酸为引物合成的。这种杂合 DNA 双链再转入大肠杆菌中，分别以这两种不同的单链 DNA 为模板，进行 DNA 复制。复制出的 M13 双链 DNA，其中一半将含有已突变的目的基因。利用 DNA 杂交技术或核苷酸序列分析方法，将含突变目的基因的 M13 噬菌体筛选出来，提取它们的 DNA，用限制性内切酶把突变目的基因切下，并重组到表达质粒中，进行突变基因的表达。这样就可以按照科学家的蛋白质改造方案，定向得到突变体蛋白了。

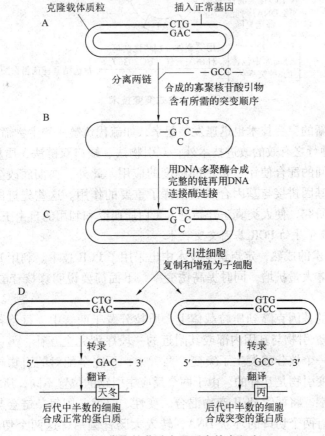

图 6-2　寡聚核苷酸介导诱变技术程序

（2）盒式突变技术

盒式突变技术（图6-3）是1985年由Wells提出的一种基因修饰技术，它可以利用一次修饰，就在一个位点上产生20种不同氨基酸的突变体，从而可以对蛋白质分子中某些重要氨基酸进行"饱和性"分析，从而加快了蛋白质工程研究的速度。

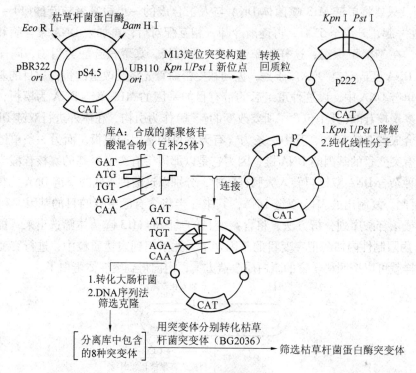

图6-3 盒式突变技术

同时，许多新的突变技术也迅速发展起来，如硫代负链法和生物筛选法（UMP正链法）。除了这两种行之有效的改进技术外，双引物法、缺口双链法、质粒上直接突变法以及各种方法之间的配合使用也被不同程度的应用。此外，在彻底改变天然蛋白质性质和功能方面，基因拼接与基因合成法发挥了重要的作用。这些先进的技术方法推动了蛋白质工程的研究，使人类真正开始进入蛋白质研究和利用的自由王国。

（3）寡核苷酸介导的PCR基因突变技术

随着PCR技术的成熟，定点诱变技术中也采用了PCR技术。利用PCR进行定点诱变，可以使突变体大量扩增，同时提高诱变率，下面简要说明寡核苷酸介导的PCR诱变程序（图6-4）。

首先，将目的基因克隆到质粒载体上，质粒分置于两管中，每管各加入两个特定的PCR引物，一个引物与基因内部或其附近的一段序列完全互补，另一引物和另一段序列互补，但有一个核苷酸发生了突变；两管中，不完全配对的引物与两条相反的链结合，即两个突变引物是互补的。由于两个反应中引物的位置不同，所以PCR扩增后，产物有不同的末端。将两管PCR产物混合、变性、复性，则每条链会与另一管中的互补链退火，形成有两个切口的环状DNA，转入大肠杆菌后，这两个切口均可被修复。

若同一管子中的两条 DNA 链结合，会形成线性 DNA 分子，它不能在大肠杆菌中稳定存在，只有环状 DNA 才能在大肠杆菌中稳定存在，而绝大多数的环状分子都含有突变基因。此方法不用将基因克隆到 M13 载体上，也不用 dut、ung 系统，而且不用将 M13 上的突变基因再亚克隆到表达载体上，因而简单实用。

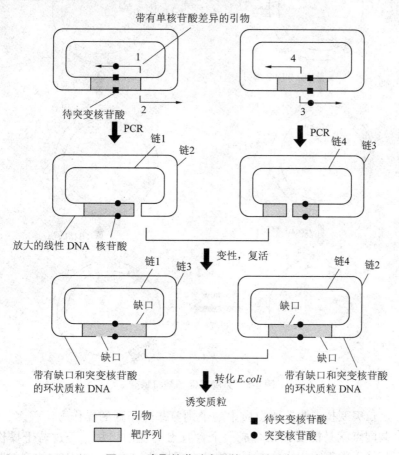

图 6-4 寡聚核苷酸介导的 PCR 诱变

(4)随机诱变技术

简单地说，随机诱变就是在突变位置上随机地引入一种突变。人们通常用的一种方法是将基因克隆到质粒，旁边有两个紧密相连的限制性酶切位点，位点是仔细选择的，双酶解后产生一个 3′凹陷的末端和一个 5′凹陷末端；与克隆基因相邻的末端是 3′凹陷，而另一末端是 5′凹陷。

大肠杆菌核酸外切酶 *Exo* Ⅲ从凹陷的 3′端降解 DNA，而不能从 5′端降解，也不能从突出的 3′端降解。向体系中加入 *Exo* Ⅲ，一段时间后终止反应，再用 Klenow 片段补平，补平时加入 4 种脱氧核苷三磷酸和一种脱氧核苷三磷酸的类似物，用修复后的质粒转化大肠杆菌，此质粒的一个或多个位点含有脱氧核苷酸的类似物，在以后的质粒复制过程中，核苷酸类似物会在互补链中随机引入一个核苷酸(图 6-5)。

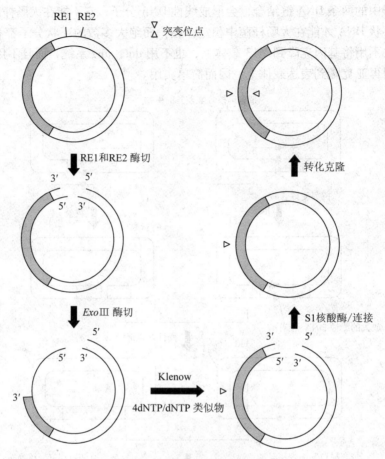

图6-5　克隆基因的随机诱变

　　目前，定位突变技术改造蛋白质中的个别氨基酸序列的操作方法很多，各有其长处，但一个共同点就是需要人工合成一个含有点突变的引物，经过若干操作步骤后，最终用它来替换正常基因相应位点上的碱基，再把这样改造过的质粒放到细胞中表达，得到定点突变的蛋白质。下面以胰岛素为例介绍蛋白质初级改造的基本过程。

　　胰岛素是世界上第一个被测序和被人工合成的蛋白质，也是最早被批准上市的基因工程药物。胰岛素分子由两条多肽链组成（图6-6），A链有21个氨基酸残基，B链有30个氨基酸残基。两条肽链之间有两对二硫键A7－B7和A20－B19相连，A链内部还有一对二硫键A6－A11。胰岛素分子是一种极易缔合的蛋白质，缔合的程度与它的浓度和pH值条件密切相关。浓度越高，缔合物的量就越大。在通常的浓度下，胰岛素主要以二聚体的形式存在。3个二聚体之间还可以借助Zn^{2+}配位，形成六聚体。

　　胰岛素最重要的代谢作用是刺激血液中的糖进入细胞，调节患者的血糖水平。然而，皮下注射胰岛素需要经过30min甚至更长的时间才能刺激血糖进入细胞。所以，临床上迫切需要改进胰岛素的性能。现在已经知道，皮下注射的胰岛素迟缓进入血液的原因在于胰岛素分子缔合成二聚体和六聚体，这些大的聚合物从注射位置进入血液要比单体慢。一旦在血液中被稀释后，胰岛素六聚体和二聚体分子就很快解离为具有生物活力的单体。因此，研究工作的目标就是寻找一个稳定的单体胰岛素分子，改进胰岛素的性能，以改善患者对血糖的控制能力。

蛋白质工程为构建这样一种胰岛素分子提供了可行的途径。20世纪70年代初，英国人Hodgkin等对胰岛素进行了高分辨率(18～19nm)的结构分析，他们发现胰岛素分子B链C末端的β折叠部分参与二聚体胰岛素的形成，通过四对氢键联结的反平行折叠使两个单体分子缔合。为了构建一个速效而又稳定的胰岛素单体分子，最有效的方法是阻止二聚体和六聚体的形成。研究人员提出了几种可能的解决方案：一是在二聚体形成的表面之间引入一个大的侧链，干扰胰岛素二聚体表面间的接触；二是在二聚体内原本带有电荷的侧链上，引入带相同电荷的侧链，使两个单体之间发生同电荷互斥的现象，以降低其稳定性。

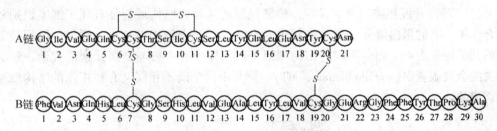

图6-6　猪胰岛素的一级结构

1987年，我国科学家梁栋材等人提出，胰岛素的受体结合部位和活力中心主要由两部分组成，一个是具有相当面积的疏水区，主要包括 Phe B^{24}、Phe B^{25}、Tyr B^{16} 和 Val B^{12} 等，全部是疏水残基；另一个是分散在这个疏水区周围的带电荷基团或极性基团，主要是Gly，它们构成一个亲水面。疏水表面是胰岛素和受体分子专一结合的部位，也是单体结合成二聚体的部位，还可能在识别受体以及结合后诱发受体分子的构象变化中起特殊作用。亲水表面属于胰岛素的活性部位。在疏水区中，芳香环十分重要，其他基团或主链部分即使发生某些改变，只要这个疏水面仍然保持在1 500nm左右，就不会影响胰岛素分子与受体间的结合作用。这种结构与功能关系提示我们，在选定进行突变的残基位置时，必须考虑到替换的氨基酸将不会影响到突变胰岛素分子与受体结合的能力。

已知在二聚体形成过程中，两个分子的结合面上 Ser B^9 与B链α-螺旋上的 Glu B^{13} 侧链相靠近。如果两个分子间有相同的 Glu B^{13}，并且侧链上带有相同电荷，则两分子本身间就存在互斥作用。因此，蛋白质工程改造构建稳定胰岛素单体分子的指导思想是，以 Ser B^9 Asp/Thr B^{27} Glu 双突变形式，即把 B^9 残基位置上极性 Ser 置换为带电荷的 Asp；同时把 B^{27} 位的 Thr 置换为 Glu，可在二聚体间形成连续4个带负电的侧链，在六聚体中这种互斥的接触重复3次，有利于降低胰岛素分子的缔合作用。经过这样的改造，双突变 Ser B^9 Asp/Thr B^{27} Glu 方式能有效地使胰岛素二聚体分子在毫摩尔浓度下解聚为单体，使它进入血液的吸收率比天然胰岛素提高了3倍。核磁共振谱研究表明，这种突变胰岛素分子同时也保持了与天然蛋白相同的结构特征。但是，突变体胰岛素分子与受体结合的亲和力却只有天然蛋白的20%左右，这可能是因为 B^9 侧链邻近受体结合部位，影响了与受体结合有关的构象变化。

6.4.2　蛋白质分子的高级改造

通常认为，蛋白质分子的一级结构氨基酸序列按一定规则构成二级结构，再由二级结构折叠成三级结构。在二级结构和三级结构之间，还有一个结构层次，即结构域（domain），如图 6-7 所示。结构域是由 α 螺旋、β 折叠等二级结构单位按一定的拓扑学规则构成的三维空间结构实体。有些相对分子质量小的蛋白质分子，如蝎毒、蛇毒和蜘蛛毒素等多肽类神经毒素，只包含一个结构域，而大部分蛋白质分子，则是由若干个结构域构成的。例如，有一种和癌症发病有关的癌胚抗原 CEA（carcinoembryonic antigen），是由 7 个大小和形状都非常相似的结构域拼接构成的，各结构域之间由柔韧性较大的"铰链"片段相连。研究发现，癌胚抗原的这种多结构域特征有利于细胞识别和黏合作用。有的蛋白质分子则是由结构完全不同的几个结构域构成。例如，丙酮酸激酶的分子则是由 4 个完全不同的结构域组成。人体中有一种与金属元素的代谢、解毒有关的金属硫蛋白（metallothionein，MT），则是由两个既不相同又有些相像的结构域连接而成的。

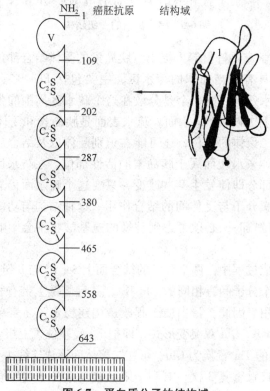

图 6-7　蛋白质分子的结构域
（层次癌胚抗原由 7 个相似的结构域组成）

结构域是蛋白质分子中一种基本的结构单位，结构域拼接是通过基因操作把位于两种不同蛋白质上的几个结构域连接在一起，形成融合蛋白，它兼有原来两种蛋白质的性质。这是研究蛋白质功能的一种非常有力的手段，同时也为提高某些蛋白类药物的功效、改善其性能提供了一种思路。如今，我们可以利用蛋白质工程，加快自然界中的结构域拼接过程，以达到人们所预期的目标。下面以金属硫蛋白为例，简单介绍结构域拼接技术。

(1)金属硫蛋白的作用与结构特点

金属硫蛋白是一类相对分子质量小的球蛋白，大量存在于哺乳动物体内，其他低等动物(如鱼、螃蟹、海带)中也有分布，在植物和微生物中也发现有各种不同亚型的金属硫蛋白。这类蛋白质分子中半胱氨酸的含量极高，占全部氨基酸总量的 1/3 左右，在分子中以与金属原子相结合的方式存在。金属硫蛋白参与微量元素锌、铜等的贮存、运输和代谢，参与重金属元素镉、汞、铅等的解毒以及拮抗电离辐射和清除羟基游离基等，在改善健康等诸多方面发挥着重要的作用。

天然金属硫蛋白的重金属解毒特性还可应用于环境保护中，以清除受污染土壤和水域中的铜、汞等有毒金属。利用基因工程的方法，目前已经把天然金属硫蛋白的基因克隆到烟草、矮牵牛等植物中，试验证明，转基因植株具有很大的抗镉污染能力。如果把金属硫蛋白基因转入易于大量繁殖的植物中去，如红花草和浮萍等，再将它们种植到受镉、汞污染的田地里或湖泊和河流中，则可以大量吸收土壤和水域中的有毒金属，起到清除有害金属的作用。

金属硫蛋白的种类很多，哺乳动物中的金属硫蛋白分子由 61 个氨基酸残基组成，分为两个结构域，分别为 α 结构域和 β 结构域。两个结构域各含 29 个残基，中间由 3 个残基相连。α 结构域含 11 个半胱氨酸，能结合 4 个金属原子，趋向于与镉和汞结合；而 β 结构域含 9 个半胱氨酸，能结合 3 个金属原子，趋向于与锌和铜结合。试验表明，α 结构域结合镉的能力比 β 结构域高出 1 000 倍以上。因此，若能将天然金属硫蛋白的β 结构域改造成为 α 结构域，形成 α 结构域的二倍体，那么这种改造后的金属硫蛋白就会比天然金属硫蛋白具有更强的镉结合能力，更适合清除环境中的镉污染。

将金属硫蛋白的 β 结构域改造成为 α 结构域需要利用蛋白质工程中的分子设计技术，对分子改造的设计思想进行可行性分析，并提出具体的改造方案。首先，应在大量生物学实验的基础上，仔细分析金属硫蛋白的结构特点和生物功能，并利用贮存于计算机中的生物大分子信息数据库和序列分析、分子模型等计算机软件，确定金属硫蛋白的氨基酸序列、一级结构(图 6-8)和高级结构。

(2)金属硫蛋白 α 结构域多倍体的构建

用金属硫蛋白的 α 结构域二倍体代替天然金属硫蛋白，有可能使其结合重金属能力提高一倍。无论是天然金属硫蛋白，还是人工构建的 α 结构域二倍体，在将其转入植物中时，都需要用环状的 DNA 质粒做载体。如果能把金属硫蛋白的 α 结构域二倍体首尾相接，构建成金属硫蛋白的 α 结构域多倍体，再将其插入载体中，将有可能使表达产物成倍增加，清除镉金属的能力也就会相应的成倍提高。根据以上设想，可以利用基因工程的方法，构建金属硫蛋白 α 结构域的多倍体。

```
              10        20        30        40        50        60
1  MDPNCSCATGGSCTCTGSCKCKECKCNSCKKSCCSCCPMSCAKCAQGCICKGASEKCSCCA
2  ..........A.........T.........VG.........V.......
3  ....P.....A.....A.R.P.........VG.....V.....D.....
4  ....A.V...AS.................VG..................
5  ....V...AD........T..........VG.....V.........N..
6  ....N...AS..................VG.T........D........
7  ...S.....S..A..N..T..........VG.S....V....AD..T..
8  ...P.....S.A...T.A.R.P........VG.........D.......
9  ........SS...G..N....T.......VG.....V....D..T....
10 ...S..S..S.A...T.A.R.P.......VG.........D........
11 .P.S.....S.A...T.A.R.P.......VG.........D........
12 ...S..ST..SS...G..D...T.......VG.........D..T....
13 .....A..D...................VG...................
14 ....VA..D...................VG.........D..N......
15 ......TA..E...A.......D......VG.........D........
16 ......TA..E...A....D..A......VG.........D........
17 ......D..S.A.....TT..........VG...S..V..E..D.....
18 ......D..S.A.....Q...T.......VG........E..D......
19 ...P.....S.A...T.A.R.P.......VG.........D........
20 ....SD..S.A.A...Q...T.......VG...S....q..D.......
```

图6-8 哺乳动物金属硫蛋白的一级结构序列比较
（氨基酸种类用单字符表示，分子中的20个半胱氨酸C用黑体字表示，
连接肽段KKS用下划线标出，相同的氨基酸用点表示）

首先，用计算机辅助分子设计的方法，根据20种氨基酸残基的不同特点，选择合适的多肽链片段。其次根据核酸蛋白质翻译密码表，确定编码该多肽链的碱基序列，用化学合成的方法分别合成结构域和连接肽段的基因，并设法将它们拼接起来。为了便于拼接，在实际操作的时候，可以在α结构域和连接肽段基因的两端各加上一段特殊的碱基序列，称为"黏性末端"。根据碱基配对的原理，用DNA连接酶做催化剂，在一定的条件下，所合成的单链DNA便可拼接成含有多个α结构域的双链DNA。适当控制反应条件，便可以得到不同长度的结构域多倍体基因。最后，将以上人工合成的基因插入载体后转入植物细胞中，使金属硫蛋白的α结构域多倍体基因在植物中表达，并大量结合从根部吸收的镉、汞等重金属，起到清除土壤和水域污染的作用（图6-9）。利用某种特殊的表达载体，将金属硫蛋白α结构域基因转入水稻，使其只在水稻根部表达，既可以培育出高质量的无公害水稻新品种，又能使受污染的土地获得新生，对环境保护和农业生产都有重要的意义。

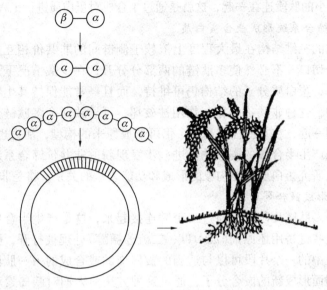

图 6-9　人工合成的基因转入植物，清除土壤污染

6.4.3　蛋白质修饰的化学途径

基因重组表达技术的应用为蛋白质结构功能的研究以及蛋白质分子的改造提供了一条非常有效的途径，然而用化学方法直接对蛋白质分子进行修饰有时仍然是很有效的方法，可以弥补正常生物表达体系的不足。例如，利用化学法和酶法相结合，可以将猪胰岛素制备为人胰岛素；通过区段特异性取代制备适合于肿瘤定位的抗体；对用重组方法得到的多肽进行 C 末端酰化以及制备各种类型的蛋白质嵌合体等。因此，化学法和重组方法的相互补充，使蛋白质工程的实施更有效。

蛋白质工程的化学方法通常是产生半合成的结构，在此结构中一个天然的多肽与一个人造（或化学修饰）的多肽相缔合，产生这种缔合的方法主要有 4 种：非共价缔合、产生二硫键、形成肽键以及产生非天然型的共价键连接。

6.4.3.1　功能基团的特异性修饰

在 20 种天然氨基酸的侧链中，大约有 1/2 可以在足够温和的条件下产生化学取代而不使肽键受损，其中氨基、巯基和羧基特别容易产生有用的取代。因为任何给定的氨基酸残基在蛋白质分子中可能出现不止一次，如果用化学的方法对氨基酸进行修饰，正常情况下所有相关的氨基酸侧链都要被取代。至于氨基和羧基基团，尽管处在侧链上和末端基团的 pK 值有差别，但在化学上很难将肽链的 α-氨基或 α-羧基基团与侧链上的氨基或羧基相区别。众所周知，很多在临床上重要的肽其 C 末端是被酰化的。但当用重组的方法得到这些产物时，其 C 末端是自由羧基。在自然界能进行这种酰化作用的氧化酶体系很难实用化。寻找一种有效的方法，其能使 C 末端的谷氨酸和天冬氨酸酰胺化，而不作用于处在肽链中的谷氨酸和天冬氨酸仍是努力的方向。

6.4.3.2　基于蛋白质片段的嵌合修饰

通过非共价键相互作用、二硫键、常规肽键（通过化学法或酶法产生）或其他非肽共价键，可以将较小的肽段连在一起，这就是通过半合成对蛋白质进行工程操作的原则。

（1）非共价缔合系统形成嵌合蛋白质

一个蛋白质的三维结构在最大程度上依赖于侧链间的非共价相互作用。在多肽链中如果出现一个切口并不必然使多肽链的两部分分开，在少数情况下，在多肽链中出现多于一个切口，蛋白质分子的结构仍可维持，而且经常能保持其生物活性。如果在某些变性系统中，这种非共价的相互作用被破坏，可导致两个多肽链分开。如果将两个片段再混合到一起，在非变性的基质中仍可形成原来的构型，活力也可以随之恢复。这一现象可用来产生半合成的类似物。进一步发现新的非共价缔合系统，充分利用非共价缔合的方法研究蛋白质功能构象的形成和功能表达的关系，将是非常有意义的。

（2）二硫键形成嵌合蛋白质

彼此分开的多肽链片段可以通过二硫键连接起来，这是产生半合成类似物的另一种方法。如果这些键桥用还原剂（如 DTT、二硫苏糖醇）处理被打开，则多肽片段彼此分开。这些片段中的一个片段可以与适当的被修饰的或合成的另一肽段相混合，通过重新形成二硫键而形成新的嵌合分子，通过这种方法使人们对胰岛素和抗体的结构功能有了很清楚地了解。

（3）通过化学激活形成肽键

很多方法可以形成肽键，这可以在有关肽合成的有关文献中查到。在此只介绍利用活性酯的方法将单一氨基酸残基加到一个肽链的 N 末端的方法。其主要方式是利用活性酯实现化学偶联，反应过程如下：

$$—NH—CH(R_n)CO—O—R + H_2N—CH(R_{n+1})CO—$$

$$\downarrow$$

$$—NH—CH(R_n)CO—NH—CH(R_{n+1})CO—$$

在这个反应中，首先对除了 α-氨基以外的所有氨基进行保护，当然这种保护是可逆的。人们曾利用这一方法成功地产生细胞色素 C 的类似物。

（4）通过酶连接反应形成肽键

猪胰岛素与人胰岛素分子在一级结构上的唯一差异是 B 链的 C 末端氨基酸残基。猪胰岛素的 B^{30} 是丙氨酸残基，而人的是苏氨酸残基。在临床应用中人注射猪胰岛素将带来免疫学上的问题，即产生抗体。而猪胰岛素来源丰富，如能将猪胰岛素改造成人胰岛素，在临床应用上将是非常有意义的。利用 Thr(Bu')-OBu' 使苏氨酸的侧链羟基和羧基用叔丁基保护，与猪胰岛素混合，在胰蛋白酶的催化下，使 Thr(Bu')-OBu' 取代猪胰岛素 B^{30} 位的丙氨酸（Ala），在 Lys 和 Thr 之间形成肽键，叔丁基随后用三氟乙酸处理去除，这样就使猪胰岛素转变成人胰岛素。目前用与此相似的方法可以每年由猪胰岛素生产 100kg 的人胰岛素用于人类糖尿病的治疗。较大的肽也可以作为亲核物与半合成的肽缩合形成嵌合蛋白质。然而随着肽亲核物分子量的增加，其缩合效率就受很大影响。产生这种缩合效率下降的原因中，反应物的浓度限制比空间障碍还要大。

（5）通过非肽键形成嵌合蛋白质

利用双功能试剂可以将不同的蛋白质分子连到一起。常用的方法是将双功能的接头与两个蛋白质分子中的赖氨酸残基侧链相连接。蛋白质—蛋白质分子间的连接可以更可控和具位点特异性，如可以用主链肟键产生尾-尾相连二聚体。这类二聚体可用于进行多方面的研究，如单体是适于活化的抗体的 Fab 片段，就可以利用这种方法制备具有不同功能的 F(ab)₂ 类似物。同样，通过将一个 C 末端活化的蛋白质亲核物与一个特异性 N 末端醛衍生物之间相连，也可以产生头-尾相连的蛋白质嵌合体。

6.4.4　全新蛋白质的设计与构建

前述几种蛋白质改造方法，通常是从一个已知顺序、结构和功能的蛋白质出发，根据一定的目标和设计方案，使用多肽合成或者基因工程的方法，改变它的结构，以期达到改变其性质的目的。如果要从头设计和构建一个自然界不存在的蛋白质(DE novo design)，则需要借助多功能模板和蛋白质二级结构元件组装成某种具有特定功能的人工蛋白质分子。人们渴求获得一个具有确定的结构，甚至是一个具有某种特定功能的蛋白质时，就必须先构建一个氨基酸序列，然后按预想的要求将它折叠成所期望的结构。

在确定所期望的目标结构时，最好用自然界现存的某种蛋白质的基本结构图样(Motif)作为参考，如含有夹心 β 层的 α 螺旋束，或由 α 螺旋和 β 链共同组成的其他规则结构图样等，都可以作为设计目标蛋白时的参考依据。但是，从头设计的蛋白质的氨基酸序列又不能与任何已知蛋白质的天然氨基酸序列相同，尽管由它们组成的多肽链最终能折叠成与天然序列相类似的基本结构图样。

如选定的设计目标是水溶性的球蛋白，基本结构图样是由几段螺旋区组成的螺旋束，那么首先就要提出一个草图，例如，要使用几条或几段 α 螺旋，每条或每段的长度如何，应该使相邻的 α 螺旋相互平行或反平行排列，相邻 α 螺旋之间的堆积及界面情况如何。然后使用构建蛋白质模型的软件，在计算机辅助的图像显示仪上，构建一个多肽链骨架模型。比较好的做法是从已知三维结构的数据库里挑选出一个合适的片段，进行修改和组合，以避免设计的模型与天然的基本结构图样偏离太远。

首先，将各项物理标准和统计数据组合在一起，结合研究人员的工作经验，借助计算机辅助的图像显示仪选定一个能与水溶性球蛋白相匹配的氨基酸顺序。如果选定的目标结构是一条多肽链组成的单分子，链上有 4 个 α 螺旋区，相互靠近形成一个四螺旋束，螺旋区之间通过伸展的肽链构成环区连接(图 6-10)。为了使多肽链折叠成四螺旋束，所以就要设计 α 螺旋上的侧链结构。天然球蛋白的多肽链折叠方式虽多，但总的效果是把疏水残基埋藏在分子内部，形成疏水内核；把亲水残基暴露在分子外部，形成亲水表面。疏水内核里的侧链把内核的空间填满，很少留下空隙，并且把水分子排除在外。日常的生活经验告诉我们，分散在水面上的小油滴趋向于汇集到一起，形成一个大油滴。在原子水平上也有与此类似的过程，即非极性的分子或基因在水中倾向于汇集到一处。这种缔合作用被称为疏水相互作用。研究认为，这种疏水相互作用促使多肽链折叠，形成疏水性内核。因此，在构建目标蛋白时，必须按这个原则来设计 4 条螺旋上的侧链排列，即疏水侧链分布在螺旋的一侧，以便 4 个螺旋区在疏水性相互作用的驱动下折叠成束，使水溶性球蛋白分子的内部形成疏水性内核，外部形成亲水表面。

α螺旋区

N   C

图 6-10   由 4 个 α 螺旋区组成的结构域

在勾勒出目标蛋白的大体轮廓后，紧接着是对设计蓝图进行具体操作。依据氨基酸残基的统计学数据和排列的优先顺序，先确定每个残基位置上的氨基酸。对已知水溶性球蛋白的分子结构进行调查和统计分析表明，在蛋白质片段的二级结构中，有些氨基酸在特定的位置上具有优先权。例如，有些氨基酸在靠近螺旋区的开头或末尾处出现的频率最高，其作用是使多肽链形成转角或环状，在两条 α 或 β 链之间、β 层和 α 螺旋之间、两个 β 层之间或 β 层与溶剂之间形成界面。正如前面已经指出的，Ala（丙氨酸）、Glu（谷氨酸）、Leu（亮氨酸）和 Met（蛋氨酸）等残基容易形成 α 螺旋，而 Pro（脯氨酸）、Gly（甘氨酸）、Tyr（酪氨酸）和 Ser（丝氨酸）则不具备这样的特点。由于 Pro分子上含有环状大侧链，不仅妨碍 α 螺旋主链上氢键的形成，而且容易造成空间障碍。例如，Gly 的侧链仅含有一个 H 原子，所以适宜于安排在主链特别需要柔韧性的位置上。在构建目标蛋白时，可以利用一对 Cys（半胱氨酸）来构筑共价的二硫键，可以利用 Trp（色氨酸）作为探针检查多肽链的折叠情况等。此外，还可以根据局部区域内氨基酸残基外形互补方式、侧链大小和极性、键和电荷间的相互作用形式等安排肽链上的氨基酸顺序。在目标蛋白构建的这个阶段，经常需要把正在设计中的蛋白模型与数据库里已知的同类三维蛋白结构做比较，经验表明这样做是十分有益的。

初步确定氨基酸顺序之后，再用 Monte Carlo 法或分子动力学进行能量极小化计算，使构象的能量水平达到最低和稳定，优化目标蛋白的三维模型。然后，用各种已获得试验数据来检验和考核所给定的目标蛋白质结构是否合理，对所设计的模型做进一步修正。在实验室中，当开始制备这个全新从头设计的蛋白质时，应该使用一切可能的计算工具，对设计的模型进行几轮甚至是多轮的检验和修正，这样做会使人工构建蛋白质获得成功的机会增加。

对用多肽合成法或基因表达法获得的全新目标蛋白质，应采用光谱学的方法对其结构进行鉴定。如果原来设计的目标蛋白质具有特殊生物功能，那么还要采用相应的生物化学方法测定其生物活性。最后，还需要用 X 射线结晶学法准确测定目标蛋白质的三维结构。通常需要经过几轮或多轮的设计、检验和再设计，方可获得一个正确折叠和带有人们需要功能的目标蛋白质。

近年来，全新蛋白质的人工设计和构建工作已取得了一些成果。一种称为 Felix 的球蛋白质，它是由 79 个氨基酸残基组成，是一种根据一级结构预测后由 4 股 α 螺旋结合在一起的人工蛋白质。同时，能够编码 Felix 球蛋白质的人工合成基因已经成功地在大肠杆菌细胞中融合和表达。Felix 球蛋白的全新设计和构建成功具有里程碑意义，原因在于这种蛋白质的折叠基本正确，而且能够在大肠杆菌中成功表达。另一种称为 Betaballin 的蛋白质，这是一种由反平行的 β 层组成的 β-桶状结构蛋白质，人工合成的 Betaballin 最近已通过鉴定。还有一种蛋白质是模拟三磷酸异构化酶设计和构建的，这种由平行 β 层组成的 β-桶状结构蛋白质也即将在大肠杆菌细胞进行表达。

6.4.5　从基因组学到蛋白质组学

2000 年 6 月 26 日，美国、日本、德国、法国、英国、中国 6 国科学家和美国塞莱拉公司联合公布了人类基因组图谱及初步分析结果，这是生命科学史上的里程碑，意味着生命科学进入了后基因组时代。在后基因组时代，生物学的研究重点已从揭示生命所有遗传信息转移到对生物功能的研究。

为了充分了解和全面认识生命活动的奥秘，20 世纪 90 年代中期，在人类基因组研究计划的基础上，产生了一门新兴的学科——蛋白质组学（proteomics），即从蛋白质组的水平进一步认识生命活动的机制和疾病发生的分子机制。21 世纪生命科学的研究重心已开始从基因组学转移到蛋白质组学。

6.4.5.1　蛋白质组学的概述

蛋白质组一词的英文为 proteome，它由 protein 和 genome 两个词组合而成，意思是基因组表达的蛋白质（protein expressed by a genome）。广义上讲，蛋白质组是指一个细胞或组织基因组所表达的全部蛋白质。它对应于一个基因组的所有蛋白质构成的整体，而不是局限于一个或几个蛋白质。由于同一基因组在不同细胞、不同组织中的表达情况各不相同，即使是同一细胞，在不同的发育阶段、不同的生理条件甚至不同的环境影响下，其蛋白质的存在状态也不尽相同。因此，蛋白质组的特点是空间和时间上动态变化的整体。

蛋白质组学是指应用各种技术手段来研究蛋白质组的一门新兴学科，它以蛋白质组为研究对象，即细胞、组织或机体在特定时间和空间上表达的所有蛋白质，从整体的角度分析细胞内动态变化的蛋白质组成与活动规律。实际上，要对所有蛋白质进行研究是非常困难的。Humphery-Smith 等总结了基因组结果后提出了"功能蛋白质组"（functional proteome）的新概念，即细胞内与某个功能有关或在某种条件下的一群蛋白质。鉴于此，我国学者李伯良提出了"功能蛋白质组学"（functional proteomics）的概念，即把功能蛋白质组作为主要研究内容。这一概念的提出，为蛋白质组研究的可能性奠定了理论基础。功能蛋白质组学介于对个别蛋白质的传统蛋白质化学研究和以全部蛋白质为研究对象的蛋白质组学之间的层次；从局部蛋白质组的各个功能亚群体的研究入手，将多个亚群体组合起来，逐步描绘出生命细胞的全部蛋白质的蛋白质组图谱。

蛋白质组学的研究内容主要包括两个方面：一方面是蛋白质组表达模式的研究，即结构蛋白质组学；另一方面是蛋白质组功能模式的研究，即功能蛋白质组。涉及的技术手段包括蛋白质分离、蛋白质鉴定以及数据处理等。目前，进行蛋白质学研究的主要技术路线有以下两条：①以双向凝胶电泳（two-dimensional gel electrophoresis，2-DE）分离为核心的研究路线。混合蛋白首先通过双向凝胶电泳分离，然后进行胶内酶解，再用质谱（mass spectrometry）进行鉴定，这是目前蛋白质组研究领域最常用的路线。②以色谱分离为核心的"shotgun"技术路线。混合蛋白先进行酶解，经色谱或多维色谱分离后，对肽段进行串联质谱分析以实现蛋白质的鉴定。其中，质谱是研究路线中不可缺少的技术。

目前，许多蛋白质组数据库已经建立，相应的国际互联网站也层出不穷。1996年，澳大利亚建立了世界上第一个蛋白质组研究中心。1997年，召开了第一次国际蛋白质组学会议，在这个会议上科学家预测21世纪生命科学的重心将从基因组学转移到蛋白质组学。1998年，在美国旧金山召开了第二届国际蛋白质组学会议。2001年4月，美国成立了国际人类蛋白质组组织（human proteomics organization，HUPO），试图通过合作方式，完成人类蛋白质组计划（human proteome project），并在2002年和2003年陆续启动了人类血浆、肝、脑的蛋白质组计划（http：//www. hupo. org）。开展蛋白质组学研究对全面深入地理解生命的复杂活动、诊断疾病、研制开发新药等具有重大的意义。

6.4.5.2 蛋白质组学的应用

（1）原核微生物的蛋白质组研究

①大肠杆菌的蛋白质组研究　大肠杆菌（*Escherichia coli*）基因组长度为4 639 221bp，为了得到更多有用的信息，人们把双向电泳得到的蛋白质谱与基因组分析结果联合起来建立了蛋白质—基因联合数据库。大肠杆菌的联合数据库包括约1 600个蛋白质斑点的数据，其中约400个蛋白质斑点已与大约350个基因相对应（有些基因可能有多个蛋白质产物），这个数据库可以提供基因名称、蛋白质名称、EICl编号、功能范畴、SwissProt数据库编号、GenBank序列号、基因图谱的位置、染色体上的转录方向以及一些生理信息（如在不同生长条件下该蛋白质在细胞内的丰度）等。

②乳酸菌蛋白质组学研究　乳酸菌在工业、农业、和医药等与人类生活密切相关的重要领域具有很高的应用价值，是益生菌的主要成员。早期乳酸菌研究工作多集中于菌种分类和筛选，并通过构建动物模型对部分益生特性进行验证。随着分子生物学理论和生物技术的发展，人们开始利用分子生物学方法和手段对乳酸菌进行分类鉴定，将表型鉴定结果和遗传物质结构相结合来说明属种在系统发育上的关系，并通过定量分析澄清了由传统分类学确立的不同乳酸菌种属之间进化关系；与此同时，基因功能及其代谢途径的研究也有了长足进步。1999年，第一株乳酸菌乳酸乳球菌（*Lactococcus lactis*）基因组测序的完成，推动了乳酸菌基因组计划和蛋白质组研究的逐步实现。Perrin等（2000）首先构建了在M17-乳糖培养基上生长的嗜热链球菌（*Streptococcus thermophilus*）蛋白质组2-DE图谱。Guillot等（2003）则建立了*L. lactis* IL1403的参考图谱，并利用其基因组数据，对蛋白质组相关信息作了更为详尽的研究。在国外，蛋白质组学技术在其他乳酸菌研究中得到了广泛的应用，包括乳酸菌在不同环境胁迫下的差异表

达蛋白组学研究。在国内，乌日娜、张和平等以国内首株具有自主知识产权的益生菌 *L. casei Zhang* 为研究对象，利用蛋白质组学技术和方法，对其在不同阶段及酸环境和胆盐环境胁迫下蛋白质组差异表达进行了系统深入的研究，为其产业化开发及应用提供了有力的理论保证，并从蛋白质组学角度，在国际上首次探讨了干酪乳杆菌的益生分子机制，对于提高我国益生菌研究的科技创新能力和水平，促进我国自主知识产权益生菌产业的发展具有重要的意义。

（2）真核生物的蛋白质组研究

①酿酒酵母的蛋白质组研究　酿酒酵母（*Saccharomyces cerevisiae*）是单细胞真核生物，基因组全长为 12 068kb，蛋白质数据库已在互联网上建立，包含了以下信息：以序列为基础的已知和推测的酵母蛋白质的特征信息，如相对分子质量、等电点、氨基酸组成、多肽片段大小等；一些研究得到的关于各种蛋白质在翻译后加工、亚细胞定位、功能分类方面的信息以及从以往 5 000 余篇关于酵母蛋白质研究的文章中获得的有关各种蛋白质功能、相互作用、突变表型的信息。

②秀丽新小杆线虫的蛋白质组研究　秀丽新小杆线虫（*Caenorhabditis elegans*）是结构较简单的多细胞生物。线虫的 19 000 个基因于 1998 年被全部测出。Walhout 等应用蛋白质组学的大规模双杂交技术研究了线虫生殖器发育，从已知的 27 个与线虫发育的蛋白质出发，构造了一个大规模的酵母双杂交系统，得到了 100 多个相互作用的结果，初步建立了与线虫生殖发育相关的蛋白质相互作用图谱，为深入研究和揭示线虫发育的机制等提供了丰富的线索。

③果蝇的蛋白质组研究　果蝇（*Drosophila melanogaster*）基因组全长约 180Mb，不同性别果蝇成虫的头、胸、腹部的蛋白质组图谱已被分别做出，一共约有 1 200 个蛋白质被检出，大多数蛋白质在头、胸、腹中是相同的，但也发现了一部分其部位、性别特异的蛋白质。

（3）人类的蛋白质组研究

对人蛋白质组的研究聚焦在特异的组织、细胞和疾病上。人的各种组织、器官、细胞乃至各种细胞器已被广泛研究，以期为疾病诊治及了解发病机制提供新的手段。人的各种体液（血液、淋巴、脊髓、乳汁和尿等）也被用于研究与某些疾病的关系。已建立了部分人体相关蛋白质双向电泳数据库，如 SWISS-2DPAGE，其包含了血浆、肝、巨噬细胞系、红血病细胞系、血小板、淋巴瘤、CSF、红细胞等多种生命系统的蛋白质双向电泳数据及图谱。恶性肿瘤是由环境与遗传因素相互作用而导致的一种多基因复杂疾病。肿瘤的基因研究已取得了令人瞩目的进展，目前发现了许多肿瘤相关基因，并有一些基因表达的研究。组织细胞发生癌变后，癌细胞不仅有许多特异蛋白质，而且这些产物还会影响其他蛋白质的翻译后加工及许多蛋白质的表达水平。肿瘤的蛋白质组研究主要通过比较分析正常的组织细胞与肿瘤组织细胞、肿瘤在不同发展时期的细胞内整体蛋白质的差异，获得肿瘤异质性的信息，鉴定出肿瘤标志物，进而为肿瘤诊断、治疗、预防以及发病机制的研究提供新的依据。

随着投入的不断增加，蛋白质组学研究将会不断向前发展，克服困难与挑战，为工业、农业、医疗卫生等各行各业带来新的革命。

6.5 蛋白质工程在食品中的应用

蛋白质工程自 1981 年问世以来，已取得了引人瞩目的进展，不仅加深了人们对许多理论问题的认识，而且在医学和工业用酶方面也获得了良好的应用。

根据世界各国对工业用酶的统计资料表明，工业用酶量以每年 13% 的速率递增。然而，绝大多数酶在应用中都存在不同程度的局限性。这是因为工业化生产环节中，常常存在酸、碱或有机溶剂，且反应温度也较高，在高温和有机溶剂存在的条件下，大多数酶很快变性或失去活性。尽管从嗜热微生物中分离出了耐热的酶，但这类微生物往往不能产生工业化生产中所需的酶。因此，通过基因定点突变或基因克隆的方法，人们就可以对自然界存在的酶或蛋白质进行改造，使它们变成适合于工业化生产的新酶。当然，生产的产品中，除了对所使用的酶要求有较高的稳定性外，如果生产的产品是蛋白质，那么对产品的稳定性也有一定的要求，以获得较高的产率。可见，实际生产中，应用蛋白质工程对一些生产中重要酶或蛋白质的性质加以改造，提高现有酶或蛋白质的工业实用性，具有重要的实践意义。

提高酶或蛋白质的稳定性包括以下几个方面：①延长酶的半衰期；②提高酶的热稳定性；③延长药用蛋白质的保存期；④抵御由于重要氨基酸氧化引起的活性丧失。其中提高酶的热稳定性特别重要，因为为了加快反应速度，缩短反应时间，很多的生物反应需要在高温下进行，以便提高工业生产效率，同时降低其他酶的污染概率。对那些降温比较困难的反应器来说，尤其是在超热反应情况下，反应器的降温需消耗大量能量。因此，提高酶的热稳定性就能省去降温过程，从而大大降低成本。

6.5.1 提高酶的抗氧化能力

芽孢杆菌是工业上生产蛋白质水解酶的主要生产菌，枯草芽孢杆菌(*Bacillus subtilis*)的不同菌株产生的胞外碱性蛋白酶统称为枯草芽孢杆菌蛋白酶。1985 年，美国的埃斯特尔借助寡核苷酸介导的定位诱变技术，用 19 种其他氨基酸分别替换枯草芽孢杆菌蛋白酶分子第 222 位残基上容易受到氧化的 Met(蛋氨酸)，获得了一系列活性差异很大的突变酶(表 6-1)。显然，除了用 Cys(半胱氨酸)代替 Met 的突变体以外，其他突变体的酶活性都降低了。而且，与原来的野生型酶活力相比，含有不易氧化氨基酸(如 Ser，Ala 或 Leu)的突变酶尽管蛋白水解酶活力降低了，但是它们在浓度为 1mol/L 的过氧化氢中可以保持较长的酶活，而野生型酶和替换成 Cys 的突变酶在 1mol/L 过氧化氢环境中则很快就失去了活性。

通过对这些动力学数据分析，可以判断出突变的枯草芽孢杆菌蛋白酶是否可以用于生产去污剂。在表 6-1 中，显然将 Met(蛋氨酸)置换为 Ala(丙氨酸)后获得的突变酶最有用。因为这种突变体蛋白水解酶虽然比原来野生型酶的活力降低了 53%，但是它在浓度为 1mol/L 的过氧化氢中却可以保持 1h 以上的酶活，而野生型的酶在同样的氧化条件下，几分钟内酶活就基本上丧失了。

表6-1　枯草杆菌蛋白酶的 Met^{222} 被其他氨基酸替换后的动力学常数

氨基酸	K_{cat}/s	$K_m/(mol/L)$
Met^{222}	50	1.4×10^{-4}
Cys^{222}	84	4.8×10^{-4}
Ser^{222}	27	6.3×10^{-4}
Ala^{222}	40	7.3×10^{-4}
Leu^{222}	5	2.6×10^{-4}

　　显然，应用突变体蛋白酶作为添加剂或洗涤剂极具实用价值，因为它有很好的抗氧化能力，可以和漂白剂一同使用，成为既有去除血渍、奶渍等蛋白污渍的能力，又有增白效果的新型洗涤剂。与此同时，在改良枯草芽孢杆菌蛋白酶的热稳定性、极端 pH 值稳定性和最适 pH 值稳定性、底物专一性以及提高催化反应速率方面，研究人员也开展了许多富有成果的工作。

6.5.2　引入二硫键，改善蛋白质的热稳定性

　　溶菌酶是一种广泛用于食品工业的酶制品，其催化速率随温度升高而升高，因此这种工业用酶的热稳定性是提高其应用潜力的重要标准。蛋白质晶体结构研究表明，T_4 溶菌酶分子由一条肽链构成，并在空间上折叠形成两个相对独立的单元（即结构域），酶活性中心位于两个结构域之间。该酶分子的一个重要特性是在第97位和第54位残基上是两个未形成二硫键的半胱氨酸，所以野生型的溶菌酶是不含二硫键的蛋白质分子。由于二硫键是一种稳定蛋白质分子空间结构的重要共价化学键，有如建筑所用的钢筋一样，因而能将分子中的不同部位牢固地联结在一起。因此，提高酶热稳定性最常用的办法是在分子中增加一对或数对二硫键。

　　基于对空间结构模型的仔细分析，采用定位突变技术使溶菌酶肽链第三位上的异亮氨酸(Ile)转变为半胱氨酸(Cys)，构建了一对二硫键，并分别测定酶活性和热稳定性（表6-2）。在6种突变蛋白中，有一种突变体（即 B，其第9和第164位氨基酸残基被转换为 Cys，并形成1对二硫键）的酶活性高于对照6%，熔点温度 T_m 提高6.4℃；所有的突变体随二硫键数目的增加，其 T_m 值呈上升趋势；含有3对二硫键的突变体酶的 T_m 值比对照提高了23.6℃，但活性全部丧失。如果同时用碘乙酸封闭第54位的 Cys 或将其突变为 Thr(苏氨酸)或 Vat(缬氨酸)，则不仅提高了溶菌酶的热稳定性，而且也可以改善该酶的抗氧化活力。显然，新引入的"工程二硫键"能够稳定两个结构域之间的相对位置，进而稳定了由两个结构域所形成的活性中心。

表6-2　T_4 溶菌酶6种突变酶的特性

酶	氨基酸的位置							二硫键数量	相对活性/%	熔点温度/℃
	3	9	21	54	97	142	164			
wt	Ile	Ile	Thr	Cys	Cys	Thr	Leu	0	100	41.9
pwt	Ile	Ile	Thr	Thr	Ala	Thr	Leu	0	100	41.9

（续）

酶	氨基酸的位置							二硫键数量	相对活性/%	熔点温度/℃
	3	9	21	54	97	142	164			
A	Cys	Ile	Thr	Thr	Cys	Thr	Leu	1	96	46.7
B	Ile	Cys	Thr	Thr	Ala	Thr	Cys	1	106	48.3
C	Ile	Ile	Cys	Thr	Ala	Cys	Leu	1	0	52.9
D	Cys	Cys	Thr	Thr	Cys	Thr	Cys	2	95	57.6
E	Ile	Cys	Cys	Thr	Ala	Cys	Cys	2	0	58.9
F	Cys	Cys	Cys	Thr	Cys	Cys	Cys	3	0	65.5

注：wt 为野生型 T_4 溶菌酶；pwt 为拟野生型酶；A-F 为 6 种半胱氨酸突变酶。

引入二硫键时必须仔细分析侧链残基 β 碳原子的相对位置，以避免因引入二硫键后造成的分子构象改变以及所产生的酶失活效应。例如，当一对互成氢键的丝氨酸或甲硫氨酸甲基与主链上甘氨酸的次甲基毗邻时，选择突变这些残基为半胱氨酸来构建新的二硫键，则对整个分子构象产生的影响最小，也可以选择突变两个邻近的丙氨酸来构建二硫键。一般来讲，增加二硫键、氢键、盐键以及分子内疏水残基间相互作用对创造高温酶是行之有效的手段，在蛋白质工程中应予以特别重视。

6.5.3　转化氨基酸残基，改善蛋白质热稳定性

在高温条件下，Asn（天门冬酰胺）与 Gln（谷氨酰胺）容易脱氨而变成 Asp（天门冬氨酸）和 Glu（谷氨酸），这种改变有可能导致肽链的局部构象发生改变，从而使蛋白质失去活性。因此，人为地将 Asn 与 Gln 突变为其他氨基酸，或许能够提高蛋白的热稳定性。

正是基于这一原理，研究人员对酿酒酵母（Sccharomyces cerevisiae）的磷酸丙糖异构酶（triosephosphate isomerase）进行诱变改造。这种酶有两个相同的亚基，每个亚基含有两个 Asn，由于它们都位于亚基之间的界面上，可能对酶的热稳定性起决定性作用。通过寡核苷酸介导的定向诱变技术，研究人员将第 14 位和第 78 位上的两个天门冬酰胺分别转变成 Thr（苏氨酸）和 Ile（异亮氨酸）残基，会大幅度提高突变酶的热稳定性。试验证明，把任意一个 Asn 突变为 Thr 或 Ile 都有助于增强该酶的热稳定性，而将任一个 Asn 突变为 Asp 都会降低酶的热稳定性，当两个 Asn 均突变为 Asp 时，酶的热稳定性与酶活性均很低（表6-3）。进一步检验酵母磷酸丙糖异构酶对蛋白水解作用的抗性表明，酶的热稳定性与对蛋白水解作用的抗性呈正相关。显然，通过对蛋白质中非必需的 Asn 进行突变，有利于提高蛋白质的热稳定性。

表6-3　酵母磷酸丙糖异构酶及其突变酶在100℃下的稳定性

酶	氨基酸及其位置	半衰期/min
野生型磷酸丙糖异构酶	Asn^{14} , Asn^{78}	13
突变酶 A	Asn^{14} , Thr^{78}	17
突变酶 B	Asn^{14} , Ile^{78}	16
突变酶 C	Thr^{14} , Ile^{78}	25
突变酶 D	Asp^{14} , Asn^{78}	11

6.5.4　改变酶的最适 pH 值条件

改变工业用酶的最适 pH 值是蛋白质工程研究和实践中的另一个重要目标。改变食品级酶的最适 pH 值条件，使酶适应食品加工环境，在工艺控制上显然是十分重要的。葡萄糖异构酶就是一个很好的例子。以淀粉为原料，经 α-淀粉酶和糖化酶的作用生成葡萄糖，然后利用葡萄糖异构酶将葡萄糖转变成高果糖浆，就可以生产出新型的食品添加剂——高果糖浆。由于糖化酶反应的 pH 值为酸性条件，但葡萄糖异构酶的最适作用 pH 值为碱性条件，所以尽管某些细菌来源的葡萄糖异构酶在 80℃ 时稳定，但在碱性条件下，80℃ 将导致高果糖浆"焦化"并产生有害物质。因此，反应只能在 60℃ 下进行。如果能将酶的最适 pH 值改为酸性，则不仅可使反应在高温下进行，也可避免反复调节 pH 值过程中所产生的盐离子，从而省去离子交换工序，其经济效益显而易见。目前，一些科学家已采用盒式突变技术将酶分子中酸性氨基酸（Glu 或 Asp）集中的区域置换为碱性氨基酸（Arg 或 Lys），对于改变葡萄糖异构酶的 pH 值适应性有积极的促进效果。

6.5.5　提高酶的催化活性

如果想提高酶的催化活性，就需要知道其活性中心的空间结构，从而推断出哪些特定的氨基酸变化可以改变酶的底物结合特异性。例如，研究人员对嗜热脂肪芽孢杆菌（*Bacillus stearothermophilus*）的 Tyr - tRNA 合成酶进行定位突变后，改变了其与底物结合的特异性，从而提高了催化效率。此酶分两步催化：①Tyr + ATP→Tyr - A + PPi；②Tyr - A + tRNA^{Tyr}→Tyr - tRNA^{Tyr} + AMP。

在第一步中，Tyr（酪氨酸）被 ATP 活化形成与酶结合的 Tyr - A（酪氨酰腺苷酸），并形成焦磷酸（PPi）；第二步中，tRNA^{Tyr} 分子中的 3′羟基攻击 Tyr-A，使酪氨酸与 tR-NA^{Tyr} 结合并释 AMP。在上述两步反应过程中，所有的底物都将结合在酶分子上。

在天然状态下，Tyr - tRNA 合成酶分子内第 51 位苏氨酸残基的羟基能与底物酪氨酰腺嘌呤核苷戊糖环上的氧原子形成氢键，这个氢键的存在影响酶分子与另一底物 ATP 的亲和力。因此，利用定向诱变技术将酶分子第 51 位苏氨酸残基改变为丙氨酸或脯氨酸残基的结果表明（表 6-4），丙氨酸残基突变酶（Ala - 51）与 ATP 的亲和力被提高了 2 倍，但最大反应速度无明显影响；脯氨酸残基突变酶（Pro - 51）与 ATP 的亲和力被增加了近 100 倍，而且最大反应速度亦大幅度提高。

表 6-4　酪氨酰 tRNA 合成酶的氨酰化活性

酶	K_{cat}/s	K_m/mmol	K_{cat}/K_m/[L/(s·mol)]
Thr - 51（天然）	4.7	2.500	1 860
Ala - 51（修饰后）	4.0	1.200	3 200
Pro - 51（修饰后）	1.8	0.019	95 800

6.5.6　修饰酶的催化特异性

利用蛋白质工程技术可以改变新支链淀粉酶的催化特异性。借助点突变技术，研究人员确定了嗜热脂肪芽孢杆菌产生的新支链淀粉酶的活性中心。通过与其他淀粉水解酶一级结构进行比较，构成新支链淀粉酶活性中心的氨基酸残基组成也可以被预测。当活性中心内的谷氨酸和天门冬氨酸残基分别被具有相反电荷或中性的氨基酸残基(如组氨酸、谷氨酰胺或天门冬酰胺)取代时，将导致突变体酶裂解 $\alpha-1,4$ 糖苷键与 $\alpha-1,6$ 糖苷键的活性比例发生明显改变。如果突变体酶裂解 $\alpha-1,4$ 糖苷键活性的增强，则由支链淀粉产生戊糖的产率会显著提高；相反，若提高突变体酶 $\alpha-1,6$ 糖苷键的活性，则戊糖的产率下降。

6.5.7 修饰的生物防腐效应

Nisin 是一种由乳酸乳球菌(*Lactococcus lactis* ssp. *lactis*)合成和分泌的有较强抑菌作用的小分子肽细菌素。1969 年，FAO 和 WHO 同意将其作为一种生物型防腐剂应用于食品工业，以便提高食品的货架期。1988 年，美国 FDA 也正式批准将 Nisin 应用于食品中。1992 年，我国卫生部食品监督部门签发了 Nisin 在国内的使用合格证明，同时将 Nisin 列入 1992 年 10 月 1 日实施的国标 GB 2760—1986 中的增补品种，用于罐藏食品、植物蛋白食品、乳制品和肉制品的保藏。Nisin 已在 60 多个国家和地区被作为食品防腐剂使用。

作为一种小分子多肽，成熟的 Nisin 分子由 34 个氨基酸残基组成，相对分子质量为 3 510，分子式为 $C_{143}H_{228}N_{42}O_{37}S_7$。Nisin 分子结构中(图 6-11)包含 5 种稀有氨基酸，即 ABA、DHA、DHB、ALA-S-ALA 和 ALA-S-ABA，它们通过硫醚键形成 5 个内环，其活性分子常为二聚体或四聚体。

利用蛋白质工程技术可以了解 Nisin 残体中氨基酸的特殊作用。例如，在自然状态下，Nisin 分子有两种形式：Nisin A 和 Nisin Z。Nisin A 与 Nisin Z 的差异仅在于氨基酸序列上第 27 位氨基酸的种类不同，Nisin A 是组氨酸(His)，而 Nisin Z 是天门冬酰胺(Asn)。除了与 Nisin A 一样有相似的生物活性外，资料表明，在同样浓度下，Nisin Z 的溶解度和抗菌能力都比 Nisin A 强，特别是 Nisin Z 在介质中有更好的扩散性。蛋白质工程研究表明，当用苏氨酸替换 Nisin 分子上第 5 位的丝氨酸后，Nisin 分子在翻译后修饰过程中，苏氨酸也会经脱水步骤变成 DHB，使新生成的 Nisin 分子中原来位置的 DHA 将由 DHB 取代，研究人员惊奇地发现，与 Nisin A 相比，这个新生成的 Nisin 衍生物活性大为降低。同样，若在第 33 位氨基酸上，用丙氨酸代替脱水丙氨酸，也会导致 Nisin 活力大量损失。所以，人为改变 Nisin A 氨基酸的序列将提高我们对 Nisin 生物合成中特定氨基酸作用的了解，并通过蛋白质工程对 Nisin 的特性加以改造(如增强稳定性、增加溶解度和扩大抑菌谱等)，扩大 Nisin 的应用范围。

总之，以分子定向改造为目标的蛋白质工程必须借助于分子三维结构的精确信息，而目前只有 X 衍射单晶结构分析能满足这一要求。但培养适合于蛋白质结构分析用的单晶体尚无确定的规律可循，常常要耗费大量样品和时间，因而成为蛋白质工程研究中的限制性因素。正在发展中的三维重组显微图像和二维核磁共振技术以及分子动力学研究，或许能够弥补这一缺陷，成为研究蛋白质构象的重要工具。

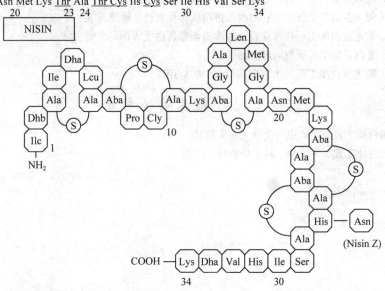

图 6-11　Pre-Nisin（Nisin 前体）和 Nisin 分子结构图

NH$_2$-氮末端；COOH -碳末端；羊毛硫氨基酸（ALA-S-ALA）；

β -甲基羊毛硫氨基酸（ALA-S-ABA）；氨基丁酸（ABA）；

β -甲基脱氢丙氨酸（DHB）；脱氢丙氨酸（DHA）

　　限制蛋白质工程研究的另一重要因素是如何寻找高效的基因表达系统。用尽可能少的工作量获得尽可能多的研究材料，并开展蛋白质晶体结构、溶液构象以及生物学性质测试，尽可能快地提出目标蛋白的改造和创新方案，这很大程度上取决于产物的高效表达和分离。因此，高效表达载体、可分泌性寄主系统、高效液相色谱、亲和层析以及相分离技术等将成为蛋白质工程研究和实践中的重要手段。

本章小结

　　本章对蛋白质工程进行了比较系统的介绍。蛋白质工程是指通过生物技术对蛋白质的分子结构或者对编码蛋白质的基因进行改造，以便获得更适合人类需要的蛋白质产品的技术。蛋白质工程研究的内容是以蛋白质结构与功能关系的知识为基础，通过周密的分子设计把蛋白质改造为有预期的新特征的突变蛋白质，在基因水平上对蛋白质进行改造。可分别通过对个别氨基酸的改变和一整段氨基酸序列的删除、置换或插入、对蛋白质分子进行剪裁、利用化学方法直接对蛋白质分子进行修饰或者通过蛋白质设计产生一个结构确定、具有新的所需要性质的稳定的新蛋白质，来实施蛋白质工程，对蛋白质进行改造。在实际生产中，应用蛋白质工程对一些生产中重要酶或蛋白质的性质加以改造，对提高现有食品工业用酶或蛋白质的工业实用性，具有重要的实践意义。

　　蛋白质工程作为一门新兴学科，尽管目前尚处于起步阶段，但由于它能按照人们的意志构造出新型蛋白质，因此通过它能了解更多的蛋白质结构与功能、结构与稳定性之间的关系以及生命的奥秘，创造出更多有益于人类的物质。

思考题

1. 什么是蛋白质工程？简述蛋白质工程的一般步骤。
2. 何为基因突变技术？它对改造蛋白质特性有什么重要意义？
3. 阐述蛋白质工程技术在设计和改造新型蛋白质方面的主要方法。
4. 蛋白质组学的研究内容有哪些？
5. 简述蛋白质工程技术在食品行业中的应用。

推荐阅读书目

蛋白质工程. 王大成. 化学工业出版社，2002.
蛋白质工程. 汪世华. 科学出版社，2008.

第 7 章
食品生物工程下游技术

以微生物菌体发酵液、动植物细胞组织培养液或酶反应液为原料，将其中的有用物质进行提取、分离纯化和精制加工，最终获得所需目标产品的技术，称为下游技术（downstream processing）。通过发酵工程、基因工程、细胞工程和酶工程获得的产物必须经过下游技术才能得到高纯度的产品。因此，生物工程下游技术是生物技术产品实现产业化生产的必要条件。

食品生物技术产品种类繁多，归纳起来可以分为以下几类：蛋白质、多肽、氨基酸类；酶、辅酶、酶抑制剂类；多糖类；免疫调节类；脂类、多不饱和脂肪酸类；维生素、呈味物质及食用色素类等。生物制品分离过程虽然复杂，但仍存在着一定的相似性。生物工程下游技术一般可分为以下 4 个阶段，即原料预处理、产物提取、产物分离纯化和产品精制。近 30 年来，生物工程下游技术的迅速发展，新技术不断涌现，有些技术已经在工业上得到广泛应用，有些虽然尚处于研究阶段，但是已经显示出了很好的应用前景。

7.1 原料预处理

由于原料的多样性和每一种产物性质的多样性，产物的提取方法也是多种多样的，但是，任何一种提取方法都是利用产物和杂质在物理和化学性质上的差异采用不同的方法和工艺路线，使目的产物与杂质分别转移至不同的相中而得到分离。通常情况下，目的产物的相对分子质量、结构、极性、两性电解质性质在各种溶剂中的溶解性、沸点以及对 pH 值、温度和溶剂等化学物质的敏感性等都是决定产物分离提取与精制的基本因素。因此，在分离提取之前，必须尽可能地了解目的产物和杂质的性质，从而确定最佳的提取工艺。

大多数菌体或细胞代谢产物都存在于发酵液或培养液中，与各种溶解的和悬浮的杂质混在一起，因此要分离纯化目标产物，首先必须对发酵液或培养液的特性有清楚地了解。发酵液中绝大部分是水，含水量可高达 90%～99%。发酵产物的浓度比较低，除了乙醇、柠檬酸、葡萄糖酸等少数发酵产物的浓度可以达到 10% 以上之外，一般发酵产物的浓度均在 10% 以下。抗生素的浓度更低，甚至在 1% 以下。发酵液中的悬浮固形物主要是细胞和蛋白质的胶状物，这些物质的存在不仅增加了发酵液的黏度，不利于发酵液的过滤，而且也增加了提取和精制等后续生产工艺的操作困难。例如，在发酵液浓缩的过程中，发酵液会变得更加黏稠，并容易产生大量的泡沫。采用溶媒萃取方法提取时，由于蛋白质的存在会产生乳化作用，从而使溶媒相和水相分层困难。采用离子交换法提取时，蛋白质的存在会增加树脂的吸附量，加重树脂的负担。发酵液的培养基残留成分中还含有无机盐、非蛋白质大分子杂质及其降解产物，这些成分的存在对目的产物的提取和精制均有一定的影响。发酵液中除了主要目的产物之外，通常还含有少量的代谢副产物，有些代谢副产物的结构特性可能与目的产物极为相似，这就会给产物的分离纯化操作造成困难。有的发酵液中还含有色素、热原质和有毒、有害的物质，尽管这些有机杂质的确切成分尚不十分明确，但是这些物质对产物分离提取的影响比较大，为了保证产品的质量和安全性，应该通过发酵液的预处理将其除去。发酵液的稳定性差，容易受热、酸、碱、有机溶剂、酶、氧化等因素的影响。

7.1.1　发酵液的固液分离

无论目标产物是细胞内代谢产物，还是细胞外代谢产物，首先都要对发酵液进行固液分离，使细胞和发酵液分开，然后再采用适宜的物理或化学方法从发酵液中或细胞中提取目的产物。

常用的发酵液固液分离方法主要有离心和过滤两种，这是工业生产中最常采用的分离方法。

（1）离心分离法

所谓的离心分离就是在离心力的作用下，将悬浮液中的固相和液相进行分离，一般多用于颗粒较细的悬浮液和乳浊液的分离。离心分离方法主要包括：差速离心法、密度梯度离心法、等密度离心法和平衡等密度离心法等。离心分离具有分离速度快、分离效率高、液相澄清度好、卫生条件好等优点，适合于大规模分离过程，但该法设备投资费用较高、能耗较大。

工业上的离心分离设备有两类，即沉降式离心机和离心过滤机。其中，沉降式离心机较为常用，它包括碟片式离心机和管式离心机两种类型。碟片式离心机适用于细菌、酵母菌、放线菌等多种悬浊液的分离；管式离心机除可用于微生物细胞的分离外，还可用于细胞碎片、细胞器、病毒、蛋白质、核酸等生物大分子的分离。

（2）过滤分离法

对于发酵液中细胞体积较小的微生物，如细菌和酵母菌的菌体一般采用高速离心分离，而对于细胞体积较大的丝状微生物，如霉菌和放线菌的菌体一般采用过滤分离的方法处理。

过滤是将发酵液中悬浮的固体颗粒与液体进行分离的过程。

在工业上常用的过滤设备主要有板框过滤机、真空转鼓式过滤机。板框过滤机是一种传统的过滤设备，具有结构简单、装配紧凑、过滤面积大、能够耐受较高压差、辅助设备少、价格低廉等特点，过滤推动力能在较大范围内进行调整，适用于多种特性的发酵液；但它不能实现连续操作，具有设备笨重、劳动强度大、生产效率低等缺点，所以较少采用。真空转鼓过滤机能连续操作，并能实现自动化控制，但压差较小，受推动力的限制，真空转鼓过滤机一般不适用于菌体较小和黏度较大的细菌发酵液的过滤，在发酵工业中广泛用于霉菌、放线菌和酵母菌发酵液的过滤分离。

常用的过滤方法包括澄清过滤、滤饼过滤和错流过滤。澄清过滤是将过滤介质填充于过滤器内形成过滤层，悬浮液通过过滤层时，固体颗粒被截留在滤层上，从而使滤液得以澄清，常见的过滤介质有硅藻土、活性炭、玻璃珠、塑料颗粒等；这种方法适合于固体含量小于 0.1g/100mL 的悬浮液，如麦芽汁、酒类和饮料的过滤澄清。滤饼过滤是使悬浮液流经过滤介质，固体颗粒因被滤布阻拦而逐渐形成滤饼，当滤饼积累达到一定厚度时，即可起到过滤的作用。过滤介质为滤布，有天然或合成纤维织布、金属织布、玻璃纤维纸、合成纤维等无纺布。此方法适合于固体含量大于 0.1g/100mL 的悬浮液的过滤分离。在错流过滤中，固体悬浮物流动方向与过滤介质平行，这是一种不同于常规过滤方法的过滤方式，常规过滤两者是互相垂直的。错流过滤能够连续清除过滤介质表面的截留物，从而保持较高的过滤速度。错流过滤技术特别适合于啤酒过滤，不仅可以取代硅藻土过滤机过滤啤酒，还可以从废酵母中回收啤酒。在传统啤酒酿造工业中，废酵母中的啤酒回收是采用板框式压滤机进行压滤，这种方法不仅劳动强度大，而且容易导致啤酒浑浊、加重氧化味。采用错流过滤技术从废酵母中回收啤酒，可以降低劳动强度，提高回收啤酒的质量，取得较好的回收效果。

发酵液的过滤速度往往受细胞特性、培养基成分和发酵状况等多种因素的影响。发酵液往往很难过滤，过滤是一个比较薄弱的环节。在发酵液黏度不大的情况下，采用过滤分离可以进行大量连续地处理。过滤过程中，为了提高过滤速率往往需要加入助滤剂。助滤剂是一种不可压缩的多孔微粒，其作用在于它能形成一层极为微密的过滤层，截留悬浮物质，隔离可压缩的胶体物质与过滤介质的直接接触，防止过滤介质被堵塞，使滤饼疏松，从而加快过滤速度。工业上常用的助滤剂有硅藻土、纸浆、珠光石(珍珠岩)等。近年来，错流过滤得到了一定的应用。

加入絮凝剂也可以提高过滤速度。絮凝是指在某些高分子絮凝剂的存在下，基于桥架作用，形成粗大的絮凝团，有助于过滤。絮凝形成的絮凝体颗粒大，使发酵液更容易分离。絮凝剂不仅能提高过滤效率，还能有效除去杂蛋白和固体杂质，提高滤液质量。

7.1.2　发酵液的预处理

发酵液经过上述过滤离心，实现了固液分离之后，根据生产所需要的目的产物不同，还需要采取不同的处理方法，如果目的产物是细胞外代谢产物，大量积累存在于发酵液中，那么在分离提取之前，还需要对发酵液进行预处理。发酵液预处理的目的主要有以下几点。

(1)蛋白质的去除

在经过离心或过滤后的发酵液中，一些可溶性蛋白质的存在会使发酵液在用溶媒萃取时发生乳化现象，发酵液变得浑浊，在使用离子交换树脂进行提取时会影响树脂的吸附量，过滤时可使过滤速度下降等。因此，为了方便提取及精制的后续工序的顺利进行，必须将这些杂蛋白除去。除去蛋白质的方法可采用等电点沉淀法、加热使蛋白质变性法、盐析法、吸附法或者加入乙醇、丙酮等有机溶剂使蛋白质变性沉淀等方法。

（2）改变发酵液的性质

调整发酵液的温度和 pH 值，使其一方面适合目的产物提取工艺的要求，另一方面保证目的产物的质量，尽量避免因为 pH 值过高或过低而引起的目的产物的破坏和损失。

（3）不溶性多糖的去除

发酵液中含有较多不溶性多糖时，会使发酵液的黏度增大，造成固液分离困难。因此需要用相应的酶将多糖水解转化为单糖，以降低发酵液黏度，提高过滤速度。

（4）高价金属离子的去除

发酵液中主要的无机离子有 Ca^{2+}、Mg^{2+}、Fe^{2+} 等，这些高价金属离子的存在不仅影响后续的提取和精制工艺，也直接影响发酵产物的质量和回收率，必须设法除去。它们在采用离子交换精制时，会影响树脂对生化物质的交换容量，所以预处理中应将它们除去。Ca^{2+} 的除去一般加入草酸，两者形成草酸钙沉淀，同时草酸钙还能促使蛋白质凝固，改善发酵液的过滤性能，但由于草酸溶解度较小，不适合用量较大的场合，可用其可溶性盐；Mg^{2+} 的除去可以加入三氯磷酸钠，它与镁离子形成可溶性络合物，从而消除对离子交换的影响；Fe^{2+} 的去除可采用黄血盐，使两者形成普鲁士蓝沉淀去除。

（5）色素、热原质和毒性物质等有机杂质的去除

色素、热源质和毒性物质等有机杂质可以采用离子交换剂或活性炭吸附等方法去除。

在对发酵液进行预处理的过程中，不仅要考虑处理效果，还要考虑加入发酵液中的预处理剂的毒性、环保性以及从终产品中分离除去的难易性等诸多因素。

7.1.3 细胞破碎

细胞破碎是指采用物理、化学或生物学方法破碎细胞壁或细胞膜，使细胞内的酶充分释放出来。细胞破碎是动、植物来源的酶和微生物胞内酶提取的必要步骤。不同材料的细胞破碎，其难易程度可能差别较大，应根据实际情况选择不同的破碎方法，同时应避免条件过于激烈而导致酶蛋白变性失活。细胞破碎的方法主要有以下几种。

（1）渗透压法（osmotic shock method）

渗透压破碎法是细胞破碎最温和的方法之一。将细胞置于低渗透压溶液中，细胞外的水分会向细胞内渗透，使细胞吸水膨胀，最终可导致细胞破裂，如红细胞在纯水中会发生破壁溶血现象。但对于细胞壁是由坚韧的多糖类物质构成的植物细胞或微生物细胞，除非用其他方法先将坚韧的细胞壁去除，否则这种方法不太适用。

（2）酶溶法（enzymatic lysis method）

酶溶法是利用酶的专一催化特性，破坏细胞壁上的某些化学键，达到破碎细胞壁的目的。酶溶法分为外加酶法和自溶法两种。在外加酶法中，常利用溶菌酶、蜗牛酶、纤维素酶、糖苷酶、蛋白酶或肽键内切酶等水解细胞壁，使细胞壁部分或完全破坏后，利用渗透压冲击等方法破坏细胞膜，导致细胞破碎。溶菌酶适用于革兰阳性菌细胞壁的分解，辅以 EDTA 时也可用于革兰阴性菌。真核细胞细胞壁的破碎需多种酶的作用，

如酵母菌细胞壁的酶解需要蜗牛酶、葡聚糖酶和甘露聚糖酶等。植物细胞的酶解则需要纤维素酶、果胶酶等的作用。自溶法(autolysis)是将一定浓度的细胞悬液在适宜的温度与 pH 值条件下直接保温，或加入甲苯、乙酸乙酯以及其他溶剂保温一定时间，将细胞自身溶胞酶激活，分解细胞壁，达到细胞自溶的目的。这种自溶方法常会造成溶液中成分复杂，溶液黏度比较大，影响过滤速度；而且在细胞壁水解的同时，酶蛋白也可能被水解。

(3)化学法(chemical method)

化学法是利用一些化合物处理细胞，改变细胞壁的通透性而导致细胞破碎，释放出胞内物质。酸、碱、表面活性剂、螯合剂、有机溶剂等，均可增大细胞壁通透性，破坏细胞壁，使胞内的酶充分释放出来，但是这种方法易引起酶蛋白的变性或降解。

(4)匀浆法(homogenate method)

高压匀浆法是利用细胞在一系列的高速运动过程中，经历了剪切、碰撞和由高压到常压的变化而导致细胞破碎，这是工业上大规模破碎细胞最常用的方法，常用高压匀浆泵、研棒匀浆器等。动物组织的细胞器不是很坚固、极易匀浆，一般可将组织剪切成小块，再用匀浆器或高速组织捣碎器将其匀质化。高压匀浆泵非常适合于细菌、真菌的破碎，处理容量大，一次可处理几升悬浮液，一般循环 2~3 次，就可以达到破碎要求。

(5)研磨法(polishing method)

研磨法是利用压缩力和剪切力使细胞破碎。常用的设备有球磨机，将细胞悬浮液与直径小于 1mm 的小玻璃珠、石英砂或氧化铝等研磨剂混合在一起，高速搅拌和研磨，依靠彼此之间的互相碰撞、剪切使细胞破碎。该方法需要冷却措施，以防止由于消耗机械能而产生过多热量，造成酶变性失活。

(6)冻融法(freeze thawing method)

将待破碎的细胞冷却至 $-20 \sim -15℃$，然后置于室温(或 40℃)迅速融化，如此反复冻融多次，可达到破坏细胞的作用，此法适用于比较脆弱的菌体。冻结的作用是破坏细胞膜的疏水键结构，增加其亲水性和通透性。另外，由于冰冻胞内的水形成冰晶，使胞内外浓度突然改变，在渗透压作用下细胞膨胀而破裂。

(7)超声波破碎法(ultrasonic disintegration method)

超声波破碎法是通过空穴的形成、增大和闭合产生极大的冲击波和剪切力，使细胞破碎。经过足够时间的超声波处理，细菌和酵母菌细胞都能得到很好的破碎。若在细胞悬浮液中加入玻璃珠，时间可以缩短一些。超声波破碎法一次处理的量较大，就超声效果而言，探头式超声器比水浴式超声器更好。超声处理的主要问题是超声过程中会产生大量的热，容易引起酶活性丧失，所以超声振荡处理的时间应尽可能短，适宜短时多次进行，并且操作过程最好在冰水浴中进行，尽量减小热效应引起的酶失活现象。

(8)压榨法(expression method)

压榨法是在 $1.05 \times 10^5 \sim 3.10 \times 10^5 Pa$ 的高压下使细胞悬液通过一个小孔突然释放至常压，细胞将被彻底破碎。这是一种温和彻底破碎细胞的方法，也是比较理想的方法，但仪器费用较高。

(9)干燥法(desiccation method)

干燥一般采用空气干燥、真空干燥、喷雾干燥、冷冻干燥等方法。干燥能够改变细胞膜渗透性，当用丙酮、丁醇等溶剂或缓冲溶液处理时，胞内物质很容易被提取出来。空气干燥主要适用于酵母菌，一般在25～30℃下的气流中吹干，然后用水、缓冲液或其他溶剂抽提。空气干燥时，部分酵母可能产生自溶，所以相对于冷冻干燥、喷雾干燥更容易抽提。

选择适当的细胞破碎方法是影响产品回收率的重要因素。选择时要考虑细胞的数量、目的产物对破碎的敏感性、破碎程度及破碎速度等多种因素，同时也应考虑后续的操作步骤，为最大限度地获得目的产物创造有利条件。目前工业上最常用的是研磨法和匀浆法。

7.2 产物的提取

提取(extract)是将经过预处理或破碎的细胞置于溶剂中，使待分离的产物充分地释放到溶剂中，并尽可能使其保持天然状态，保持活性。提取过程是将目的产物与细胞中其他化合物和生物大分子加以分离，将产物由固相转入液相，或将其从细胞内转入一定的溶液中。

产物的来源不同，提取方法也不相同。以动物为材料，从动物组织或体液中提取酶蛋白时，处理要迅速，充分脱血后立即提取或在冷库里冻结，保存备用。动物组织和器官要尽可能地除去结缔组织和脂肪，切碎后放入捣碎机，加入2～3倍体积的冷抽提缓冲液，匀浆几次，直至无组织块为止，倾出上清液，即得细胞抽提液。以植物为材料提取酶时，因植物细胞壁比较坚韧，要先采取有效的方法使其充分破碎。植物中含有大量的多酚物质，在提取过程中易氧化成褐色物质，影响后续的分离纯化工作。为防止氧化作用，可以加入聚乙烯吡咯烷酮吸附多酚物质，以减少褐变。另外，植物细胞的液泡内含有可能改变抽提液 pH 值的物质，因此应选择较高浓度的缓冲液作为提取液。微生物来源的胞外酶可以通过离心或过滤，将菌体从发酵液中分离弃去，所得发酵液通常要浓缩，然后进一步纯化。对于胞内酶则首先进行细胞破碎处理，使酶完全释放到溶液中。

由于大多数酶蛋白属于球蛋白，一般可用稀盐、稀酸或稀碱的水溶液抽提酶。稀盐溶液和缓冲液对蛋白质的稳定性好、溶解度大，是提取蛋白质和酶最常用的溶剂。影响酶提取的因素归纳起来主要包括：目的酶在提取溶剂中溶解度的大小；酶由固相扩散到液相的难易程度；溶剂的 pH 值和提取时间等。一种物质在某一溶剂中溶解度的大小与该物质分子结构及所用溶剂的理化性质有关。一般极性物质易溶于极性溶剂，非极性物质易溶于非极性溶剂；碱性物质易溶于酸性溶剂，酸性物质易溶于碱性溶剂。温度升高，溶解度加大；远离等电点的 pH 值，溶解度增加。提取时所选择的条件应有利于目的酶溶解度的增加和保持其生物活性。

一些和脂类结合比较牢固或分子中非极性侧链较多的蛋白质和酶难溶于水、稀盐、稀酸或稀碱中，常用不同比例的有机溶剂提取，如乙醇、丙酮、异丙醇、正丁酮等。这些溶剂可以与水互溶或部分互溶，同时具有亲水性和亲脂性，如正丁醇0℃时在水中的溶解度为10.5%、40℃时为6.6%，同时又具有较强的亲脂性，因此常用来提取与脂结合较牢或含非极性侧链较多的蛋白质、酶和脂类。

有些蛋白质和酶既溶于稀酸、稀碱，又能溶于含有一定比例有机溶剂的水溶液中，在这种情况下，采用稀有机溶液提取常常可以防止水解酶的破坏，同时还具有除去杂质提高纯化效果的作用。

细胞破碎以后，溶酶一般不难抽提。至于膜结合酶，其中有些和颗粒结合不太紧密，在颗粒结构受损时，抽提也不难。例如，α-酮戊二酸脱氢酶、延胡索酸酶，可用缓冲液抽提出来。那些和颗粒结合紧密的酶，常以脂蛋白络合物形式存在，其中有的制成丙酮粉后就可以抽提出来；但有些酶却要使用强烈的手段提取，如琥珀酸脱氢酶要用正丁醇等处理。正丁醇兼有高度的亲脂性和亲水性，能破坏蛋白间的结合使酶进入溶液。近年来，广泛采用表面活性剂，如胆汁酸盐、吐温、十二烷基磺酸钠等抽提呼吸链酶系。

抽提后的细胞残渣或固体成分可用离心或过滤方式除去，在离心时，加入氢氧化铝凝胶或磷酸钙等物质，有助于除去悬浮的胶体物质。

7.3　产物的纯化

在抽提液中，除了目的产物以外，通常不可避免地混有其他小分子和大分子物质。由于产物的来源不同，其与杂质的性质不尽相同，分离纯化的方法也是多种多样的。但是任何一种纯化方法（purification）都是利用产物和杂质在物理和化学性质上的差异，采取相应的方法和工艺路线，使目的产物和杂质分别转移至不同的相中达到分离纯化目的。目的产物的相对分子质量、结构、极性、两性电解质的性质、在各种溶剂中的溶解性以及其对pH值、温度、化合物的敏感性等都是决定其分离纯化的基本因素。

7.3.1　沉淀法

沉淀法是发酵工业中最简单和最常用的提取方法之一。它是利用加入试剂或改变条件使目的产物离开溶液，生成不溶性颗粒而沉淀析出的方法。析出的物质又有沉淀和结晶之分，沉淀和结晶在本质上都是新相析出的过程，两者的主要区别在于形态的不同，以同类分子或离子有规则排列形式析出的称为结晶；以同类分子或离子无规则的紊乱排列形式析出的称为沉淀。目前，沉淀法广泛应用于氨基酸、蛋白质及抗生素的分离提取。

沉淀法的优点是设备简单、成本较低、原料易得，在产物浓度越高的溶液中越容易形成沉淀、产物回收率越高；沉淀法的缺点是过滤困难、产品质量较低、需重新精制。沉淀法主要包括盐析沉淀法、等电点沉淀法、有机溶剂沉淀法、金属盐沉淀法等。

（1）盐析法（salting out）

盐析法是通过往蛋白质溶液中加入某种中性盐而使蛋白质形成沉淀从溶液中析出

（图 7-1）。在蛋白质颗粒的表面，分布着不同的亲水基，这些亲水基吸聚着许多水分子，这种现象称为水合作用。水合作用使蛋白质分子表面形成一层水膜，水膜的存在使蛋白质分子之间以分离的形式存在。另外，蛋白质酶蛋白分子中含有不同数目的酸性和碱性氨基酸，其肽链的两端又分别含有自由羧基和氨基，这些基团使蛋白质颗粒的表面带有一定的电荷。因为相同的电荷相互排斥，也使蛋白质酶蛋白颗粒以分离的形式存在，所以蛋白质的水溶液是一种稳定的亲水胶体溶液。中性盐的亲水性比蛋白质的亲水性大，所以如果向溶液中加入一定量的中性盐，它会结合大量的水分子，从而使蛋白质分子表面的水膜逐渐消失；同时，由于中性盐在溶液中解离出阴阳两种离子，中和了蛋白质表面所带的电荷，其分子间的排斥力不复存在，于是蛋白质颗粒因不规则的布朗运动而互相碰撞，并在分子亲和力的作用下形成大的聚集物，从溶液中沉淀析出。

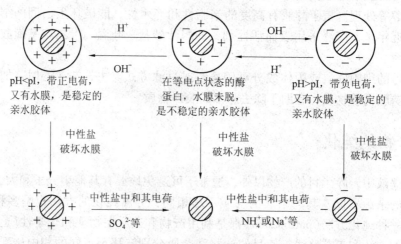

图 7-1　盐析原理示意图

能够使蛋白质沉淀的中性盐有硫酸铵、硫酸镁、氯化铵、硫酸钠、氯化钠等，其中效果最好的是硫酸镁，但生产上常用的是硫酸铵。硫酸铵溶解度大，即使在较低的温度下仍有很高的溶解度，盐析时不必加温使之溶解，其饱和溶液可以使大多数酶沉淀，浓度高时也不易引起酶蛋白生物活性的丧失，而且价格便宜。用硫酸铵进行盐析时，溶液的盐浓度通常以饱和度表示，调整溶液的盐浓度有两种方式：加入固体粉末和加入饱和溶液。当溶液体积不太大，而要达到的盐浓度又不太高时，为防止加盐过程中产生局部浓度过高的现象，最好添加饱和硫酸铵溶液，浓的硫酸铵溶液的 pH 值通常为 4.5 ~ 5.5，调节 pH 值可用硫酸或氨水。测定溶液的 pH 值时，一般应先稀释 10 倍左右，然后再用 pH 试纸或 pH 计测定。当溶液体积很大，盐浓度又需要达到很高时，则可以加固体硫酸铵。加入固体硫酸铵比较经济方便，但所用的固体硫酸铵在使用之前应该经过反复的研细和烘干，并需要在不断搅拌下缓缓加入，以避免局部浓度过高，同时还要注意防止大量泡沫的生成。

pH 值、温度、蛋白质浓度都会影响蛋白质的分离效果。控制盐析的 pH 值有利于提高酶的纯化效果。通常情况下，盐析的 pH 值宜接近目的酶的等电点，因为蛋白质在其等电点附近溶解度小。但某些情况下，酶和杂蛋白能进行结合，形成配合物，从而干扰盐析分离。此时，如果控制 pH < 5 或 pH > 6，使它们带相同电荷，就可以减少配合物的形成，但应注意在这种条件下酶的稳定性与盐的溶解度。盐析温度以控制在 4℃ 左右为宜。低温有利于酶蛋白活性的保持，也可以降低其溶解度，使酶蛋白更易盐析沉淀出来。为了获得较好的盐析效果，还应调节蛋白质的含量，一般来说，蛋白质浓度应在 1mg/mL 以上。蛋白质浓度太低，如 100μg/mL 以下，不能形成沉淀；在 0.2μg/mL ~ 1mg/mL 范围内，沉淀时间较长，回收率往往不高。经盐析后，沉淀通过离心或压滤与母液分开，收集后的沉淀再溶解于一定的缓冲液中，通过离心除去沉淀，酶溶液再次得到纯化。对于含有多种酶或蛋白质的混合溶液，可以采用分段盐析的方法进行分离纯化。

盐析法的优点是：操作简便、安全（大多数蛋白质在高浓度盐溶液中相当稳定）、重现性好、适用范围广泛，同时能够达到浓缩蛋白质的目的。其缺点是：分辨率差、纯化倍数低、酶的比活力提高不多，同时还常有脱盐问题，影响后续操作。

（2）等电点沉淀法（isoelectric precipitation）

等电点沉淀法主要用于一些两性电解质的产物分离提取。它是将溶液 pH 值调到待分离物质的等电点，从而使其沉淀析出。在等电点时，这些两性物质的溶解度最低，容易形成沉淀从溶液中析出；在偏离等电点时，两性电解质溶解度会增大。等电点法就是通过调节溶液的 pH 值，达到某一物质的等电点，从而使目的产物析出的方法。

氨基酸或蛋白质均是一种两性电解质，所带电荷随 pH 值变化而变化，在等电点时，静电荷为零，相同分子间没有了静电排斥作用而凝集沉淀，此时溶解度最小。不同物质具有不同的等电点值，利用等电点时溶解度最小的原理，可以把不同的物质分开。当所需 pH 值与提取缓冲液的 pH 值相差甚远时，等电点沉淀法是很好的选择。例如，碱性蛋白质可在酸性条件下溶解并在高 pH 值条件下沉淀，而酸性蛋白质可在碱性条件下溶解并在低 pH 值条件下沉淀。具有中性等电点的蛋白质在中性 pH 值附近溶解，这时可用等渗的或略微高渗的缓冲液，有可能仅仅通过把缓冲液稀释到较低的离子强度就能沉淀这种蛋白质。

当样品中杂蛋白种类较多时，可以调节 pH 值，使蛋白质在等电点状态下沉淀，也可使该种蛋白质两侧带相反电荷的杂蛋白形成复合物而沉淀，从而除去杂蛋白。

等电点沉淀法操作十分简单，试剂消耗较少，是一种有效的提取方式，尤其是对于疏水性较强的蛋白质，效果更好。等电点法在生产中主要用于抗生素、氨基酸以及蛋白质等分离提取，如利用四环素在其等电点（pI 4.5）附近，难溶于水的性质来进行沉淀，还可用于谷氨酸和疏水性较大的蛋白质（如酪蛋白）的提取。由于蛋白质在等电点时仍有一定的溶解度，沉淀往往不完全，故一般很少单独使用，常需要与其他方法配合使用。

（3）有机溶剂沉淀法（organic solvent precipitation）

有机溶剂沉淀法是将一定量的能够与水相混合的有机溶剂加入到溶液中，利用目的产物在有机溶剂中的溶解度不同，使之和其他杂质分开。在溶液中加入与水互溶的有机溶剂，可显著降低溶液的介电常数，分子相互之间的静电作用加强，分子间引力增加，从而导致溶解度下降，形成沉淀从溶液中析出。有机溶剂另外一个作用是能够破坏蛋白质分子周围的水化层，使该蛋白质分子因不规则的布朗运动而互相碰撞，并在分子亲和力的影响下结合成大的聚集物，最后从溶液中沉降析出。

有机溶剂沉淀法常用于酶制剂、氨基酸、抗生素等发酵产物提取。有机溶剂的种类、使用量、pH值、温度、时间和溶液中的盐类等均会影响纯化效果。所选择的有机溶剂必须能与水完全混合，并且不与目的产物发生反应，要有较好的沉淀效应，溶剂蒸气无毒且不易燃烧。用于酶蛋白纯化的有机溶剂中，以丙酮的分离效果最好，不易引起酶失活的现象；乙醇次之，但生产中常用乙醇。

当溶液中存在有机溶剂时，酶蛋白的溶解度随温度的下降而显著降低，大多数蛋白质遇到有机溶剂很不稳定，特别是温度较高的情况下，极易变性失活，因此应尽可能在低温下进行操作，这样不但可以减少有机溶剂的用量，还可以减少有机溶剂对酶的影响。一般分离纯化过程适宜在0℃以下进行。有机溶剂也最好预先冷却到 -20 ~ -15℃，并在搅拌下缓慢加入。沉淀析出后应尽快在低温下离心分离，获得的沉淀还应立即用冷的缓冲液溶解，以降低有机溶剂的浓度。

由于蛋白质处于等电点时溶解度最小，因此采用有机溶剂沉淀法分离酶蛋白也多选择在接近目的酶的等电点条件下进行。

中性盐在大多数情况下能增加蛋白质的溶解度，并能减少对酶变性的影响。用有机溶剂进行分级沉淀时，如果适当地添加某些中性盐，有助于提高分离效果。但盐浓度一般不宜超过0.05mol/L，否则会使蛋白质过度析出，不利于沉淀分级，甚至不能形成沉淀。当蛋白质浓度太低时，如果有机溶剂浓度过高，很可能造成酶变性，这时加入介电常数大的物质(如甘氨酸)可避免酶蛋白的变性。

有机溶剂沉淀法的优点是分辨率高，产品纯度高，溶剂容易除去；缺点是需要消耗大量的溶剂，操作也需在低温下进行，酶蛋白在有机溶剂中一般不稳定，易变性失活，回收率也比盐析法低。

(4)金属盐沉淀法(metal salt precipitation)

金属盐沉淀法是指在发酵液中加入金属盐，使某些难溶的物质(如核酸、蛋白质、多肽、抗生素和有机酸等)与金属盐生成难溶的复合物而沉淀析出，沉淀经溶解后再调节pH值到目的产物的等电点，使目的产物形成沉淀从溶液中析出。一些高价金属离子容易使蛋白质形成沉淀，如锌盐可用于沉淀谷氨酸，钙盐可用于沉淀乳酸、柠檬酸等。

在发酵工业中，使用锌盐-等电点法提取谷氨酸时，先在发酵液中加入硫酸锌，调整pH值至6.3~6.5，使谷氨酸与硫酸锌作用，生成难溶解的谷氨酸锌盐沉淀。然后在酸性条件下，再将沉淀溶解，调pH值至谷氨酸的等电点，使谷氨酸结晶析出。用锌盐法提取谷氨酸工艺简单，操作方便(图7-2)。

(5)共沉淀法(coprecipitation)

共沉淀法就是利用高分子物质在一定条件下能与蛋白质直接或间接地形成络合物，使蛋白质分级沉淀以达到纯化的目的。除了盐和有机溶剂能沉淀蛋白质外，一类大分子量的非离子型聚合物，如聚乙二醇、聚丙烯酸、聚乙烯亚胺、单宁酸、硫酸链霉素以及离子型表面活性剂(如十二烷基磺酸钠)等也可以沉淀蛋白质。

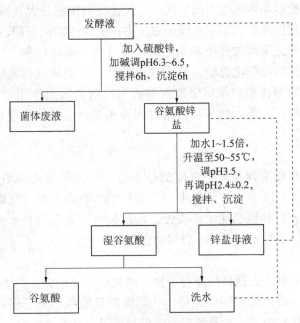

图 7-2 锌盐法提取谷氨酸工艺流程

非离子型聚合物如聚乙二醇，当其相对分子质量大于 4 000 时，20%的浓度能够非常有效地沉淀蛋白质，虽然与蛋白质共同沉淀下来的聚乙二醇通过过滤和透析均不能除去，但它的存在对蛋白质本身无害，并且不影响盐析、离子交换、凝胶过滤等后续操作。

聚丙烯酸可用来沉淀带正电的蛋白质，因为聚丙烯酸上带有大量的羧基，碱性蛋白质带有碱性基团，两者结合形成很大的颗粒沉淀下来。加入钙离子后，聚丙烯酸形成钙盐，使蛋白质游离出来，从而使蛋白质纯化。

7.3.2 吸附法

吸附法是利用吸附剂和产物之间形成的分子吸引力，将产物吸附在吸附剂上，然后再通过适当的洗脱剂将吸附的产物从吸附剂上解吸下来，以此达到分离纯化的目的。吸附剂一般为多孔微粒，具有很大的比表面积。吸附法具有不用或少用有机溶剂、操作简便、安全的优点，生产过程中 pH 值变化幅度小，适用于稳定性较差的物质分离；但是，吸附法也具有选择性差、回收率低、吸附性能不稳定、不能够连续操作、劳动强度大等缺点。

一般生产中常用的吸附剂包括活性炭、漂白土、氧化铝、硅胶和大孔吸附树脂等。活性炭是一种非极性吸附剂，具有吸附力强、分离效果好、价格低、来源方便等特点，在发酵工业生产中常用来对发酵产品进行吸附脱色，如味精溶液就采用活性炭吸附脱色。漂白土也称活性凹土、活性白土、吸附白土等，具较强的吸附性及净化力，对色素、杂质有很好的吸附性。漂白土可用于植物油、矿物油、动物油、酶、味精、聚醚、糖、酒等吸附脱色。活性氧化铝也是常用的吸附剂，特别适合于亲脂性成分的分离，具有廉价、活性易控制和再生能力强等优点。大孔吸附树脂是大孔网状聚合物吸附剂，它是选用一些离子交换树脂，采用不同的方法去掉上面的功能基团，保留多孔的骨架，依据树脂骨架和溶质分子间的分子吸附原理而设计的一类吸附剂。大孔吸附树脂能有效吸附化学性质不同的各类化合物，具有选择性好、解吸容易、树脂性能稳定、机械强度好、可反复使用等优点。按照吸附剂对吸附产物的吸附作用可以分为物理吸附、化学吸附和交换吸附三大类。这3种吸附过程并不是孤立的，往往相伴发生，以其中一种吸附过程为主。

（1）物理吸附

物理吸附是依靠吸附剂与产物之间的分子间作用力，即范德华力来进行吸附的。它的特点是吸附不仅局限于一些活动中心，而是整个自由界面。物理吸附的结合力较弱，吸附热较小，吸附和解吸速度都很慢，吸附层可以是单层，也可以是多层，可同时吸附多种物质，选择性不高，是一种可逆性吸附。

（2）化学吸附

化学吸附是吸附剂表面活性位点与产物之间发生化学结合，产生电子转移的现象。其特点是吸附热大，需要较高的活化能。化学吸附只能以单分子层吸附，具有较强的选择性。化学吸附比较稳定，不易解吸，吸附和解吸速度都比较慢。

（3）离子交换吸附

离子交换吸附是依靠静电引力来吸附带有相反电荷的离子，在吸附过程中发生了电荷转移。离子的电荷是交换吸附的决定因素。离子带电荷越多，在吸附剂表面的相反电荷点上的吸附力就越强。

7.3.3 凝胶层析法

凝胶层析法（gel chromatography）又称分子筛过滤法、凝胶过滤法等。它是利用含酶混合物随流动相流经装有凝胶作为固定相的层析柱时，混合物中的各种成分因相对分子质量大小不同而被分离。

当含有各种物质的酶溶液缓慢流经凝胶作为固定相的层析柱时，各种物质在柱内同时进行着两种不同的运动，即垂直向下的运动和无定向的扩散运动。大分子物质由于直径较大，不容易进入凝胶颗粒的微孔，只能沿着凝胶颗粒的间隙向下运动，所走的路线比较短，所以下移的速度比较快。小分子的物质除了在凝胶颗粒的间隙扩散之外，还可以进入凝胶颗粒的微孔之中，即进入凝胶相内。在向下移动的过程中，这些小分子物质从凝胶内扩散至凝胶颗粒间隙后再进入另一凝胶颗粒，它们能够自由进出凝胶颗粒内外，所走的路线长而曲折，所以下移的速度比较慢。如此不断地进入和扩散，必然使小分子物质的下移速度落后于大分子物质，从而使溶液中各种物质按照相对分子质量的大小不同依次流出柱外，达到酶分离纯化的目的。

凝胶是一类具有三维空间结构的多层网状大分子化合物，凝胶有天然凝胶和人工合成凝胶两种。天然凝胶包括马铃薯淀粉凝胶、琼脂和琼脂糖凝胶等。人工合成凝胶包括聚丙烯酰胺凝胶和交联葡聚糖凝胶等。凝胶都有很高的亲水性，能在水中膨润。膨润后的凝胶具有一定的弹性和硬度，并有很高的化学稳定性，在盐和碱溶液中都很稳定，可应用于 pH4.0~9.0 条件下。但是，如果在 pH2.0 以下的酸性条件下长时间处理，凝胶则可能被水解破坏。凝胶对氧化剂也比较敏感。凝胶都没有易于解离的基团，因此很少发生非专一性吸附的现象。

虽然凝胶种类比较多，但是目前以葡聚糖凝胶最为常用。它是由相对分子质量几万到几十万的葡聚糖凝胶通过环氧氯丙烷交联而成的网状结构大分子物质，可以分离相对分子质量为 1 000~500 000 的分子。其商品名是 Sephadex G，有各种不同型号，G 后面的数字表示每克干胶吸水量（即吸水值）的 10 倍。聚丙烯酰胺凝胶是以丙烯酰胺为单体，通过 N，N-甲叉双丙烯酰胺为交联剂共聚而成的凝胶物质。商品名是 Bio-Gel P，也有各种不同型号，P 后面的数字乘以 1 000 表示其分离的最大相对分子质量。

商品凝胶必须经充分溶胀后才能使用，否则会影响分离效果。将干燥凝胶在水或缓冲液中进行浸泡，搅拌后，静置一段时间，倾去上层混悬液，除去过细粒子，反复数次，直至上层澄清为止。凝胶在使用之前需要浸泡 2d。加热煮沸能加速溶胀过程。装柱后上样前要用缓冲液充分洗涤，使溶剂和凝胶达到平衡状态，这个过程大约需要 8h。扩展时需要控制合适的流速，商品凝胶一般有各自的推荐流速，一般要求流速保持在 0.1~0.3mL/min 范围内，在凝胶层析过程中要保证流速稳定。

目前，洗脱液中蛋白质的检测仍然是采用核酸蛋白质检测仪，即在线检测流出液在 260~280nm 处的吸光值，对于酶溶液还可以通过离线检测酶活力，以确定目的酶出峰时间。

凝胶层析法对溶液浓度没有太严格的要求，但浓度高时有利于提高分辨效率。如果溶液中含有黏性成分则有可能导致分离效果变差。因为溶液的体积对分离效果的影响比较大，所以在层析之前，应该尽可能地将溶液进行浓缩，减少体积，一般不宜超过柱体积的 2%。

洗脱液的组成一般不直接影响层析效果。通常不带电荷的物质可用蒸馏水洗脱，带电荷的物质可用磷酸盐之类的缓冲液洗脱，离子强度应控制在 0.02mol/L 左右，pH 值由酶的稳定性和溶解度决定。如果分离纯化后的产品还要进行冷冻干燥处理，则可使用挥发性的缓冲液。

凝胶可以再生后重复使用，凝胶在每个分离过程结束后，如果胶本身没有变化，一般无需特殊的再生处理，只需用蒸馏水、稀盐或缓冲液充分洗涤后，就可以重复使用。如果有尘埃污染，可以用反向上行法漂洗；如果有少量非专一性的交换或吸附现象，可以先用 0.1mol/L 盐酸或 0.1mol/L 氢氧化钠洗涤后再用水洗至中性。为了防止微生物污染，可加入 0.02% 叠氮钠抗菌剂流洗，也可保存于 20% 的乙醇溶液中。洗涤的凝胶可以在膨胀状态下放置于冰箱中长期保存。

7.3.4　萃取

萃取是利用溶质在互不相溶的两相中分配系数不同的原理，使提取液中的产物得以浓缩和纯化的方法。传统的萃取方法主要包括溶剂萃取法和双水相萃取法两种。近几年来，又出现了超临界流体萃取等新型方法，并且已经在相关领域得到了应用，取得了很好的分离效果。

（1）溶剂萃取法（solvent extraction）

溶剂萃取是以分配定律为基础，利用产物在溶剂中和原料液中溶解度的差异，将产物提取出来，达到浓缩和纯化的目的。溶剂萃取法具有传质速度快、生产周期短、便于连续操作、容易实现自动控制、分离效率高、可以分离挥发度相近的物质、生产能力大、能量消耗低等诸多优点，应用范围十分广泛，在工业生产中，常用于抗生素、维生素、有机酸、氨基酸和蛋白质等物质的分离。选择萃取溶剂时，需要考虑以下几个因素：选择系数要大、对溶质的溶解度要大、与原溶剂的互溶性要小、黏度要小、化学性质要稳定、原料要廉价易得、使用后要容易回收等。萃取操作流程可分为单级萃取、多级错流萃取和多级逆流萃取。

①单级萃取　单级萃取只有一个混合器和一个分离器。提取液和萃取剂一起加入到萃取器中，两者经过充分接触，达到平衡后，流入分离器，便可以分离得到萃取相（L）和萃余相（R），萃取相在回收器中将溶剂与产物进行了分离（图7-3）。

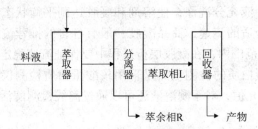

图7-3　单级萃取流程示意图

②多级错流萃取　多级错流萃取是由几个萃取器串联而成，提取液经过第一级萃取后分离成两相，萃余相依次流入下一个萃取器，再加入新的萃取剂继续进行萃取，萃取相则分别由各级排出，然后将它们混合在一起，再进入回收器回收溶剂。多级错流萃取的特点是每级均加入新的萃取剂，溶剂消耗量比较大，得到的萃取液平均浓度低，但萃取得比较完全，分离效果较好（图7-4）。

图7-4　多级错流萃取流程示意图

③多级逆流萃取　多级逆流萃取是提取液的流向与萃取剂的流向正好相反，萃取剂只在最后一级中加入。与错流萃取相比，萃取剂的用量少，萃取液的平衡浓度较高，萃取效率高（图7-5）。

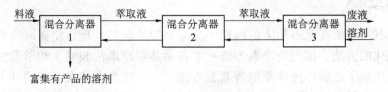

图7-5　多级逆流萃取流程示意图

（2）双水相萃取法（portion of two aqueous phase system）

双水相萃取技术是利用酶和杂蛋白在不混溶的两液相系统中分配系数的不同而达到分离纯化目的。这是近几年发展起来的非常有前途的新型分离技术，用该法分离提取的酶已达数十种之多。双水相萃取的原理是将两种不同水溶性聚合物的水溶液混合，当聚合物达到一定浓度时，体系自然分成互不相溶的两相，从而构成双水相体系。双水相体系的形成是由于聚合物的空间位阻作用，相互间无法渗透，具有强烈的相分离倾向。近年来，发现很多聚合物和盐（如 PEG/葡聚糖体系和 PEG/磷酸盐体系）也能形成双水相。当生物分子进入双水相体系后，由于其表面性质、电荷作用以及各种次级键作用力的存在，使其在上下相之间按其分配系数进行选择性分配。在很大浓度范围内，要分离物质的分配系数与浓度无关，只与其本身的性质和双水相体系的性质有关。

双水相萃取特别适用于直接从含有菌体等杂质的酶液中分离纯化目的酶。该技术还可以和其他分离方法结合使用，以提高分离效率。

双水相萃取主要优点是在所形成的两相中均含有 70% 以上的水，这样的环境对于蛋白质而言比较温和，而且处理量不受限制。聚乙二醇和葡聚糖这类物质可作为蛋白质的稳定剂，即使在常温下操作，酶活力也很少损失。双水相萃取所需要的设备简单，仅需要一个能使酶抽提液与两相系统充分混合的贮罐和一个离心力不高的普通离心机或使两相快速分离的分离器，其操作方便、快速，回收率一般可达 80% ~ 90%，而且可迅速实现酶蛋白与菌体、细胞碎片、多糖、脂类等物质的分离。

（3）反胶团萃取法（reversed micelles）

反胶团萃取法是向水中加入表面活性剂，水溶液的表面张力随表面活性剂浓度的增大而下降。当表面活性剂浓度达到一定值后，将会发生表面活性剂分子的缔合形成水溶性胶团，在有机相内形成分散的亲水微环境，使生物分子在有机相（萃取相）内存在于反胶团的亲水微环境中，消除了蛋白质难溶于有机相或在有机相中发生不可逆变性的现象。通过控制 pH 值、离子强度、有机溶剂的种类以及表面活性剂的种类和浓度等条件，可以改变蛋白质在两相中的分配系数，不同蛋白质表面电荷的不同使其在两相中的分配系数不同，从而达到分离的目的。反胶团萃取的研究开始于 20 世纪 70 年代末期，虽然发展历史比较短，技术还不够成熟，但该法在一些研究工作中已经得到了很好的应用。例如，以 CTAB/正丁醇/异辛烷构成反胶团系统，通过反胶团萃取方式纯化 α-淀粉酶。

（4）超临界流体萃取（supercritical fluid extraction）

超临界流体萃取是利用超临界流体的特殊性质，使其在超临界的状态下，与待分离的物料相接触，萃取出目标产物，然后再通过降压和升温的方法，使萃取物得到分离（图 7-6）。超临界流体萃取具有传质速度快、组分选择性高、适合提取热敏性物质、高效节能等优点；但是也存在着设备投资大、不能够进行连续操作等不足。常见的超临界流体主要有二氧化碳、乙烷、丙烷等。

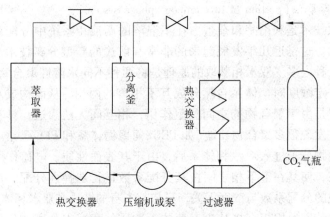

图 7-6 超临界萃取流程示意图

7.3.5 膜分离技术

膜分离技术(membrane separation technique)是采用天然或人工合成的高分子膜,以外界能量或化学差为推动力,对双组分或多组分的溶液进行分离的方法。膜分离可以在常温下进行,不涉及化学反应,也不发生相变,选择性较高,浓缩和纯化可一步完成;所需设备简单,容易进行放大生产,生产成本比较低。近年来,膜分离技术作为一项新兴的高效分离技术,深受人们的重视。目前,膜分离技术在食品工业、发酵工业、医药工业、生化技术等领域都得到了很好应用。

膜分离是根据滤膜孔径的大小使物质透过或被膜截留,从而达到分离的目的。根据滤膜孔径的大小,常用的膜分离技术主要可分为超滤法、微滤法、纳滤法、反渗透法、透析法等。

(1)超滤法(ultrafiltration)

超滤是在一定压力(正压或负压)下将溶液强制性通过固定孔径的膜,使溶质按相对分子质量、形状、大小的差异得到分离,所需要的大分子物质被截留在膜的一侧,小分子物质随溶剂透过膜到达另一侧。这种方法在分离提纯酶时,既可直接用于酶的分离纯化,又可用于纯化过程中酶液的浓缩。用超滤膜进行分离纯化时超滤膜应具备以下条件:要有较大的透过速率和较高的选择性;要有一定的机械强度,能够耐热、耐化学试剂;不容易遭受微生物的污染;价格低廉。

常用超滤膜的截留分子质量的范围在 1 000 ~ 1 000 000。对具有相同相对分子质量的线形分子物质和球形蛋白质类分子,截留率大于或等于 90%。截留率不仅取决于溶质分子的大小,还与下列因素有关:分子的形状,线形分子的截留率低于球形分子;吸附作用,如果溶质分子吸附在孔道壁上,会降低孔道的有效直径,因而使截留率增大;其他高分子物质的存在可能导致浓度极化层的出现,而影响小分子的截留率;温度的升高和浓度的降低也会引起截留率的降低。

制造超滤膜的材料很多,对膜材料的要求是具有良好的成膜性、热稳定性、化学稳定性、耐酸碱性、微生物侵蚀性和抗氧化性,并且具有良好的亲水性,以得到高的水通量和抗污染能力。目前超滤膜通常用聚砜、纤维素等材料制成，使用时一定要注意膜的正反面，不能混淆。超滤膜在使用后要及时清洗，一般可用超声波、中性洗涤剂、蛋白酶液、次氯酸盐及磷酸盐等处理，使膜基本恢复原有水通量。如果超滤膜暂时不再使用，可浸泡在加有少量甲醛的清水中保存。

超滤法的优点是超滤过程无相的变化，可以在常温及低压下进行分离，条件温和，不容易引起酶蛋白变性失活，因而能耗低；设备体积小，结构简单，故投资费用低，易于实施；超滤分离过程只是简单地加压输送液体，工艺流程简单，易于操作管理，适合于大体积处理。缺点是只能达到粗分的要求，只能将相对分子质量相差 10 倍的蛋白质分开。

（2）微滤法（microfiltration）

微滤即微孔过滤，以压力差作为传质动力，是利用孔径为 $0.01 \sim 10\mu m$ 的多孔膜过滤含有微粒的溶液。此法主要用于收集微生物菌体细胞或澄清溶液。适用于分离微生物、细胞碎片、微细沉淀物和其他在"微米级"范围的粒子。微滤法多用于酒和饮料的生产。在酿酒工业中，采用聚碳酸酯核孔滤膜可以过滤除去啤酒中的酵母菌和细菌，经过处理后的啤酒不需要加热杀菌就能够在室温下长期保存，大大延长了啤酒的货架期。

（3）纳滤法（nanofiltration）

纳滤法是介于超滤和反渗透之间的一种膜分离方法，它以压力差作为推动力，可以从溶液中分离出相对分子质量 $300 \sim 1\ 000$ 的产物。纳滤具有很好的工业应用前景，在食品工业中主要应用于乳清的脱盐与浓缩、肽和氨基酸的分离及某些有效成分的回收等。

（4）反渗透法（reverse osmosis）

反渗透又称逆渗透，是一种以压力差为推动力，从溶液中分离出溶剂的膜分离技术。对膜一侧的料液施加压力，当压力超过它的渗透压时，溶剂就会逆着自然渗透的方向做反向渗透。在膜的低压侧得到透过的溶剂，即渗透液；高压侧得到浓缩的溶液，即浓缩液。反渗透技术目前已大规模应用于海水淡化，也应用于氨基酸和番茄汁的浓缩。

（5）透析法（dialysis）

透析是利用大分子的酶或蛋白质不能通过半透膜，将酶或蛋白质和其他小分子的物质（如无机盐、水等）进行分离。透析时，将需要纯化的酶溶液装入半透膜的透析袋中，放入蒸馏水或缓冲液中，小分子物质借助扩散进入透析袋外的蒸馏水或缓冲液中。通过更换透析袋外的溶液，可以使透析袋内的小分子物质浓度降至最低。

透析通常不单独作为纯化的一种方法，但它在分离纯化过程中却经常被使用，通过透析可除去料液中的盐类、有机溶剂、水等小分子物质。采用聚乙二醇、蔗糖反透析还可对少量酶进行浓缩。

对相对分子质量小于 $10\ 000$ 的蛋白质或酶溶液进行透析时，有可能存在泄漏的危险。透析袋在使用之前最好在 EDTA-NaHCO$_3$ 溶液中加热煮过，以便除去生产过程中混入的有害杂质，还要特别注意检查膜有无破损、泄漏之处，然后才能装入待透析液，两头扎紧，进行透析。一般在透析过程中，透析液需要更换 3～5 次。透析袋使用之后，一般可用清水冲洗干净，再次检查透析膜是否完好无损，最后浸泡于 75% 的乙醇溶液中备用。

(6) 电渗析法 (electrodialysis)

电渗析是一种以电位差为推动力，利用离子交换膜的选择透过性，从溶液中脱除或富集电解质的膜分离操作。电渗析是电解质离子在两种液体间的传递，其中一种液体失去电解质，成为淡化液；另一种液体接受电解质，成为浓缩液。实质上，电渗析可以说是一种除盐技术，海水经过电渗析，所得到的淡化液为脱盐水，浓缩液为卤水。

7.3.6 离子交换层析

离子交换层析 (ion exchange chromatography，IEC) 是根据被分离物质与所用分离介质间异种电荷的静电引力不同来进行分离。各种蛋白质分子由于暴露在分子外表面的侧链基团的种类和数量不同，在一定的离子强度和 pH 值的缓冲液中，所带电荷的情况也是不相同的。如果在某 pH 值时，蛋白质分子所带正负电荷量相等，整个分子呈电中性，这时 pH 值即为该蛋白质的等电点。与蛋白质所带电荷性质有关的氨基酸主要有组氨酸、精氨酸、赖氨酸、天冬氨酸、谷氨酸、半胱氨酸以及肽链末端氨基酸等。例如，当 pH < 6.0 时，天冬氨酸和谷氨酸的侧链带有负电性；当 pH > 8.0 时，半胱氨酸的侧链由于巯基的解离，也带负电荷；如果 pH < 7.0，组氨酸残基带正电荷，大多数蛋白质等电点多在中性附近，因而层析过程可以在弱酸或弱碱条件下进行，避免了离子交换时 pH 值急剧变化而导致蛋白质变性。

离子交换作用是在固定相和流动相之间发生的可逆的离子交换反应。蛋白质的离子交换过程分为两个阶段：吸附和解吸附。吸附在离子柱上的蛋白质可以通过改变 pH 值或增强离子强度，使加入的离子与蛋白质竞争离子交换剂上电荷位置，从而使吸附的蛋白质与离子交换剂解离。不同蛋白质与离子交换剂形成的键数不同，即亲和力大小有差异，因此只要选择适当的洗脱条件就可将蛋白质混合物中的组分逐个洗脱下来，达到分离纯化的目的。

离子交换剂的母体是一种不溶性高分子化合物，往往亲水性比较高，一般不会引起生物分子变性失活，如树脂、纤维素、葡聚糖等，其分子中引入了可解离的活性基团，这些基团在水溶液中可与其他阳离子或阴离子起交换作用。按照母体的不同可将离子交换剂分为以下 3 类。

(1) 离子交换树脂

离子交换树脂是以聚苯乙烯树脂等为母体，再导入相应的解离基团而成。它具有疏水的基本骨架，易导致蛋白质变性，交换容量低，一般只有以羟基为解离基团的弱酸性树脂，个别对酸碱较稳定的酶也曾用强酸型或强碱型交换树脂。

(2) 离子交换纤维素

离子交换纤维素是目前酶的纯化工作中用得较多的交换剂，它是以亲水的纤维素为母体，引入相应的交换基团后制成。其优点是交换容量较大，交换速率较高；缺点是易随交换介质 pH 值、离子强度的改变而发生膨胀、收缩。

（3）离子交换凝胶

离子交换凝胶是以葡聚糖凝胶或琼脂糖凝胶为母体，导入相应的交换基团后制成。交换容量比离子交换纤维素还要大，同时具有分子筛的作用；其缺点是易随缓冲液 pH 值和离子强度的不同而改变其交换容量、容积和流速。

按照离子交换剂的不同又可以分为阳离子交换剂和阴离子交换剂；按照结合力的不同分为强离子交换剂和弱离子交换剂。能与阳离子发生离子交换的称为阳离子交换剂，其活性基团为酸性；能与阴离子发生交换作用的称为阴离子交换剂，其活性基团为碱性。解离基团为强电离基团的称为强离子交换剂，而带有弱解离基团的称为弱离子交换剂。分离时应根据吸附蛋白质的性质来选择交换剂种类，如羧甲基是弱酸性阳离子交换剂，磺酸基是强阳离子交换剂。二乙氨乙基纤维素（DEAE）是弱碱性阴离子交换剂，季铵离子是强阴离子交换剂。

离子交换层析的操作过程一般包括 3 个环节：加样吸附、洗涤和洗脱，每一个环节都包含着酶和杂蛋白的分离。

加样：用缓冲液将柱料充分平衡后，即可上样，由于吸附过程是靠离子键的作用，所以这一过程能够瞬时完成，加样时流速并没有特殊要求。

洗涤：在与加样条件相同的情况下，使相同的缓冲液继续流过色谱柱，以洗脱一些不是通过离子吸附键作用滞留在柱中的杂蛋白，以提高分离效果。

洗脱：当洗脱液中加入一定浓度的盐（多采用氯化钠）时，蛋白质即可与离子交换剂发生解离。主要有 3 种洗脱法，即恒定溶液洗脱、逐次洗脱和梯度洗脱。恒定溶液洗脱时，样品体积应控制在柱床体积的 1%～5%。色谱柱应细长些，高径比为 20 左右，这种方法所用的洗脱液体积往往比较大。逐次洗脱是指用几个不同浓度梯度的盐溶液逐次洗脱，而梯度洗脱则借助梯度混合仪使洗脱液中的盐浓度成线性升高。一个容器装有低浓度盐溶液，另一个容器装有为高浓度盐溶液，开始洗脱时，洗脱液中盐浓度与低浓度盐溶液相同，随着洗脱液中离子强度的增加，蛋白质与树脂上的解离基团之间的作用力逐渐降低，不同的蛋白质由于结合力不同，而被分别洗脱下来。

离子交换柱的柱长通常为柱径的 4～5 倍。在装柱前交换剂应充分溶胀（在 10 倍量的蒸馏水中溶胀一夜或在 100℃沸水浴中溶胀 1h 以上），倾析除去过细粒子，然后用 2～3 倍量 0.5mol/L 盐酸溶液和 0.5mol/L 氢氧化钠溶液进行循环转型，每次转型至少维持 10～15min。对于阳离子交换剂，转型次序为酸—碱—酸，而阴离子交换剂则为碱—酸—碱，经平衡缓冲液平衡，即可进行层析操作。加入柱中的蛋白量一般约为柱中交换剂干重的 0.1～0.5 倍，样品体积也尽可能小，以得到理想的分离效果。洗脱时，可以通过提高洗脱液的离子强度、减弱蛋白质分子与载体亲和力的方法，逐一洗脱各蛋白质组分，也可改变洗脱液的 pH 值，使蛋白质分子的有效电荷减少而被解吸洗脱。

使用过的离子交换剂可用 2mol/L 氯化钠彻底洗涤，阳离子交换剂转成 H^+ 型或盐型贮存，弱碱性阴离子交换剂以 OH^- 型贮存，中等和强碱性阴离子交换剂以盐型贮存，并且加入适当的保存剂。

离子交换剂的选择也是需要注意的问题。因为酶蛋白是两性电解质，处于不同的 pH 值时，它可以带正电，也可以带负电，因此既可选用阳离子交换剂，也可选用阴离子交换剂。在这种情况下，一个重要的决定因素就是酶的稳定性，也就是说，如果目的酶在低于其 pI(等电点)的 pH 值条件下更稳定，应选用阳离子交换剂；如果目的酶在高于其 pI 的 pH 值条件下更稳定，宜采用阴离子交换剂。如果目的酶既可用强型交换剂，也可以应用弱型交换剂，那么应优先考虑选择弱型。但如果目的酶 pI <6.0 或 pI >9.0，则应考虑强型交换剂，因为只有强型交换基团才能在广泛的 pH 值范围内保持完全解离状态，而弱型交换基团所适用的 pH 值范围较窄，多数弱型的阳离子交换剂在 pH <6.0 或弱型阴离子交换剂在 pH >9.0 时不带电荷，已经丧失了离子交换能力。

如果待分离的蛋白质需要很高浓度的盐才能够被洗脱下来，可以改换较弱的离子交换剂，改变 pH 值也可能解决问题。对于阳离子交换，提高 pH 值将会降低洗脱蛋白质所需的盐浓度；对于阴离子交换，则降低 pH 值会产生类似的效果。相反，如果要分离的蛋白质即使在很低的离子强度下也不能被交换剂所保留，那就要用较强的交换剂或调节 pH 值。

不同离子交换剂对流速的要求不同，纤维素的流速一般低于凝胶，Sepharose 交换剂兼有高流速和高交换容量的优点。

缓冲液的选择原则是它不与离子交换剂发生相互作用，即阳离子交换剂用阴离子缓冲液，阴离子交换剂用阳离子缓冲液，否则缓冲液离子参与离子交换反应，影响溶液 pH 的值稳定。例如，用阴离子交换剂选择 Tris 缓冲液，用阳离子交换剂选择磷酸缓冲液。缓冲液还要选择合适的 pH 值和离子强度，选择比洗脱点低至少 0.1mol/L 的盐浓度是合适的，pH 值选择在与酶蛋白等电点相差一个单位处，效果比较好。

离子交换层析是目前仅次于盐析的一种分离纯化方法。它适用面广，几乎所有的蛋白质都可以用该法分离，分辨率很高；一次可以处理大体积的样品，从而避免浓缩的步骤；分离纯化所用时间比较短，而收率比较高。

7.3.7 电泳

电泳(electrophoresis)是根据各种蛋白质在解离、电学性质上的差异，利用其在电场中迁移方向与迁移速度的不同进行纯化的一种方法。根据电泳使用的技术不同可以分为显微电泳、免疫电泳、密度梯度电泳、等电聚焦电泳等；根据电泳的方向分为水平电泳和垂直电泳；根据电泳的连续性分为连续性电泳和不连续性电泳；根据有无支持物分为自由界面电泳和区带电泳。自由界面电泳是利用胶体溶液的溶质颗粒经过电泳以后，在溶液和溶剂之间形成界面，从而达到分离的目的。区带电泳是样品在惰性支持物上进行电泳的过程，因为支持物的存在减少了界面之间的扩散和干扰，而且多数支持物还具有分子筛的作用，提高了电泳的分辨率，区带电泳简单易行，成为目前应用较多的重要电泳技术。而区带电泳根据所用支持物的不同又分为纸电泳、琼脂糖凝胶电泳以及聚丙烯酰胺凝胶电泳等。

(1)聚丙烯酰胺凝胶电泳(PAGE)

聚丙烯酰胺凝胶电泳是最常用的电泳方法，这种电泳具有分子筛效应，因而可以达到很高的分辨率。常用的聚丙烯酰胺凝胶电泳以不连续方式进行，也就是电泳的胶与缓冲体系都具有不连续性，称为 disc 电泳。由于它的不连续性导致样品在电泳分离过程中被浓缩成圆盘状薄层，从而显示了很高的分辨率。

这种电泳由 3 部分组成：样品胶、成层胶和分离胶。样品胶和成层胶的孔径与缓冲介质都相同，而分离胶的孔径较前两者小。电泳开始后，先行离子超前流动，并在它的后面留下一低离子浓度的低电导区。这种低电导区导致高电位梯度的产生，迫使尾随离子加速泳动，在高、低电位区间构成迁移快的界面，同时样品离子被压缩于界面中形成圆盘状薄层。由于样品中各组成成分所带的电荷不同，迁移率也不同，当样品离子和尾随离子进入分离胶后，由于其间的 pH 值有利于尾随离子的解离，故它的迁移率显著增大，并迅速超过样品离子，导致高的电位梯度消失，样品开始在具有均一电场的分离胶中按照解离状况接受电泳分离。由于分离胶孔径较小，样品同时受到分子筛效应的控制，静电荷相同的蛋白质也能得到进一步分离，故而分辨率高。为了进一步提高其分辨率，又发展了 SDS - 聚丙烯酰胺凝胶电泳等。SDS 是一种阴离子去垢剂，它能与蛋白质结合，破坏蛋白质分子内部和分子间以及与其他物质间的次级联系，使蛋白质变性；通常每克蛋白质约能结合 1.4g SDS，从而使蛋白质所带的负电荷远超过蛋白质原有电荷数，消除了不同蛋白质原有的荷电差异；再加上结合了 SDS 的蛋白质都是椭圆状，没有大的形状差异，因此蛋白质电泳迁移率仅取决于蛋白质的相对分子质量。SDS - 聚丙烯酰胺凝胶电泳主要用于蛋白质的纯度分析和相对分子质量测定。

(2)等电聚焦电泳(isoelectric focusing)

等电聚焦电泳是利用蛋白质两性电解质具有等电点，在等电点的 pH 值下呈电中性，不发生泳动的特点而进行的电泳分离。在电泳设备中首先调配连续的 pH 梯度，然后使蛋白质在电场作用下泳动到与各自等电点相等的 pH 值区域而不再继续泳动，从而形成具有不同等电点的蛋白质区带。这种技术的关键是调配稳定的连续 pH 梯度。一般采用氨基酸混合物或氨基酸聚合羧酸的缓冲液。如已经商业化的载体 Ampholine 为数百种组分的混合物，各组分具有不同的等电点，一般有 3 种 pH 梯度范围可供选择，即 pH 4.0 ~ 6.0、pH 8.0 ~ 10.0、pH 9.0 ~ 11.0。一般电泳容易受溶质扩散的影响，而等电聚焦电泳不存在这个问题，因此它的分离性能极高。但等电聚焦电泳也存在一些缺点，如载体两性电解质对产品产生污染、pH 梯度的稳定性不高、操作过程容易发生凝胶脱水起皱等现象。

(3)毛细管电泳(capillary electrophoresis)

毛细管电泳是利用毛细管为电泳装置，其内径为 25 ~ 200 μm，长度约为 100cm，壁厚约为 200 μm。它是离子或带电粒子在直流电场的驱动下，在毛细管中按其淌度或分配系数的不同而进行的一种高效、快速分离的电泳新技术。在毛细管和电泳槽内充满相同组成或相同浓度的缓冲液，样品从毛细管的一端加入，在毛细管两端加上一定的电压后，电荷溶质便朝其电荷极性相反的电极方向移动。由于样品中各组分间的淌度不同，其迁移速度各不相同，经一定时间电泳后，各组分按其速度或淌度的大小顺序，依次到检测器被检出。用峰谱的迁移时间(保留时间)可做定性分析，按其峰的高度(h)或峰面积可做定量分析。

毛细管电泳具有高效、快速、样品用量少等优点，同时自动化程度高、操作简便、溶剂消耗少、环境污染少；毛细管电泳管道微细，能够有效抑制电泳操作过程中对流和混合的发生，分离精度高；毛细管的比表面积大，设备比较容易冷却；传统的电泳技术受焦耳热限制，只能在低电场下进行电泳操作，分离时间长，分辨率低，而毛细管具有良好的散热功能，由于毛细管的散热速度快，所以操作电场强度可达 100 ~ 300V/cm，电泳速度快，分离时间短；加样量少（不足 1 μL），样品浓度可以很低，10^{-4} mol/L 即可。毛细管电泳是近年来发展很快的一种分析分离分析技术。

7.3.8 聚焦层析

聚焦层析（chromatofocusing）是在层析柱中填满多缓冲交换剂（如 pH 7 ~ 9），加样后以特定的多缓冲剂滴定或淋洗时，随着缓冲液的扩展，便在层析柱中形成一个自上而下的 pH 梯度，而样品中各种蛋白质按各自的等电点聚焦于相应的 pH 值区段，并随 pH 梯度的扩展不断下移，最后便分别从层析柱中洗出。它是将层析技术的操作方法与等电聚焦的原理相结合，兼具有等电聚焦电泳的高分辨率和柱层析操作简便的优点。聚焦层析可以分为以下几个步骤进行操作：按照样品等电点选择适宜的多缓冲液或多缓冲剂；调整多缓冲液 pH 值至梯度上限，以该多缓冲液平衡多缓冲剂，然后装柱；调整多缓冲液的 pH 值至下限，以此 pH 缓冲液 5 ~ 10mL 流洗层析柱；加样，以下限 pH 多缓冲液洗脱，分部收集并检测；多缓冲剂再生。

7.3.9 亲和层析法

亲和层析法（affinity chromatography）是利用酶分子具有专一性结合位点或独特的结构性质进行分离的一种方法，其特点是分离效率高、速度快。酶的底物、抑制剂、辅因子、别构因子以及酶的特异性抗体等都可作为酶蛋白的亲和配体，将这些亲和配体偶联于载体上，就制成了亲和吸附剂。当酶溶液流过层析柱，目的酶便迅速而有选择性地吸附在亲和配体上，然后用适当的溶液进行洗涤，除去一些非专一性的杂质后，再用浓度高的或亲和力强的配体溶液进行亲和洗脱，酶就会从层析柱上的载体上脱离下来并流出柱外。

吸附剂的种类很多，可以分为无机吸附剂和有机吸附剂。吸附剂通常由一些化学性质不活泼的多孔材料制成，比表面积大。常用的吸附剂包括硅胶、活性炭、磷酸钙、碳酸盐、氧化铝、硅藻土、泡沸石、陶土、聚丙烯酰胺凝胶、葡聚糖、琼脂糖、菊糖、纤维素等。在吸附剂上连接亲和基团就制成了亲和吸附剂。吸附剂作为固相载体应符合以下要求：①具备和配体进行偶联反应的大量功能基团；②具有高度亲水性，不会引起酶蛋白的变性失活；③具有很好的惰性，没有或很少有非特异性吸附；④化学性质稳定，能适应偶联、吸附、洗脱等操作过程中各种 pH 值、温度、离子强度、甚至变性剂（如脲、盐酸胍等）反复处理，并有良好的流体力学性质；⑤具有一定的机械强度、结构疏松，以便使酶与配基自由地接触。

利用亲和层析纯化酶，配基的选择同样具有重要的作用。配基一般要求符合以下的条件：配基-酶的解离常数的选择范围应在 10^{-8} ~ 10^{-4}mol，如果解离常数太小，配基与酶的结合太强，亲和洗脱困难；解离常数太大，酶与配基的结合太松散，不能达到专一性亲和吸附的目的；配基上必须具有供偶联反应的活泼基团，而且当它们与载体(或臂)结合后，不能影响酶的亲和力；配基的偶联量太高也会造成过强的亲和吸附而洗脱困难，同时带来空间位阻和非专一性吸附，偶联量太低时，造成分离效率低，一般配基偶联量应控制在 1~20 μmol/mL 膨润胶。

将配体连在载体上往往需要经过几步反应。直接将配体偶联于载体上得到的亲和层析剂，常因配体和载体间相距太近，影响到酶与配体间的亲和作用。因为酶的活性中心一般处在酶分子的内部，如果在配体和载体间加上一连接臂，便可提高亲和作用。臂的长短必须合适，太长容易断裂并产生非专一性吸附；太短起不到应有效果。一般所选择的臂应该具有与载体和配体进行偶联反应的功能基团；要能经得起偶联、洗脱等操作过程的化学处理和条件的变化；亲水，但又不能带电荷。在实践中常采用的充当臂的物质有：碳氢链类(如 α、ω-二胺化合物、α、ω-氨基羧酸)，聚氨基酸(如聚 DL-丙氨酸、聚 DL-赖氨酸等)，某些天然蛋白质(如白蛋白等)。

亲和层析和其他层析的操作过程基本相似，在制备了亲和吸附剂后，进行预处理与平衡、装柱、加样、洗涤和洗脱以及脱盐与再生等基本过程，亲和吸附与 pH 值、离子强度、温度等吸附条件有关。吸附剂与样品间的比例要恰当，样品体积一般控制在床体积的 1%~5%，蛋白质浓度不要超过 20~30mg/mL。流速一般控制在 10mL/(cm^2·h)。

洗涤是为了除去杂质，一般选择平衡时所用的缓冲液进行洗涤。洗脱的条件是在不引起酶变性失活的情况下，尽量削减酶与配基间的相互作用力，从而使酶从吸附剂转移至洗脱液中来。洗脱一般分为非专一性洗脱和专一性洗脱。

①非专一性洗脱　根据洗脱条件可采用多种方法：改变温度的洗脱，有些酶只要用线性温度梯度洗脱，就能达到洗脱的目的，解吸过程一般是吸热过程，因此提高温度可解吸；改变 pH 值、离子强度及溶剂系统组成进行洗脱，亲和作用力中静电引力、范德华力、疏水作用都是一些重要的相互作用力，改变 pH 值和离子强度可以降低和削弱静电作用，甚至使酶和配基间的引力转变为排斥力；另外，加入与水混溶的溶剂(如乙二醇、二甲基砜等)能降低溶剂表面的张力；加入促溶离子可以破坏水的结构并削弱疏水作用也能达到较好的洗脱效果。

②专一性洗脱　首先是亲和洗脱，使用浓度更高的配基溶液或亲和力高的底物溶液进行洗脱。其次是电泳洗脱，被吸附在吸附剂上的各种物质，当置于电场中时，便会按照其荷电性质向相反的方向移动，这样也可以达到洗脱目的。另外，使用一些蛋白质可逆变性剂，如脲、盐酸胍等，可在低 pH 值条件下使酶构型发生可逆变化从而解离下来，但是，这种洗脱也可能导致酶的不可逆失效，而且即使是可逆变性，随时间延长也可能向不可逆转化，所以在洗脱后应立即从酶溶液中除去这些物质。

吸附剂的再生一般采用含 0.5mol/L NaCl 的浓度为 0.1mol/L Tris—HCl(pH 8.5)缓冲液洗至 pH 8.5，再用含有 0.5mol/L、0.1mol/L pH 4.5 的醋酸缓冲液洗至 pH 4.5，然后用水洗至中性，用时再用起始缓冲液平衡。

7.3.10　免疫吸附层析

根据抗原和抗体具有高度专一亲和作用，可以将某种酶的抗体连接到不溶性载体上，再利用带抗体的层析柱来分离纯化相应的酶，这种方法在酶的分离纯化过程经常使用。用传统方法从一个生物种属中得到少量的纯酶（如0.1mg），利用它在另一种属（通常为兔子、羊或鼠）中产生多克隆抗体，这些抗体由于各自识别酶的不同抗原决定簇不同，因此与酶的亲和力大小也不一样。抗体经纯化后，偶联到溴化氰活化的琼脂凝胶（Sepharose）上，即可用于从混合物中分离出酶抗原。利用改变洗脱液的pH值，增加离子强度或降低抗原抗体结合力的方法将吸附的酶解吸洗脱。解吸过程是整个纯化过程中最困难的一步。因为酶在剧烈的解吸过程中，可能会大量失活，回收率大大降低。

单克隆抗体（McAb）制备技术的应用解决了许多在多克隆抗体使用中遇到的问题。首先，作为抗原的酶不用很纯；其次，由于通常用小鼠免疫制备McAb，抗原酶的用量很小，一般50 μg就足够了。作为抗原的酶可含有不同的抗原决定簇，因此，同一抗原可产生许多不同的McAb，从中挑选出亲和力适中的McAb来制备亲和介质。这样，既能高效吸附目的酶，又可避免后面洗脱的困难。所以，用McAb制得的亲和柱，其柱效往往很高，而且McAb还可通过体外大规模培养大量制备。

所有动物产生抗体的淋巴细胞在体外培养条件下，其生存时间极短。而骨髓瘤细胞能在体外长期培养生长，但不能产生专一性的抗体。将这两类细胞融合得到的杂交细胞就兼有两者的长处，既能长期培养又能分泌所需的特异抗体。因此，可以将需要纯化的某一酶的酶液作为抗原去免疫动物，然后分离出这一动物的脾细胞，与遗传缺陷型骨髓瘤细胞相融合。经多次克隆后，挑选出能单一分泌这种酶抗体的杂交瘤细胞，再经扩大培养，即可得到这种酶的大量McAb。

7.3.11　亲和超滤

亲和超滤（affinity ultrafiltration）是把亲和层析的高度专一性与超滤技术的高处理能力相结合的一种新的分离方法。需要提纯的粗酶自由存在于抽提液时，可以顺利通过截留相对分子质量较大的超滤膜。但当酶与大分子亲和配体结合，形成酶-配体复合物后，由于其相对分子质量远大于超滤膜的截留相对分子质量，因而被截留。提取液中其他未被结合的组分仍可顺利通过超滤膜，分离出上述复合物后洗去杂质，再用合适的洗脱液洗脱，使酶解吸下来；最后再通过一次超滤膜，把大分子配体分离出来，供再生使用。透过的酶液再经截留相对分子质量小的超滤膜进行浓缩。

亲和超滤技术的关键在于选择合适的配体、载体及合适截留相对分子质量的超滤膜。配体对所分离对象要具有亲和力好、专一性高、在亲和洗脱条件下很稳定、抗剪切力强、容易回收等特点。常用的载体一般有聚丙烯酰胺、琼脂糖、葡聚糖、淀粉等。一个好的载体应该具有高度亲和性，不会引起酶的失活，能自由悬浮于提取液中，不易产生膜的浓差极化和堵塞现象。超滤膜的截留相对分子质量决定了超滤的透过速率。截留相对分子质量越大，水通量也越大，超滤越容易进行。

亲和超滤技术既克服了超滤技术选择性不高，被分离物质的相对分子质量需相差一个数量级以上，才能得到较好分离效果的缺点，又解决了亲和层析技术只能间隙操作，单批处理量小的不足，具有广阔的应用前景。

7.3.12　亲和沉淀

亲和沉淀(affinity precipitation)是将生物亲和作用与沉淀分离相结合的一种蛋白质分离纯化技术。根据亲和沉淀的机理不同,可以分为一次作用亲和沉淀和二次作用亲和沉淀。

(1)一次作用亲和沉淀

水溶性化合物分子上偶联有两个或两个以上的亲和配基,前者称为双配基,后者称为多配基。双配基或多配基可与含有两个以上亲和部位的多价蛋白质产生亲和交联,从而形成较大的交联物而沉淀析出。

(2)二次作用亲和沉淀

利用一种特殊的载体固定亲和配基来制备亲和沉淀介质,这种载体在改变 pH 值、离子强度、温度和添加金属离子时溶解度会下降,形成可逆性沉淀的水溶性聚合物。亲和介质与目的酶分子结合后,通过改变条件使介质与目的酶共同沉淀的方法称为二次作用亲和沉淀。进行亲和沉淀后,再通过离心或过滤回收沉淀,即可除去未沉淀的杂蛋白,沉淀经过适当清洗或加入洗脱剂即可回收纯化的目的产物。

亲和沉淀具有如下优点:配基与目的酶的亲和作用是在溶液中自由进行的,无扩散传质阻力,两者结合迅速;亲和配基裸露在溶液中,可以更有效地与酶结合,使配基利用率提高;容易规模放大;适用于高黏度或含有微粒的处理液。

7.3.13　高效液相层析法

高效液相层析法(high performance liquid chromatagraphy, HPLC),也称高效液相色谱法,其分离原理与经典液相色谱相同。但是,由于它采用了高效色谱柱、高压泵和高灵敏检测器,因此它的分离效率、分析速度和灵敏度大大提高了。高效液相色谱仪由输液系统、进样系统、分离系统、检测系统和数据处理系统组成。

酶蛋白的种类繁多,理化性质各不相同,从复杂的生物物质中分离出某种酶蛋白所采用的方法、条件也略有差异。在实验室小规模分离分析时,一般使用分析型HPLC,但当分离分析规模扩大时,则必须使用制备型液相色谱仪。制备型液相色谱仪,其共同特点是柱长和柱径都比较大(最大为 $2.3m \times 0.1m$)。柱长和柱径的选择依制备的目的和产量而定。对于大口径柱子,泵系统的输流能力可达 100mL/min。大多数制备型色谱仪配有微电脑控制的自动收集系统,可对样品中目的成分选择性收集,但对含量较大而不复杂的样品,自动收集没有手工收集方便。手工收集可循环进行纯化操作。

HPLC 按分离机理不同,可以分为体积排阻色谱、离子交换色谱、反相色谱及高效疏水色谱。

(1)体积排阻色谱(size exclusion chromatography, SEC)

体积排阻色谱是一种纯粹按照溶质分子在流动相中的体积大小而分离的色谱法。其填料具有一定大小的孔径,大分子不能进入填料内部而从颗粒间最先流出色谱柱;小分子能进入填料颗粒内部,其路径较遥远而后流出。此时,若选用水系统作为流动相，又称为凝胶过滤色谱（GFC）。有两种类型商品载体用于蛋白质的高效排阻色谱，即表面改性硅胶和亲水交联有机聚合物。表面改性硅胶具有许多蛋白质凝胶过滤填料所应有的性质，能很好地保持溶质的生物活性，回收率可达80%以上。改性硅胶的粒径一般为10～15 μm，孔径为5～400nm。从理论上讲，它完全符合球蛋白相对分子质量5 000到数百万的范围。但事实上，大孔径填料的柱效低，而小孔径填料对低分子多肽有吸附作用，使用25～30nm孔径的填料最为合适。这样的填料兼顾了分级范围、分辨率和回收率，可分离5 000～5 000 000相对分子质量范围的蛋白质。

排阻色谱的流动相比较简单，流动相的 pH 值一般选用6.5～8.0 范围。有时为了控制蛋白质与固定相间可能发生的相互作用，通常在流动相中加入某些中性盐或有机改性剂。流动相的流量一般为1mL/min。高效排阻色谱法应用于蛋白质（酶）的分离纯化，活力回收多。现已达到或超过凝胶过滤水平，在分离时间上缩短了100多倍。

（2）离子交换色谱（ion exchange chromatography，IEC）

离子交换色谱法（IEC）是人们常用的分离纯化酶蛋白的方法之一，它是将离子交换和液相色谱技术相结合的一种方法，针对不同的蛋白质解离时电学性质不同，利用 IEC 中固定相与之不同的亲和力来实现分离。IEC 的固定相是以苯乙烯-二乙烯基苯共聚物为树脂核，树脂核外是一层可解离的无机基团，根据可解离基团解离时电学性质不同，可分为阳离子交换树脂和阴离子交换树脂。当流动相将样品带入分离柱时，利用样品中不同离子对离子交换树脂的相对亲和力不同而加以分离。蛋白质是两性电解质，在不同条件下有不同的解离性状，选择不同的离子交换剂，控制不同的条件，可以分离出不同的蛋白质。

在选择离子交换柱类型时，首先要根据蛋白质样品的解离状况、稳定性等不同性质，采用不同离子交换剂，其次要考虑到交换剂的强弱、离子交换剂的解离状况，离子交换色谱的流动相一般是 pH 5.0～8.0 的缓冲液，pH 5.5 的 1mol/L KH_2PO_4 溶液和 pH 8.0 的 0.5mol/L NaAc 都可分别作为阳离子和阴离子交换剂的流动相。在此条件下，大多数蛋白质结构和活性仍可保持不变。一般来说，当 pH > pI 时，蛋白质带负电荷，可保留在阳离子交换剂上；当 pH < pI，蛋白质带正电荷，可保留在阴离子交换剂上。因此，在阳离子交换剂分离时，pI 值大的蛋白质有较大保留，且保留值随流动相、pH 值和离子强度的增加而减少。

流动相的选择多用尝试法决定。通过调整流动相 pH 值、盐的种类、温度等，可以控制蛋白质的保留和提高选择性。与排阻色谱相比较，离子交换色谱的分辨率高，对大多数的蛋白质来说，活力回收可达80%以上，是分离蛋白质比较理想的方法。

（3）反相色谱法（reversed phase chromatography，RPC）

反相色谱法是根据溶质、极性流动相和非极性固定相表面间的疏水效应而建立的一种色谱模式。用反相色谱法分离蛋白质时，许多蛋白质在接触到酸、有机溶剂等或吸附于疏水固定相时容易发生变性而失去生物活性。因此，当样品为纯蛋白时，应考虑其质量和活力的回收率。这就要求控制和选择好一定的分离条件。例如，色谱条件适宜、以中等极性反相柱为固定相、含磷酸盐的异丙醇水体系为流动相，在 pH 3.0～7.0 时，许多蛋白质可以用反相 HPLC 分离，并保持其生物活性。因此，分离关键在于固定相和流动相的选择。

分离蛋白质的固定相一般有 C_{18}、C_8、CN 基和苯基键合相，其中以 C_{18} 填料最为重要。到目前为止，在 C_{18} 柱上已经成功地分离了许多蛋白质和肽。在一些流动相中，极性肽在 C_{18}、C_2、苯基柱上的色谱显示很大的差别。一些在 C_{18} 柱上不能分离的试样，能在中等极性柱上获得满意的分离效果。CN 基键合相是分离非极性肽的有用的固定相。对于相对分子质量大于 10 000 的肽，一般选用填料粒径为 5～10nm；相对分子质量大于 20 000 的肽和蛋白质选用 20～50nm 的大孔径填料。

选择分离蛋白质和肽的流动相时主要应该考虑有机溶剂的种类、酸度、离子强度以及离子对试剂等因素。在纯水中，大多数肽和蛋白质能牢固地保留在反相载体上，因此流动相必须含有有机溶剂，使溶质以合理的保留时间被洗脱。最常用的有机溶剂是甲醇、乙腈、丙醇、异丙醇、四氢呋喃等。它们和水组成的洗脱体系能得到高的回收率。洗脱强度随着有机溶剂的增加而增加，其排列顺序为：乙腈＜乙醇＜丙醇＜异丙醇＜四氢呋喃。在选择有机溶剂的同时，还要考虑到反相柱的类型和生物大分子的特性。

(4) 高效疏水色谱(hydrophobic interaction chromatography，HIC)

疏水色谱是利用适度疏水性填料，以含盐的水溶液作为流动相，借助于疏水作用分离活性蛋白质的一种液相色谱。它以表面偶联弱疏水性基团的疏水性吸附剂为固定相，根据蛋白质与疏水性吸附剂之间的弱疏水性作用的差别进行蛋白质分离纯化。蛋白质的空间排列极易从固有的有序结构转变成较无序的三维结构而发生变性作用，失去生物活性，高效疏水作用色谱洗脱和分离条件比较温和，大大减少了蛋白质在此过程中发生变性失活的可能性，获得很好的分离效果。这也是高效疏水色谱分离的最大优点。蛋白质通常含有被掩藏于内部的疏水残基，只有当蛋白质部分变性时，这些区域才与本体溶剂接近。但在蛋白质的表面也有一些疏水补丁(hydrophobie patches)，它们能与非极性部分相互作用而不变性。增加盐的浓度能促进这些表面的疏水作用，即使可溶性很好的亲水蛋白质也能被迫与疏水物质结合从而吸附于固定载体上，只要降低流动相的离子强度就可以逐次洗脱吸附的蛋白质而达到分离的目的。

高效疏水色谱的固定相是键合具有低密度的烷基或芳香基的葡聚糖，流动相为无机盐溶液，以递减盐浓度的方式进行梯度洗脱。近年来，人们制备了一系列以硅胶作为基体的弱的疏水性固定相，使高效疏水色谱用于生物大分子的分离更加广泛。

虽然反相色谱柱和高效疏水色谱柱上保留的蛋白质都是由于疏水作用，但高效疏水色谱柱的疏水性比反相色谱柱小得多，所以高效疏水色谱中能以盐溶液代替有机溶剂作为流动相。

高效疏水色谱的流动相一般是含硫酸铵的缓冲溶液，其 pH 值在 6～7。采用梯度洗脱时，硫酸铵浓度逐渐降低。有时在流动相中加入一定的有机溶剂以提高分离度。流动相的种类、pH 值、有机溶剂等都影响生物大分子的保留和回收。

7.4 产物的精制

利用生物技术生产的目标产物经过分离纯化后，还需要对其进行精制，才能够转化成产品。将目标产物进行浓缩、结晶及干燥的过程，称为产物的精制(refinement)。

7.4.1 浓缩

原料液中目标产物的浓度在提取前后都比较低，因此，在整个目标产物的分离提取过程中均伴随着浓缩(concentrate)。浓缩的方法很多，常用的主要有以下几种。

(1)蒸发浓缩法(evaporating concentration)

蒸发是利用加热使溶液中一部分易挥发性溶剂通过汽化而除去，以此提高溶液中溶质的浓度。蒸发浓缩根据所用蒸发设备的不同可以分为单效蒸发和多效蒸发。蒸发操作常用来浓缩水溶液。蒸发出来的水蒸气如果被另一个蒸发器利用，叫做二次蒸汽。单次利用二次蒸汽的单个蒸发器称为单效蒸发器；多次利用二次蒸汽的多个蒸发器组成的系统，被称为多效蒸发器。

在单效蒸发过程中，蒸发设备的作用是使进入蒸发器的原料液被加热，溶剂部分汽化，溶质得到浓缩，同时排出二次蒸汽。蒸发器主要由加热室和蒸发室组成。为了防止液滴随蒸汽带出，在蒸发器的顶部通常设有消泡装置和冷凝器，以使二次蒸汽全部冷凝。在多效蒸发过程中，第一蒸发器(第一效)中蒸出的二次蒸汽，可用于第二蒸发器(第二效)的加热蒸汽，第二个蒸发器蒸出的二次蒸汽，再用于第三蒸发器，依次类推，将若干个蒸发器串联起来使用，这种蒸发操作称为多效蒸发，系统中串联的蒸发器的数目称为效数。

蒸发浓缩根据所需操作压强的不同，还可分为常压蒸发浓缩和真空蒸发浓缩两种。常压蒸发浓缩法效率低，加热时间长，加热过程中可能产生一定量泡沫，容易导致酶蛋白变性失活，因此不利于热稳定性差的酶浓缩。另外，在蒸发浓缩过程中还可能出现色泽加深现象，影响产品的质量，所以一般在工业上很少应用。对热敏感性的产物进行浓缩时，常采用真空蒸发浓缩方法。目前工业上应用较多的是薄膜蒸发浓缩法。所谓薄膜蒸发浓缩法，即将待浓缩的溶液在高度真空下转变成极薄的液膜，液膜通过加热而急速汽化，经旋风汽液分离器将蒸汽分离、冷凝而达到浓缩目的。真空减压蒸发浓缩能够降低溶液沸点，减少或防止热敏性物质分解，降低对热源的要求。但是，减压蒸发浓缩也存在溶液沸点降低后，溶液黏性增加，使总传热系数下降，动力消耗增大等不足之处。真空减压蒸发浓缩常用于产物结晶前的处理，如图7-7、图7-8所示。

(2)超滤浓缩法(ultrafiltrating concentration)

超滤是在加压的条件下，将酶溶液通过一层只允许小分子物质选择性透过的微孔半透膜，酶等大分子物质被截留，从而达到浓缩的目的。这是浓缩蛋白质的重要方法。这种方法不需要加热，更适用于热敏物质的浓缩，同时它不涉及相变化、设备简单、操作方便，能在广泛的pH值条件下操作，因此近年来发展迅速。国内外已经生产出了各种型号的超滤膜，可以用来浓缩相对分子质量介于250~300 000的蛋白质。

(3)冷冻浓缩法(freezing concentration)

冷冻浓缩法是根据溶液相对纯水熔点升高，冰点下降的原理，将溶液冻成冰，然后缓慢溶解，这样冰块(不含酶)就浮于表面，酶溶解于下层溶液，除去冰块即可达到使酶溶液浓缩的目的。这是浓缩具有生物活性的生物大分子常用的有效方法，冷冻浓

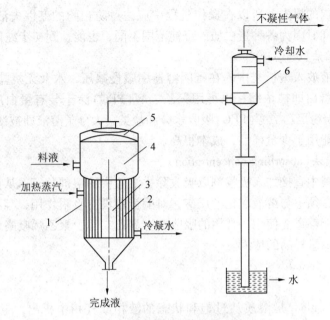

图 7-7　单效蒸发器结构示意图

1. 加热管　2. 加热室　3. 中央循环管　4. 蒸发室　5. 消泡器　6. 冷凝器

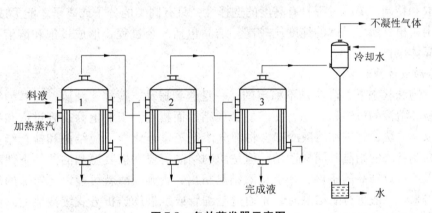

图 7-8　多效蒸发器示意图

缩会引起溶液离子强度和 pH 值的变化，导致酶活性损失，另外还需要大功率的制冷设备。

(4)凝胶过滤浓缩法(gel filtrating concentration)

凝胶过滤浓缩法是利用 Sephadex G-25 或 G-50 等吸水膨胀，使酶蛋白等大分子被排阻在胶外面的原理进行浓缩。通常采用"静态"方式，应用这种方法时，可将干胶直接加入酶溶液中，胶吸水膨润一定时间后，再借助过滤或离心等办法分离出浓缩的酶溶液。凝胶过滤浓缩法的优点是条件温和、操作简便、pH 值与离子强度等也没有改变，但是采用此法有可能会导致蛋白质回收率降低。

(5)沉淀浓缩法(precipitation)

采用中性盐或有机溶剂使酶蛋白沉淀，再将沉淀溶解在小体积的溶剂中。这种方法往往造成酶蛋白的损失，所以在操作过程中应注意防止酶的变性失活。该法的优点是浓缩倍数大，同时因为各种蛋白质的沉淀范围不同，也能达到初步纯化的目的。

（6）透析浓缩法（dialysis）

将酶蛋白溶液放入透析袋中，在密闭容器中缓慢减压，水及无机盐等小分子物质向膜外渗透，酶蛋白即被浓缩；也可用聚乙二醇（PEG）涂于装有蛋白质的透析袋上，在 4℃低温下，干粉聚乙二醇(PEG)吸收水分和盐类，大分子溶液即被浓缩。此法快速有效，但一般只能用于少量样品，成本很高。

（7）吸收浓缩法（absorbing concentration）

通过往酶溶液中直接加入吸收剂以吸收除去溶液中的溶剂分子，从而使溶液浓缩。所使用的吸收剂必须不与溶液起化学反应，对酶蛋白没有吸附作用，容易与溶液分开。吸收剂除去后还能够重复使用。常用的吸收剂有聚乙二醇、聚乙烯吡咯烷酮、蔗糖等。该方法只适用于少量样品的浓缩。

7.4.2 结晶

结晶（crystallization）是溶质从过饱和状态的液相或气相中析出，生成具有一定形状、分子按规则排列形成晶体的过程，结晶是获得纯净固态物质的有效方法。在工业上应用广泛，常用于蛋白质、酶制剂、抗生素、氨基酸、有机酸、糖类和核苷酸等产品的提取和精制。结晶过程具有高度的选择性，只有同类的分子或离子才能形成晶体，从溶液中析出，所以晶体的纯度比较高。结晶包括 3 个过程：形成过饱和溶液、晶核形成和晶体生长。

（1）形成过饱和溶液

在过饱和状态下，溶液是不稳定的，一旦遇到振动、搅拌、摩擦、加晶种等条件都能够破坏溶液的过饱和状态，使溶质形成结晶而析出。工业上为得到过饱和溶液一般采用以下方法：将饱和溶液冷却、将部分溶剂蒸发、化学反应结晶和盐析结晶。这些方法在制备酶的结晶时同样适用，但是酶的结晶需要在极其温和的条件下使酶溶液极为缓慢地接近结晶的条件，才能使酶结晶析出，否则，酶就可能以无定形的形式直接沉淀出来。一般进行酶结晶时，先通过毛细管或是借助透析方式缓慢地加入硫酸铵等沉淀剂，待溶液呈现微弱的浑浊后，再移入某一适宜温度下静候结晶出现，也可在加入相应的试剂后，再缓慢地改变 pH 值和温度，使之逐渐接近结晶条件。

（2）晶核的形成

晶核的产生有两种情况，自发生成和外界添加晶种。蛋白质或酶制剂的结晶操作一般采用后一种方法，因为在溶液黏度较高的情况下，晶核很难自发产生，而在高过饱和度下，一旦产生晶核，就会同时出现大量晶核，溶液发生聚晶现象，产品质量不易控制。所以，控制好晶核的形成速度，对于晶体的大小、晶体的纯度、产品的收率等具有较大影响。一般情况下，宜促使晶核在外界诱导下形成，而非自发形成，从而更好地控制晶体质量。

（3）晶体的生长

在晶体的生长过程中，溶质分子移向晶核，晶体逐渐长大，不同物质结晶需要的时间长短不同。

结晶质量直接反映产品质量的好坏，评价晶体质量的主要指标包括：晶体的大小、形状（均匀度）和纯度。工业上通常需要得到粗大而均匀的晶体，这样的晶体容易过滤和洗涤，在贮存过程中也不易结块。产物经过一次粗结晶后所析出的晶体常含有一定量的杂质，工业上常采用重结晶的方式对其进行进一步精制。重结晶是利用杂质和晶体在不同溶剂中以及不同温度下的溶解度不同，选择适宜的溶剂对晶体再次进行结晶的过程，通过重结晶可以获得高纯度的晶体。重结晶的关键是选择合适的溶剂。如果溶质在某种溶剂中经过加热能够溶解，那么溶液冷却时就能够析出较多的晶体，这种溶剂比较适用于重结晶。重结晶常用的溶剂有蒸馏水以及乙酸乙酯、丙酮、低级醇和石油醚等有机溶剂。

7.4.3　干燥

干燥（desiccation）是从湿物料中除去水分或其他溶剂的过程，它是获得生物最终产品的最后一个工艺环节。许多生物制品，如有机酸、氨基酸、蛋白质、酶制剂、单细胞蛋白以及抗生素等均为固体产品，因此，所获得的湿晶体必须经过干燥处理，干燥后的产品不仅能够长期保存，而且大大减少了产品本身的体积和质量，方便包装和贮藏运输。

工业上常用的干燥方法是采用热能加热物料，使物料中水分蒸发后而干燥或者用冷冻法使水分结冰后升华而除去。一个完整的干燥操作流程应该包括加热系统、原料供给系统、干燥系统、除尘系统、气流输送系统和控制系统。常用的干燥的方法主要有以下几种。

（1）对流加热干燥法

对流加热干燥法又称为空气加热干燥法，它是利用空气通过加热器后转变为热空气，将热量带给干燥器并传递给物料。此法是利用对流传热向湿物料供热，使物料中的水分汽化成水蒸气，并被空气带走。对流加热干燥法是目前工业上广泛应用的干燥方法，常用的包括气流干燥、沸腾干燥和喷雾干燥等。

① 气流干燥　是将处于湿润状态的各种粉粒状、泥状和块状物料，分散在高速流动的热气流中，在气流输送过程中，水分蒸发，从而得到粉状或粒状的干燥产品。气流干燥时间非常短暂，一般仅为 1～5s。气流干燥传热效果好，强度大，速度快，操作方便，能够进行连续操作，适合自动化控制。由于气流干燥过程中，气-固两相间相对速度较大，容易造成物料粒子粉碎或磨损，因此对晶体形状有较高要求的物料不适合采用这种方法，另外，此法也不适用于非常黏稠的物料。

② 沸腾干燥　是利用热的空气流使筛板上的颗粒状或粉状湿物料呈流化沸腾状态，使湿物料中的水分迅速汽化除去。沸腾干燥器中温度均匀，容易控制，不会出现物料过热现象。沸腾干燥所需设备简单，易于自动化控制，传热系数大，干燥速度快，产品质量好，应用范围广。常用的沸腾干燥设备有单层沸腾干燥器、多层沸腾干燥器和卧式多室沸腾干燥器等，其中单层沸腾干燥器在发酵工业中应用最广。

③ 喷雾干燥　是利用喷雾器将悬浮液或黏滞的液体喷成雾状，与热空气直接接触，

使水分迅速蒸发的过程。喷雾干燥的特点是干燥速度快，干燥时间短，干燥过程中物料温度低，产品质量高。酶制剂粉、酵母粉等各种热敏性产品，多采用喷雾干燥的方法进行干燥。常用的喷雾干燥方式有压力式喷雾干燥（又称机械喷雾干燥）、气流式喷雾干燥和离心喷雾干燥等。

（2）红外线干燥法

红外线干燥又称辐射干燥，是利用辐射元件发射的红外线向湿物料提供热量，使物料中的水分汽化除去的干燥的方法。红外线是波长为 0.72 ~ 1000μm 的电磁波。红外线可使物料分子强烈振动而产生为热能，物料温度提高，水分被汽化除去，从而达到干燥的目的。本法具有干燥速度快，干燥质量好，能量利用率高等优点，但红外线易被水蒸气等吸收而受到损失。红外线干燥常用于稀薄物料表层的加热干燥。

（3）冷冻干燥法

冷冻干燥即真空冷冻干燥，它是将湿物料在较低温度下（-50 ~ -10℃）完全冻结成固态，然后在真空减压条件下使湿物料中的水分由固态直接升华成气态，物料脱水成为成品。冷冻干燥是在低温条件下进行的，特别适合于热敏性物料及容易氧化的生物制品。干冷冻干燥过程不会产生泡沫，产品表面不会发生硬化，产品的颜色和生物活性均不会受到影响。干燥后，产品质地疏松，天然组织和构造不会被破坏。产品含水量极低，可以长期保存而不会发生腐败变质现象。

冷冻干燥已经广泛应用于具有生理活性的大分子、蛋白质、酶制剂、维生素、激素、核酸、抗生素等热敏产品的干燥。

（4）真空干燥法

真空干燥是在低温、减压条件下对物料进行干燥，以除去其中水分的方法。本法适用于在 100℃ 以上加热容易变质及含有不易除去的结合水的食品。对于不能耐受高温的热敏性物料和在空气中易氧化的物料而言，真空干燥是比较理想的干燥方法。

（5）微波干燥法

微波干燥是利用微波在快速变化的高频电磁场中与物质分子相互作用，被吸收而产生热效应，实质上是一种微波介质加热干燥。微波干燥具有干燥速度快、干燥均匀、热效率高、高效节能、易实现自动化控制和提高产品质量等特点，因而在干燥领域越来越受到重视。

由于生物技术产品种类繁多，原料来源广泛，产品性质复杂多样，用途各不相同，所以产品的提取、分离纯化和精制加工技术及设备也是多种多样，在实际生产和科研实践中，应根据产物和原料的性质，选择适宜的方法。

本章小结

本章概括地介绍了食品工程下游技术涉及的主要相关内容，通过本章的学习，可以使学生在对食品生物工程下游技术全面了解的基础上，系统地掌握原料预处理、固液分离、产品的提取及分离纯化、产品的结晶和干燥等基本操作方法，并深入了解相应的基本操作原理。

思考题

1. 什么是生物工程下游技术？

2. 发酵液有何特性？

3. 在分离提取前，为什么要对发酵液进行预处理？

4. 细胞破碎的方法有哪些？

5. 产物初步提取的方法有哪几种？

6. 简述产物分离纯化的主要方法及其操作原理。

7. 结晶的过程分哪几个阶段？

8. 常用的干燥方法有几种？

推荐阅读书目

生物分离原理及技术．欧阳平凯，胡永红，姚忠．化学工业出版社，2010.

生物工程下游技术．刘国诠．化学工业出版社，2003.

生物工业下游技术．毛忠贵．中国轻工业出版社，2007.

第8章
生物传感器及其在食品工业中的应用

生物传感器是在生命科学与信息科学之间发展起来的一门交叉学科。从20世纪60年代 Clark 和 Lyon 提出生物传感器的设想开始，生物传感器的发展距今已有50多年的历史了。由于生物传感器具有分析简单、迅速、准确、灵敏度高、价廉、能对许多过去难于测定的成分进行现场在线检测等优点，因此生物传感器在食品成分分析、食品保鲜期预测、食品卫生检验、食品生产过程中质量的在线控制等方面都展示出了十分广阔的应用前景。

8.1 生物传感器概述

8.1.1 生物传感器的定义和组成

传感器是一种可以获取并处理信息的装置。譬如在自然界，人的感觉器官就是一套完美的传感系统，它通过眼睛、耳朵、皮肤等来感知外界的光、声音、温度、压力等物理信息，通过鼻子、舌头感知气味和味道这样的化学刺激。而生物传感器(biosensor)是一类特殊的传感器，它利用生物活性材料做识别元件，配以适当的物理或化学信号转换器来检测或计量化合物的分析装置，是生物学、光学和微电子技术等相互结合和渗透的产物。

生物传感器的组成部分主要有3部分，一是生物分子识别元件(感受器)，是具有分子识别能力的生物活性材料，如组织切片、细胞、细胞器、细胞膜、酶、抗体、核酸、有机物分子等；二是信号转换器(换能器)，主要有电化学电极、光学检测元件、热敏电阻、场效应晶体管、压电石英晶体及表面等离子共振器件等；三是电信号处理装置，它能将换能器产生的电信号进行处理、放大和输出。具体结构如图8-1所示。

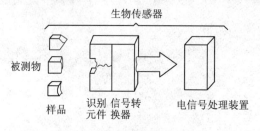

图8-1 生物传感器结构示意图

198

8.1.2　生物传感器的工作原理

生物传感器的工作原理是待测物质经扩散进入固定化生物敏感膜层，经分子识别，发生生物化学反应，产生的信息（如光、热、音等）被相应的化学或物理换能器转化为可定量或可处理的电信号，再经二次仪表放大并输出，从而达到分析检测的目的。

生物传感器并非仅指应用于生物技术领域的传感器，它的应用领域还包括环境监测、医疗卫生和食品检验等，被测量的对象也不局限于生物类，只是识别单元的敏感材料来自生物体。

8.1.2.1　生物敏感膜

生物敏感膜是生物传感器中的关键元件，是分子识别元件。它由对待测物质具有高度选择性分子识别能力的膜构成，因此直接决定了传感器的功能和质量。如以葡萄糖氧化酶为分子识别元件制成的葡萄糖生物传感器，可特异识别葡萄糖，将其迅速氧化。生物敏感膜的类型及活性材料见表 8-1。

表 8-1　生物敏感膜的类型及活性材料

生物敏感膜	生物活性材料
酶膜	各类酶类
全细胞膜	细菌、真菌、动植物细胞
组织膜	动植物组织切片
细胞器膜	线粒体、叶绿体
免疫功能膜	抗体、抗原、酶标抗原等
DNA 膜	DNA

8.1.2.2　信号转换器

信号转换器是生物传感器中将分子识别元件进行识别时所产生的化学或物理的变化转换成可用信号的装置。生物传感器中的信号转换器与传统的转换器相比并没有本质的区别。在应用中，由于生物化学反应过程中产生的信息是多元化的，可以是化学物质的消失也可以是光和热的产生，因而可选用不同的换能器。

信号转换器中常见的换能方式主要有以下几种形式：①将化学变化转变成电信号。如酶传感器：酶催化特定底物发生反应，从而使特定生成物的量有所增减。用能把这类物质量的改变转换为电信号的装置和固定化酶耦合，即组成酶传感器。常用转换装置有氧电极、过氧化氢。②将热变化转换成电信号。固定化的生物材料与相应的被测物作用时常伴有热的变化，如大多数酶反应的热焓变化量在 $25\sim100kJ/mol$ 的范围。这类生物传感器的工作原理就是把反应的热效应借热敏电阻转换为阻值的变化，后者通过有放大器的电桥输入到记录仪中。③将光信号转变为电信号。例如，过氧化氢酶能催化过氧化氢/鲁米诺体系发光，因此将过氧化氢酶膜附着在光纤或光敏二极管的前端，再和光电流测定装置相连，即可测定过氧化氢含量。此外，还有很多细菌能与特定底物发生反应产生荧光，也可以用这种方法测定底物浓度。

上述 3 种原理的生物传感器的共同点都是将分子识别元件中的生物敏感物质与待

测物发生化学反应，将反应后所产生的化学或物理变化再通过信号转换器转变为电信号进行测量，这种方式统称为间接测量方式。

在生物传感器的研制与应用中，也常有酶反应伴随的电子转移、微生物细胞的氧化直接或通过电子递体的作用在电极表面上发生，根据所得的电流量即可得底物浓度，这种方式统称为电信号直接测量方式。

8.1.3 生物传感器发展历程

依据生物传感器的发展历程，可以将生物传感器分成三代，即第一代生物传感器、第二代生物传感器、第三代生物传感器。下面简单介绍生物传感器的发展历程及各代生物传感器的特点(表8-2)。

生物传感器的发展始于20世纪60年代。1962年，Clark等人报道的用葡萄糖氧化酶与氧电极组合检测葡萄糖的结果，被认为是最早提出了生物传感器(酶传感器)原理。1967年，Updike和Hicks等人把葡萄糖氧化酶(GOD)固定化膜与氧电极组装在一起，实现了酶的固定化技术，研制成功酶电极，首先制成了世界上第一个生物传感器。1977年，铃木周一等发表了关于对生物耗氧量(BOD)进行快速测定的微生物传感器的报告，并详细报道了微生物传感器对发酵过程的控制等方面，正式提出了对生物传感器的命名。20世纪70年代，YSI公司积极投入生物传感器商品化开发与生产，于1979年投入研发第一代酶电极为主的生物传感器，从而开启了第一代生物传感器时代。

第一代生物传感器以将生物成分截留在膜上或结合在膜上为基础，这类器件由透析器(膜)、反应器(膜)和电化学转换器所组成，其实验设备相当简单。

第二代生物传感器的发展始于20世纪70年代中后期。当时，人们注意到酶电极的寿命一般都比较短，提纯的酶价格也较贵，而各种酶多数都来自微生物或动植物组织，因此自然地就启发人们研究酶电极的衍生型：微生物电极、细胞器电极、动植物组织电极以及免疫电极等新型生物传感器，使生物传感器的类别大大增多。与此同时，活性物质的固定化技术、生物电信息的转换等方面也获得较大进展，如Divies首先提出用固定化细胞与氧电极配合，组成对醇类进行检测的"微生物电极"。

第三代生物传感器的发展始于20世纪80年代。1980年，随着离子敏感场效应晶体管(ISFETs)的不断完善，Caras和Janafa率先研制成功可测定青霉素的酶FET。1985年，Pharmacia公司成功开发的表面薄膜共振技术(surface plasma resonance，SPR)，利用此光学特性开发出的生物传感器可用于$10^{-11} \sim 10^{-6}$g/mL浓度下的物质检测，可进行生物分子之间交互作用的实时检测。第三代生物传感器特点是把生物成分直接固定在电子元件上，如场效应晶体管(FET)的栅极上，它可直接感知和放大界面物质的变化，从而将生物识别和电信号处理集合在一起。这种放大器可采用差分方式以消除干扰。

进入21世纪后，生物传感器发展朝着携带式、自动化与实时测定功能方向发展。

表 8-2　生物传感器的发展阶段

生物传感器	年　代	发展阶段	研究内容
第一代生物传感器	20 世纪 60 年代	生物传感器初期	酶电极
第二代生物传感器	20 世纪 70 年代	发展时期	微生物传感器、免疫传感器、细胞传感器、组织传感器、生物亲和传感器
第三代生物传感器	20 世纪 80 年代后	进入生物电子学传感器时期	酶 FET、酶光二极管等

8.1.4　生物传感器的分类

生物传感器的名目繁多，种类各异。依据分类方式的不同，可以分成下面几大类（图 8-2）。

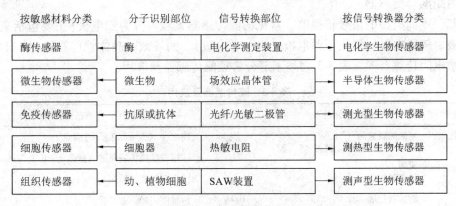

图 8-2　生物传感器的分类

根据传感器输出信号产生方式的不同，生物传感器可分为生物亲合型生物传感器、代谢型生物传感器。生物亲合型传感器是指被测物质与分子识别元件上的敏感物质具有生物亲合作用，即二者能特异地相结合，同时引起敏感材料的分子结构和/或固定介质发生变化。例如，电荷、温度、光学性质等的变化。其反应式可表示为：

$$S(底物) + R(受体) = SR$$

代谢型传感器是指底物（被测物）与分子识别元件上的敏感物质相互作用并生成产物，信号转换器将底物的消耗或产物的增加转变为输出信号。其反应形式可表示为：

$$S(底物) + R(受体) = SR \rightarrow P(生成物)$$

根据生物传感器的信号转换器的不同，生物传感器可分为生物电极传感器、半导体生物传感器、光生物传感器、热生物传感器、压电晶体生物传感器等，换能器依次为电化学电极、半导体、光电转换器、热敏电阻、压电晶体等。

根据生物传感器中生物分子识别元件上敏感材料的不同，生物传感器可分为酶传感器、微生物传感器、免疫传感器、组织传感器、核酸传感器、细胞及细胞器传感器。

8.1.4.1　酶传感器

酶传感器（enzyme sensor）是生物传感器中出现得最早、应用最多的一类传感器。这种生物传感器利用酶的催化作用，在常温、常压下将醇类、糖类、有机酸、氨基酸、胺、酚类等生物分子氧化或分解，然后通过换能器将反应过程中化学物质的变化转变为电信号记录下来，进而得出相应的生物分子浓度。

常见的酶传感器有利用亚硫酸盐氧化酶检测亚硫酸盐，利用脲酶检测尿素，利用脂酶检测中性脂质，利用葡萄糖氧化酶检测葡萄糖，利用L-酪氨酸脱羧酶检测L-酪氨酸，利用精氨酸酶检测L-精氨酸，利用谷氨酸脱氢酶检测L-谷氨酸，利用天冬酰胺酶检测L-天冬酰胺，利用苯丙氨酸氨解酶检测苯丙氨酸，利用青霉素酶检测青霉素，利用辣根过氧化物酶检测过氧化氢，利用葡萄糖淀粉酶检测麦芽糖，利用转化酶、变旋酶、葡萄糖酶检测蔗糖，利用半乳糖氧化酶检测半乳糖，利用苹果酸脱氢酶检测苹果酸，利用乳酸氧化酶检测乳酸，利用抗坏血酸酶检测维生素C，利用胆固醇氧化酶检测胆固醇，利用葡萄糖-6-磷酸激酶检测ATP，利用磷脂酶检测磷脂，利用单胺氧化酶检测单胺，利用酪氨酸酶检测苯酚，利用乙醇氧化酶检测乙醇，利用丙酮酸氧化酶检测丙酮酸等传感器。

基于不同类型的信号转换器，常见的酶传感器大致可分为酶电极（主要包括离子选择电极、气敏电极、氧化还原电极等电化学电极）、酶场效应晶体管传感器（酶FET）和酶热敏电阻传感器等。表8-3列举了部分常见酶传感器及应用。

表8-3 酶传感器及应用

测定物	酶敏感元件	电极	备注（应用；监测范围；响应时间）
苹果酸	苹果酸脱氢酶	H_2	$10^{-6} \sim 10^{-3}$ mol/L；<1min
谷氨酸	谷氨酸氧化酶、脱羧酶、脱氢酶	O_2	味精发酵液中谷氨酸含量测定；0.2~2mmol/L
单胺	单胺氧化酶	O_2	猪肉新鲜度；4min
多胺	腐胺氧化酶	H_2O_2	鱼鲜度；40s
亚硫酸盐	亚硫酸盐氧化酶	O_2	0~5mmol/L；20s
乳酸盐	乳酸脱氢酶	光线探针	
亚硝酸钠	卟啉微电极		
甜味素	天冬氨酸转氨酶	NH_3	0.4~0.8mmol/L
DDVP	乙酰胆碱酯酶	离子敏场效应	$10^{-7} \sim 10^{-5}$ mol/L
葡萄糖	葡萄糖氧化酶	O_2，H_2	白酒、苹果汁、蜂蜜中葡萄糖含量的测定；$5 \times 10^{-6} \sim 2 \times 10^{-4}$ g/mL；25s
L-赖氨酸	L-赖氨酸 α-氧化酶	O_2	0.2~3mmol/L；可重复使用3 000次
组氨酸	组氨酸脱氢酶	CO_2	
维生素C	维生素C氧化酶	O_2	
水杨酸	水杨酸脱氢酶	CO_2	
酪氨酸	L-酪氨酸脱氢酶	CO_2	

8.1.4.2 微生物传感器

微生物传感器（microbial sensor）是采用细胞固定化技术，将各种微生物固定在膜上的生物传感器。微生物传感器可分为两大类：一类是利用微生物的呼吸作用；另一类是利用微生物细胞内所含的酶。因为微生物细胞与组织一样含有许多天然的生物分子，能对酶起协同作用，所以传感器寿命比较长。例如，荧光假单胞菌能同化葡萄糖，芸苔丝孢酵母可同化乙醇，因此可分别用来制备葡萄糖和乙醇传感器。由于这两种微生物在同化底物时，均消耗溶液中的氧，所以可用氧电极来测定。此外，微生物传感器还可用于发酵过程中物质的测定，测定时它不受发酵液中酶干扰物质的影响。已开发出的微生物传感器有测定葡萄糖、酒精、氨、谷氨酸、生物耗氧量等传感器。

基于不同类型的信号转换器，常见的微生物传感器有电化学型、光学型、热敏电阻型、压电高频阻抗型和燃料电池型等。微生物传感器及应用见表8-4。

表 8-4 微生物传感器及应用

测定物	微生物敏感元件	电极	备注（应用；监测范围；响应时间）
谷氨酸	大肠杆菌	CO_2	
乙醇	酵母细胞乙酰纤维膜	O_2	啤酒、白酒中乙醇含量
色氨酸	酿酒酵母	O_2	玉米、小米色氨酸含量
乙醇	丝孢酵母	O_2	发酵液乙醇、甲醇浓度
总糖	啤酒酵母菌	O_2	啤酒发酵中总糖含量
醋酸	甘蓝丝酵母	O_2	$10 \sim 200mg/L$；$15min$

8.1.4.3 组织传感器

组织传感器(tissue sensor)是以动、植物组织薄片中的生物催化层与基础敏感膜电极结合而成，该催化层以酶为基础，基本原理与酶传感器相同，但与酶传感器比较，组织传感器又具有如下优点：①酶活性较游离酶高；②由于所用的酶存在于天然组织内，不必提取纯化，因而比较稳定，制得的生物传感器寿命较长；③材料易于获得。例如，利用猪肾细胞中丰富的谷氨酰胺酶，将猪肾细胞切片覆盖在氨气敏电极上制成可测定谷氨酰胺的传感器。组织传感器及应用见表8-5。

表 8-5 组织传感器及应用

测定物	组织敏感元件	电极
AMP	兔肌	NH_3
鸟嘌呤	肝	NH_3
葡萄糖-6-磷酸	猪肾	NH_3
谷氨酰胺	猪肾	NH_3
抗坏血酸	黄瓜、花椰菜	H_2
半胱氨酸	黄瓜叶	NH_3
多巴胺	香蕉肉	O_2
谷氨酸	木瓜	CO_2
磷酸/氧化物	马铃薯/葡萄糖过氧化酶	O_2
丙酮酸	玉米蕊	CO_2

8.1.4.4　免疫传感器

免疫传感器（immunology sensor）是利用抗体与抗原之间的高度专一结合特性而制备的生物传感器。例如，黄曲霉毒素传感器，它由氧电极和黄曲霉毒素抗体膜组成，加到待测样品中，黄曲霉毒素便会与膜上的黄曲霉毒素抗体发生反应，测定黄曲霉毒素与抗体的结合率，便可知样品中黄曲霉毒素的含量。

基于不同类型的信号转换器，常见的免疫传感器有电化学免疫传感器、光学免疫传感器、压电免疫传感器及表面等离子体共振（SPR）型传感器。免疫传感器及应用见表8-6。

表8-6　免疫传感器及应用

测定物	免疫敏感元件	电　极
金黄色葡萄球菌	IgG	H_2O_2
亚硫酸盐	亚硫酸盐氧化酶	电流电极
对羟基苯甲醛脂	对羟基苯甲醛脂脱氢酶	O_2
青霉素	青霉素酶	ISFET
大肠杆菌	抗体	压电晶体
Saures 蛋白 A	抗体	光纤
FB1	表面等离子体共振	
硫胺二甲嘧啶	表面等离子体共振	
赫曲霉素 A	抗体	O_2
多氯化联苯	多克隆抗 PCB 抗体	光纤
鼠伤寒沙门菌	抗体	O_2

8.1.4.5　核酸传感器

核酸传感器（DNA sensor），即基因传感器，是依据生物体内核苷酸顺序相对稳定，核苷酸碱基顺序互补的原理而设计。核酸传感器一般有 10~30 个核苷酸的单链核酸分子，能够专一地与特定靶序列进行杂交从而检测出特定的目标核酸分子。这种传感器可用于检测食品中的病原体，为食品中病原体的鉴定提供了新的手段。

8.1.5　生物材料的固定化

为了做成一种富有生命力的生物传感器，生物材料必须要合适地附着在转换器上，该过程称为固定化。固定化方法主要有 5 种：吸附法、微囊包封法、交联法、包埋法、共价结合法。

（1）吸附法

吸附法是在非水溶性的载体上，利用载体和生物材料之间的吸附力使生物材料固定于载体上的方法。常用的载体有氧化铝、活性炭、黏土、纤维素、高岭土、硅胶、玻璃、离子交换树脂、琼脂衍生物和胶原蛋白等。吸附时不需要试剂，不需要提纯步骤，并且对生物活性物质只有较小的破坏作用。吸附法操作最简单，包含的准备过程最少，但是键连接较弱，只适用于短期内的检测工作。

吸附大致可分成两种形式，即物理吸附和化学吸附。物理吸附是由范德华力产生的，一般吸附较弱，偶尔包括氢键或电荷转移力。化学吸附比物理吸附强很多，它生成共价键。

吸附生物材料对 pH 值、温度、离子强度和基质的变化非常敏感，此方法在短期应用的效果好。

(2) 微囊包封法

微囊包封法是早期用于生物传感器的一种方法，它应用惰性膜捕获生物材料到达转换器，将生物材料固定在膜后面，使生物材料与转换器之间紧密接触。采用此方法不会影响生物材料的活性，并能防止污染和生物降解；对 pH 值、温度、离子强度和化学组成的变化是稳定的。但是，此体系对某些材料，如小分子（包括各种气体和电子），是可以穿透的。

微囊包封法所用膜的主要类型包括醋酸纤维（渗析膜），它能排除蛋白质和减慢干扰物质（如抗坏血酸）的迁移；聚碳酸酯（核微孔），一种无渗透选择性的合成材料；胶原蛋白，天然蛋白质；聚四氟乙烯（PTFE，商品名为 Teflon），一种对气体（如氧）有选择性渗透的合成高聚物，此外还有"Nafion"、聚氨酯类等。该技术已用于葡萄糖氧电极生物传感器。

(3) 交联法

交联法是应用双功能试剂将生物材料连接到固体支持物上。常用的双功能试剂有戊二醛、六甲基二异氰酸盐、1，5 -二硝基-2，4 -二氟代苯等。实践证明，该技术对稳定吸附的生物材料而言是一个有用的方法，但也有如下缺点：对酶会引起损害；基质扩散受到限制；缺乏坚固性。

(4) 包埋法

包埋法是将生物材料固定在高分子聚合物微孔中的方法。通常应用的高分子聚合物包括有聚丙烯酰胺、淀粉、尼龙、硅橡胶等，其中聚丙烯酰胺应用得较多，它通过丙烯酰胺和 N，N′-亚甲基双丙烯酰胺的共聚反应制得。包埋法制备费时，但对生物材料的活性影响小，聚合物孔径可以调节。

(5) 共价结合法

共价结合法是将生物材料通过共价键连接在转换器上的一种方法。在共价结合过程中，通常首先将活泼的重氮基团、亚氨基和卤素基团等引入载体上使载体活化，然后这些基团再和生物材料分子中的氨基、巯基和羟基等结合，使生物材料固定在载体上。共价结合具有结合牢固、不易脱落、可长时间使用等优点，但载体活化的操作复杂，反应条件比较激烈，因此需要严格控制操作条件，以尽可能地减少生物活性材料活性的丧失。

对同样的生物传感器来说，应用不同的固定化方法，使用寿命是不同的，见表 8-7。通过采用合适的固定化方法能大大地提高生物传感器的使用寿命。在实际应用中为了提高使用效率，提高使用寿命，常将几种方法结合在一起使用，如吸附法和交联法结合在一起使用，这样既可以增加生物材料结合的牢固程度，又可以减少生物活性材料活性的丧失。

表8-7　不同方法固定相同生物材料的使用寿命

固定方法	使用寿命	固定方法	使用寿命
吸附法	1d	包埋法	3~4周
微囊包封法	1周	共价结合法	4~14个月

8.1.6　影响生物传感器功能的因素

任何人要开发和应用一种新的生物传感器，都需要了解对某一特定应用的要求以及传感器应具备的特性。影响生物传感器功能的因素主要包括选择性、灵敏度、时间因素、精确度、准确性和可重复性等。

8.1.6.1　选择性

选择性是影响传感器功能的实质性因素，是传感器存在的目的。要开发一种传感器，往往希望它只对一种分析质有应答，但在实际的应用中这是很少见的。大多数的传感器，在主要应答一种分析质的同时对其他类似的分析质也具有一定的应答。

酶在生物传感器中是最常见的选择性试剂。它们的选择性在很大程度上依赖于实际所使用的酶和其对于不同分析质的活性大小。例如，葡萄糖氧化酶在血液溶液中其他糖存在的情况下对葡萄糖有高度的选择性。

抗体是具有选择性和发展前途的生物材料。通常其所具有的选择性能区分类似结构的单种化合物和相同化合物不同异构体之间的差别。

由于光谱方法能获得较大选择性并且可以和其他带有敏感监测器的色谱方法联用，因此，可在许多场合应用色谱分析法，特别是将高效液相色谱与选择性生物传感器联用作为监测器。在实际生产中，可用此技术区别啤酒中酚类化合物。

8.1.6.2　灵敏度

对任何分析技术而言，仪器的灵敏度至关重要。在考虑生物传感器的灵敏度时，要注意仪器检测所能覆盖的浓度范围、在什么范围应答是线性的(线性范围)和测定最低含量(检测极限)。

8.1.6.3　时间因素

在应用传感器时，人们都希望它有迅速的应答时间和恢复时间，但实际情况并非总是如此。因为不管是化学传感器还是生物传感器，都有其使用寿命，所以了解一个传感器的应答时间、恢复时间、使用寿命或报废时间是很重要的。

(1)应答时间

应答时间是指允许体系达到平衡所需的时间。大多数分析装置都需要一定的应答时间，如近年来广泛研究的硝酸盐电极，在搅拌与电极溶液接触30s后得到的结果最准确。对于生物传感器，其应答时间一般控制在5min以内。若应答时间太长，会大大地影响此方法对重复常规分析的有效性。

(2)恢复时间

恢复时间是指传感器准备用来测定其他样品之前所经过的时间。在很多的科技文献中，常将应答时间与恢复时间并在一起并将结果表示为每小时能分析的样品数目。

（3）寿命

所有的有机材料都会随着时间而变质，特别是当离开其自然环境时。这意味着生物传感器的主要缺点之一是生物材料通常具有相当有限的使用寿命。所有开发出来的和正在开发的生物传感器，都应指出其对标准样品的应答如何随时间（经几小时、几天甚至几个月）的变化。生物传感器的使用寿命受到以下因素的影响：①材料。一般纯酶具有最低的稳定性，细胞、组织等制剂具有较高的稳定性。②固定方法。相同的生物材料，固定方法的不同，使用寿命也不同。③操作方法。操作方法恰当与否影响着生物传感器的使用寿命的长短，所以使用生物传感器的用户应严格按照说明书的指导使用及维护。

8.1.6.4　精确度、准确性和可重复性

许多分析仪器，包括生物传感器，分析值对所要求目标必须要有足够的精确度，即随机误差必须低于某一值，这样在一定范围内重复测定才可具有重现性。传感器所得的测定值也必须具有接近期望值的准确性，这意味着其系统误差必须低于某一极限值。在应用生物选择性元件时，存在有特殊情况，即当一种样品不同于另一种样品时，会得出系统误差，因此，在使用时，必须应用充分的控制和标准化，才能够获得足够准确的重复结果。

8.1.7　生物传感器的特点

生物传感器的研制是生化物质检测技术的一大创新，与传统的分析检测方法相比，具有以下特点：①测定范围广泛，根据生物反应的特异性和多样性，理论上可以制造出测定所有生物物质的传感器。②测定过程简单，一般不需进行样品的预处理，它利用本身具备的特异选择性，把样品中被测组分的分离和检测统一为一体，测定时一般不需另加其他试剂，使测定过程简便迅速，容易实现自动分析。③体积小，携带方便，便于野外现场检测。④响应快，样品用量少，可以反复多次使用。与大型分析仪器相比，成本相对低，便于推广普及。⑤可连续进行分析，联机操作。在食品工业中，可在线检测发酵过程中葡萄糖、乙醇等物质含量。⑥可置于生物体内，进行活体分析。如安放于血管中的葡萄糖传感器能持续不断地监测血糖量，并将指令传递给植入人体的胰岛素泵，控制胰岛素释放量，有效治疗糖尿病。⑦准确度高，一般相对误差可达到1%以内。⑧能可靠地指示微生物培养系统内的供氧状况和副产物的产生，能得到许多复杂的物理化学传感器综合作用才能获得的信息。

当然，生物传感器也有一些缺陷，如长期稳定性较差，传感器上的生物识别材料可能变性失活而失去传感能力。

8.1.8　生物传感器的应用

生物传感器的应用范围非常广泛（图8-3），包括：①用于农场、果园、畜牧场相关生化分析。②食品工业生产过程控制和产品质量检测等。③药物分析。④医疗，如用葡萄糖传感器、乳酸传感器、尿酸传感器等诊断疾病。⑤采矿、工业有毒气体检测。⑥环境监测，如监测工业废水中的酚（多酚氧化酶、漆酶等酚传感器），空气中甲醛（含

甲醛脱氢酶的甲醛传感器），农药残留量（乙酰胆碱酯酶传感器）和重金属（含巯基酶制成的传感器）等。

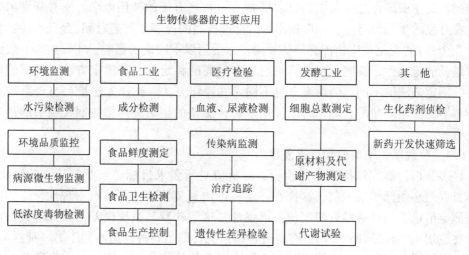

图8-3　生物传感器的应用

8.2　生物传感器用于检测食品鲜度

鲜度是评价食品品质的重要指标之一，通常用人的感官评价检验，但感官评价检验主观性强，个体差异大，故人们一直在寻找客观的理化指标来代替。目前，国内外开发并研制出一系列的生物传感器，用于检测鱼、肉、乳的鲜度和水果的成熟度，展现出了广阔的应用前景。

8.2.1　鱼鲜度测定

在食品工业中，鱼类鲜度是一个重要质量指标。鱼死亡后，其组织中的三磷酸腺苷（ATP）在ATP酶的作用下分解成二磷酸腺苷（ADP），ADP在磷酸激酶的作用下分解产生一磷酸腺苷（AMP），AMP在AMP脱氨酶的作用下转化为肌苷酸（IMP），IMP在5′-核苷酸酶的作用下分解成肌苷（HxR），HxR在核苷磷酸化酶的作用下分解为次黄嘌呤（Hx），Hx在黄嘌呤氧化酶的作用下分解成尿酸。其中，IMP为鲜味的主要成分，而HxR和Hx则导致异味的产生。因此，在鱼肉检测中，常将HxR和Hx的积累量占ATP代谢产物总量的百分数作为检测鱼类鲜度的指标。鱼鲜度可用K值表示：

$$K(\%) = [(HxR + Hx)/(ATP + ADP + AMP + IMP + HxR + Hx)] \times 100\%$$

由于大多数鱼死亡后5～20h，ATP、ADP和AMP已分解殆尽。而市场上的鱼一般都超过24h，所以鲜度主要取决于IMP→HxR→Hx→尿酸3个步骤。K值可以简化为K_1值表示：

$$K_1(\%) = [(HxR + Hx)/(IMP + HxR + Hx)] \times 100\%$$

基于此，Karube等将催化这3个步骤的3种酶：5-核苷酸酶、核苷磷酸化酶、黄嘌呤氧化酶固定在 Clark 氧电极上,与阴离子交换树脂小型柱制成鱼鲜度测定仪。测试时,样品液先经过离子交换柱,使 IMP、HxR、Hx 分开,然后分别流经有多酶电极的测试室,根据样品中不同组分流进测试室时电信号的响应情况,运用计算机分析计算出 K_1 值。当 $K_1 < 20\%$ 时,鱼极新鲜,可供生食;K_1 在 $20\% \sim 40\%$ 为新鲜,必须熟食;$K_1 > 40\%$,鱼不新鲜,不宜食用,这与嗅觉检验结果相一致。这种鲜度传感器测定时间只需要 20min。在此基础上,科研工作者们相继开发出多种鱼鲜度计。Okuma 等报道的鱼鲜度计可在 5min 内完成依次测定,酶电极在 4℃保存,至少可稳定 7 个月。用这种鱼鲜度计测定 13 种鱼肉,并与液相层析和阳离子交换柱层析相比较,具有很好的相关性(r 分别为 0.989 和 0.973)。

除了测定 K_1 值,也有通过生物传感器测定鱼肉中胺类物质的变化来反映鱼新鲜度的研究报道。另外,采用微生物传感器测定鱼鲜度的研究也有报道。

8.2.2　肉鲜度测定

肉类腐败过程中会产生各种胺类,故胺类测定能反应肉类的新鲜程度。Karube 等用单胺氧化酶胶原酶膜和氧电极组成的酶传感器测定猪肉的新鲜度,响应时间为 4min,单胺测定的线性范围为 $50 \times 10^{-6} \sim 20 \times 10^{-6}$ mol/L。1992 年,Yano 等开发了用酪胺传感器结合流动注射分析,测定了肉、乳品及肉制品中酪胺的含量,线性范围为 $0 \sim 1 \times 10^{-4}$ mol/L。

Kress 等开发出一种超快速测定肉类鲜度的匕首形生物传感器,其探头可现场刺入肉类食品表面 $2 \sim 4$mm 深处,通过测定葡萄糖浓度评价肉类的新鲜度。这种传感器经过进一步完善,可望用于市场快速评价肉类食品的状况。

此外,评价肉的老化程度和检测肉种类的传感器也在开发中。

8.2.3　乳鲜度测定

牛乳鲜度传感器最早是由高桥福辛发明的,它实际上是一个菌数测定仪。探头是一种燃料电池,包括一个 Pt 阴极和一个 Ag_2O_2 阳极,两极间用阳离子交换膜隔开。被测定样品与阳极接触,样品中的细菌可在阳极氧化,加入电子传递介质,如亚甲基蓝、二氯酚靛酚等可加快电极反应速度,增大电流。电流值与样品中的细菌浓度成比例,菌数越多,表明牛乳越不新鲜。

牛乳受细菌作用而产生乳酸,测定牛乳新鲜度的乳酸传感器已成为国内微生物传感器应用的基本类型。此外,也可从牛乳放置过程脂解作用产生的短链脂肪酸的含量来判断牛乳及其制品的新鲜度,这类传感器也已开发出来。

8.2.4　水果成熟度测定

葡萄糖含量是衡量水果成熟度和贮藏寿命的一个重要指标。现已开发的酶电极型生物传感器可用来简单、快速测定水果中的葡萄糖含量,判定出水果的成熟度,在实际的应用中效果良好。

此外,国内外科学家正致力于研发气敏生物传感器。它通过检测水果释放出的特殊气味，分析判断水果的成熟度，从而达到无损伤检测水果新鲜度的目的。

8.3 生物传感器用于检测食品滋味及熟度

目前，食品的气味、滋味多用化学分析方法以及 HPLC、GC、GC/MS 测定，前者既费时又耗资，而后者仪器昂贵、体积大，不便于现场检测，所以在食品工业中，需要一种快速简便的仪器，以实现对食品气味和滋味的快速评价。

日本农林水产所研制出一种生物传感器，可对肉汤的风味进行品评。它采用酶柱氧电极结合流动注射分析系统测定香味，最后将多种风味进行多元回归分析，得到的综合指标与用高效液相色谱测定的结果相近。

利用动物味觉或嗅觉器官中化学识别分子研制味觉传感器或仿生味觉传感器已引起人们很大的兴趣。Belli 等利用螃蟹触角神经末梢成功地测定了极低浓度的多种氨基酸。1993 年，Bussolati 以牛鼻中分离出一种气味结合蛋白作为敏感材料，成功地对香味物质进行了测定，若进一步完善，可望快速、客观地评价香味物质。Kiyosh 制成了一种被称为"电子舌"的多通道味觉物质传感器，这种传感器由几种脂肪膜组成，它可以把产味物质的信息转换成不同的电信号，从而指示出不同的味觉类型，如咸、酸、苦等。

8.4 生物传感器用于食品成分分析

生物传感器可以实现对大多数食品基本成分进行快速分析。已试验成功或应用的检测和分析对象包括蛋白质、氨基酸、糖类、有机酸、醇类、食品添加剂、维生素、矿物元素、胆固醇等成分。

8.4.1 氨基酸的检测

氨基酸的测定常用层析法、酶法等，这些方法操作烦琐、耗时较长或精密度较差，而且都不能满足在线分析的需求。生物传感器的出现为氨基酸的测定提供了一种快捷、灵敏的方式。

目前有 10 余种氨基酸能用酶生物传感器来测定，如 L-天门冬氨酸传感器、L-色氨酸传感器、L-精氨酸传感器、L-丝氨酸传感器、L-苯丙氨酸传感器等，以谷氨酸和 L-赖氨酸生物传感器研究的最为广泛，也最为成熟。Chen 等将 L-谷氨酸氧化酶用 1，12-二氨十二烷为载体，戊二醛为交联剂共价固定在三醋酸纤维膜上，酶膜与氧电极组成 L-谷氨酸酶电极，响应时间少于 3 min，经历 20d 400 次测定后响应活性仍保留 95%。Basu 等采用 L-谷氨酸氧化酶和 L-谷氨酸脱氢酶共同固定制备成传感器，能够在 2min 内实现对味精中谷氨酸的超灵敏检测，可测定浓度范围为 0.02～3.00mg/L，线性范围为 0.02～1.20mg/L，传感器活性寿命为 60d。山东省科学院生物研究所研制的 SBA 系列生物传感器可以用于谷氨酸快速测定，已经在行业内得到广泛的使用。怀红霞采用纳米金的增强效应构建了谷氨酸生物传感器，该传感器具有专一性强、稳定性好、线性范围宽等优点。通过对比试验，得出该谷氨酸生物传感器与传统的生化分析仪法具有等值性，并成功地应用于谷氨酸发酵液、味精和鸡精中谷氨酸的含量检测。Pasco 等利用谷氨酸脱氢酶的碳糊电极在流动注射体系中检测了谷氨酸，检测限为 0.3mol/L。Voss 等将 HPLC 与生物传感器结合，能够同时测定一些发酵食品(如啤酒)，非发酵食品(如果汁)中的 9 种 L-氨基酸和 7 种 D-氨基酸，检测限为 $0.5\sim 5\text{mg/L}$。有些氨基酸传感器已实现商品化，测定一个样品只需 1min。Gurulli 等通过聚合 1,2-二氨基苯制成的非导电的聚合物膜固化了 L-赖氨酸氧化酶，赖氨酸的线性测定范围为 $10^{-5}\sim 10^{-3}\text{mol/L}$，检测限为 $2\times 10^{-7}\text{mol/L}$。

8.4.2　糖含量的检测

传统测定糖类的方法为滴定法，干扰多且操作烦琐。现在测定葡萄糖的生物传感器已广泛应用于医疗、食品及发酵工业。在食品工业中，生物传感器不仅能测定食品及原料的含糖量，更重要的是能对多种食品工业过程进行监测，而且应用范围已经扩展到对双糖和多糖的测定。美国 YSI 公司生产的糖测定仪，能在 1min 内测出样品中的葡萄糖含量，检测限已达到 $2.78\times 10^{-5}\sim 1.11\times 10^{-3}\text{mol/L}$。Updike 和 Hicks 将固定化的葡萄糖氧化酶膜结合在氧电极上，做成了第一支葡萄糖电极后，为葡萄糖简便快捷的测定奠定了基础。目前，已开发出多种商品化的糖电极，国内孙士青等将固定化的葡萄糖氧化酶膜结合在过氧化氢电极上，测定了酒、果蔬等食品中的葡萄糖。该方法专一性强、快速、测定成本低。Szabo 等报道了用于测定发酵液中半乳糖的生物传感器，将不同发酵液的测定结果与标准的紫外方法比较，相关系数为 0.991。Paredes 等将 D-果糖脱氢酶介入碳糊基体中，制成了果糖生物传感器，测定的线性范围为 $2\times 10^{-4}\sim 2\times 10^{-2}\text{mol/L}$，检测限为 $3.5\times 10^{-5}\text{mol/L}$。

8.4.3　有机酸、醇类等物质的检测

目前，乳酸、醋酸、草酸等多种有机酸都可以利用生物传感器测定，并且生物传感器测定的高特异性能实现对 L-乳酸的选择性测定。这是化学测定方法所不能达到的，测定过程只需要 $2\sim 3\text{min}$，测定范围为 $1.4\times 10^{-3}\sim 1.0\times 10^{-2}\text{mol/L}$。

酿酒业采用比重法测定酒精度的灵敏度低、误差大，而富士电极综合研究所开发了一种用于酒精度测定的乙醇传感器，样品只需要 0.01mL，测定时间仅为 $2\sim 3\text{min}$。1991 年，罗颖华等人用丝孢酵母(*Trichosporon cutaneum*)和甲醇与氧电极耦合分别制备了新的乙醇传感器和甲醇传感器，其线性范围分别为乙醇 $2\sim 70\text{mg/L}$、甲醇 $5.5\sim 25\text{mg/L}$，寿命分别为 3 周和 2 周。

此外，生物传感器也被用来测定维生素 C 和 B 族维生素。

8.5　生物传感器用于食品卫生检测

8.5.1　生物传感器用于食品中微生物检测

菌落平皿计数仍是现行的测定食品中细菌总数的标准方法，其烦琐操作已不能满足现代食品行业对微生物检测的要求。1997 年，Matssunage 等开发了一种非染料耦合的燃料电池型微生物电极系统，该电极系统基于微生物在呼吸代谢过程中可产生电子，直接在阳极上放电，阳极上的放电产生的电流大小可反映测定液中微生物的浓度。该传感器可用于检测啤酒中酵母和乳酸杆菌的浓度，检测范围 $10^7 \sim 10^9$ 个/mL。

微生物传感器用于检测微生物具有价廉耐用、方便快捷的优点，但由于微生物在电极上直接或间接放电的能力有限，尚存在灵敏度低的缺陷。此外，由于微生物往往含有多种酶，使选择不够理想。光纤传感器、免疫传感器、核酸传感器的发展为微生物检测开辟了新的途径。有试验表明，采用光纤传感器与聚合酶链式反应生物放大作用耦合，可实现对食品中李斯特菌（*Listeria*）单细胞基因的检测，而采用酶免疫传感器电流型生物传感器可实现对食品中少量的沙门菌、大肠杆菌、金黄色葡萄球菌和鼠伤寒沙门菌等检测。采用光纤传感器与核酸放大系统相耦联，可检查食品中的少量病原菌。用于分析病源微生物的 DNA 传感器已经被开发成功，它可以迅速准确地判定食源疾病的细菌类型。在检测某种微生物时，DNA 传感器应具备含有该种微生物的特异性DNA 片断的探头，才可以完成检测。用于食品中病源微生物检测的传感器种类很多，表 8-8 列举了部分实例。

表 8-8　生物传感器对食品中病源微生物的检测

被测物	信号转换元件	检测限	食品基质
金黄色葡萄球菌	光学共振镜	4×10^3 cfu/mL	牛奶
大肠杆菌 O175：H7	表面等离子共振	$10^2 \sim 10^3$ cfu/mL	牛奶、苹果汁、牛肉饼
	微电极阵列	$10^4 \sim 10^7$ cfu/mL	萝蔓莴苣
	导电聚合物	81 cfu/mL	莴苣、紫花苜蓿芽、草莓
黄色镰刀菌	表面等离子共振	0.06 pg	小麦
空肠曲状杆菌	光学波导元件	$469 \sim 3\,750$ cfu/mL	香肠、火腿、牛奶、奶酪
	电极、磁珠	2.1×10^4 cfu/mL	鸡肉
鼠伤寒沙门菌	叉指微电极	1 cfu/mL	牛肉
	酶电极	1.09×10^3 cfu/mL	鸡肉、碎牛肉
单核细胞增生李斯特菌	石英晶体微天平	3.19×10^5 cfu/mL	牛奶

8.5.2　生物传感器用于生物毒素检测

食品中生物毒素不仅种类多，而且毒性大，极少量的生物毒素就可以引起人类中毒反应。为防止生物毒素超标的食品进入食物链，加强对其检测至关重要。

肉毒毒素 A 和金黄色葡萄球菌肠毒素是引起人类经常发生食物中毒的主要原因，通过光纤传感器测定火腿抽提物中的该种毒素，检测灵敏度为 5ng/mL。利用抗原-抗体反应和荧光标记方法制得的生物传感器对于肉毒毒素 A 和金黄色葡萄球菌肠毒素 A 的检测也有较好的效果。

伏马菌素 B1（Fomanisins B_1，FB_1），是天然污染玉米、饲料的主要毒素组分，与马脑白质软化症、猪的肺水肿症候群和人类食道癌等人畜疾病有关。Wanne 等人用表面等离子体共振免疫传感器来检测玉米抽提物中的 FB1 浓度，可达到检测下限为 50ng/mL，测定时间为 10min。Thomlpson 等人用光纤免疫传感器来检测 FB1，可测得下限为 10ng/mL，响应时间提高为 4min。

黄曲霉毒素 B_1（Aflatoxins B_1，AFB_1），是目前所发现的真菌毒素中毒性最强的，能引起人类尤其是儿童、各种动物的急性中毒和死亡，被国际癌症研究中心（ICRC）定为是人类的致癌剂。采用微生物传感器对黄曲霉毒素 B_1 的检出限为 0.8×10^{-3} mg/mL。通过光纤免疫传感器来测定花生和玉米抽提物可测得低达 0.05ng/mL 的 AFB1。

目前，检测蓖麻毒素的传感器的开发和研究也较多，如光纤传感器和电化学免疫传感器等。1994 年，Ogert 等报道用亲和纯化的羊抗蓖麻抗体被动吸附于压电石英晶体微天平（quartz crystal microbalance，QCM）的金表面上，可以定量检测出 0.5μg 的毒素，1min 内可完成。后来他又对此法进行改进，使其检测最低限为 1ng/mL，线性范围为 1 ~250ng/mL。

8.5.3 生物传感器用于残留农药、兽药检测

近年来，国内外学者十分重视生物传感器在农药、兽药残留检测中的应用研究，并取得了一定成果。应用于农药、兽药残留检测的传感器有很多种，其中最常用的是酶传感器。不同酶传感器检测农药残留的机理是不同的，一般是利用残留物对酶活性的特异性抑制作用来检测酶反应所产生的信号，从而间接测量残留物的含量，但也有些是利用酶对目标物的水解能力。目前研究较多的一类传感器为乙酰胆碱酯酶（ChE）类传感器，其原理是在传感器 ChE 的催化作用下，乙酰胆碱水解为胆碱和乙酰。有机磷和氨基甲酸酯类农药与乙酰胆碱类似，能与 ChE 的酯基活性部位发生不可逆的结合从而抑制酶活性，酶反应产生的 pH 值变化可由电位型生物传感器测出。Fernando 采用光寻址电位型传感器测定了有机磷和氨基甲酯类农药，生物敏感材料采用鳗鱼乙酰胆碱酯酶，可检测出 10mmol/L 的马拉松和恶虫威。对其他农药，如久效磷、百治磷、敌敌畏、速灭磷检测浓度要高些。这种传感器检测速度快，几分钟内可同时检测 8 个样品，准确性高，经复活剂处理后可反复使用。此法可用于检测果蔬表面有机磷农药。

在农药、兽药检测中基于免疫原理的生物传感器的研究也越来越多。Starodub 等用葡萄球菌 A 蛋白将抗西玛津的多克隆抗体连接在离子敏场效应转换器（ISFET）上，通过两种方式检测试样中的西玛津，检测下限为 1.25μg/L，线性范围 5 ~175μg/L。磺胺作为兽医用药可进入动物来源的食品，对人体健康产生不良的影响。Sternesjoes 采用免疫传感器测定了牛奶中磺胺二甲嘧啶，检出限低于 1×10^{-9} mol/L，平均相对标准差为 2%，传感器表面经氢氧化钠和盐酸处理后可重复使用。

生物传感器还用于食品中抗生素及金属离子的测定。Pellinen 等用大肠杆菌(*Escherichia coli* K-12)制成的微生物传感器检测了鱼肉中四环素、土霉素等抗生素的含量。检测极限分别为 20ng/kg 和 50ng/kg。Hipert 和 Reinhold 研制成以谷胱甘肽为生物识别元件的生物传感器，检测水溶液中重金属离子含量，试验证明也是可行的。

8.5.4 生物传感器用于食品添加剂的检测

食品添加剂的应用促进了食品工业的发展，但随着毒理学和化学分析的发展，人们发现许多食品添加剂，尤其是化学合成的添加剂对人体有毒性作用，甚至许多化学物质还有致癌性、致敏性，所以对其进行定量检测十分必要。目前，将生物传感器用于食品添加剂的检测与分析已多有应用和报道。

（1）亚硫酸盐

亚硫酸盐除具有漂白作用外，还有防止食品氧化和微生物生长的作用。由于亚硫酸盐对人体有致敏性，可引起哮喘，美国 FDA 规定在某些食品(如新鲜蔬菜和水果)中不能超过 1×10^{-6} mol/L。Kawamura 采用氧化二氧化硫的自养细菌和氧电极构成的微生物传感器测定了醋、橘子汁、大豆蛋白和冻虾中的二氧化硫，测定下限为 0.1ng/g，一个样品测定需要 5min。

（2）烟酸

烟酸可作为肉类食品发色剂使用，维持肉类新鲜颜色。由于摄入过多的含烟酸的肉类产品，可导致充血、面部潮红、瘙痒、头痛等中毒症状，在许多国家已禁止使用。采用酶传感器测定烟酸，检出下限为 $5\mu g/g$，3min 可完成一个样品的测试，与 HPLC(30min)相比，所需时间少，但结果接近。

（3）甜味素

甜味素又称天冬酰苯丙氨酸甲酯，是人工合成的低热能甜味剂，广泛用于食品行业。Guibanlt 等将天冬氨酶固定于氨电极上，制备成生物传感器，测定食品中的甜味素，测定线性范围为 0.4~0.5mmol/L。Male 等将酶电极与流动注射分析系统相结合，测定了饮料、布丁和酱等食品中甜味素的含量，测定的线性范围为 2×10^{-5}~1×10^{-3} mol/L，检测极限为 2×10^{-5} mol/L，方法有良好的重现性。

（4）抗氧化剂

运用生物传感器对食品抗氧化剂进行测定的报道已有不少，如用菠菜叶或牛蒡植物叶与氧电极构成的植物组织电极可用于食品(如绿茶)中的儿茶酚的测定，测定值可达到 1 500mg/L。Endo 等用酶电极测定了脱氢抗坏血酸和 L-抗坏血酸，线性范围分别为 20~100mmol/L 和 2~20mmol/L。Matsumoto 等用带有一个旋转生物反应器和一个静止铂环电流检测器组成的传感器测定了多种水果中的抗坏血酸，取得了较好的结果。

此外，生物传感器还可用于食品防腐剂(如对羟基苯甲酸酯、噻苯咪唑等)、酸味剂(如磷酸、乳酸、乙酸)、鲜味剂(如 L-谷氨酸、肌苷酸)以及色素、乳化剂等方面的测定。

8.6　生物传感器用于发酵性食品生产的控制

在各种生物传感器中，微生物传感器最适合发酵工业的监测，因为发酵过程中常存在对酶的干扰物质，并且发酵液往往不是清澈透明的，不适用于光谱等方法测定。而应用微生物传感器则可以消除干扰，并且不受发酵液混浊程度的限制。同时，由于发酵工业是大规模的生产和微生物细胞传感器成本低、设备简单的特点，使其具有极大的应用优势。

8.6.1　原材料及代谢产物的测定

微生物传感器可用于原材料（如糖蜜、乙酸等）的测定，也可用于代谢产物（如头孢霉素、谷氨酸、甲酸、甲烷、醇类、青霉素、乳酸等）的测定。测定的基本原理是用适合的微生物电极与氧电极组成，利用微生物的同化作用耗氧，通过测量氧电极电流的变化量来测量氧气的减少量，从而达到测量底物浓度的目的。Garcia 等利用大肠杆菌硝酸盐还原酶启动子作为一种反应含氧量变化的蛋白载体（pNar-GFPuv），从而构建了从细胞水平监测发酵过程中氧变化的微生物细胞传感器。实验室规模的小型发酵罐中的细胞数远远大于 10^9 cfu/mL，利用该传感器可以评估发酵罐中的微环境水平，从而检测发酵液微环境中氧气的消耗情况。

各种原材料中葡萄糖的测定对过程控制尤其重要，利用荧光假单胞菌（*Psoudomonas fluorescens*）代谢消耗葡萄糖的作用，通过氧电极进行检测，可以估计葡萄糖的浓度。这种微生物电极和葡萄糖酶电极型相比，测定结果是类似的，而微生物电极灵敏度高，重复实用性好，而且不必使用昂贵的葡萄糖酶。Odaci 等用碳纳米管（Carbon nanotubes，CNTs）修饰的壳聚糖固定氧化葡萄糖酸杆菌（*Gluconobacter oxydans*）构建细胞传感器来检测体系中葡萄糖浓度。结果表明，在 30℃、pH7.0 的条件下，该传感器的响应电流和葡萄糖浓度之间具有良好的线性关系，测定的线性范围为 0.05～1.0mmol/L，可用于发酵过程中葡萄糖含量的测定。

当乙酸用做碳源进行微生物培养时，乙酸含量高于某一浓度会抑制微生物的生长，所以需要在线测定。用固定化酵母、透气膜和氧电极组成的微生物传感器可以测定乙酸的浓度。

Reischer 用绿色荧光蛋白报告子（GFP）作为应激启动子构建细胞传感器，在线监测一种具有很高经济价值的重组蛋白的生产发酵过程中的代谢负荷和临界状态参数，通过 ELISA 检测结果表明该荧光蛋白对所检测的重组蛋白数量具有非常好的荧光效应和线性关系，并具有的良好信噪比和较低的检测限，荧光响应延滞时间仅 10min。该细胞传感器技术解决了无法在线实时监测重组蛋白发酵过程的难题，为发酵过程中的参数优化和提高该重组蛋白的生产作出了重要贡献。

我国是世界上的味精大国，味精产量居世界第一，谷氨酸葡萄糖双功能生物传感分析仪，可与葡萄糖、乳酸传感器协作监测控制发酵罐内的物质成分的变化，保证味精质量。

此外，在发酵生产中，许多原先不容易获得的分析测定项目，包括尿素、谷氨酰胺、淀粉、蔗糖、乳糖、麦芽糖等，现都可通过双电极的差分方法由生物传感器自动分析得到。

8.6.2 微生物细胞总数的测定

在发酵控制方面，一直需要直接测定细胞数目的简单而连续的方法。人们发现在阳极表面，细菌可以直接被氧化并产生电流。这种电化学系统已被应用于细胞数目的测定，其结果与传统的菌落计数法测细胞数是相同的。

8.6.3 代谢试验的鉴定

传统的微生物代谢类型的鉴定都是根据微生物在某种培养基上的生长情况进行的。这些试验方法需要较长的培养时间和专门的技术。微生物对底物的同化作用可以通过其呼吸活性进行测定。用氧电极可以直接测量微生物的呼吸活性。因此，可以用微生物传感器来测定微生物的代谢特征。这个系统已用于微生物的简单鉴定、微生物培养基的选择、微生物酶活性的测定、微生物的选择、微生物同化作用试验、生物降解物的确定、微生物的保存方法选择等。

8.7 生物传感器的发展前景

近年来，在生物科学、信息科学和材料科学发展的推动下，生物传感器技术飞速发展，新品种、新结构、新应用的生物传感器将不断涌现，并将呈现以下特点。

（1）功能多样化

未来的生物传感器将进一步涉及医疗保健、疾病诊断、食品检测、环境监测、发酵工业的各个领域。目前，生物传感器研究中的重要内容之一就是研究能代替生物视觉、听觉和触觉等感觉器官的生物传感器，即仿生传感器。

（2）微型化

随着微加工技术和纳米技术的进步，生物传感器将不断地微型化，各种便携式生物传感器的出现使人们在市场上直接检测食品质量成为可能，在家中可进行疾病诊断。

（3）智能化与集成化

未来的生物传感器必定与计算机紧密结合，自动采集数据、处理数据，更科学、更准确地提供结果，实现采样、进样、结果一条龙，形成检测的自动化系统。同时，芯片技术将越来越多地进入传感器领域，实现检测系统的集成化、一体化。

（4）低成本、高灵敏度、高稳定性和高寿命

生物传感器技术的不断进步，必然要求不断降低产品成本，提高灵敏度、稳定性和延长寿命。这些特性的改善也会加速生物传感器工厂化、商品化的进程。

本章小结

生物传感器是利用生物活性材料作为感受器的传感器，主要由分子识别元件、换能器、信号处理

放大装置 3 部分组成。依据生物传感器中生物分子识别元件上的敏感材料的不同，生物传感器可以分为酶传感器、微生物传感器、组织传感器、免疫传感器、DNA 传感器等。生物活性材料固定在转换器上的方法主要有：吸附法、微囊包封法、交联法、包埋法、共价结合法。每种固定方法各有利弊，使用寿命也长短不一。影响生物传感器功能的因素主要包括：选择性、灵敏度、时间因素、精确度、准确性和可重复性等。生物传感器在食品领域的应用范围十分广泛，可用于食品鲜度检测、食品滋味及熟度检测、食品成分分析、食品卫生检测、发酵性食品生产控制等方面。

思考题

1. 什么叫生物传感器？简单介绍生物传感器的工作原理。
2. 生物传感器由哪几部分组成？它们的功能是什么？
3. 影响生物传感器性能的因素有哪些？
4. 常见的生物材料固定方法有哪些？简单介绍它们的优缺点。
5. 简单介绍生物传感器的特点。
6. 生物传感器在食品领域中的应用有哪些？举例介绍。

推荐阅读书目

1. 化学传感器与生物传感器. 布莱恩 R. 埃金斯. 罗瑞贤，等译. 化学工业出版社，2005.
2. 传感器原理及其应用. 李瑜芳. 电子科技大学出版社，2008.
3. 传感器技术与应用. 金发庆. 机械工业出版社，2010.

第 9 章
现代生物技术与食品安全检测

食品安全问题是关系国民健康的重大问题，同时也是国际贸易中的重大瓶颈问题。虽然我国在保证食品安全方面做了大量的工作，每年仍有相当数量的消费者因进食受污染的食品而中毒、发病，乃至死亡。食源性疾病的爆发已引起媒体的广泛关注和消费者的关心。同时还有一些不法制假商贩，制造或贩卖伪劣食品，甚至在食品中掺入有毒化学品，给消费者造成极大伤害。

长期以来，传统应用的物理、化学、仪器等食品检测方法已不能满足现代食品检测的需要。一些简便、敏感、准确、省力、省成本的快速检测方法越来越多地被运用到食品安全性检测中。近些年发展的生物技术检测方法因其特异的生物识别功能，极高的选择性，精确、灵敏、快速、成本低廉的特点，在食品科学领域中得到了广泛应用，尤其是在检测致病性微生物、转基因食品等方面不可或缺。本章就近几年食品检测中常用的几种生物技术，诸如核酸杂交、PCR、免疫学检测技术、生物芯片等作以介绍。

9.1 免疫学检测技术

免疫学检测技术是指将抗原或抗体用小分子的标记剂，如荧光素、放射性同位素、酶、铁蛋白、胶体金及化学（或生物）发光剂等作为追踪物，并借助于荧光显微镜、射线测量仪、酶标检测仪、电子显微镜和发光免疫测定仪等精密仪器，以提高其灵敏度和便于检出的一类新技术。随着分子生物学、基础免疫学及免疫化学等学科的发展，免疫学检测技术也得到迅速更新和完善，至今已形成的有抗体检测技术、免疫荧光技术、放射免疫标定法、免疫胶体金技术和发光免疫测定法等。免疫学检测技术具有敏感性高、特异性强、反应速度快、应用范围广、操作简便等优点，在食品安全检测领域中已被广泛应用。

9.1.1 抗体在检测中的应用

抗体(antibody, Ab)是 B-淋巴细胞识别抗原后增殖分化为浆细胞，由浆细胞产生的一类能与相应抗原发生特异性结合并具有免疫功能的球蛋白。免疫球蛋白(immuno-globulin, Ig)是具有抗体活性或化学结构与抗体相似的球蛋白。免疫球蛋白是化学结构的概念，而抗体是生物学功能的概念。抗体主要存在于血液、组织液和外分泌液等体液中，故以抗体为主介导的免疫应答称为体液免疫。当外来成分侵入哺乳动物体内，B

-淋巴细胞即产生抗体,如血液中的金黄色葡萄球菌将引发与金黄色葡萄球菌细胞表面的蛋白特异性结合的抗体的生成。微生物是否具有活性对于这个过程而言不是关键条件,微生物的分泌物(如外毒素)或组成部分(细胞壁的片断)也能促进特异性抗体的生成。

免疫球蛋白的基本结构是由两条相同的轻链(light chain, L 链)和两条相同的重链(heavy chain, H 链)共 4 条链组成,重链与重链之间和重链与轻链之间通过二硫键(S—S)连接。近对称轴的一对较长的链称为重链或 H 链,重链的相对分子质量为 $50 \times 10^3 \sim 75 \times 10^3$,由 450~550 个氨基酸残基组成。在对称轴较短的一对肽链称为轻链或 L 链,轻链的相对分子质量约 25×10^3,由 214 个氨基酸残基构成。IgG 分子由 3 个相同大小的节段组成,位于上端的两个臂由易弯曲的铰链区(hinge region)连接到主干上形成一个 "Y" 形分子,称为 Ig 分子的单体(图 9-1)。

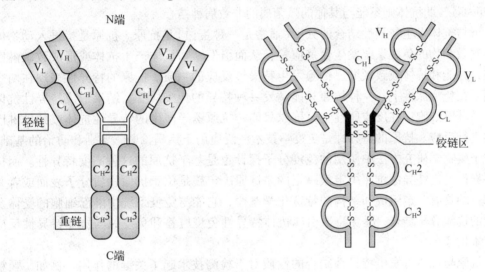

图 9-1　IgG 分子结构及功能区

根据肽链中氨基酸顺序是否恒定,将 H 链和 L 链分别分为恒定区(constant region, C 区)和可变区(variable region, V 区)。Ig 的 V 区端是肽链的氨基末端(N 端),另一端为羧基末端(C 端),H 链上的 "CHO" 代表它的糖基。L 链的 V 区(variable region of light chain, V_L)位于其氨基末端(N-末端)的 1/2 区域,是 L 链与抗原特异性结合的部位,在 V_L 中有 3 个区域的氨基酸种类和排列顺序变化最大,这些区域被称为超变区(hypervariable region, HVR)。H 链的 V 区(variable region of heavy chain, V_H)位于重链氨基末端(N-末端)1/4 或 1/5 的区域,与 V_L 一样参与抗原的结合,V_H 同样含有 3 个超变区。H 链和 L 链的超变区形成立体空间结构,其表面为抗原的结合部位,由于这些超变区可形成与所结合抗原结构互补的三维平面,因此超变区又称为互补决定簇(complementary-determining region, CDR),从 N-末端开始的 3 个超变区,即互补决定簇分别命名为 CDR_1、CDR_2 和 CDR_3,其中 CDR_3 的氨基酸种类和排列顺序变化最大。超变区约占 V 区的 20%~25%,其余部分相对保守,称为支架区(framework region,

FR）。

Ig 的 C 区执行抗体的效应功能，如激活补体等。H 链和 L 链的恒定区分别称为 C_H 和 C_L。不同的 Ig 的 C_H 区上的功能区数量也不相同，IgG、IgA 和 IgD 的 C_H 区上有 3 个功能区，而 IgM 和 IgE 的 C_H 区有 4 个功能区。在第一个功能区（C_H1）和第二个功能区（C_H2）之间富含胱氨酸和脯氨酸，可以自由折叠，该区域称为铰链区。当抗原和抗体结合时，该区域通过自由转动可以适合不同距离的抗原决定簇。当抗原未与抗体结合时，抗体分子呈"T"形，位于 C_H2 的补体结合点被覆盖，当抗原与抗体结合时，则呈"Y"形，补体结合点暴露，有利于补体的活化。

抗体表现出不同水平的特异性（与一种抗原的专一性结合，避免与其他相似抗原引起交叉反应）和亲和性（抗原-抗体结合力的程度）。在检测检验中，利用这两种特点，就可以使用低浓度的抗体进行检测。例如，如果一个抗体用来检测创伤弧菌（Vibrio vulnificus），此抗体则不能与其他的弧菌属的非致病种结合。

可与抗体发生特异性结合的分子（通常是一种蛋白）是抗原。抗原是指进入动物体内能刺激动物的免疫系统发生免疫应答，从而引发动物机体产生抗体或形成致敏淋巴细胞，并能和抗体或致敏淋巴细胞发生特异性反应的物质。抗原的特异性表现在两个方面：在免疫原性上，一种抗原只能诱发一种特异的免疫应答，结果形成特异性抗体或致敏淋巴细胞；在反应原性上，抗原只能与抗原诱导产生的特异性抗体或致敏淋巴细胞进行反应。抗原的特异性是免疫学技术广泛应用于疾病诊断、鉴别和防治的基础。在分子生物学研究方法中使用的免疫分子探针也是基于抗原的这种高度特异性。而抗原特异性是由特异的抗原决定簇决定的。抗原决定簇是位于抗原物质分子表面或者其他部位的具有一定组成和结构的特殊化学基团，它能与免疫系统中淋巴细胞的受体及相应的抗体分子结合，是免疫原引起机体特异性免疫应答和免疫原与抗体特异性反应的基本构成单位。

抗原与抗体可发生特异性结合的性质对于检测技术起了关键的作用。例如，颗粒性抗原（细菌、螺旋体等）与相应抗体结合后，在有适量电解质存在下，抗原颗粒可相互凝集成肉眼可见的凝集块，称为凝集反应（agglutination reaction）或凝集试验。参与凝集反应的抗原称为凝集原（agglutinogen），抗体称为凝集素（agglutinin）。细菌或其他凝集原都带有相同的负电荷，在悬液中相互排斥而呈现均匀的分散状态。抗原与相应抗体相遇后可以发生特异性结合，形成抗原抗体复合物，降低了抗原分子间的静电排斥力，此时已有凝集的趋向，在电解质（如生理盐水）参与下，由于离子的作用，中和了抗原抗体复合物外面的大部分电荷，使之失去了彼此间的静电排斥力，分子间相互吸引，凝集成大的絮片或颗粒，出现了肉眼可见的凝集反应。根据是否出现凝集反应及其程度，对待测抗原或待测抗体进行定性、定量测定。目前凝集试验中的胶乳凝集反应试验已普遍应用于医院和食品工业中对沙门菌的检测。可与沙门菌鞭毛特异性结合的沙门菌抗体首先吸收在乳珠的表面，将一滴含有这些乳珠的溶液加入到一滴作为沙门菌试验识别的培养物中，如果有沙门菌，乳珠表面的抗体会与沙门菌细胞结合。由于乳滴中颗粒的悬浮，将发生网状胶联从而导致沙门菌的凝集反应，这种凝集反应很容易被识别（图 9-2）。

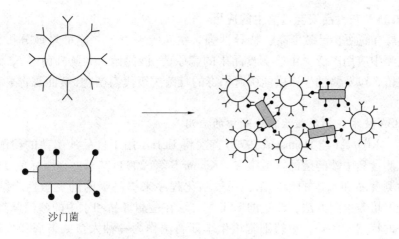

沙门菌

图 9-2　胶乳凝集反应试验

9.1.2　ELISA 在检测中的应用

针对一些食品中的病原体(如 *E. coli* O157：H7，一种感染后能引起溶血症的大肠杆菌菌株)的抗体系统已经开发出来。许多这样的系统不仅依赖于凝集反应的检测，也依赖于其他的方法，如酶联免疫吸附法(enzyme linked immunosorbant assay，ELISA)可更为灵敏地检测并定量。

9.1.2.1　ELISA 的原理

ELISA 属于标记免疫学技术的一种，1971 年由荷兰和瑞典的学者提出，由于其操作过程简单易行并可以定量，从而使其在食品安全和卫生检测中得到了广泛的应用。ELISA 是利用抗体分子能与抗原分子特异性结合的特点，将游离的杂蛋白和结合于固相载体的目的蛋白分离，并利用特殊的标记物对其定性或定量分析的一种检测方法。

ELISA 的基础是抗原或抗体的固相化及抗原或抗体的酶标记。结合在固相载体表面的抗原或抗体仍保持其免疫学活性，酶标记的抗原或抗体既保留其免疫学活性，又保留酶的活性。在测定时，受检标本(其中的抗体或抗原)与固相载体表面的抗原或抗体起反应。用洗涤的方法使固相载体上形成的抗原抗体复合物与液体中的其他物质分开，再加入酶标记的抗原或抗体，也通过反应而结合在固相载体上。此时固相上的酶量与标本中受检物质的量呈一定的比例。加入酶反应的底物后，底物被酶催化成为有色产物，产物的量与标本中受检物质的量直接相关，可根据呈色的深浅进行定性或定量分析。由于酶的催化效率高，放大了免疫反应的结果，使测定方法达到很高的敏感度。

9.1.2.2　ELISA 的类型

ELISA 技术主要有直接法、间接法、双抗体夹心法、直接竞争法、间接竞争法、捕获包被法、ABS-ELISA 法、PCR-ELISA 法、A 蛋白酶联法、斑点免疫吸附法和组织印迹法等几种类型。

9.1.2.3 ELISA 在食品安全检测中的应用

ELISA 具有简便、灵敏度高、特异性强、快速等特点，并能批量地分析样品，在食品安全检测中应用广泛，可检测食品中的病原菌(沙门菌、大肠杆菌等)，食品中的微量农药残留，以及酱油生产中能引起中毒的霉菌次级代谢产物(黄曲霉毒素、超曲霉毒素等)。

（1）ELISA 技术在病原微生物检测中的应用

1977 年，Kryinski 与 Heimsch(1977)首次将 ELISA 用于食品沙门菌的检测。目前，应用该法检测食品中沙门菌的报道很多。Kumar S 等(2008)基于夹心酶标免疫吸附的方法来快速检测食品和水中的沙门菌，通过强化程序来提高吸附的灵敏性。结果发现：相对于传统的培养检测方法，改进的 ELISA 方法在检测食品和水中的沙门菌具有快速、灵敏和专一的特点。此外，单核细胞增生李斯特菌作为一种人畜共患病和食源性疾病的致病菌已得到世界范围普遍的公认，越来越受到人们的重视。该菌广泛分布于自然界，对环境抵抗力极强，在低温(4℃)、高盐(20%)和高温(42℃)的情况下都能生长良好并产生致病力，被列为食品中四大病原菌之一。目前，单核细胞增生李斯特菌的检验通常采用常规细菌分离鉴定的方法进行，检验周期长，至少需要 5d 才能得出结果，步骤烦琐且检验精度低。再加上李斯特菌血清型的多样性、复杂性以及与属外细胞有广泛的交叉抗原，给该菌快速、准确的检测以及其流行病学的研究带来很大的困难。葛俊伟等(2009)建立了利用重组李斯特菌溶血素(LLO)检测单核细胞增生李斯特菌的 ELISA 方法，具有一定的应用价值。

（2）ELISA 技术在抗生素检测中的应用

抗生素广泛应用于动物疾病防治、饲料添加剂等。残留抗生素的食品，对人体存在一定危害，如氯霉素引起再生障碍性贫血和粒细胞缺乏症，氨基苷抗生素损害听神经，四环素类阻抑幼儿牙齿发育和骨骼生长，青霉素、链霉素、新生霉素时常会发生过敏反应，特别是青霉素最为严重。据 Milagro R(2008)等报道，目前开发的 ELISA 试剂盒已经广泛应用于食品中氯霉素、硫铵类药剂、含硝基的化合物等抗生素的检测。陈琦等(2006)采用 ELISA 试剂盒及绘制以氯霉素浓度为半对数坐标的标准曲线对牛肉和蜂蜜中氯霉素残留量进行测定，变异系数为 3.1% ~ 8.6%，重复性好，精确度高。

（3）ELISA 技术在农药残留检测中的应用

ELISA 技术已广泛用于有机磷类、有机氯类、除虫菊酯类等农药残留的检测。有机磷农药是我国目前在农作物和蔬菜上使用较多的一类农药，不少品种对人畜的急性毒性很大，目前对这类农药的残留分析大多采用薄层层析法、气相色谱法(GC)和高效液相色谱法(HPLC)等，这些方法必须对样品进行步骤冗长的纯化处理，且操作要求较高。吴芸茹等(2009)通过研究建立免疫检测体系为样品快速免疫检测奠定了基础。有机氯农药是神经、实质脏器毒物，化学性质稳定，脂溶性大，残效期长，易在脂肪体中蓄积，造成慢性中毒，严重危害人体健康。董玉华等(2007)采用间接竞争 ELISA 分析方法，来测定海水样品和海洋贝类中的有机氯农药滴滴涕及其主要代谢产物的含量。溴氰菊酯(Deltamethrin)是我国用量最大的拟除虫菊酯类农药，目前溴氰菊酯残留的检测常采用气相色谱法和高效液相色谱法。这些方法所需的仪器昂贵，样品前处理复杂，

难以满足大批量样品的快速检测需要。张婧等（2009）在前期建立溴氰菊酯间接竞争
ELISA 检测方法的基础上，成功研制出溴氰菊酯残留检测 ELISA 试剂盒，基本满足了
溴氰菊酯残留检测的需要。

（4）ELISA 技术在生物毒素检测中的应用

生物毒素是一大类生物活性物质的总称。黄曲霉毒素（AF）是粮油类食物受污染最
重、毒性最大的一种真菌毒素。其中，AFB_1 具有强致癌性和强免疫抑制性，即使在含
量极低时仍具有很大的毒性。蔡正森等做了 ELISA 法、HPLC 法检测粮油食品中 AFB_1
含量的比较研究，结果表明 ELISA 法比 HPLC 法操作简便快捷，回收率较为理想。朱
剑等（2009）报道用酶联免疫吸附-酶标仪分析法和免疫亲和微柱-荧光仪分析法分别对
粮油样品中 AFB_1 进行测定，对其检测条件和结果进行差异性分析，比较发现 ELISA 适
宜大批量样品快速筛选，检出限为 0.1μg/kg，可在广大基层实验室推广应用。

（5）ELISA 技术在非食用物质检测中的应用

违法添加非食用物质和滥用食品添加剂是导致加工食品质量安全问题的重要原因。
近年来出现的如"苏丹红""瘦肉精"以及"三聚氰胺"等食品安全事件，反映出当前在生
产及加工食品中违法添加非食用物质和滥用食品添加剂的问题十分严重。苏丹红染料
为一类偶氮类化合物，具有潜在的致癌性，各国政府及国际食品管理条例都严禁其在
食品中添加使用。WangY Z 等（2009）研究建立了一种基于单克隆抗体的间接竞争性
ELISA 来检测食品中的苏丹红 I 方法，该法具有高灵敏度、专一性强、样品处理简单、
样品检测量大以及成本低等优点，在分析检测食品中的苏丹红 I 方面是一种可行合理
的方法。"瘦肉精"学名盐酸克伦特罗，属于 β-肾上腺类神经兴奋剂，曾作为生长促进
剂和营养重分配剂被广泛用于家畜的饲养中，以促进家畜生长，提高瘦肉率，但是，
在动物组织中残留的"瘦肉精"能导致人体的急性中毒，数个国家已有盐酸克伦特罗残
留引起的食物中毒的报道，大多数国家都严禁使用"瘦肉精"作为饲料添加剂。左晓磊
等（2006）应用竞争 ELISA，对猪尿、猪肝中的盐酸克伦特罗残留进行检测筛选，得出
该法具有速度快，准确性高和重复性强的特点，且检测费用相对低廉。三聚氰胺是一
种用途广泛的有机化工产品，常用于生产三聚氰胺甲醛树脂的原料。三聚氰胺的含氮
量高达 66%，由于其为白色结晶粉末并且无味，掺杂后不易被发现，因此成为掺假、
造假者提高蛋白质检测含量的"首选"目标。李春媛等采用戊二醛法，将三聚氰胺与载
体蛋白牛血清白蛋白和卵清白蛋白分别进行偶联，制备出人工免疫抗原和检测抗原，
为三聚氰胺酶联免疫快速检测试剂盒和免疫胶体金检测试纸条的开发研制奠定了基础。

9.1.3　单克隆抗体检测技术

常规的抗体制备是通过动物免疫并采集抗血清的方法产生的，因而抗血清通常含
有针对其他无关抗原的抗体和血清中其他蛋白质成分。一般的抗原分子大多含有多个
不同的抗原决定簇，所以常规抗体也是针对多个不同抗原决定簇抗体的混合物。即使
是针对同一抗原决定簇的常规血清抗体，仍是由不同 B-淋巴细胞克隆产生的异质抗体
组成。因而，常规血清抗体又称多克隆抗体（polyclonal antibody），简称多抗。由于常规
抗体的多克隆性质，加之不同批次的抗体制剂质量差异很大，使它在免疫化学实验等

使用中带来许多麻烦。因此，制备针对预定抗原的特异性均质的且能保证无限量供应的抗体是免疫化学家长期梦寐以求的目标。随着杂交瘤技术的诞生，这一目标得以实现。

1975 年，Kohler 和 Milstein 建立了淋巴细胞杂交瘤技术，他们把用预定抗原免疫的小鼠脾细胞与能在体外培养中无限制生长的骨髓瘤细胞融合，形成 B -淋巴细胞杂交瘤。这种杂交瘤细胞具有双亲细胞的特征，既像骨髓瘤细胞一样在体外培养中能无限地快速增殖且永生不死，又能像脾淋巴细胞那样合成和分泌特异性抗体。通过克隆化可得到来自单个杂交瘤细胞的单克隆系，即杂交瘤细胞系，它所产生的抗体是针对同一抗原决定簇的高度同质的抗体，即所谓的单克隆抗体(monoclonal antibody)，简称单抗。

9.1.3.1 单克隆抗体制备的基本原理

单克隆抗体的制备必须用动物分离产生所需抗体的 B -淋巴细胞的克隆体(图 9-3)。通常，给小鼠注射从目标有机体得到的化合物或化合物的混合物。如果目标是一种病原体，用纯化的鞭毛蛋白或位于有机体表面的其他蛋白。如果目标是对毒素的检测，只要这种毒素对小鼠不产生副作用，就可将毒素本身注射进去，如果这种毒素对小鼠产生伤害，可以用化学处理法来使这种毒素失去活性(如用甲醛使之变性)。这虽然会导致这种毒素的生物活性的丧失，但会保持它的三维结构，抗体对抗原的结合是基于结构的相互作用，所以这种结构的保留是重要的。几周之后，杀掉小鼠并且取出它的脾。将脾细胞与骨髓瘤细胞混合，然后向混合物加入聚乙二醇(PEG)，诱导骨髓瘤细胞和脾细胞之间发生融合。最后产生的杂交瘤细胞将能够生产抗体并且在培养基中无限生长。未融合的脾细胞不能长期存活，在培养基中几周后就会死掉。

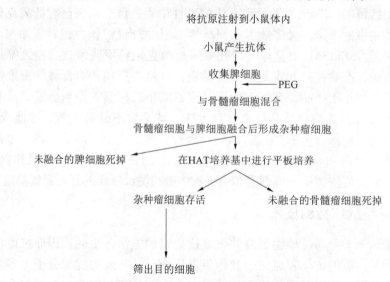

图 9-3 用于分离产生单克隆抗体的杂交细胞的过程
PEG ＝聚乙二醇；HAT ＝ 次黄嘌呤氨基蝶呤胸苷培养基

但是与骨髓瘤细胞和 B -淋巴细胞相比，融合子仍然是少数，也有可能产生不需要的融合子, 而且它们是混合在一起的, 如骨髓瘤细胞和骨髓瘤细胞的融合子和 B -淋巴细胞和 B -淋巴细胞的融合子, 因此必须采用适当的方法将所需的融合子(杂交瘤细胞)分离筛选出来。研究表明, 细胞(如骨髓瘤等肿瘤细胞)DNA 生物合成的途径有两条: 一条途径是由糖、氨基酸合成核苷酸, 进而合成 DNA, 这是主要途径。这条途径可被叶酸的拮抗物——氨基蝶呤(A)所阻断。但如果培养基中含有核苷酸前体物——次黄嘌呤(H)和胸腺嘧啶(T), 那么即使有氨基蝶呤(A)存在, 细胞也可以通过另一途径(称替代途径或应急途径)合成核苷酸。不过替代途径需要次黄嘌呤-鸟嘌呤磷酸核糖转化酶(HGPRT)和胸腺嘧啶核苷激酶(TK)的存在。骨髓瘤细胞在体外培养过程中, 丧失合成 HGPRT 的能力而成为缺陷型细胞。然而, 这种酶在 B -淋巴细胞中存在。经过融合后, 在含次黄嘌呤(H)、氨基蝶呤(A)和胸腺嘧啶核苷(T)的选择培养基(HAT)中进行培养, 未融合的骨髓瘤细胞因其 DNA 的主要合成途径被氨基蝶呤(A)阻断, 替代途径无 HGPRT 也无法进行, 所以只有骨髓瘤细胞与 B -淋巴细胞形成的杂交瘤细胞(融合子), 因得到 HGPRT(来自 B -淋巴淋巴细胞)并具备连续培养特性(来自骨髓瘤细胞)而生存下来, 而没有与骨髓瘤细胞融合的 B -淋巴细胞也不能存活很久。

9.1.3.2　单克隆抗体技术在食品检测中的应用

单克隆抗体在食品检测中最大的优点是特异性强, 不易出现假阳性。

(1) 用单克隆抗体技术快速检测食品中的农药、兽药

应用免疫分析技术检测农药、兽药残留具有灵敏度高、特异性强、操作简便快速、测试费用低等优点, 近年来得到迅速发展。农药、兽药属于小分子($M_r < 1\,000$)物质, 是一种半抗原, 无免疫原性, 不能刺激动物产生抗体。农药、兽药免疫分析的关键就是要制备高特异性的抗体, 以提高检测的特异性和灵敏性。必须先将其通过一定长度的碳链连接分子与大相对分子质量载体(一般为蛋白质)以共价键相偶联制备成人工抗原后, 以人工抗原免疫动物, 使动物的免疫系统发生应答反应, 从而制备出对该农药、兽药具特异性的多或单克隆抗体。得到抗农药、兽药的单克隆抗体以后, 即可在一定的体系(一般为水相或水与有机溶剂的混剂)内, 以竞争反应的形式并用农药、兽药标准物质来制备标准曲线, 之后根据制备好的标准曲线即可对农药、兽药残留进行定量, 也可以制备成试剂盒, 方便检测, 这方面国内外研究得比较多。

(2) 单克隆抗体技术在乳品工业中的应用

单克隆抗体在乳品工业中主要用于牛奶成分分析, 尤其对非正常风味牛奶的微生物与酶的鉴定, 牛奶中的病原微生物和毒素的检测, 加工工艺对牛奶蛋白结构的影响以及牛奶中掺杂物的识别。

(3) 单克隆抗体技术在酿酒工业中的应用

单克隆抗体可用于检出酿酒过程中的各种污染物。另外, 混浊敏感蛋白是引起啤酒稳定性下降的主要因素之一, 可以引起啤酒混浊, 主要由蛋白质与多酚发生聚合反应而产生, 它在整个啤酒酿造过程中保持着抗原性, 能被抗体识别。利用 ELISA 技术检测啤酒生产中的混浊敏感蛋白, 以便控制工艺条件, 提高啤酒的品质。金涌等人在 ELISA 技术基础上, 利用单克隆抗体技术鉴定区分泡沫活性蛋白和混浊敏感蛋白, 取得较好的效果。

9.1.4 荧光抗体技术

荧光抗体法（fluorescent antibody technique，FAT）又称免疫荧光技术，是一种将结合有荧光素（异硫氰酸荧光素、罗丹明、二氯三嗪基氨基荧光素）的荧光抗体作为分子探针与抗原进行反应，借以提高免疫反应灵敏度和适合显微镜观察的免疫标记技术。该法具有灵敏度高、特异性强的特点。

免疫荧光技术的原理是将抗原抗体反应的特异性和敏感性与显微示踪的精确性相结合，以荧光素作为标记物，与已知抗体结合，但不影响其免疫学特性。然后将荧光素标记的抗体作为标准试剂，用以检测和鉴定未知抗原。在荧光显微镜下，可以直接观察呈现特异荧光的抗原抗体复合物以及其存在部位。

张冬青等（2009）采用膜溶解、密度梯度分离纯化结合免疫荧光技术对饮用水中的"两虫"（隐孢子虫和贾第鞭毛虫）进行定性、定量分析检测，其回收率分别为56%和35%，均高于EPA1623方法的质量控制要求。采用免疫荧光技术操作方法简便且经济，适合在国内水源检测中推广使用。有报道首次将微菌落技术同免疫荧光技术相结合，建立了微菌落免疫荧光技术（M－CIF）。M－CIF法敏感性和重复性好，用已知沙门菌浓度做最低检出限量试验，常规法检出限为10个/mL，而该法为5个/mL；阳性对照和阴性对照重复10次，阳性菌落均荧光明亮，颜色稳定，阴性菌落均荧光很弱。用M-CIF法对不同菌落进行特异性的荧光染色鉴别细菌，仅需5~6h，在食品有害微生物检测方面有着非常大的应用前景。

9.1.5 放射免疫技术

放射免疫技术（radioimmuno-assay，RIA）又称放射免疫分析、同位素免疫技术或放射免疫测定法。该法为一种将放射性同位素测量的高度灵敏性、精确性和抗原抗体反应的特异性相结合的体外测定超微量（$10^{-15} \sim 10^{-9}$g）物质的新技术。本法常用的同位素有 ^{3}H、^{14}C、^{125}I 和 ^{131}I 等。广义来说，凡是应用放射性同位素标记的抗原或抗体，通过免疫反应测定的技术，都可称为放射免疫技术。经典的放射免疫技术是标记抗原与未标抗原竞争有限量的抗体，然后通过测定标记抗原抗体复合物中放射性强度的改变，测定出未标记抗原量。此技术操作简便、迅速、准确可靠，应用范围广，可自动化或用计算机处理，但需一定仪器设备，对抗原抗体纯度要求较严格。

9.1.5.1 放射免疫技术的类型

（1）液相法

将待检标本（如含胰岛素抗原）与定时的同位素标记的胰岛素（抗原）和定时的抗胰岛素抗体混合，经一定作用时间后，分离收集抗原抗体复合物及游离的抗原，测定这两部分的放射活性，计算结合率。在反应系统中，待检标本的胰岛素抗原与同位素标记的胰岛素竞争性地与胰岛素抗体结合。非标记的抗原越多，标记抗原与抗体形成的复合物越少。非标记抗原含量与标记抗原抗体复合物的量呈一定的函数关系。预先用标准的非标记抗原作成标准曲线后，即可查出待检标本中胰岛素的含量。

（2）固相法

将抗原或抗体吸附到固相载体表面，然后加待检标本，最后加标记抗体。测定固相载体的放射活性，常用的固相载体有溴化氰（CNBr）海豹化的纸片或聚苯乙烯小管。放射免疫分析法应用范围广泛，包括多种激素（胰岛素、生长激素、甲状腺素等）、维生素、药物等。

9.1.5.2　放射免疫技术在食品安全检测中的应用

放射免疫技术由于可以避免假阳性，适宜于阳性率较低的大量样品检测，在水产品、肉类产品、果蔬产品中的农药残留量的检测中广泛应用，还可检测经食品传播的细菌及毒素、真菌及毒素、病毒和寄生虫及小分子物质和大分子物质。徐美奕等人（2007）用 ^{125}I 标记的放射免疫试剂盒测定养殖红笛鲷与野生红笛鲷肌肉中雌二醇、孕酮、睾酮 3 种性腺激素残留量。在养殖红笛鲷与野生红笛鲷肌肉中均检出 3 种激素，野生红笛鲷中的激素残留量较低，但仍能被检出，放射免疫分析法放射性活度低、毒性小、样品处理简单、灵敏度高，检出限高于液相色谱法，可达 ng～pg 级，可作为水产品中激素残留量的有效检测手段。有文献（林杰等，2006）应用 Charm II 放射免疫分析方法测定猪尿样的磺胺类残留，检测限为 $200\mu g/kg$，符合欧美等国磺胺类最大残留限量的检测要求，同时快速、简便，在 30min 内可出初筛结果，假阴性率为 0%，有助于大批量样品的初筛，同时该法为动物养殖过程中的用药监控提供了一种快速检测方法。

9.1.6　免疫胶体金技术

免疫胶体金技术（immune colloidal gold technique，ICG）是以胶体金为标记物，利用特异性抗原抗体反应，在光（电）镜下对抗原或抗体物质进行定位、定性乃至定量研究的标记技术，是 20 世纪 80 年代继三大标记技术（荧光素、放射性同位素和酶）后发展起来的固相标记免疫测定技术。

9.1.6.1　免疫胶体金技术的基本原理

胶体金是由氯金酸在还原剂（如白磷、抗坏血酸、枸橼酸钠、鞣酸等）作用下，聚合成为特定大小的金颗粒，由于静电作用成为一种稳定的胶体状态，称为胶体金。胶体金在弱碱环境下带负电荷，可与蛋白质分子的正电荷基团形成牢固的结合，由于这种结合是静电结合，所以不影响蛋白质的生物学特性。这种球形的胶体金颗粒对蛋白质有很强的吸附能力，可以与刀豆球素菌 A 蛋白、免疫球蛋白、毒素、糖蛋白、酶、抗生素和激素等非共价结合。由于胶体金的一些物理性状，如高电子密度、颗粒大小、形状及颜色反应，加上结合物的免疫和生物学特性，使胶体金已被广泛应用于免疫学、组织学、病理学和细胞生物学等领域。

免疫胶体金标记技术主要利用了金颗粒具有高电子密度的特性，金标蛋白结合处在显微镜下可见黑褐色颗粒，当这些标记物在相应的配体处大量聚集时，肉眼可见红色或粉红色斑点，因而常用于定性或定量的快速免疫检测方法中。

9.1.6.2　免疫胶体金技术的优点及其在食品安全检测中的应用

胶体金制备容易，价格低廉。免疫金标记不仅可用于常规光镜，而且还可用于荧光显微镜。光镜应用的 IGSS 法是迄今最敏感的免疫组化方法。由于金颗粒具有很强的激发电子能力，还可用于扫描电镜和×射线衍射分析等，可以标记多种生物大分子物质，如抗体葡萄球菌蛋白 A(SPA)、凝集素、多糖、多肽及其他蛋白质而不影响其生物活性。免疫胶体金对组织细胞的非特异性吸附作用小，故具有较高的特异性。胶体金是高电子密度颗粒性标记物，电镜下分辨率高，对超微结构遮盖少，并易与其他颗粒性结构相区别，具有较精确的定位能力。金颗粒大小可以控制，颗粒均匀，可进行双重和多重标记，即用不同大小的金颗粒分别标记不同的抗体，实现在同一张切片上观察两种以上的抗原，也可以和其他标记物配合进行双重或多重标记。由于胶体金本身有鲜艳的橘红色，可用光镜或肉眼观察试验结果，也可用分光光度计测定光吸收，进行定量分析。可在切片不同视野中根据金颗粒的数目来半定量抗原，应用于快速检测技术还具有操作简单快速、特异性和敏感性好，可单份测定，结果直观，且可保存试验结果，无需特殊仪器等优点。

免疫胶体金在食品安全检测方面方法很多，如胡孔新(2004)等人以被列为 I 类潜在重要生物恐怖因子鼠疫杆菌作为诊断对象，建立了适合于现场快速检测鼠疫杆菌抗原用的胶体金标记免疫层析方法，其检测灵敏度达到 1×10^5 cfu/mL，并对常见的金黄色葡萄球菌、大肠埃希菌无明显非特异作用，该法对出入境口岸的样品安全检测有重要意义。有文献建立了一种简便快速的胶体金免疫层析法来检测沙门菌。致病菌污染食物并在其中大量繁殖或产生毒素，是细菌性食物中毒发生的首要原因，食入含 $10^6 \sim 10^7$ cfu/g 沙门菌的食品即可发病。该法制备的免疫层析条检测灵敏度为 2.1×10^6 cfu/mL，在沙门菌食物中毒菌量范围内。吉坤美等采用简易快速胶体金免疫层析法(GICA)检测食品中花生蛋白成分。通过胶体金标记建立快速检测花生过敏原 GICA 试条，具有高灵敏度，GICA 测试条与花生蛋白抗原呈特异性反应，检测自制的花生抗原标准品的灵敏度可达 50ng/mL。可有效快速地检测各种样品，满足我国进出口食品贸易的需求，同时为制定我国食品过敏原标签管理奠定了技术基础。同时，胶体金技术还可用于肉类、蛋类中抗生素残留、激素残留的检测。

9.1.6.3 免疫胶体金技术的前景与展望

免疫胶体金技术是继三大标记技术之后又一较为成熟且已得到广泛应用的免疫标记技术。该技术操作简便、快速、特异，适用于广大基层单位并能在现场作检测和诊断。近年来，该技术在医学、动植物检疫、食品安全监督等各领域得到了日益广泛的应用。免疫胶体金快速检测技术的灵敏性与 ELISA 基本相近，许多试验的敏感度都可达到1ng/mL或更低水平(吉坤美等，2009)，灵敏度的提高无疑会拓宽胶体金免疫检测技术的检测范围，进一步提高免疫胶体金检测的敏感性、特异性，实现多元检测，实现定量或半定量检测将是未来胶体金技术的发展方向。在今后的研究中，免疫胶体金技术将更进一步显示其巨大的优越性，同时也将在更广阔的领域内发挥其作用。

9.2 核酸分子检测技术

9.2.1 核酸探针技术的操作原理

DNA 和 DNA 单链、DNA 和 RNA 单链或两条 RNA 链之间，只要具有一定的互补碱基序列就可以在适当的条件下相互结合形成双链。在这一过程中，如果一条链是已知的 DNA 或 RNA 片段，那么依据碱基互补配对原则就可以知道和它互补配对的另一条链的组成，这样就可以用已知的 DNA 或 RNA 片段来检测未知的 DNA 或 RNA 片段，这就是核酸分子杂交的原理，也是核酸分子杂交可以用于诸多分析领域的原因。其中，已知的 DNA 或 RNA 片段被称为探针(probe)，与探针互补结合的 DNA 或 RNA 片段被称为探针的靶基因。

探针的种类很多，其中，DNA 和 RNA 探针具有高效性，它们可以设计成仅与靶目标杂交。这需要目标微生物的特异 DNA 序列。将探针固定在无机的支持物上(浸染棒)，这样很容易操作探针(如洗去未杂交的 DNA)而不造成破坏或丢失。这意味着固相杂交或其他方式的杂交(如在液相中)也成为可能。

食物样品预先进行处理，让所含的微生物细胞溶解，释放它们的 DNA，微生物 DNA 从双链变为单链，此时加入探针，然后单链 DNA 探针与食物中病原体微生物释放的单链 DNA 开始杂交(互补链的退火)，没有与探针杂交的 DNA 通过样品的清洗去除，此时与 DNA 探针杂交的 DNA 就被检测出来(图9-4)。

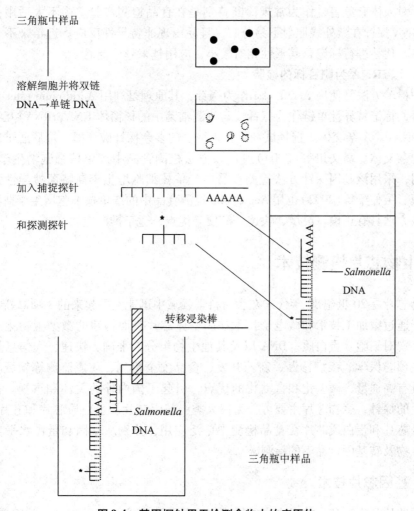

图9-4   基因探针用于检测食物中的病原体

9.2.2 核酸探针技术在食品检测中的应用

9.2.2.1 以 DNA 为靶目标的检验

DNA 探针用于食品中微生物检测的关键是 DNA 探针的构建。为保证检测结果的高度特异性，必须根据具体的检测目标，构建不同的 DNA 探针。构建 DNA 探针是以待检微生物中特异性保守基因序列为目标 DNA，以该序列的互补 DNA 作为杂交探针。对一般微生物而言，可以用决定该微生物特有的生理、生化特征的基因序列构建特异性的 DNA 探针。例如在设计检测产气荚膜梭菌的探针时，克隆的是产气荚膜梭菌的产毒基因。致肠病的大肠杆菌则针对其致肠病的基因序列来设计。这种检验在食品微生物检测中的应用研究十分活跃，如食品中的大肠杆菌（*Escherichia coli*）、沙门菌（*Salmonella*）、志贺菌（*Shigella spp*）、小肠结肠炎耶尔森（*Yersinia enterocolitica*）、产单核细胞李斯特菌（*Listeriamonocy togenes*）、金黄色葡萄球菌（*Staphylococcus aureus*）、产气荚膜梭菌的检测等（陈昱等，2009）。另外，传统的用放射性同位素标记的 DNA 探针技术，具有半衰期短，对人体有危害，作为常规诊断特别是在食品检测实验室中不太适用；生物素标记的 DNA 探针在紫外线照射下易分解，且易出现非特异性反应。近年来不少实验室采用地高辛代替进行标记，其毒性相对较小，应用越来越广泛。

9.2.2.2 以 rRNA 为靶目标的检验

该种检验方法常使用 AccuProbe 作为探针，其原理是利用 Acridinium ester 作为荧光发光物质，标记特异性单链作为探针，与待测细菌中的核糖体 RNA（rRNA）互补，形成稳定的 DNA-RNA 杂交体。选择试剂再将未结合的多余探针破坏掉，最后通过发光仪检测标记的杂交体。翁文川等（2003）应用该方法检测食品中产单核细胞增生李斯特菌，结果表明，采用该基因探针方法检测食品中产单核细胞增生李斯特菌特异性强，需要的时间短。吴仲梁等（2002）也用 AccuProbe 检测食品中的产单核细胞增生李斯特菌，同样证明该方法具有正确、灵敏、快速、简便等优点，适于推广应用。

9.3 生物芯片检测技术

生物芯片是 20 世纪 80 年代末在生命科学领域中迅速发展起来的一项高新技术，它主要是指通过微加工技术和微电子技术在固格体芯片表面构建的微型生物化学分析系统，以实现对细胞、蛋白质、DNA 以及其他生物组分的准确、快速、大信息量的检测并应用在预防医学、疾病诊断、新药开发、食品安全检测、环境监测等领域。生物芯片由于具有高通量、微型化和自动化的优点，引起了国内外的关注和重视。目前，根据芯片上的探针，生物芯片主要可分为三大类：基因芯片、蛋白质芯片和芯片实验室，其中基因芯片和蛋白质芯片在食品检测中广泛应用，分别从基因和蛋白水平实现对病原性微生物及转基因食品等的检测。

9.3.1 基因芯片技术

基因芯片是生物芯片技术中发展最成熟和最先实现商品化的产品。基因芯片（DNA

芯片、DNA 微阵列)是在基因探针的基础上研制出的,是将各种基因寡核苷酸点样于芯片表面,待检样品 DNA 经 PCR 扩增后,制备荧光标记探针,然后再与芯片上的寡核苷酸点杂交,最后通过扫描仪定量和分析荧光分布模式来确定检测样品是否存在异常基因或其产物。基因芯片技术能够及时、准确地检测出食品中的病原性微生物,因此对食品质量与安全领域将有积极的作用。

基因芯片的分类方法很多,根据固相支持物的不同,DNA 芯片分为无机(玻璃、硅片等)和有机(聚丙烯膜、硝酸纤维素膜等)芯片;根据探针核酸种类的不同分为寡核苷酸芯片和 cDNA 芯片;根据芯片点样方式不同可分为原位合成芯片、微矩阵芯片和电定位芯片 3 类;根据用途的不同分类为基因表达芯片、基因测序芯片、诊断芯片、指纹图谱芯片等。

9.3.2 蛋白质芯片

蛋白质芯片技术是指把大量的蛋白质分子(如酶、抗原、抗体、受体、配体、细胞因子等)有序排列固定于经化学修饰的玻璃片、硅片等载体上,利用蛋白质特异性地与配体分子结合的原理,让芯片上的蛋白质分子或肽链与样品中的相关成分发生反应并用阅读仪分析和存储结果,对样本中存在的特定蛋白质进行检测。

蛋白质芯片与基因芯片原理相似,只是芯片上固定的分子是蛋白质(如抗原或抗体等),而且检测的原理是依据蛋白分子、蛋白与核酸、蛋白与其他分子的相互作用。该方法可对各种蛋白质、抗体及配体进行检测,弥补基因芯片检测不足。具有多元样品同时检测,可直接测量非纯化分析物,样品用量少,样品无需任何标记物,具有分辨和排除干扰信号能力,检测速度快,结果直观等特点。

9.3.3 生物芯片的制作

生物芯片制作的方法有很多,大体分为两类:原位合成和合成点样。

原位合成主要指光引导合成技术,可用于寡核苷酸和寡肽的合成,所使用的片基多为无机片基,现在也有用聚丙烯膜的。光引导合成技术是利用照相平板、固相化学、光敏保护基团 3 项技术的结合。对于合成寡核苷酸来说,因为每次只能合成一种碱基,要完成芯片上一层碱基的合成就需要 4 次。如果要完成 n 个寡核苷酸,就需要 $4 \times n$ 次合成步骤。即经 $4 \times n$ 次合成步骤可合成 $4 \times n$ 种探针。该方法合成的寡核苷酸的长度一般少于 30nt,缩合率可达 95%,特异性不是太好。原位合成的另外一种方法是压电打印法或称做喷印合成。此法原理与喷墨打印机相似,但装有多个芯片喷印头和墨盒,制作 DNA 芯片时,墨盒中装的是 4 种碱基合成试剂。依不同位点序列将碱基喷印到芯片上的特定位置,并用传统的 DNA 合成方法将碱基连接起来。该方法合成寡核苷酸的长度一般在 40~50nt,缩合率达 99%,特异性较好。

合成点样最常用的方法是机械打点法。点样的可以是寡核苷酸和寡肽,也可是 DNA 片段或蛋白质。所使用的片基多为尼龙膜等有机合成物片基。点样的若是寡核苷酸和寡肽,合成工作用传统的 DNA 或蛋白固相合成仪进行。该方法的特点是操作迅速,成本低,用途广,但定量准确性和重现性不好,加样枪头与支持物接触易污染。

另外一种方法是合成点样的改进型，采用类似喷墨打印机的方法点样。将待点样品吸入袖珍喷嘴，精确地喷到相应位点。该方法定量准确性和重现性好，无接触，喷嘴的寿命比机械打点法的枪头的寿命长。

9.3.4　生物芯片工作原理

生物芯片的工作原理主要包括杂交与信号产生、信号检测和数据分析。

9.3.4.1　杂交与信号产生

杂交条件因不同实验而异。用于检测基因突变时，要设计一套寡核苷酸，包含靶序列上的每个位点，需要高严谨性，以检测单个碱基突变。用于基因诊断、基因表达时，则要针对基因的特定区域设计寡核苷酸，需要更高的严谨性，以检测特异的和低拷贝的基因。

9.3.4.2　信号检测

分子杂交后，经洗液去除未杂交上的分子。用光激发杂交信号产生的物质，使用光电倍增管或其他元件增强杂交信号，由荧光显微镜扫描进入计算机搜集处理。搜集杂交信号的装置主要有落射荧光显微镜、激光共聚焦扫描显微镜、配有 CCD 相机的荧光显微镜、光纤 DNA 生物传感器。

9.3.4.3　数据分析

获得图像数据后，进行数据分析有 3 个基本步骤：数据标准化、数据筛选、模式鉴定。无论是成对样本还是一组实验，为了比较数值，首先需对数据进行某种必要的标准化。然后进行数据筛选，去掉没有信息的基因。如在检测基因表达时，那些表达水平低于用户定义阈值的基因或者在实验过程中表达水平没有变化的基因都要去除。最后鉴定数据的模式和分组，给以生物学的解释。数据处理和破译的方法也是不同的。最初是根据用户定义的阈值将数值有变化的基因进行列表，后来发展到复杂的聚类，如分层聚类和 K-Cluster。Brown M P 等人（2000）介绍了一种方法对芯片杂交数据进行功能分类。这个方法是依据支持向量机的原理开发的。可以从获得的表达数据并根据以前基因功能的知识来鉴定具有相同功能的未知基因。Harrington C A 等（2000）根据试验设计，将检测基因表达的数据处理分为两类：差异基因表达分析和协同基因表达分析。差异基因表达分析多用于成对数据（正常 P 不正常）的比较，如健康 P 发病样本或野生型 P 突变型材料。协同基因表达分析多用于经一个时间段或在一系列实验条件下多个基因的表达水平，如芽殖酵母芽孢形成过程中或细胞周期变化过程中转录水平相关基因的研究。

9.3.5　生物芯片技术在食品领域的应用

9.3.5.1　检测食品中致病菌

大肠杆菌是食品安全检测中重要的检测指标。Call 等通过分析 *E. coli* O157：H7 的 Shiga 样毒素 Ⅱ 及溶血素 A 发现基因芯片可准确检测各种 *E. coli* O157：H7 的分离物；Bruant G 等（2006）设计了 *E. coli* 189 个毒力基因和 30 个耐药性基因的寡核苷酸基因芯片用于 *E. coli* 致病性及其耐药性的监测，为 *E. coli* 的环境检测流行病学和遗传变异研究提供了强有力的工具。Schleicher 公司发明了一种可同时进行食品中大肠杆菌检测和调查埃希氏菌的快速检测设备，根据蛋白质微阵列，利用荧光染色，可以对病菌进行定性和半定量的检测(Turner Kim，2002)。

李斯特菌可以在绝大多数食品中存活，其中的单核细胞增生李斯特菌即使在4℃仍然可以生长繁殖。单核细胞增生李斯特菌是一种人畜共患病的病原菌。它能引起人、畜的李氏特菌病，感染后主要表现为败血症、脑膜炎和单核细胞增多，是冷藏食品威胁人类主要的病原菌之一。Borucki 等构建的混合基因组微阵列，可准确鉴别各种近缘单核细胞增生李斯特菌分离物；Volokhov 等通过单管复合体扩增和基因芯片技术检测和鉴别 6 种李斯特菌。

空肠弯曲菌是食源性腹泻的主要病因，但其主要生物学特征尚不甚了解，东北农业大学动物医学院的李广兴制备了地高辛标记的空肠弯曲菌探针，可以对空肠弯曲菌进行快速检测。Dorrell 等通过比较 11 株空肠弯曲菌的全基因组序列证实该菌荚膜决定 Penner 血清型，为确定该菌致病性相关指标指出进一步研究的方向。

生物芯片技术不但可以检测食品中单种有害微生物，而且还可以对多种有害微生物同时进行检测。Chandler D P 等(2001)确定免疫磁珠分离结合微阵列可检测生禽肉清洗液中的 *E. coli* O157：H7。此外，Wilson 等采用病原体诊断区基因扩增和 20 个寡核普酸藻红素标记探针开发出一套多病原体识别(MPID)微阵列，可准确识别 18 种致病性病毒、原核生物和真核生物。Chizhiko 等采用寡核苷酸芯片研究大肠杆菌、志贺氏菌及沙门菌的抗原决定簇和毒力因子与其致病性的关系，发现细菌毒力因子可用于肠道致病菌的分析检测。Appelbaum 在对几种细菌进行鉴别时，兼顾了基因序列的保守性(含有细菌所共有的 16S rDNA 保守序列)和各菌种间的差异性，设计了一种鉴别诊断芯片不仅敏感度高于传统方法，而且操作简单，重复性好。黄荣夫等(2006)以 Cy3 标记抗体作为探针，将蛋白质芯片技术应用于副溶血弧菌、河弧菌和大肠杆菌的检测定量，建立了一种用于水体中 3 种病原菌检测定量的蛋白微阵列免疫分析法。

9.3.5.2　检测食品中残留毒素、农药、兽药和抗生素

目前，食品中的残留毒素、农药、兽药和抗生素严重威胁人类的健康，各类畜产品中普遍检出的主要有盐酸克伦特罗、三聚氰胺、黄曲霉毒素、青霉素、氯霉素和磺胺二甲嘧啶等。蔬菜和水果的生产加工中也普遍存在着有害物质残留的状况。北京博奥生物芯片公司已开发基于免疫原理的蛋白质芯片和配套的样品制备扫描和检测装置，可用于重点兽药残留的检测(邢婉丽，2004)。左鹏等(2007)采用蛋白质芯片的方法检测食品中的氯霉素和磺胺二甲嘧啶残留，充分体现出了该方法快速、高通量、并行性等特点。Tudos A J 等(2003)将酪蛋白与脱氧雪腐镰刀菌烯醇(DON)共轭连接制成人工抗原固定在芯片上再加入含有 DON 抗体的待检测溶液，通过 SPR 技术检测反应信号，从而构建了一种用于对小麦中 DON 进行定量分析的免疫芯片。该芯片用盐酸胍处理可反复使用 500 次，最佳检测范围为 2.5~30ng/mL，检测结果与使用气质联用(GC-MS)检测一致。

9.4 转基因食品的检测技术

转基因食品(genetically modified food，简称 GMF)是指利用基因工程技术，将有利于人类的外源基因转入受体生物体内(动物、植物或微生物)，改变其遗传特性，获得原先不具备的品质与特性，这种以转基因生物为直接食品或为原料加工生产的食品即为转基因食品，也称基因改造食品或基因修饰食品。转基因食品大致可分为转基因植物食品、转基因动物食品和转基因微生物食品。目前的转基因食品主要来源于转基因作物，因其在提高产量、改善产品品质、增强抗逆性和抗虫害等方面优势显著，所以一些国家非常重视转基因作物的开发和生产。

农业生物技术应用国际服务组织(ISAAA)发布的《2009 年度全球转基因作物商业化现状报告》显示：2009 年全球共有 25 个国家的 1 400 万农民种植了 $1.34 \times 10^8 \mathrm{hm}^2$ 的转基因作物；目前还有其他 30 个国家已经批准进口转基因作物产品用做食品和饲料的加工原料，或进行环境释放试验，共有 24 种转基因作物的 144 个项目获得 670 项批准。ISAAA 预计，到 2015 年，全球将有 40 个国家的 2 000 万农民种植转基因作物，种植面积将达到 $2 \times 10^8 \mathrm{hm}^2$。2009 年转基因作物的全球市场价值达 92 亿美元。在中国，2009年转基因作物种植面积 $370 \times 10^4 \mathrm{hm}^2$，在全球转基因作物种植面积超过 $100 \times 10^4 \mathrm{hm}^2$ 的国家中位居第六。为了促进我国转基因作物产业快速、健康的发展，2008 年中国政府投入约 35 亿美元启动了名为"转基因生物新品种培育"的重大科技专项；2009 年一个转基因玉米和两个转基因水稻获得安全证书，这表明我国转基因玉米、水稻等作物商品化又迈进了一大步。由于各国都在加大对转基因作物的投入，这给全世界带来了巨大的社会、经济效益，但与此同时，也存在许多潜在的问题，由于目前尚缺乏科学依据证明转基因作物产品对人类健康和环境的安全性，转基因作物产品对健康和环境潜在的风险引起了世界各国政府和公众的极大关注与广泛的忧虑，特别是转基因食品，由于被消费者直接食用，因此更容易引起人们对转基因食品安全性的质疑。转基因作物产品的潜在危害主要归纳为以下 4 方面：

①食品毒性 导入的基因并非原来亲本动植物所有，有些甚至来自不同科、种或属的其他生物，包括各种细菌、病毒和生物体，这些外源基因及其表达产物是否具有毒性？

②食品过敏性 导入基因的来源及序列或其表达的蛋白质氨基酸序列与已知致敏原有无同源性，甚至是否会产生新的致敏原？

③抗生素的抗性 目前在基因工程中选用的载体大多数为抗生素抗性标记，抗生素抗性通过转移或遗传转入生物而进入食物链，是否会进入人和动物体内外的微生物中，从而产生耐药的细菌或病毒，使其具有对某一种抗生素的抗性，从而影响抗生素治疗的有效性？

④食品的营养问题 人为改变蛋白质组成的食物是否能被人体有效地吸收利用，食物的营养价值是否会下降或是否会造成体内营养紊乱？另外，由于外源基因的来源和导入位点的不同，其具有的随机性极有可能产生基因缺失、错码等突变，使所表达

的蛋白质产物的性状、数量及部位与期望值不符。

鉴于目前关于转基因作物食品对人体健康、生态环境和其他生物安全的影响在国际上尚无定论，所以在销售此类产品时，必须对这类产品进行标注，让消费者具有根据自己的需求选择商品的权利。欧盟、日本和韩国等国家或地区先后出台了转基因作物产品的标签制度，大于规定阈值的必须标志（欧盟 0.9%、日本 5%、韩国 3%）。我国自 2002 年 3 月 20 日起也施行对农业转基因作物进行标志管理，第一批实施标志管理的农业转基因作物目录为：大豆、玉米、番茄、菜籽、棉花 5 类 17 种。由于各国的食品制造商、销售商及消费者等多方面原因，也迫切需要各种食品标志，预计在不久的将来，我国将推出更多需要标志的产品。目前，欧盟等要求转基因作物食品在各个环节都需要进行检测和监控，为此，转基因作物产品的检测、鉴定已成为各主要贸易国检验的一项重要工作，并纷纷建立了一流的检测机构和具有内部质量控制的标准化检测体系，以适应各种转基因作物产品的检测。我国农业部规划完成审批 35 家具有转基因成分检测能力标准化检测实验室，国家质量监督检验检疫总局和环境保护部也为我国转基因作物产品进出口贸易建立了相关的检测实验室；一些转基因研发公司也具有相当的实力，建立了得到国际或某些国家或地区认可的国际化标准实验室。到目前为止，已经建立的转基因食品检测技术主要是运用现代分子生物学技术在分子水平上进行检测。

9.4.1　PCR 在转基因食品检测中的应用

9.4.1.1　PCR 检测法的概况

PCR 即聚合酶链式反应，一种在体外快速扩增特定基因或 DNA 序列的方法，也称无细胞克隆系统。该方法可使极微量的目的基因或特定的 DNA 序列在短短几个小时内扩增至百万倍。PCR 具有特异性强，灵敏度高，操作简单、快速等特点。到目前为止，已经发展到有几十种，并广泛应用于医学、微生物学、食品科学和生命科学等领域。

PCR 技术的基本原理类似于 DNA 的天然复制过程，其特异性依赖于与靶序列两端互补的寡核苷酸引物。PCR 由变性—退火—延伸 3 个基本反应步骤构成。每完成一个循环需 2~4min，2~3h 就能将待扩目的基因扩增放大几百万倍。

PCR 产物是否为特异性扩增，其结果是否准确可靠，必须对其进行严格的分析与鉴定，才能得出正确的结论。PCR 产物的分析，可依据研究对象和目的不同而采用不同的分析方法，概括起来有凝胶电泳分析、酶切分析、分子杂交等多种方法。

9.4.1.2　应用于转基因食品检测的 PCR 技术

1996 年德国伯恩斯坦大学的 MeyerRolf 等论证了 PCR 检测转基因食品的可能性。根据检测目的不同，可将目前常用的 PCR 分为定性 PCR 和定量 PCR，根据检测对象不同，定性 PCR 可分为普通 PCR、巢式和半巢式 PCR、多重 PCR 和 RT-PCR 等。定量 PCR 可又分为竞争 PCR、实时荧光定量 PCR、半定量 PCR 及 PCR-ELISA 等。它们是目前转基因产品检测中应用最广泛的技术，具有快速、简便、灵敏等优点。利用这些方法，只要严格按照标准及实验室操作要求，就能比较容易地达到对转基因作物及其初加工食品的检测目的，很少出现假阳性或假阴性的检测结果。但是，对转基因作物深加工食品来说，由于深加工过程中各种处理如油炸、各种添加剂的使用、pH 值的剧烈变化，使其 DNA 发生了化学修饰和断裂降解，DNA 提取含量就会非常低，加之在检测过程中各种反应的抑制因子(如 Ca^{2+}、Fe^{2+}、微量重金属、碳水化合物、单宁、酸、酚类、盐分、亚硝酸盐等)的干扰，常常会导致 PCR 检测结果呈假阴性。因此，建立深加工食品的 DNA 提取方法是转基因作物深加工食品检测的关键。

9.4.1.3 DNA 的提取

提取出一定数量的高质量 DNA，是进行以核酸为基础的 PCR 检测的前提条件。由于食品成分复杂，除含有多种原料组分外，还含有盐、糖、油、色素等食品添加剂，此外，加工过程中的煎、炸、煮、烤等工艺使原料中的 DNA 会受到不同程度的破坏，因此，食品中转基因成分的检测特别是食品中 DNA 的提取具有其特殊性。由于食品的加工工艺、食品成分等的不同，对于不同种类的食品以及同种原料的不同加工产品，其 DNA 的提取方法均有所不同。Vollenhofer 等分别采用试剂盒和 CTAB 法从大豆蛋白、豆奶、大豆粉、玉米片中提取出了进行 PCR 检测的 DNA。Zimmermann 等尝试了 Wizard 试剂盒法、CTAB 法、ROSE 法、ROSEX 法、Al2kali 法、SDS/proteinase 法等 9 种方法，对大豆加工食品如豆腐、豆粉、卵磷脂中的 DNA 进行了提取，发现不同的提取方法，DNA 提取效率差别很大；简单快速的提取方法其 DNA 提取效率高，质量较差，而通过核酸吸附方法提取的 DNA 产量较低，但质量较好，更适宜于 PCR 扩增。对于深加工食品如食用油中 DNA 的提取也一直在探索之中，但 Pauli 等人认为精炼油中已没有遗传物质存在，而仅在粗制油中有 DNA 残留。

9.4.1.4 定性 PCR

在食品转基因成分的检测中 PCR 方法因其灵敏度高而被广泛使用，而在 PCR 检测方法中，定性 PCR 技术又是转基因食品检测中使用最广泛的方法之一。一些国家将其作为本国有关食品法规的标准检测方法。

(1)传统 PCR 技术

目前，利用传统 PCR 技术能够检测出的病原菌主要有单核细胞增生李斯特菌、肠出血性大肠杆菌 O157：H7、沙门菌、金黄色葡萄球菌和小肠耶尔森氏菌。但传统 PCR 技术在实际应用中表现出一些缺陷，如只能定性而不能定量地检测，且在有死细菌存在的情况下容易产生假阳性，不能检测致毒微生物产生的毒素等。因此，各项新技术的出现以及与 PCR 技术的有机结合，发展起来一系列改进的 PCR 技术。

(2)巢式和半巢式 PCR

巢式 PCR(nested PCR)是在传统 PCR 基础上发展起来的一种 PCR 技术，其原理是设计两对引物，其中一对引物在另一对引物扩增产物的片段上，通过两次 PCR 反应对某个基因进行检测。通常第一次采用能扩增较大片段的引物，经过 20～30 次循环扩增后，将第一次扩增的产物作为模板进行第二次扩增。

半巢式 PCR(semi-nested PCR)的原理与巢式 PCR 基本相同，只是半巢式 PCR 只有一对半引物，有一个引物被用于两次 PCR 反应中。这两种方法可以减少假阳性的出现，同时可以使检测的下限下降几个数量级。从理论上来说，用巢式和半巢式 PCR 可以检测到低于 10^{-11} g/μL 的 DNA 模板量，且具有高度的特异性，其结果一般不需要再用其他方法来验证。巢式 PCR 和半巢式 PCR 技术抗干扰性比较好。亲凤侠等（2005）用巢式 PCR 对大豆进行研究，转基因成分含量为 0.02% 时就能检出。黄昆仑等（2003）用巢式和半巢式 PCR 成功检测出转基因大豆 Roundup Ready 及其深加工食品。

（3）多重 PCR

多重 PCR（multiplex PCR，MPCR），又称复合 PCR，它是常规 PCR 方法的改进，是在同一 PCR 反应体系里加上二对以上引物，同时扩增出多个靶序列的 PCR 反应，其反应原理、反应试剂和操作过程与一般 PCR 相同。根据美国 FDA 公布的资料，仅美国目前经过批准投入商业化生产的转基因作物品种已经达到 53 个，若加上处于研究阶段的作物品种，其数量将大大增加，所以寻找合适的扩增条件在 MPCR 技术中是至关重要的。

目前，MPCR 技术已用于多种转基因作物的检测，对于 MPCR 多实验室之间的重现性问题，现在也得到了有效的解决。随着对定量检测的需求，MPCR 技术不但可以对多个靶序列进行定性检测，而且发展了多重定量 PCR 技术。这种方法具有更大的可靠性和适应性，并且能降低检测成本（2010）。张平平等（2004）为了同时检测转基因食品中所含的多个目标基因序列并排除扩增结果的假阴性，采用多重 PCR 分析技术对转基因大豆食品进行了检测，当转基因大豆含量仅为 0.15% 时，仍然可以对转基因食品进行可靠的鉴定，从而表明该方法的高度敏感性。

9.4.1.5　定量 PCR

随着各国有关转基因成分（GMO）标签法的建立和不断完善，对 GMO 的准确定量检测显得日趋重要。挪威是世界上第一个要求对转基因产品进行含量标志的国家，该国对转基因的限量为 2%；欧盟规定食品中 GMO 成分超过 1% 则必须进行标志；日本的限量标志为 5%。定性 PCR 因其高敏感性所造成的假阳性现象，以及由于操作误差和一些反应抑制因素带来假阴性现象，使该方法本身具有一定的局限性，而其最大的不足是无法对 GMO 进行定量分析。为此，研究者们在定性筛选 PCR 方法的基础上，发展了不同的定量 GMO 的 PCR 检测方法。

（1）定量竞争 PCR

定量竞争 PCR 选择由突变克隆产生的含有一个新内切酶位点的外源竞争模板。在同一反应管中，待测样品与竞争模板用同一对引物同时扩增（其中一个引物为荧光标记）。扩增后用内切酶消化 PCR 产物，竞争模板的产物被酶解为两个片段，而待测模板不被切割，可通过电泳或高效液相将两种产物分开，分别测定荧光强度，根据已知模板推测未知模板的起始拷贝数。

Anastasia K 等（2005）在竞争 PCR 的基础上，对双竞争性定量 PCR（doublequantitative competitive PCR，DCPCR）进行了研究，并与实时 PCR 进行了比较，证明竞争 PCR 具有灵敏度高、探针价格更低廉的优点。1998 年，欧盟的 12 个实验室共同对竞争 PCR 法进行了研究。结果表明，竞争 PCR 法与定性 PCR 法相比，大大降低了实验室间的试验误差。

（2）实时荧光定量 PCR 技术

实时荧光定量 PCR（real-time fluorescent quantitative PCR，FQ-PCR）技术是指在 PCR

反应体系中加入荧光基团，利用荧光信号积累，实时监测整个 PCR 反应进程，以荧光信号的强弱来及时获知特异性扩增产物的量，最后通过标准曲线对未知模板进行定量分析的方法。该技术可对 DNA 模板定量分析，还具有灵敏度高、特异性和可靠性强、自动化程度高、污染小、实时、准确等特点。

实时荧光定量 PCR 的基本原理：随 PCR 反应循环数增加，反应过程产生的 DNA 拷贝数呈指数方式增加并逐渐转入平台期，此过程中，实时荧光定量 PCR 对整个 PCR 反应过程进行实时检测，并连续分析与扩增相关的荧光信号，随反应进行实时检测荧光信号变化，并由计算机自动绘成一条曲线，通过检测处于指数期某一点的 PCR 产物量来推断模板的最初含量。荧光阈值是以 PCR 反应前 15 个循环的荧光信号作为荧光本底信号，荧光阈值的缺省设置是 3～15 个循环的荧光信号标准差的 10 倍，一般认为在荧光阈值以上所测出的荧光信号是一个可信的信号，可以用于定义一个样本的 Ct 值。Ct 值也称阈值循环，指在 PCR 循环过程中，荧光信号开始由本底进入指数增长阶段的拐点所对应的循环次数，也就是每个反应管内的荧光信号达到设定的阈值时所经历的循环数。研究表明，每个模板的 Ct 值与该模板起始拷贝数的对数存在线性关系，起始拷贝数越多，Ct 值越小。利用已知起始拷贝数的标准样品可作出标准曲线，因此，只要获得未知样品的 Ct 值，即可从标准曲线上计算出该样品的起始拷贝数。

根据其化学原理，实时荧光定量 PCR 可分为非探针和探针两类：非探针类是利用荧光染料来实时监控扩增产物的增加，如 SYBR Green I 检测法；而探针类是利用与靶序列特异性结合的探针来指示扩增产物的增加，常用的方法有 TaqMan 探针法。SYBR Green I 是一种能结合到 dsDNA 小沟部位的具有绿色激发波长的染料，只有与 dsDNA 结合后才会发出荧光。在变性时，DNA 双链分开，不产生荧光；在复性和延伸时，形成 dsDNA，SYBR Green I 发出荧光，通过检测 PCR 反应液中的荧光信号强度来对目的基因进行定量或定性分析。其灵敏度高、成本低，但特异性差，易产生假阳性结果。TaqMan 探针法使用 5′端带有荧光物质（如 FAM 等）、3′端带有淬灭物质（如 TAMRA 等）的 TaqMan 探针进行荧光检测。当探针完整时，5′端的荧光物质受到 3′端淬灭物质的制约，不能发出荧光；而当 TaqMan 探针被分解后，5′端的荧光物质便会游离出来，发出荧光。根据 3′端标记的荧光淬灭基团的不同分为常规 TaqMan 探针和 TaqMan MGB（minor groove binder）探针。PCR 反应液中加入荧光探针后，在 PCR 反应的退火过程中，荧光探针便会和模板杂交；进一步在延伸过程中，Taq DNA 聚合酶可以分解与模板杂交的荧光探针，游离荧光物质发出荧光。通过检测反应体系中的荧光强度，可以达到检测 PCR 产物扩增量的目的。该技术特异性高、定量准确，但成本高，易受酶活性影响。此外，实时荧光定量 PCR 方法还包括几种 TaqMan 探针的衍生技术，如分子信标检测法、双杂交探针检测法、复合探针检测法等。

近年来，实时定量 PCR 技术在转基因食品检测中的应用研究越来越广泛。例如，曹际娟等（2003）检测了肉骨粉中牛羊源成分，潘良文等（2006）对转基因油菜中 *Barnase* 基因成功地进行了测定，Alery 等也证实了该技术是估计食品中普通小麦量的理想技术。构建相应品系的质粒标准品是实现转基因食品实时荧光定量检测首要面临的问题。传统的标准品构建是以转基因材料与其对应的非转基因材料按一定的质量比例配制而成，从而获得一系列质量分数的标准品，再建立标准曲线来对样品进行相对定量检测。目前市场上除了常用的转基因品系(如 *MON*810 玉米、*Bt* 玉米、*RRS* 大豆等)外，许多转基因品系的标准样品还难以得到。随着转基因植物品系的日益增多，许多新增的转基因品系的标准样品更难以获得，这在很大程度上限制了转基因生物研究和监管工作的发展。而且，传统的颗粒或粉末标准样品一般只用于针对同一物种的转基因成分定量，而质粒标准品可以人为设计携带多个外源基因，如沈雨萌等构建了转基因玉米阳性标准分子。因此，实现定量检测的最佳途径是构建相应品系的质粒标准品。

此外，实时荧光定量 PCR 技术虽然使转基因食品检测突破了从定性到定量的界限，实现了精确定量到绝对定量的转变，但随着全球生物技术的发展，新的转基因植物趋向于复合基因改造，如 Smartstax 是一种新型的复合性状转基因玉米产品，这些性征以 8 个基因为基础，是迄今最先进的获批的转基因作物。同时，转基因食品的生产工艺也在逐渐改善和优化，食品加工过程原料中的转基因序列遭到严重破坏。这些都对实时荧光定量检测提出了更高的要求和标准。

(3)半定量 PCR

半定量 PCR 是通过同时扩增待测样品和一系列标准样品(0、0.1%、0.5%、1.0%、2.0%、5.0% GMF 含量)的共有核酸成分，如 *CaMV*35S 启动子，凝胶电泳扫描定量 PCR 产物，由标准品建立的标准曲线来判定待测样品中转基因成分的含量。

PCR 反应具有高度特异性和敏感性，但对实验技术的要求高，其结果易受许多因素的干扰而产生误差，故一般 PCR 只用做转基因食品的定性筛选检测。针对所存在的问题，研究人员在试验设计中引入内部参照反应，以消除检测时的干扰，并与已知含量的系列 GMO 标准样的 PCR 结果进行比较，从而可以半定量地检测待测样品的 GMO 含量。

(4) PCR – ELISA

1997 年，Niemeyer 等人创建了 PCR – ELISA 技术。PCR – ELISA 法是一种将 PCR 的高效性和 ELISA 高特异性结合在一起的检测方法。它利用地高辛或生物素等标记引物，将 PCR 扩增产物与固相板上特异的探针结合，再加入抗地高辛或生物素的酶标抗体——辣根过氧化物酶结合物，最后使底物显色，在酶标仪上读取数值。即 PCR 完成以后，用生物素标记的探针与诱捕在聚合酶链式反应管上的特异 PCR 产物杂交，再用碱性磷酸酯酶标记的链霉素进行 ELISA 反应。这种方法解决了 PCR 检测中的非特异性反应问题，并且不需要用电泳确定 PCR 产物。常规的 PCR – ELISA 技术只能作为一种定性实验，但若加入内标，做出标准曲线，也可实现定量检测。该方法灵敏度高达 0.1%，且快速、方便，避免了有毒物质 EB 的使用，适合大批量自动检测。

随着 PCR – ELISA 技术在病原微生物检测中应用的肯定，科研工作者开始将该技术应用到了转基因产品的检测中。刘光明等(2003)建立并优化了转基因大豆和玉米的 DNA 提取方法，针对 *CaMV*35S 启动子和 *T – NOS* 终止子的序列特点设计特异性引物与探针，应用 PCR – ELISA 检测技术，建立了转基因大豆与玉米中常用外源基因的快速检测体系，并用于进出境产品的转基因检测实际工作中。

9.4.2 核酸杂交技术在转基因食品检测中的应用

9.4.2.1 Southern 杂交法检测转基因食品

Southern 杂交是通过对特异性探针结合的基因组片断内或其周围序列进行限制性内切核酸酶酶切位点作图来研究基因在基因组内部的组织排列，其分析过程包括从待测样品中提取 DNA，用限制性内切酶对其进行酶解，经琼脂糖凝胶电泳分离后转移到固相支持物(硝酸纤维素或尼龙膜)，用标记的特异性探针与结合在膜上的转基因成分进行杂交反应，最后通过放射自显影或荧光分析等方法来判断待测样品中是否含有靶标 DNA。Jennings 等用该方法检测 *Bt* 玉米中基因 *cry*1Ab 片段和编码 ADP 葡萄糖焦磷酸化酶的内源基因 *sh*2 片段，结果表明该方法效果较好，能够用于转基因成分的检测。用 Southern 杂交法检测转基因食品需要清楚转入的外源基因序列，同时还需要待检样品具有一定纯度和基因组中转基因成分丰度较高。

9.4.2.2 Northern 杂交技术检测转基因食品

从转录水平检测转基因食品主要是运用 Northern 杂交技术。Northern 杂交与 Southern 杂交的原理基本相同，反应步骤也基本相似，不同之处主要在于：Northern 杂交对象是食品中特定外源基因 DNA 的转录产物 mRNA，食品中提取的 RNA 不需要用限制性内切酶进行消化，可直接经琼脂糖凝胶电泳分离后转移到合适的膜上进行杂交检测。由于 RNA 化学性质较 DNA 活跃，从食品中提取总 RNA 的过程中极易受各种污染源的影响而降解，其含量和质量也与食品的新鲜程度和完整性有关，深度加工的食品其 RNA 在加工过程中易被降解，因此该方法主要用于检测鲜活动物或植物性食品。另外，Northern 杂交信号的强弱与 mRNA 的丰度有关，当特定外源基因 DNA 的转录产物 mRNA 丰度较低时，需要将 mRNA 从总 RNA 中分离出来以增强检测信号。由于上述条件的限制，目前运用 Northern 杂交法检测转基因食品并不普遍。

9.4.2.3 Western 印迹法检测转基因食品安全

蛋白质是生物体实现生命活动各种功能的活性物质。根据遗传信息传递"中心法则"，遗传信息由 DNA 转录给 RNA，然后通过 mRNA 翻译合成特定的蛋白质以执行各种生命功能。转基因技术只是手段，其最终目的是通过转基因的表达产物(特异蛋白质)使生物体实现人们期望的功能，因此通过检测食品中与转基因对应的蛋白质也能实现检测转基因食品的目的。

与 Southern 杂交和 Northern 杂交的原理相似，Western 印迹法的原理是抗原抗体的特异性结合，其主要步骤是将从待测样品中提取的分子大小不同的蛋白质(抗原)混合物用凝胶电泳的方法分离后，将其转移到固体支持物上，用标记的抗体做探针与之杂交，通过放射性自显影等技术检测食品中转基因的表达产物。Western 印迹法将电泳较高的分离能力、抗体的特异性和放射性自显影的灵敏性结合起来，对分析不溶性蛋白有较好的效果。由于该方法需要对蛋白质进行变性凝胶电泳，可以消除蛋白溶解、蛋白凝聚和非目标蛋白与靶蛋白共沉淀等问题，因此 Western 印迹法是检测复杂混合物中特异蛋白质的最有力的工具之一，该检测技术的关键是抗体的制备。Van Dui-jin 等用 Western印迹法成功地检测到 Roundup Ready 大豆中 CP4 合成酶，检测限达到

0.5% ~ 1.0% 。

9.4.3　免疫学技术在转基因食品检测中的应用

同 Western 印迹法相同，ELISA 也是利用抗原抗体的特异性结合的原理检测转基因表达产物的方法，不同之处在于：前者用自显影等方法检测信号的强弱，而后者把抗原抗体的特异性结合与酶对底物的高效催化作用结合起来，根据酶作用于底物后的显色反应，借助比色或荧光反应来判定。

ELISA 法特异性强，同时酶促反应具有将抗原抗体反应信号放大的作用，因此灵敏度较高，不仅能对食品中转基因成分进行定性检测，而且能进行定量分析。白卫滨等以美国、阿根廷、巴西转基因大豆等为材料，建立了 ELISA 法定量检测抗草甘膦转基因大豆 CP4EP-SPS 蛋白的方法，成功检测出不同转基因大豆中 CP4EP-SPS 蛋白的含量，从而为抗草甘膦转基因大豆中 CP4EP-SPS 蛋白的定量检测提供了有效的手段。还有实验室研究出了比较成熟的 ELISA 方法，并且已经商业化，制成了非常方便使用的试纸条，如美国 Strategic Diagnostic 公司，研制开发了检测转基因玉米和大豆的 Trait 快速检测试纸条。

ELISA 技术的简便、敏感使它得到越来越广泛的应用，现代仪器设备的发展使 ELISA 的操作流程更加规范化，稳定性和重复性进一步提高。但是，ELISA 测定往往出现较高本底。产生的主要原因有：抗原和抗体不纯；植物样品中的过氧化物酶或多或少地被包被。而且，应用试纸条检测转基因食品时只对原料有较好的结果，对于加工过的食品效果并不明显。所以，蛋白检测在转基因食品检测中不能作为首选方法。

9.4.4　生物芯片技术在转基因食品检测中的应用

传统的检测方法如 PCR 法和 ELISA 法存在步骤复杂、准确度差等缺点。生物芯片通过设计不同的探针阵列、使用特定的分析方法可使该技术具有很高的应用价值，具有高通量、微型化、自动化和信息化的特点，是转基因检测的方向。

缪海珍（2003）采用基因芯片对大豆、玉米、油菜、棉花等转基因农作物样品进行检测。该芯片中加了 *CaMV2P* 基因，可鉴定 *CaMV35S* 阳性是否是由于病毒污染样品所致，从而对大豆、玉米、油菜和棉花四大类农作物的转基因背景都有了了解，因此该基因芯片检测范围广。许小丹等（2005）制备了检测及鉴定转基因大豆的寡核苷酸芯片，该芯片探针特异性好，灵敏度高，检测极限为 0.1ng DNA，从而消除假阴性概率，灵敏度优于传统的凝胶电泳检测。

蛋白质芯片通过设计不同的探针阵列、使用特定的分析方法可使该技术具有高通量、微型化、自动化和信息化的特点，是转基因食品检测的方向。转基因食品蛋白质芯片可以将待检的蛋白质固定于玻片上制成检测芯片，可以对一个基因的信号通路上下游蛋白同时进行分析，为研究新的蛋白对人体免疫系统影响机理提供完整的技术资料。通过分析确定该类转基因食品对人体的危害。非常适合于转基因作物及加工品检测，使之具有广阔发展前景。

本章小结

随着人们对食品安全问题重视程度的与日俱增，食品检测领域的快速检测技术越来越受到重视，多项生物技术因其低成本、高效、高通量和高特异性等特点已经渗透到食品检测领域，其优越性日趋明显，成为未来食品安全检测的主力军。但每种方法难免有其局限性，在应用中需依据具体需要进行选择或配合使用，也期待各种方法的优化和新技术、新方法的问世，从而为人们赖以生活的食品提供安全和营养的可靠保障。

同时，在食品检测技术的研究领域，还需要投入大量资金，加强食品科技专业队伍的建设，以满足食品安全生产、加工、经营、管理和食品国际贸易、安全监管以及食品安全研究等方面的需要。

思考题

1. 应用在食品安全检测方面的生物技术有哪些？简述其原理。
2. 简述如何有效的应对和避免食品安全方面的事故。
3. 分析生物技术食品(如转基因食品等)的安全性。
4. 简述哪些生物技术可检测转基因食品安全性并简述其原理。
5. 说出一些威胁食品安全的常见有毒、有害物质。
6. 目前我国在食品安全方面存在哪些问题？

推荐阅读书目

食品理化与微生物检测实验. 张英. 中国轻工业出版社, 2004.

食品检验技术(理化部分). 王燕. 中国轻工业出版社, 2007.

食品生物技术导论. 2版. 罗云波, 生吉萍. 中国农业大学出版社, 2011.

第 10 章

生物技术在食品工业废物、废水处理中的应用

　　食品工业是以农、牧、渔、林业产品为主要原料进行加工的工业。食品工业作为我国经济高速增长中的低投入、高效益产业近年来得到迅速发展，对促进经济增长和人民生活水平的提高以及充分利用资源起着十分重要的作用。但食品加工过程中有大量副产物和废弃物产生。这些副产物大多可作为农田肥料，有的则是富含营养物质的饲料或可回收作为食品加工的原料，如果合理利用，可节约资源并促进农副业的发展，如果不加利用或利用不好，将成为重要的环境污染源。

10.1　食品工业废物

10.1.1　果蔬加工行业的废物

　　我国果蔬种类繁多，面广量大，每年收获季节，除大量供给市场新鲜果蔬和贮藏加工外，往往还有大量的副产品。果蔬加工过程中往往会产生大量的下脚料，如在制作果蔬汁中，下脚料占加工原料的质量分别为：苹果 20%～25%，柑橘 50%～55%，葡萄 30%～32%，菠萝 50%～60%，西番莲 50%～66%，香蕉 30%，番茄 10%，胡萝卜 40%，青豌豆 60%，芦笋 28%，辣椒 24%。如此之多的下脚料，弃之为草，用之为宝，其综合利用可提取很多有价值的营养成分，利用价值很高。例如，利用柑橘皮可生产乙醇、果胶、甲烷、香精、橘皮小食品；从葡萄皮中提取色素、乙醇、酒石酸，从葡萄核中提取葡萄核油；从核果类果仁中提取苦杏仁苷、油脂、蛋白质；用胡萝卜、西葫芦、青豌豆的下脚料可做畜禽饲料等。另外，在原料生产基地，从栽培至收获的整个生产过程中，还会有很大数量的落花、落果及残次果实，而这些原料中又含有很多有用的成分，可以加工或提取有相当价值的产品。这些下脚料是可再生资源，若充分利用，可节省大量物资，不仅提高了原料的利用率，增加经济效益，而且还大大减少环境的污染，保护生态环境，既利国又利民。据统计，进行综合利用可降低生产成本 45% 以上。果蔬副产品因其化学成分不同，性质不同，制品不同，作用也不同，有的有很高的利用价值及经济价值。重视农副产品资源的综合利用，充分挖掘副产品资源的再生潜力，是现代食品工业的一项重要课题。

　　从综合利用所得产品的用途上可将其分为两类，一类为可食性物质的提取，一类为非可食性物质的提取。可食性物质有果胶、香精油、天然色素、糖苷、有机酸类、种子油、蛋白质、维生素、可食性纤维、饲料等；非可食性物质有乙醇、甲烷、柠檬

烯(杀虫用)、麝香草酚(杀菌用)、活性炭等。由于这些产品性质不同，其用途也不同。如从甜菜渣、苹果渣、橘皮、西瓜皮等下脚料中提炼的果胶，是半乳糖醛的胶体大分子聚合物，分子的长链结构能形成稳固的凝胶结构。其中，高甲氧基果胶可用在含糖并且有胶凝的食品上，低甲氧基果胶可用在低糖或无糖的食品上，作为果冻或类似产品的添加剂，也可作为蛋黄酱等的增稠剂和稳定剂。从番茄汁加工的废弃物番茄籽中提取的番茄籽油和蛋白，都是质量好、营养价值很高的食用保健物。从葡萄籽中提取的葡萄籽油，有营养脑细胞、调节自主神经、降低血清胆固醇的作用，可作为老人的营养油及高空作业人员的保健油。

10.1.2 肉类加工行业的废物

肉制品加工副产品资源非常丰富，动物屠宰后产生的骨头、血液、内脏等，除一部分作为原料直接上市，一部分初级加工成饲料、肥料外，很大一部分都被排放或者丢弃了。肉制品加工厂的下脚料和废弃物可分为固体和液体两部分，固体部分主要有固体畜禽粪和胃肠道内容物；液体部分主要为液体粪便和污水等。随着肉制品加工业的发展，肉制品加工业废弃物对环境的污染日趋严重，合理处理这些废弃物早已成为发达国家审批肉制品加工厂的严格标准。据统计，1998 年产生的动物血液达 $10 \times 10^8 kg$，除少量用于食品加工或饲料添加剂外，绝大多数白白流失了，不仅造成资源的巨大浪费，而且污染了环境。

动物副产品在传统上都作为低值处理品，甚至是废品，而近年来的许多科研成果表明，动物副产品具有多种营养成分和功能因子，如果科学地综合利用畜禽骨、血等副产物这些"营养宝库"，运用高新技术手段深度延长产业链，不仅可以从产业上化杂为整，以副促主，而且完全可能从价值体现上变副为主，从而大大增强动物屠宰及后续产业的竞争力，同时有着积极的环保意义。生物技术逐渐成为处理这些废弃物的重要手段，运用现代生物技术可以对动物废弃物、副产品进行深度开发和综合利用，如用动物血液提取血红素，用动物鲜骨制成补钙食品，从动物内脏提取医药用原料和添加剂，转化成饲料、有机肥料和能源等，从而实现资源全利用，变废为宝，保护了环境，降低了成本，提高了产品附加值。

10.1.3 粮油加工行业的废物

粮油作物，是指小麦、稻谷、大豆、杂粮(含玉米、绿豆、赤豆、蚕豆、豌豆、荞麦、大麦、燕麦、高粱、小米)、鲜山芋、山芋干、花生果、花生仁、芝麻、菜籽、棉籽、葵花籽、蓖麻籽、棕榈籽及其他作物的籽。我国是一个农业大国，粮油作物品种繁多，产量很大。而粮油食品工业的下脚料，如酒糟、豆渣、粉渣、糖渣、味精渣、油渣饼粕等，都含有较多的粗蛋白等营养物质，利用生物技术对这些副产品加以综合利用，可提高经济价值，增加社会财富。

10.2　食品工业废物的处理

10.2.1　果蔬加工行业的废物处理

10.2.1.1　有机酸的提取

果蔬中的有机酸主要有柠檬酸、苹果酸、酒石酸、草酸等。如柑橘中柠檬酸含量达 5%，李子中含量达 0.4% ~ 3.5%，杏中含量达 0.2% ~ 2.6%，葡萄中含量达 0.3% ~ 2.1%。目前，多采用液体发酵法进行柠檬酸的提取。

（1）柑橘类加工废物提取柠檬酸的原理

用石灰中和柠檬酸生成柠檬酸钙而沉淀，然后用硫酸将柠檬酸钙重新分解，硫酸取代柠檬酸生成硫酸钙，而将柠檬酸重新析出。其化学反应式如下：

$$2C_6H_8O_7 + 3Ca(OH)_2 \longrightarrow Ca_3(C_6H_5O_7)_2 + 6H_2O$$

　　柠檬酸　　　石灰乳　　　　柠檬酸钙

$$Ca_3(C_6H_5O_7)_2 + 3H_2SO_4 \longrightarrow 2C_6H_8O_7 + 3CaSO_4$$

　　柠檬酸钙　　　　　　　　　柠檬酸

这种提取方法是由柑橘果的特性所决定的。由于果汁中的胶体、糖类、无机盐等均会妨碍柠檬酸结晶的形成，所以要利用这种沉淀、酸解交互进行的方法，将柠檬酸分离出来，获得比较纯净的晶体。

（2）柠檬酸的提取过程

①榨汁　将原料捣碎后用压榨机榨取橘汁。残渣加清水浸湿，进行第二次甚至第三次压榨，以充分榨出所含的柠檬酸。

②发酵　榨出的果汁因含有蛋白质、果胶、糖等，故十分混浊，经发酵，有利于澄清、过滤、提取柠檬酸。发酵方法是：将混浊橘汁加酵母液 1%，经 4 ~ 5d 发酵，使溶液变清，酌加少量的单宁物质，并搅拌均匀加热，促使胶体物质沉淀。再过滤，得澄清液。

③中和　这一步是提取柠檬酸的最重要工序，直接关系到柠檬酸的产量和质量，要严格按操作规程进行。柠檬酸钙在冷水中易溶解，所以要将澄清橘汁加热煮沸，中和的材料为氧化钙、氢氧化钙或碳酸钙。

中和时，将石灰乳慢慢加热，不断搅拌，终点是柠檬酸钙完全沉淀后汁液呈微酸性时为准。鉴定柠檬酸钙是否完全沉淀，可以加少许碳酸钙于汁液中，如果不再起泡沫说明反应完全。将沉淀的柠檬酸钙分离出来，沉淀分离后，再将溶液煮沸，促进残余的柠檬酸钙沉淀，最后用虹吸法将上部黄褐色清液排出。余下的柠檬酸钙用沸水反复洗涤，过滤后再次洗涤。

④酸解及晶析柠檬酸　将洗涤的柠檬酸钙放在有搅拌器及蒸汽管的木桶中，加入清水，加热煮沸，不断搅拌，再缓缓加入 $1.26g/cm^3$（30°Bé）硫酸（以普通 66°Bé 的浓硫酸 50kg 加水至 140 ~ 150kg 即成。每 50kg 柠檬酸钙干品用 40 ~ 43kg $1.26g/cm^3$ 的硫酸进行酸解），继续煮沸，搅拌 30min 以加速分解，使生成硫酸钙沉淀（鉴定：取试液

5mL，加入5mL 45%氯化钙溶液，若仅有很少硫酸钙沉淀，说明加入的硫酸已够了）。然后用压滤法将硫酸钙沉淀分离，用清水洗涤沉淀，并将洗液加入溶液中。滤清的柠檬酸溶液用真空浓缩法浓缩至30°Bé，冷却。如有少量硫酸钙沉淀，再经过滤，滤液继续浓缩到40~42°Bé，将此浓缩液倒入洁净的缸内，经3~5d结晶即析出。

⑤离心干燥　上述柠檬酸结晶还含有一定的水分与杂质，用离心机进行清洗处理，在离心时每隔5~10min喷一次热蒸汽，可冲掉一部分残存的杂质，甩干水分，得到比较洁净的柠檬酸结晶，随后以75℃以下的温度进行干燥，直至含水量达到10%以下时为止。最后将成品过筛、分级、包装。

10.2.1.2　生产白兰地

近年来，世界葡萄年产量达$7\,000 \times 10^4$t以上，占世界水果总产量的1/4，居各种水果之首。除15%用于鲜食和制干外，约75%用于酿酒和制汁。葡萄在酿酒和制汁过程中，有大量的下脚料，如皮渣、种子、酒石等。先进国家已普遍将葡萄籽榨取食用油、单宁及酒精；果皮提取色素；榨汁皮渣经发酵与酿酒剔除的酒渣，经蒸馏提纯制得白兰地；利用酒石提取酒石酸及酒石酸盐，剩余的残渣还是优质的饲料和肥料。

随着我国葡萄种植和加工业的发展，葡萄果实的开发研究必将受到人们的重视。由白葡萄酒或葡萄汁制造过程经压榨分离出来的皮渣，或红葡萄酒在前发酵完成后分离的皮渣，含有不少糖分或酒精，这些糖分可经酒精发酵成酒。

10.2.1.3　制醋

许多水果的加工利用途径主要是榨汁生产果汁饮料或果酒，而大部分果渣却未能充分利用，十分可惜。为综合利用原料，以果渣为原料酿制果醋，不仅能节约粮食，充分利用水果资源，而且能酿出风味好、营养丰富、保健价值高、成本低的优质果醋，极大地增加各种水果加工的附加值。

10.2.1.4　生产乙醇

从果蔬汁加工的下脚料中，不但可以提取果胶、香精、有机酸、色素、黄酮类、油脂、蛋白质、可食纤维等可食性物质，还可以这些皮渣为原料，制取乙醇、沼气等能源性物质。

利用果品加工后的果皮、果屑、果心、果渣等下脚料和残次落果，加工制造工业酒精，是水果产区废物利用、加工增值的好项目。其生产设备要求不高，技术简单。主要工艺流程：粉碎—接曲—发酵—蒸馏。

10.2.1.5　生产甲烷

水果和蔬菜加工废渣的厌氧发酵为一种环境保护可以接受的处理方法，并且在某种情况下，产生的甲烷可以为加工操作提供相当数量的能量。

以苹果渣为原料，在厌氧条件下进行发酵，产生沼气。发酵45d，有90%的有机物转化为沼气，其中甲烷的含量为60%。

10.2.1.6　综合利用

果蔬汁加工过程中产生的下脚料，利用生物技术从中可以提取可食性物质、非可食性物质，并可利用这些下脚料加工一系列的小食品。生产上可根据实际情况采取系统利用的方法进行综合开发。下面以苹果渣、葡萄皮、柑橘皮为例加以说明。

（1）苹果渣

将苹果渣发酵生产柠檬酸、乙醇；从发酵后的苹果渣中提取食用纤维素；对残留物进行厌氧降解，生产沼气。其工艺流程如下：

$$
乙醇 \qquad 食用纤维
$$
$$
苹果渣 \longrightarrow 发酵 \longrightarrow 残渣 \longrightarrow 废料 \longrightarrow 厌氧发酵 \longrightarrow 沼气
$$
$$
柠檬酸
$$

（2）葡萄皮

葡萄皮可以提取色素、酒石酸及其盐类，也可以生产白兰地、果醋等，提取后或发酵后残渣可以做饲料。其工艺流程如下：

$$
葡萄皮 \rightarrow 白兰地 \rightarrow 果醋 \rightarrow 饲料
$$
$$
提取色素 \rightarrow 酒石酸盐 \rightarrow 酒石酸 \rightarrow 饲料
$$

（3）柑橘皮

柑橘皮产量大，用途广，可以从中提取果胶、香精、有机酸等可食用物质，也可提取非食用物质，而且可以加工成各种小食品。其工艺流程表示如下：

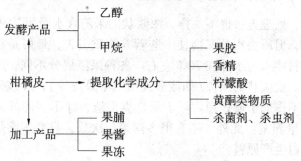

10.2.1.7 生产单细胞蛋白饲料

"三维结构"的农业——作物种植业、动物养殖业、微生物发酵转化业将构成可持续发展战略的新农业。其中的"微生物发酵转化业"就是微生物在农业中的应用，由于这种生产一般是在洁净的工厂中进行，人们都穿戴白色工作服，故形象地称为"白色农业"。"白色农业"包括微生物饲料、微生物肥料、微生物农药、微生物食品、微生物药品、微生物能源、微生物环保剂七大类，其中，微生物饲料的发展和应用是"白色农业"的重要内容，它可分为微生物饲料和微生物添加剂两大部分。微生物饲料包括单细胞蛋白饲料（SCP）、菌体蛋白饲料（MBP）、发酵糖化饲料、秸秆微生物发酵饲料等；微生物添加剂包括酶制剂和真菌添加剂、抗生素类添加剂、维生素类添加剂、氨基酸类添加剂、多功能生物添加剂等。

"白色农业"有着广泛的生产领域，借助工厂化生产，不受自然因素影响，效率高。我国每年产 $4 \times 10^{8} \sim 5 \times 10^{8} t$ 的农作物秸秆，如果把其中的20%通过微生物发酵变成饲料，则可获得相当于 $400 \times 10^{8} kg$ 的饲料粮，约占目前全国每年饲料用粮的1/2。一座年产 $10 \times 10^{4} t$ 单细胞蛋白的微生物工厂，能生产出相当于 $12 \times 10^{4} hm^{2}$ 耕地生产的大豆

蛋白或 $2\,000 \times 10^4 \text{hm}^2$ 草地饲养的牛羊所生产的动物蛋白质,其发展潜力和前景可想而知。

果渣是果类加工厂的废渣,以前主要是罐头厂的废弃物,随着果汁饮料的发展,很多大型饮料厂也有不少果渣。由于水果种类很多,果渣类型也很多,加工形式的不同使水果渣的形状和成分也不同。有的是皮片状,有的是浓浆状,这些果渣大都可做饲用,但其能量值低,仅相当于青饲料的饲用价值。这些果渣无氮浸出物含量都很高,蛋白质含量低,一般粗纤维含量都较高。近年来,有人用菠萝渣提取菠萝蛋白酶或作为种植草菇等食用菌的原料,取得一定成绩。果渣还含有一定量的有机酸,这些都是微生物可以利用的物质。用果渣生产蛋白质饲料,国内外都有报道。1977 年,Lequerica 等用固体堆积发酵的方法处理湿柑橘皮,用不灭菌的办法加入一些无机营养素培养 48h,即能使蛋白质从原来的 7.3% 提高到 18.5%。在国内,1990 年,曾报道山东栖霞县用水果渣固体发酵生产菌体蛋白饲料。经分析,产品含干物质 88.05%,粗蛋白 22.4%,粗脂肪 4.76%,粗纤维 9.65%,粗灰分 7.52%,钙 0.39%,磷 1.94%。2006 年,刘勇等报道了苹果渣发酵生产生物蛋白质饲料的研究;2010 年,刁其玉等报道,采用现代生物技术和营养理论相结合的办法,通过益生菌的作用和强化营养平衡,研制出了果渣发酵饲料,使苹果渣成为增奶、增重的功能性饲料产品。

(1)原料处理

果渣种类很多,处理方法也不一样。浓浆状的果渣含水量可达 90% 左右,不压去部分水分无法发酵,但压去水分又会使一些营养物质丢失,最好是在配制菌体蛋白生产配方时,用糠麸料拌入,水分在 70% 左右。各种果渣成分不同,配方也不同,需要在实践中探索调整。皮块状的果渣(如菠萝皮渣、苹果皮等),应该先绞碎,然后再和干原料混合,一般不提倡干燥处理。至于果核类果渣,除了磨碎外,也可于粉碎后再与其他原料混合成培养基。此外,还有很多落果、次果,只要不腐烂变质,绞碎后依然可以用做菌体蛋白生产原料。

(2)菌种的筛选

菌种的筛选原则除了传统使用的发酵菌株外,筛选适于 SCP 与 MBP 生产的菌株,必须符合下列条件:①能较好地同化基质碳源及无机氮源;②繁殖速度快,菌体蛋白含量高;③无毒性和致病性;④菌种性能稳定。目前作为这类产品的生产菌株一般都进行混菌培养,能获得较好的效果。

选择生产菌株时,既可以选择细菌、酵母、丝状真菌、大型真菌,也可选择藻类,各有优缺点。值得一提的是丝状真菌,这类菌株作为蛋白产生菌有独特的优点:丝状质地有利于收获;核酸含量较低,仅 6% ~ 13%;生长快;要求的 pH 值低,易于控制杂菌污染,甚至可以不灭菌发酵;大多数能产生分解淀粉和纤维素等高分子化合物的酶,非常适于果蔬加工副产品废弃物的发酵。

(3)工艺流程

果渣类原料若单独用白地霉或其他酵母类菌株也可以发酵,肉眼可见菌体长得不错。但分析结果表明,这种产品残留氮极多,氨基酸含量低,效果不好。所以,衡量发酵效果的好坏,不能仅从表观观察,一定要配合各种分析手段,以免误导。果渣发酵生产蛋白饲料的工艺流程如下：

<pre>
                            处理好的果渣原料、辅料
          单独培养   ↓
菌种 ———————————————→ 母种→混合接种→发酵池（机）→产品
          按比例混合   ↑
                            适量无机盐
</pre>

10.2.2　肉制品加工行业的废物处理

10.2.2.1　畜禽血液的处理

有关动物血的综合利用研究大体可以分为两个方面：一个是活性大分子的利用，另一个是生物小分子的利用探索。生物大分子的利用研究主要集中在蛋白质方面。人们一直设想以动物血代替人血来生产价值高的生物制品，关于这方面的工作国外早在20 世纪 40 年代前就已经开始了。国内从 20 世纪 60 年代至今一直有人在从事这方面的工作，但是抗原性的障碍始终无法克服，所以在这方面的研究一直没有取得突破性的进展。在生物小分子的利用方面人们主要把注意力集中在了氨基酸上。因为血液中蛋白质含量丰富，氨基酸组成合理，必需氨基酸含量高达 44.3%，其营养价值是不言而喻的。以血液蛋白为原料制备氨基酸，通常有两种方法，即酶解和酸解。

随着高蛋白饲料的需求量日益增多，开发利用畜禽血液的途径也越来越多，当前已有的生产工艺大致可分为以下 3 类：①把鲜血直接蒸发或喷雾干燥成血粉；②鲜血经蛋白酶类水解后，干燥成粉，简称酶解血粉；③鲜血经过添加辅料，微生物发酵后，干燥成粉，简称发酵血粉。下面以发酵血粉和酶解血粉为主介绍生物技术在动物血液处理方面的应用。

（1）酶解法生产蛋白质

酶解法生产蛋白质，采用多步多酶水解法，其工艺路线概括如下：血液→加热至100℃→室温→复合酶 A 水解→终止反应→复合酶 B 水解→终止反应→复合酶 C 水解→终止反应→过滤（这里剩下的残渣是高营养饲料添加剂）→分离纯化（大分子组分除去）→小分子组分→高浓度氨基酸及活性生物小分子产品→多肽及寡核苷酸组分→高浓度高免疫活性产品。

从以上工艺得到的氨基酸收率为蛋白组成的 65%，不经浓缩就达 112mg/mL，而且所有氨基酸及活性生物小分子均不遭到破坏。猪血中蛋白质含量很高（18.9%），由于相对分子质量大并呈卷曲状排列，体内消化时肽链难于断裂，消化吸收率仅 20% 左右，生产新工艺使猪血蛋白质水解成 18 种氨基酸及部分低肽的固体粉末产品，将消化率提高到 95% 以上，蛋白质水解率达到 99%。产品氨基酸总量高于 80%，其中 8 种必需氨基酸含量占氨基酸总量的 40% 左右，赖氨酸 6% ~7%。此外，产品还含有微量元素铁、锌、铜、锰等。动物试验证明，1kg 本产品能替代 1.4kg 秘鲁鱼粉，且无毒副作用。

（2）发酵血粉的生产

发酵血粉的生产方法有多种，有的还在进一步研究、改进之中，这里介绍的是生物发酵的生产方法。其生产工艺为：

新鲜猪血
↓
三角瓶斜面菌种→种曲（接种量0.1%～0.2%）→拌匀→入池培养→干燥→粉碎→成品
↑
糠麸

麦麸为孔性载体，鲜血和麦麸按1：1混合发酵时，发酵血粉风干后一般含粗蛋白32%、无氮浸出物42%、粗脂肪1.92%、粗纤维7.2%、钙0.48%、磷0.87%、水分12%。如果麦麸添加量少，则粗蛋白含量高。国内生产的发酵血粉粗蛋白含量有30%与50%两种。

饲养试验表明，质量好的发酵血粉粗蛋白饲料可以部分或全部代替鱼粉，经济效益有不同程度的提高。一般来说，只要日粮合理，生长猪日粮中增加5%的发酵血粉能起到鱼粉所起的作用；产蛋鸡日粮中添加10%的发酵血粉能提高蛋鸡的产蛋率。

10.2.2.2 畜禽粪便的处理

（1）生产饲料

生物技术处理畜禽粪便做饲料的方法主要是人工发酵法。在畜禽粪便生物技术处理做饲料的研究中，用于猪饲料的研究是目前研究最多也是实际应用最成功的。日本的研究表明，用牛粪制造的猪饲料，营养丰富，可以单独喂，也可以掺入通常饲料中饲喂，一般能节省30%～40%的常规饲料，降低猪饲养成本，而且猪喜欢食用，猪增重率提高6%～10%，猪肉的质量也非常好。

按照所选用的微生物种类可将人工发酵法分为：厌氧发酵法、有氧发酵法和混合发酵法3种。厌氧发酵又叫青贮法，在厌氧发酵情况下从粪内释放的气体含55%～57%甲烷、35%～37%二氧化碳、3%氮、1%氢、0.2%硫化氢以及氨和氧。近年来制订了加工畜粪、胃渣或禽粪的若干生化法，采用这些方法可制作除臭、灭菌的易吸收产品。脱毒后的产品用做反刍家畜的饲料或用做培养微生物或饲用酵母的培养基。

通常用青贮和堆肥法同时进行畜粪的混合加工。用青贮法将胃渣加工成饲料产品。为加快发酵并提高粗纤维吸收率，在水平贮槽内将胃渣与粉碎的玉米茎秆和苜蓿干草粉混合。位于贮槽下部的混合物和胃渣存放发酵，成熟6～8周，而后制成饲料半成品。应当指出，青贮是加工畜粪的简便方法，但也有一系列缺点，主要缺点是青贮料中畜粪的比率低（26%以下），饲料调制时间长，在数量方面不能解决粪的利用问题。

有氧发酵法是用嗜热菌发酵，将畜粪和胃渣有氧加工成饲料产品，该工艺在美国获得推广。美国制订了通过嗜热菌发酵用胃渣生产蛋白质添加剂的工艺：将预先净化的粪水分离组分、固体组分（粗纤维）预先用化学法处理，放入一排发酵罐内进行发酵；用水稀释的液体组分送入最后一个发酵罐内发酵，发酵罐内保持55～60℃，以利于嗜热微生物生长，发酵处理后混合液在真空滤器中过滤，用筒式干燥器干燥，滤过排出的水再循环到贮存搅拌器内。制成的产品无胃渣的邪味和气味，含蛋白质5%，外观与大豆粉无异。

混合发酵法在美国有所应用。美国在2万头牛的育肥综合养殖体系中建立养鱼池，鱼池内用畜粪做鱼的饵料。从畜粪中分离出含粗纤维的固体组分，青贮后用做饲料，而液体组分在依次排布的生物泻湖中净化，泻湖中的污水先经过厌氧菌发酵，而后经过需氧菌发酵，结果出现藻类的定向生长。将藻类投入养鱼池喂鱼，通过泻湖的水用来灌溉。

将胃渣特别是畜粪加工成饲料的上述 3 种方法的共同缺点是：生产饲料的工艺过程长（3~60d），必须利用造价高的设备，生产率低，需要菌株定向作用的理想的生产技能，在微生物合成后终产品有异味，同时有一定危险性，因为不能排除含有排泄有害物质的可能性。此外，有价值的有机物质和维生素有损失。

（2）生产有机肥料

畜禽粪尿中富含氮、磷、钾、微量元素和有机物质，是生产制作优质有机肥的原料。由于有机肥不仅可向作物供应养分，还可以提高土壤有机质、改良土壤、提高土壤微生物活性和提高土壤消除有害物质（如农药、除草剂等）的自净能力等，因此有机肥是进行无公害食品、绿色食品和有机食品生产所必需的原料。随着世界性生态农业的发展和人们对食品安全意识的日益增强，利用有机肥进行绿色食品和有机食品生产已是大势所趋。利用来源广、量大集中的畜禽粪便和农作物秸秆等生产制作优质有机肥，不仅可以解决养殖场排泄物的出路问题，而且可以通过生产和出售有机肥获得一定的经济效益，最终实现畜牧业与种植业的协调发展。

目前，发达国家有机农业已达到 30% 以上，而我国还处于起步阶段。我国有 $2.07 \times 10^8 hm^2$ 耕地，通过国家农业政策的扶持和对农村产业结构的调整，近几年内将会有 5% 以上（$1.035 \times 10^7 hm^2$ 以上）的有机农业出现。按每亩施用 200kg 有机肥估算，全国需要 $0.3 \times 10^8 t$ 商品有机肥。而当前我国商品有机肥产量仅在 $1.0 \times 10^6 t$ 左右。此外，在以往的农业种植业中，由于连年施用化肥已导致农田土壤有机肥下降，土壤结构破坏严重，土壤肥力和生产力明显降低，严重地影响了我国农业的可持续发展。因此，近年来已受到广大农业科技工作者和各级政府的关注。为了进一步提高农作物产量和品质，不管是在经济作物还是粮食作物的生产中，将会更加重视有机肥的施用。

我国具有悠久的利用家畜粪尿和农作物秸秆生产制作有机肥的传统。但是，传统的堆肥制作需要很长的时间，通常为 4~6 个月或更长，机械化程度也低，因而处理废弃物的能力很低。所以，如何采取措施快速地将这些材料进行处理，并提高机械化程度进行有机肥的工厂化生产，将是解决养殖业发展与环境保护之间的矛盾和实现养殖业可持续发展的根本出路。

利用畜禽粪便进行有机肥生产的方式有多种，如加热烘干法、生产液肥和高温堆肥等。但加热烘干方式除了因消耗大量热能增加了有机肥生产成本外，更重要的是在处理中会散发出大量臭气污染环境，该方法在国外如果是在没有良好的臭气处理设备的情况下是被严格禁止的。再加之产品存在着易返潮、返臭和易导致农作物病虫害等缺点，该方法在我国一些省份也被禁止使用。

利用畜禽粪尿进行厌氧发酵生产液肥是一种快速、低成本的方法，但在施用时必须使用专用的液肥喷洒机械并具备大面积的土地，因而该方法在一些发达国家如美国、澳大利亚等国家采用较多。高温堆肥方式具有日处理量大、速度快、无害化程度高（杀菌和杀灭杂草种子、分解残留农药和激素）、易于除臭密闭（防止初期臭气散发）和机械化程度高、生产清洁化等优点，因而是一种最常用的有机肥生产方式。此外，利用该方式进行有机肥生产时，还可以利用农作物秸秆等固体废弃物进行碳氮比和水分调节等，从而将大量的固体废弃物进行资源化，也解决了农业生产中大量农作物秸秆的出路问题。

由于刚生产出的腐熟堆肥水分含量大，不便于贮存和流通，而风干堆肥又较为疏松、体积较大，施用、运输和贮存均不方便，所以通常对堆肥进行后续加工以改善堆肥的物理化学性状和提高有机肥的附加值。目前，国外对腐熟堆肥的后续加工方式以挤压方式进行堆肥的颗粒化最为常用。因为堆肥的颗粒化不仅可以减少风干堆肥体积的 40% ~ 60%，而且在处理中可根据客户的要求或作物、土壤的特点进行有机肥有效成分的调节，以进一步提高肥料附加值和技术含量等。

有机肥的生产工艺，是将具有特殊功能的微生物菌种与畜禽粪便等有机物混合后，通过发酵使畜禽粪便变废为宝，这样使畜禽养殖及农户养殖畜禽的副产品得以充分利用，净化了环境，增加了效益，促进了农业的可持续发展。生产原料为优质畜禽粪便、纯天然的草炭和发酵菌剂。发酵后的物料经干燥、粉碎、制粒、筛选等工序制成有机颗粒肥。

（3）生产沼气

人们对沼气并不陌生，它是以畜禽粪尿等废弃物而制得的二次生物能源，其成分与天然气相似，亦属优质燃气，是解决农村能源的理想途径。

畜禽粪便生产沼气采用厌氧消化，在此过程中可生物降解物被降解成甲烷、二氧化碳及其他一些微量气体，如硫化氢、水蒸气、氮气等。整个过程由 3 个阶段组成：①水解阶段，系统中存在的微生物产生胞外酶，将有机化合物水解成简单的可溶性化合物。②产酸阶段，产酸菌将简单有机化合物（纤维二糖及其他糖等）转化成乙酸、丙酸等挥发酸。③产甲烷阶段，产甲烷菌将有机酸转变为甲烷和二氧化碳。

10.2.3 粮油产品加工行业的废物处理

10.2.3.1 淀粉类副产品的综合利用

粮食作物都含有大量淀粉，提取方法一般是先机械破坏原料的组织，然后从中把淀粉分离出来。淀粉是食品、饲料、造纸、纺织、化工、医药等工业部门不可缺少的原料或助剂，我国年消耗量在 $1.0 \times 10^6 t$ 以上。同时，淀粉的衍生品（如变性淀粉、糖、醇、酸、接枝共聚物等）的产量日益增大，副产品种类不断增多，作为一种可再生资源，是取之不尽的工业原料。生产淀粉原料的主要作物有玉米、土豆、甘薯等，其中，玉米具有易于贮存，工厂可全年开工不受季节限制，淀粉含量高、质量好，副产品种类多，加工产品价值高等一系列优点，因此，玉米淀粉已成为淀粉工业中的主要产品，我国玉米淀粉的产量占全国淀粉总产量的 90% 左右，其副产品占 40% 以上。副产品内含有蛋白质、脂肪、纤维素、糖等，分别存于玉米渣、浸渍水、麸质、胚芽、黄浆之中，对这些副产品进行综合利用，可清除"三废"污染，保护环境，并有良好的经济效益。

（1）玉米副产品的利用

①玉米皮生产饲料酵母　玉米皮所含的糖类品种较多，既有六碳糖，又有五碳糖。饲料酵母如热带假丝酵母菌，对六碳糖和五碳糖均能代谢。用玉米皮水解液培养假丝

酵母，就能将水解所获得的糖类转化成饲料酵母，饲料酵母转化率(对糖)约 45%，也就是说每吨玉米皮，产糖率 50%，最终产饲料酵母可达 22.5%。

玉米皮生产饲料酵母的工艺过程为：

a. 玉米皮的水解　玉米皮装入水解反应器，然后按固液比 1:10 的比例，加入清水，使水分(包括玉米皮自身含有的水分在内)达到 10 倍于玉米皮的绝干物质。水解用硫酸做催化剂，硫酸的用量以使水解物料中硫酸浓度达到 0.7% ~ 0.8% 为度。一般先把硫酸加入需补入玉米皮的清水中，配成稀酸溶液，在玉米皮装料完毕时，随即加入稀酸液。然后由水解反应器底部通入蒸汽，使物料翻动均匀，逐渐升温到 125 ~ 127℃，水解 2h，使水解完全。

b. 水解液的中和　水解液含有硫酸，可用氨水使之中和。中和在水解液冷却以后进行。加入氨水中和，使硫酸生成硫酸铵，硫酸铵溶解在中和液中，可以作为下一步发酵的氮源利用。中和剂如没有氨水，也可以用碳酸铵代替，但要注意中和过程产生较多泡沫，防止溢罐。中和终点控制在 pH 5.5 左右。中和完毕，进行过滤，滤出的残渣，仍作为饲料使用。

c. 酵母的繁殖　利用玉米皮水解液培养酵母，需要相应的温度、酸度、培养基浓度等条件，才能顺利繁殖。饲料酵母生长繁殖的最适宜温度随菌种不同也有所不同，但是一般在 28 ~ 30℃ 较合适。在较高的温度时，繁殖速度可加快，但是所得酵母易于在保存中自行分解。超过 36℃ 酵母繁殖速度反而减慢。酵母的繁殖过程，随着糖类的降解，放出热量，大致每利用 1kg 糖，要放出 5 024kJ 热量，因此在酵母繁殖过程中，虽有搅拌和通气，能带走一些热量，但还需在反应罐中配备冷却系统，以保证酵母在最适的温度下繁殖。

玉米皮水解液经中和后 pH 值为 5.5 左右，这是大多数酵母菌适宜的 pH 值。除了一些特殊的菌株适合在低 pH 值中繁殖以外，一般在 pH 值为 3 时，酵母生长缓慢，细胞蛋白质发生分解，影响酵母质量。当 pH 值大于 6 时，能促使胶体沉淀，有利于酵母生长，但高 pH 值会使酵母色泽变深，繁殖过程泡沫增加。

酵母繁殖是好氧代谢过程，不断消耗培养基液体中的溶解氧，并合成新的细胞。只有培养基中有充分的溶解氧，才能加快酵母的繁殖速度。培养基浓度越高，所含的酵母细胞量越大，则所需的氧也越多。

玉米皮水解液中所含的糖，一般能达到 5% ~ 7%，这并不是酵母繁殖的最适浓度。根据试验，糖浓度和酵母的转化率成反比，所以一般饲料酵母生产时培养基浓度不超过 2%，这时转化率能达到 45% ~ 50%。也就是每 100g 糖能转化成 45 ~ 50g 酵母。如果其他条件(如溶解氧、营养盐、生物反应器的结构等)有所改善，糖浓度可达 3% ~ 4%，这样将大大提高饲料酵母的生产强度，从而提高饲料酵母的经济效益。

饲料酵母是在一个发酵罐中进行繁殖，也称生物反应器，有间歇和连续两种方式进行。间歇式生物反应器是在一个容器中，开始先加入部分玉米皮水解中和液(已经预先调整了浓度)，接种后通风发酵，进入旺盛阶段，出现大量泡沫，此时可持续地向生物反应器中补加玉米皮水解中和液，称为流加，直到达到一定高度为止。再保持一段时间，总时间在 12 ~ 20h。连续法是几个生物反应器串联在一起，在繁殖过程中，不断地往第一个反应器中加入玉米皮水解中和液,又从最末一个反应器中不断地排出成熟醪。整个繁殖过程,液面有一层泡沫,约占生物反应器体积的1/3,所以要加入消泡剂,常用磺化蓖麻油,也有采用非离子多元醇类表面活性剂。

d. 酵母的离心和干燥 发酵完毕的成熟醪,含有0.2%~0.3%的残糖和10g/L的酵母菌体(以干物质计),通过第一级酵母离心机,使酵母浓度浓缩到7%~9%,分去醪液。得到的酵母浓缩液,20%~30%回到生产过程,作为生物反应器的种母用,而70%~80%的浓缩酵母液,用水稀释2~3倍,进入第二级酵母离心机,进行洗涤,分去洗涤水,提高酵母浓度到9%~10%。然后可直接通过压滤机,滤去水分,得到压榨酵母,含水分75%左右,可作为商品,就近配合饲料用。如需将酵母送往远处,则应将第二级分离的酵母液进行干燥。干燥的方法,小型厂采用滚筒蒸汽干燥法,使水分干燥到10%以下即可。滚筒干燥机表面温度在140℃,酵母液在表面只停留几秒钟。干燥后的酵母从滚筒上刮下,再经粉碎,即可包装出厂。

饲料酵母含有45%~50%的蛋白质,可消化率高,作为蛋白饲料添加到配合饲料中,具有和鱼粉相同的功效。饲料酵母蛋白质含有20多种氨基酸,其中8种生命必需氨基酸全部含有。饲料酵母和鱼粉蛋白质的氨基酸含量十分相近。饲料酵母的营养价值,还在于饲料酵母含有极丰富的B族维生素,其含量比鱼粉、肉粉含量还高。

饲料酵母中的蛋氨酸略低于鱼粉,但可因含有胆碱而得到补偿。胆碱能在活体内调节脂肪的代谢,使脂肪转化成能溶于血中的卵磷脂,进而输送到体内各组织。这对促进禽畜生长极为有利。酵母中还含有各种酶和激素,能促进动物的新陈代谢,提高幼畜、幼禽的抗病能力。配合饲料中添加饲料酵母,能提高饲料的吸收利用率。除了熟知的猪、鸡饲料中可以添加饲料酵母以外,水产养殖中配合饲料加入饲料酵母,更为有效。例如,鱼饵料中可加饲料酵母3%~5%,对虾饵料中可加入4%~5%。各种配合饲料中加入饲料酵母,能加快动物增长速度,减少饲料消耗,提高饲料报酬。但应注意,饲料酵母的添加量一般占饲料中各种蛋白质总质量的25%,或是占饲料总质量的5%,其中幼畜、幼禽可适当采用,过多地使用,对生长也没有太大好处。

②玉米皮生产食物纤维 食物纤维亦称膳食纤维,主要指纤维素、半纤维素、木质素、果胶等人体消化酶难以消化的高分子物质。但它对于改变血清胆固醇、预防高血脂和肥胖症以及促进中毒性物质的排除,从而减少直肠癌等都有一定的关系,所以人们把食物纤维称为"第七营养素"。食物纤维来源十分广泛,玉米淀粉厂的玉米皮已经是从谷物中分出来的纤维物质,但玉米皮在未经生物、化学、物理加工前,难以显示其纤维成分的生理活性。必须使玉米皮中的淀粉、蛋白质、脂肪通过分离手段除去,获得较纯的玉米质纤维,才能成为食物纤维,用做高纤维食品的添加剂。此外,如不经分离提纯,玉米质纤维不仅缺乏生理活性,而且会使口感变坏。研究表明,玉米纤维的活性部分,主要是半纤维素,特别是可溶性部分,将这一部分作为食品添加剂,其口感要比不溶性部分好。日本研究者提议用酶制剂酶解玉米皮,使淀粉、脂肪、蛋白质降解而除去,精制玉米纤维使其半纤维素含量达60%~80%。将这种食物纤维制成饼干,含量在2%时,口感好。动物试验表明,其对抑制胆固醇上升有明显效果。

玉米食物纤维具有多孔性,吸水性好,添加到豆酱、豆腐、肉类制品中,能保鲜并防止水的渗出；用于粉状制品（汤类）可做载体；用于饼干中可使生面团易于成型。

③其他玉米副产品的利用　玉米芯、玉米渣等也有很多方面的利用。我国玉米芯的产量估计每年有 $1.0 \times 10^7 t$，可利用它来生产糠醛、单细胞蛋白等。

（2）小麦麸皮的综合利用

淀粉类副产品除玉米外，还有小麦麸皮、米糠等产品。小麦加工面粉的副产品——麸皮的数量约占小麦的 15%。麸皮中含有多种营养成分，蛋白质、脂肪、糖类、纤维、灰分等，主要用于酿造、饲料和制药业。

麦麸主要由膳食纤维组成，并含有 4%～5% 的植酸和 0.4%～1.0% 与之相结合的阿魏酸。植酸的水解物肌醇具有许多药理作用，能治疗肝硬化、肝炎、脂肪肝等，是一种优良的营养增补剂和医药工业原料，同时也是我国重要的创汇产品之一。阿魏酸能抗血栓、治疗冠心病、动脉粥样硬化、抗结肠癌、护肤。由于其能抑制多种微生物生长，具有抗氧化活性，目前日本已将之作为天然食品添加剂用于食品保鲜。麦麸膳食纤维虽具有许多保健作用，但完全以原料的形式食用还难以为人们所接受，而以麦麸制备得到的低聚糖更受欢迎。黑曲霉可同时分泌阿拉伯聚糖酶、植酸酶和阿魏酸酯酶。因此，它能以麦麸为原料将肌醇、阿魏酸和低聚糖从麦麸中释放出来。

欧仕益等对利用黑曲霉发酵麦麸制备阿魏酸、肌醇和低聚糖进行了初步研究。结果表明，黑曲霉能部分释放麦麸膳食纤维上所束缚的阿魏酸，并将多糖和植酸分别水解成低聚糖和肌醇。其中，固体培养法比液体培养法能释放出更多的阿魏酸、低聚糖和肌醇。不过，由于黑曲霉在释放这些物质的同时又将它们作为营养源，因此，利用黑曲霉直接发酵麦麸生产这 3 种物质是不经济的，而利用它们产生的酶来生产阿魏酸、肌醇和低聚糖可能是更好的选择。

（3）米糠的综合利用

米糠是稻谷脱壳后依附在糙米上的表面层，它是由果皮、中果皮、种皮糊粉层及胚芽等组成。它们的化学成分，以糖类、脂肪、蛋白质为主，还含有较多的维生素和灰分（常以植酸盐形式存在）。我国是世界上第一产米大国，每年可产米糠 $9.5 \times 10^6 t$ 以上，因此米糠是一种巨大待开发的再生资源，经综合利用后，将会取得显著的经济效益。

目前，世界各国对米糠的综合利用表现出极大的兴趣，特别是日本、韩国以及东南亚一些较为发达的国家对其综合利用进行了大量的研究工作。我国至今绝大多数仍只当做畜禽饲料或仅仅用其生产单一产品，造成一定浪费。如我国目前只从米胚芽中提取胚芽油进而提炼维生素 E，而日本还能生产各种营养食品或食品强化剂及食品抗氧化剂等制品十几种。我国米胚芽制品尚属空白，应积极开发。

10.2.3.2　纤维素类产品的综合利用

纤维废料的原料主要有棉籽壳、玉米芯、稻壳、燕麦壳、甘蔗渣、花生壳、葵花籽壳、小麦秆、棉秆、稻草等。其内含成分主要有纤维素、半纤维素、木质素、灰分等。这些纤维素废料进行水解等处理，可制取糠醛、乙醇、酵母、木糖醇等化工产品。我国目前纤维废料的年产量为 $1.2 \times 10^8 t$，但是由于乡镇企业技术水平较低，大部分得不到充分利用。这些一年一次的可再生资源，如能合理充分利用，将会提高农作物的经济效益，促进乡镇企业发展，增加农民收入，提高人民生活水平，同时还能减少环境污染，促进生态平衡。

(1) 木质素的生物降解

木质素是由苯丙烷单元通过醚键和碳碳键连接的复杂的无定形高聚物，难以被酸水解，是天然高聚物中最难搞清楚的一个领域。包括农作物秸秆在内的木质纤维素物质是地球上贮量最丰富，而且可以年年再生的有机物质，陆生植物每年约生产 1.5×10^{11} t 纤维、半纤维素及木质素，有待人类开发利用。由于木质纤维素资源潜力巨大的客观存在，特别是农产品废弃物数量大，因此仍在不断地吸引着人们去开发利用这类自然资源。美国、加拿大、法国、芬兰等国家利用玉米秸秆等农林废料生产乙醇、丙酮、丁醇的工厂均已投产。

在自然界中，能降解木质素并产生相应酶类的生物只占少数。木质素的完全降解是真菌、细菌及相应微生物群落共同作用的结果，其中真菌起着主要作用。降解木质素的真菌根据腐朽类型分为：白腐菌——使木材呈白色腐朽的真菌；褐腐菌——使木材呈褐色腐朽的真菌和软腐菌。白腐菌降解木质素的能力优于其降解纤维素的能力，这类菌首先使木材中的木质素发生降解而不产生色素；而后者降解木质素的能力弱于其降解纤维素的能力，它们首先开始纤维素的降解并分泌黄褐色的色素使木材变为黄褐色，而后才部分缓慢地降解木质素。白腐菌能够分泌胞外氧化酶降解木质素，因此被认为是最主要的木质素降解微生物。木质素的生物降解目前成功地用于生产实践的尚不多见，但在有些方面的研究已经显现出诱人的前景。

①造纸工业　分解木质素的酶类在造纸工业上的应用有两个方面：一是改造旧的造纸工艺，用于生物制浆、生物漂白和生物脱色。黄孢原毛平革菌和 *Phlebia brevispora* 等在国外已经得到成功利用。如用 *P. brevispora* 进行生物制浆预处理可降低 47% 的能耗并增加了纸浆的张力，但它们的木质素降解率和产酶量都还是极为有限的，处理时间过长，距大规模推广应用尚有一定的距离。二是木质素分解菌或酶类用于造纸废水的处理，这方面国内外研究报告已有很多且已取得了一定的实效。

②饲料工业　木质素分解酶或分解菌处理饲料可提高动物对饲料的消化率。实际上，木素酶和分解菌的应用已经突破了秸秆仅用于反刍动物饲料的禁地，已有报道饲养猪、鸡的试验效果。目前，以木质素酶、纤维素酶和植酸酶等组成的饲料多酶复合添加剂已达到了商品化的程度。

③发酵与食品工业　木质纤维素中木质素的优先降解是制约纤维素进一步糖化和转化的关键，已有很多试验尝试使用秸秆进行乙醇发酵或有机酸发酵，但还有待进一步深入研究。在食品工业如啤酒的生产中，可使用漆酶等进行沉淀和絮凝的脱除，使酒类得到澄清。

④生物肥料　传统上曾使用高温堆肥的办法来使秸秆转化为有机肥，但这些操作劳动强度大，近年来不为农民所欢迎。最近，秸秆转化为有机肥料的简单且行之有效的办法是秸秆就地还田。但是，还田秸秆在田间降解迟缓并带来了一系列的耕作问题，而解决这些问题的关键是加速秸秆的腐熟过程，因此，以白腐菌为代表的木质素降解微生物为这种快速腐熟提供了理论上的可能性。在国内，已有几家科研单位在进行相

关的研究与探索。

⑤环境保护　降解木质素的主要酶系是过氧化物酶系，它们作用于底物的机制是夺取电子和自由基的形成，这些特点决定了它们的底物非专一性，即它们的底物不是一种而是一类或几类有机化合物。鉴于木质素降解菌和它们产生的相关酶类对多种有机化合物的降解能力，它们也是化工废水处理研究最为活跃的领域之一，这方面已不乏成功的范例。

（2）利用纤维质原料生产单细胞蛋白

生产单细胞蛋白的原料包括：矿物资源，如石油、液蜡、甲烷、泥炭等；纤维素类资源，如各种作物秸秆、木屑、蔗渣、淀粉渣等；糖类资源，如薯类淀粉原料、糖蜜等；石油二次制品，如甲醇、乙醇、醋酸、丙酸等。纤维素是单细胞蛋白发酵生产的潜在资源。几种食品、发酵工业废渣已经成为单细胞蛋白生产的纤维质原料。除淀粉外，这些废渣中作为碳源底物的主要是纤维素和半纤维素。

由于纤维质原料蛋白质含量很低，直接用来饲喂动物时，消化性很差，若利用微生物转化其中的纤维素，合成菌体蛋白，改善其可消化性，这样既可获得高蛋白含量的饲料，又可部分地解决食品发酵工业废渣大量排放所带来的环境污染问题。以纤维素物料生产单细胞蛋白，其核心问题是它的生物降解。白腐真菌是已知的唯一能在纯培养中有效地将木质素降解为二氧化碳和水的一类微生物。利用纤维素作为碳源生产单细胞蛋白有 3 条路线：一是预处理—酶解—发酵路线；二是酸解—发酵路线；三是混合发酵法。前两条路线的关键是酶解和酸解，是将纤维素水解成糖。酸解法条件剧烈，会生成糠醛等有毒的分解产物，而且成本高，对设备有腐蚀作用，所以不宜在发酵工业上应用。

高酶活单细胞蛋白是用生物技术生产的具有较高酶活性、高蛋白质含量和多种生物活性物质的新型饲料添加剂，具有明显提高畜禽体重、节省饲料消耗、减少动物疾病等功效和显著的经济效益。

（3）利用纤维素资源生产醇类

可利用纤维素资源，采用微生物发酵法生产醇类产品，如甲醇、乙醇、甘油和木糖醇等。

①利用玉米秸秆发酵生产燃料酒精　燃料酒精的研究和发展，可能成为解决我国目前原油资源不足的一条途径。以农产物、农林废弃物为原料生产乙醇，是一项生物工程，将为人类提供取之不尽的新能源，具有广阔的发展前景。

②利用可再生纤维素资源生物转化生成木糖醇

a. 发酵法生产木糖醇　木糖醇是一种集甜味剂、营养剂、治疗剂等功能于一体的五碳糖醇，广泛应用于医药、食品、轻工等行业，具有很高的药用价值和经济价值。近年来，许多保健品也已相继开发出木糖醇剂型的产品并投放市场。

木糖醇的生产方法可分成 3 种：提取、化学合成、生物合成。目前，工业生产主要采用化学合成法。生物合成法是利用微生物中的还原酶来生产木糖醇，它可有效降低木糖醇的生产成本。发酵法不仅有可能省去木糖纯化步骤，还可以简化木糖醇的分离步骤，是一种很有前途的生产方法。酶法合成木糖醇，则是通过木糖还原酶辅酶因子的代谢平衡来实现连续高效生产。

b. 酶法生产低聚木糖　中国农业大学李里特教授 1997 年着手并主持了玉米芯酶法制备低聚木糖工业化生产与开发研究，在 2001 年初取得了重要突破，实现了工业化生产，率先在国内开创了利用玉米芯进行低聚木糖工业化生产的新途径。

（4）以基因重组技术开发木聚糖类半纤维素资源

半纤维素是许多不同的单糖聚合体的异源混合体，包括葡萄糖、木糖、甘露糖、阿拉伯糖与半乳糖等，各单糖聚合体之间分别以共价键、氢键、酯键或醚键相连接，因而呈现稳定的花絮状在植物细胞壁中，半纤维素位于许多纤维素之间，好像是一种填充在纤维素框架中的填充料。半纤维素与纤维素不同，它很容易水解，有些半纤维素的组成成分，如阿拉伯糖、半乳聚糖在冷水中的溶解度就相当大。半纤维素能溶于碱溶液中，也能被稀酸在 100℃ 以下很好地水解，但是由于半纤维素是和纤维素交杂在一起，所以只有当纤维素也被水解时，才可能全部水解。

我国科学家对于半纤维素酶在食品加工、低聚糖制备、饲料加工、溶解纸浆以及纸浆漂白等方面的应用已经展开了研究并取得了进展。国外科学家们经过努力，对半纤维素的种类、结构、性质有了明确的认识，鉴定、克隆了各种半纤维素酶，研究了多种能分解利用半纤维素的微生物，并对一些微生物进行了代谢工程方面的研究。

木聚糖类半纤维素在自然界大量存在，它被降解成单糖后，不仅可以用做乙醇发酵原料，还可以用来生产各种更易获得的生物制品（如单细胞蛋白、木聚糖等）。用分子生物学技术构建能分解利用半纤维素的工程菌有两条基本途径：用编码半纤维素酶的基因转化现有的工程菌，使它们获得所需要的酶类；把能够分解利用半纤维素的自然菌株构建成能够大量积累目标产品的工程菌。

许多发酵工程菌（如芽孢杆菌、啤酒酵母和常用霉菌）都能以木糖为生长基质，但它们多数不具备完善的酶系统进行半纤维素的分解，因而需要根据所要利用的半纤维素的种类选择必要的基因进行转化并使它们得到表达。自然界也有一些微生物能够直接利用半纤维素进行生长，酶学分析或基因分析结果表明，它们具有完善的半纤维素酶系统。这些微生物包括一些放线菌、瘤胃细菌、嗜热细菌、真菌、树木致病菌和食用真菌等。除此以外，具有更高实用价值的酶系统和基因表达系统正在研制之中，有望在近期取得突破性进展。

10.3 食品工业废水的处理

10.3.1 食品工业废水来源及其特性

食品加工业用水包括原料用水和生产用水，用水量很大，废水排放量也很大。下面分别就各类食品加工过程中废水的来源及特性加以阐述。

10.3.1.1 水果和蔬菜加工业废水来源与特性

水果的加工可分为两大类：一类是水果经过洗涤、分级、去皮去核、分选、装罐、加糖水、排气密封、杀菌冷却等过程加工成水果罐头；另一类是水果经过洗涤、去皮去核、压榨、过滤、浓缩、装罐、排气密封、杀菌冷却等过程加工成果汁、果酱。从水果加工过程中排放出的废水有 3 种：第一种是为除去果实表面附着的尘土、泥沙、部分微生物以及可能残留的化学杀虫剂的洗涤废水，约占总废水排放量的 50%；第二种是去皮护色的稀酸、稀碱、稀盐水等废水，其中还含有果皮、果核、碎果肉等固体，约占总废水排放量的 10%；第三种是清洗瓶、罐等灌装容器以及清洗设备、冲洗地面的废水，约占总废水排放量的 40%。

蔬菜加工品种有速冻蔬菜、脱水蔬菜、蔬菜罐头、腌菜、蔬菜汁五大类，其加工过程大多可分为 3 个阶段：第一阶段为原料的洗涤与分拣，所排出的废水占总废水排放量的 50%；第二阶段为初加工阶段，主要是对原料进行去根、去皮、切碎、漂烫、护色等，所排出的废水占总废水排放量的 20% ~ 30%；第三阶段为每类蔬菜加工品种的特殊加工段，所排出的废水占总废水排放量的 10% ~ 20%。

水果和蔬菜加工废水的特性因加工原料和工艺的不同而有所不同。原料开始加工前的清洗和涮洗操作构成废水的主要来源，其用水量相当于全部加工总用水量的 50%。废水的其他来源来自剥皮操作，它使废水中含有以自然有机物为主的大量悬浮物，其数量因剥皮方式不同而异。对根部作物剥皮采用最多的工艺是蒸汽-磨蚀和在碱溶液中浸泡-水力冲磨两种，水果的剥皮通常是将水果浸泡在碱溶液中由机械来完成，有时还用冲撞器和取核器。

废水浓度随果蔬是否经过浸碱剥皮或烫煮而有所不同。对于碱性剥皮溶液，通常是把用过的热碱性废液再回用于系统中，但必须投加浓氢氧化钠，以保持要求的碱浓度，不过，全部碱性浴液需要周期性地排放到废水系统中。果蔬经过碱性浴后还要进行彻底清洗，也造成工厂排放出高碱负荷的废水，给废水处理带来困难。对原料烫煮是常采用的工艺，其目的是为了从蔬菜中驱出空气和气体，使菜豆或稻米变白、软化，并使酶固定。烫煮过程中，需在烫煮设备中投加少量新鲜水，以便烫煮时从原料里淋出糖、淀粉和其他可溶性物质，因此，烫煮废水量虽然很少，但其中溶解物和胶体有机物浓度很高，占加工全过程中废水可溶性成分的绝大部分，这些可溶性和胶体有机物的含量，又因所用设备不同而异。

废水的另一个来源是清洗设备、用具、炊具等，以及冲洗地面和冲洗原料制备场地的废水。当生产结束进行周期性清洗时要使用大量碱性物质，于是使废水 pH 值大幅度升高。

产品装入罐中后要进行蒸煮、冷却，这一操作又需要大量用水。冷却用水有相当高的温度，但基本上没有污染负荷，一般回用于清洗蔬菜；若无处可用，可不必处理而直接排入河道。因此，工厂内将冷却水与其他废水分流是必要的。若用冷却水稀释废液，一般无助于废水的更好处理，反而会使问题复杂化。

水果、蔬菜加工废水中的主要污染物是溶解的、悬浮的以及胶体的有机物质。如果不经处理直接排入河流，其主要危害是破坏河流中氧的平衡，致使相当长的河段内缺氧而影响水生生物的正常生理活动。如果加工厂位于城市，当废水量不大时，可排入市政下水道，如果加工厂是季节性运行的，会给市政系统带来处理上的困难。如果加工厂位于乡村，可将废水用于农田灌溉，但只有废水浓度较低时才不至于影响庄稼的生长，废水浓度较高时就必须经处理后才能排放。

概括地说，水果、蔬菜加工废水的特点是：有机物质和悬浮物含量高，容易腐败，但一般无毒性。可根据加工厂的条件和地域进行不同的处理。

10.3.1.2　淀粉加工业废水来源与特性

我国生产淀粉的原料品种较多，主要为玉米淀粉，其次为薯类淀粉，其他品种和生产量不多。

（1）玉米淀粉加工废水来源与特性

玉米淀粉加工工艺一般为湿磨法。该工艺的特点是：先将淀粉和玉米油提出作为食用，然后按饲料标准，将玉米的其他成分分别制成玉米浆、胚芽饼、玉米麸质饲料和蛋白粉4种副产品，再配合各种辅料和添加剂生产成各种专用饲料。应着重指出的是，大部分中小型淀粉厂由于年产量低，并不回收副产品，只是回收含水饲料，并将浸泡水直接排放。玉米淀粉厂的主要污染物是废水，即生产过程排放的含有大量有机物的工艺水（中间产品的洗涤水、各种设备的冲洗水）和玉米浸泡水。

（2）薯类淀粉加工废水来源与特性

薯类淀粉包括马铃薯、红薯、木薯淀粉等品种，是我国淀粉的主要品种之一。其加工工艺是根据淀粉不溶于冷水以及其密度大于水的性质，采用专用机械设备，将淀粉从悬浮液中分离出来，从而达到回收淀粉的目的。

薯类淀粉加工过程中排出的废水大体上可分为3类：流送槽废水、分离机废水和精制废水。流送槽排出的废水量虽为原料的8～17倍，但其成分主要是附着在薯类表面的泥沙，处理起来比较简单，只需在沉淀池中沉淀数小时即可循环使用；当其中污浊度较大时，经沉淀池处理后即可排放。精制废水的水量和成分的绝对量都极少，在工艺上主要用做洗涤薯块的洗涤水，洗涤后用于补充流送槽输送水，因而问题也不大。分离机废水则包含原料中可溶性成分的大部分，排出量达原料的4～6倍，污浊成分虽然比原汁液稀释了许多，但仍然不可以直接排放到江河中去。要净化处理，其污浊负荷量和水量负荷又很大，因此是一种很难处理的废水。

（3）小麦淀粉加工废水来源与特性

小麦淀粉制造厂中，各自的工艺不同，排放的废水性质和数量也不同。在整个制造过程中，主要是从除麸皮工序、A淀粉精制工序和B淀粉精制工序中排出废水，排出量根据工艺不同可达原料量的3～15倍。小麦淀粉废水和玉米淀粉、薯类淀粉废水不同，其中含有大量的悬浮物成分，既含有可溶性悬浮物，也含有不溶性悬浮物，其浓度随工艺不同而变化，对同一工艺也随所用清水量不同而变化。悬浮物的主要成分为碳水化合物（包括小粒和损伤的淀粉）、蛋白质（包括酶）、脂质、灰分等。

10.3.1.3　制糖工业废水来源与特性

（1）甜菜制糖废水来源与特性

大型甜菜厂的废水排放量、甜菜洗涤水均比中小型甜菜糖厂少。如果按甜菜糖常年加工能力万吨计算，则我国甜菜糖厂年排放废水总量约为 $1.3 \times 10^{8} m^{3}$。此外，我国甜菜糖厂多在寒冷地区，以加工冷冻原料为主，加工周期长（150d左右），废水污染负荷比国外加工新鲜甜菜高3倍。

甜菜糖厂废水主要来自原料预处理时产生的流送洗涤水、工艺过程产生的压粕水、冲洗滤泥水及其他少量污水。

（2）甘蔗制糖废水来源与特性

甘蔗糖的生产可分为由蔗取汁和由汁制糖两大步骤。在糖厂，由蔗取汁也称为提汁部分，由汁制糖则称为煮炼部分。提汁的方法有压榨法、渗出法等，绝大多数厂以压榨法为主。煮炼可分为清净、蒸发、煮糖、助晶和分蜜等过程，其中的清净过程可采用石灰法和碳酸法等，通常所指的制糖生产方法往往指制糖过程中的清净方法，由此便产生出多种制糖方法。不同的制糖方法中，制糖设备、流程、工艺技术条件、加入蔗汁中的清净剂等均有所不同，废水来源与特性也因此而不同。目前，典型的工艺流程有亚硫酸法和碳酸法两种。

甘蔗制糖厂处理每吨甘蔗需要排放 20～30m³ 废水。甘蔗制糖废水主要来自冷却、澄清、压榨、洗滤布水等。

10.3.1.4　发酵工业废水来源与特性

食品发酵工业行业繁多，产品种类复杂，排放的工业废渣、废水量大，性质各异。其特点是有机物和悬浮物质含量高、浓度大、易腐败发臭，但一般无毒性。不过，这类废水又易污染水体，造成水体缺氧、富营养化、恶化水质。

10.3.1.5　肉制品工业废水来源与特性

肉类加工生产的废水主要来自圈栏冲洗、淋洗、屠宰及其他厂房地坪冲洗、烫毛、剖解、胴修、副食品加工、洗油和油脂加工等。此外，还有来自冷冻机房的冷却水和来自车间卫生设备、洗衣房、锅炉、办公楼和厂内福利设施的生活污水。

肉类加工废水含有大量的血污、油脂和油块、毛、肉屑、骨屑、内脏杂物、未消化的食料和粪便等污染物，带有血红色和使人厌恶的血腥味。以屠宰加工为例，其废水中主要含高浓度含氮有机化合物、悬浮物、溶解性固体物、油脂和蛋白质，包括血液、油脂、碎肉、食物残渣、毛、粪便和泥沙等，还可能含有多种与人体健康有关的细菌(如粪便大肠菌、粪便链球菌、葡萄球菌、布鲁杆菌、细螺旋体菌、梭状芽孢杆菌、志贺菌和沙门菌等)。屠宰废水色度高，外观呈暗红色。

肉类加工废水的水质由于受加工对象、生产工艺、用水量、废物清除方法等的影响，变动范围较大。即使是同一工厂，不同时刻的废水浓度也会差别很大，国内与国外肉类加工厂废水的浓度相差也较大。一般来说，国外肉类废水的浓度要大于国内的浓度，这可能主要是由于设备较先进，用水量较少和废弃物的清除方法不同所致。

肉类加工废水量与加工对象、数量、生产工艺、生产管理水平等有关。由于肉类加工生产一般有明显的季节性(淡季、旺季)，致使肉类加工厂的废水流量一年之中变化较大。又由于肉类加工生产本身的特点(非连续生产)，废水量一天之中变化也较大。国内外一些部门对肉类加工厂生产用水和排水定额的研究表明，在其他条件(如加工工艺、生产管理水平等)一定的情况下，肉类加工生产的用水和排水量与加工的数量(畜禽头只数)有关。数量越大，则加工单位畜类或禽类的排水量(或用水量)越低。

10.3.1.6　乳制品工业废水来源与特性

乳制品种类繁多，主要有奶粉、鲜奶、调制乳饮料、发酵酸奶、调制酸奶、奶油、干酪素、乳糖等几大类产品。虽然产品种类不同，但废水性质很相近，都属于高蛋白质含量的废水，较易被生物利用，故国内外普遍使用生物处理方法处理乳制品生产废水。除了干酪素、奶酪等品种外，绝大多数乳制品厂的废水主要来源于两个方面：容器、管道、设备加工面清洗，产生高浓度废水；生产车间、场地的清洗和工人卫生用水，产生低浓度废水。此外就是生活用水，一般是低浓度废水。

乳品工业废水主要污染成分为乳蛋白（如酪蛋白、乳清蛋白等）、乳糖、乳脂以及含于原乳中的各种矿物质，还有用于设备、管道、容器清洗的酸、碱等，废水 pH 值一般为 6.5～7.0。

10.3.1.7 豆制品工业废水来源与特性

大豆制品俗称豆制品，一般分为传统大豆制品（如豆腐、腐乳、豆豉、腐竹、豆芽、油炸豆腐制品、卤豆干、腌腊豆干等）和现代大豆制品（如豆乳粉、豆粉、大豆分离蛋白、大豆蛋白制品、豆乳、酸豆奶等）。我国大豆制品的生产特点是规模小，基本上以作坊式生产，分布广。因此，这类豆制品生产场所的废水处理是较难的。尽管豆制品种类繁多，但基本上都要用水做溶剂抽提其中的蛋白质及水溶性营养成分，因此，各类豆制品生产废水的性质比较接近。

10.3.2 废水的处理

10.3.2.1 食品工业废水生物处理法

食品工业废水的处理方法按原理一般可分为物理处理法、化学处理法和生物处理法。利用微生物转化废水中污染物（主要是有机物）的方法称为生物化学转化处理法，简称生物处理法。生物处理过程中起作用的微生物主要是细菌（含多种微生物的菌胶团、球衣菌、硫细菌、硝化菌等）、真菌（霉菌、酵母菌）、藻类（绿藻、蓝藻、硅藻等）、原生动物（鞭毛虫、纤毛虫等）及少许后生动物（甲壳类、线虫等）。这类微生物主要属于异养型，它们在生长和繁殖过程中以废水中的有机物作为碳源，将其氧化分解，从而达到净化废水的目的。

10.3.2.2 肉类加工废水的处理

(1)国内外肉类加工废水处理概况

国内从 20 世纪 50 年代开始考虑肉类加工废水的处理问题，但由于种种原因（如占地、运转管理、投资及认识水平等），直到 20 世纪 70 年代初，国内肉类加工废水处理设施基本上仍为一级处理，废水只经简单的截粪、隔油和沉淀处理。1975 年，某禽蛋加工厂采用了浅层曝气活性污泥工艺处理该厂的废水，此后我国陆续兴建了浅层曝气活性污泥设施处理肉类加工废水，也建立了一些其他类型的活性污泥工艺，如卡鲁塞尔完全混合曝气池和生物吸附池（AB 法）等。20 世纪 70 年代末，一些单位进行了生物转盘（筒）处理肉类加工废水的试验，并在一些厂家应用。

20 世纪 80 年代以来，一些单位进行了射流曝气活性污泥法、水力循环喷射曝气活性污泥法、光合细菌处理法、好氧生物流化床、厌氧生物滤池、管道厌氧发酵法和UASB -射流曝气串联工艺处理肉类加工废水的试验。此外，我国还建立了若干座水力循环厌氧接触池处理肉类加工废水或作为活性污泥法的前处理设施。一些厂将厌氧池与兼性塘串联处理废水。从 20 世纪 90 年代初开始，序批式活性污泥法(SBR)在肉联厂废水处理中获得成功应用并迅速推广。

国外应用于生产和研究的处理肉类加工废水的生物处理工艺有活性污泥法(包括纯氧活性污泥法)、高负荷生物滤池、生物转盘、好氧塘、氧化沟、人工植物塘、兼性塘、湿地处理、接触氧化、厌氧接触工艺、厌氧滤池、UASB、厌氧塘和厌氧流化床等；物理化学工艺有混凝沉淀(气浮)、磁分离、离心分离、过滤等。

美国肉类加工废水大多经过预处理后排入城市污水系统进行处理。采用的活性污泥工艺以延时曝气居多。20 世纪 70 年代末以来，对从肉类加工废水中回收有用副产品比较注意，研究应用化学法从废水中回收蛋白质等，采用藻朊酸钠回收蛋白作为动物饲料添加剂，建立了一些废水处理回用装置，研究评价了不同废水日用深度处理系统，对已有回用系统的水质进行了调查研究。活性污泥法、生物滤池、气浮和絮凝沉淀等在日本都有应用。20 世纪 80 年代以来，日本公布了许多处理肉类加工废水的专利，其中包括磁法和一些生物处理工艺。德国采用的生物处理工艺包括纯氧活性污泥法、生物滤池和普通活性污泥法。气浮(包括溶解空气、压缩空气和电解气浮法)也有应用。

(2)我国肉类加工废水处理的生物方法

①活性污泥法　我国肉类加工废水处理中所采用的活性污泥法，一度以浅层曝气工艺为最多，现主要采用序批式活性污泥法(SBR)。

浅层曝气工艺的提出主要是基于有关液体曝气吸氧作用的研究成果。空气鼓入液体后要依次经历气泡形成、上升和破裂 3 个阶段，其中的氧向液体转移，氧传递的速率在气泡形成时最大。此时液体的吸氧速率要比气泡上升阶段的速率大几倍。气泡升至水面而破裂时液体从气泡中所吸收的氧，也要比气泡上升过程中所吸收的氧量大。由于气泡中的氧在气泡形成时被液体大量吸收，气泡中的氧分压迅速降低，当降至一定值后，再从气泡中继续吸氧要比形成气泡的那一瞬间困难得多，即使延长气泡与液体的接触时间，所吸收的氧量也有限。浅层曝气就是根据这一原理将一般设在池底的曝气装置提到离水面深度 0.8 m 左右，利用缩短气泡上升距离所节省的能量(风压)来增加空气量，达到较高的氧传递速率，从而提高处理负荷和效果。

国内应用浅层曝气工艺处理肉类加工废水时所遇到的问题，包括因预处理不好所引起的曝气器(管)堵塞，清理频繁，曝气量减少，使下层污泥缺氧上浮；淡季加工量少时，废水浓度低，曝气池经常出现溶解氧偏高现象，引起污泥沉降性能差，结构松散，不易分离。

用普通活性污泥法处理屠宰废水普遍存在以下困难：污水排放量季节性大幅度变化，难以满足连续流曝气池对水流稳定性的要求；较低 BOD(生化需氧量)浓度下运行，全年均可发生污泥膨胀难以防治；剩余污泥量大，含水率高，沉淀脱水性能差；除氮除磷仅 20% 左右，难以满足高氮屠宰污水除氮要求。采用序列式活性污泥法可全面而有效地克服上述困难。

②AB 法　活性污泥净化废水主要通过两个阶段，在第一阶段(A 段)，也称絮凝吸附阶段，废水主要通过活性污泥的吸附作用而得到净化。第二阶段(B 段)，也称氧化阶段，主要是继续分解，氧化前阶段被吸附和吸收的有机物，再生活性污泥。AB 法的

主要特点是一般不设初沉池，A 段和 B 段的回流系统严格分开。AB 法可将吸附和再生两部分分别在两个池子中进行，也可在一个池子的两部分进行。

③射流曝气活性污泥法　在射流曝气工艺中，废水、污泥和由射流造成的负压所吸入的空气同时通过射流器，废水、污泥和空气同时被剧烈剪切、粉碎，大大增加了它们之间的接触界面。这样，一方面加速了基质向细胞内的传递，提高了污泥代谢有机物的速率；另一方面活性污泥颗粒既可以吸收溶于废水中的氧，又可以通过与微气泡的接触从微气泡中直接吸氧，大大提高了氧的利用率。

射流曝气活性污泥法有处理效率高、氧利用率高、噪声低、操作管理简便、投资低、对负荷变化的适应性强等优点，但射流曝气法也有一些不足：对温度变化的适应差，温度低时处理效率明显降低；当废水中存在表面活性剂（如相对分子质量较大的有机酸）时，射流曝气会产生大量泡沫，造成污泥流失，影响设备正常运行和卫生条件；射流曝气装置产生的气泡小，气液分离不易彻底，曝气池出水中可能会夹带一些气泡，影响二沉池中固液分离。

④延时曝气　活性污泥法延时曝气工艺的特征是有机负荷低，曝气时间长，微生物生长处于内源代谢阶段。因此基本上无污泥外排，管理方便，有机物和氮的去除率都较高。氧化沟工艺的有机负荷也多在延时曝气工艺的负荷范围内，只是在曝气池的结构形式上与一般延时曝气池不同，采用沟形曝气池，国内采用的卡鲁塞尔型氧化沟。

⑤生物滤池　生物滤池曾是肉类加工废水最基本的处理方法之一，其特点是耐负荷冲击，效果稳定，一般采用两级串联运行。用生物滤池处理肉类加工废水的缺点是滤池易堵塞，因为废水中蛋白质含量很高，微生物大量增殖以致滤池堵塞，因此滤池前需有其他预处理设置。现已应用不多。

⑥厌氧接触工艺　厌氧接触工艺是对传统消化池的一种改进，采用污泥回流，增加了污泥龄。从消化池流出的混合液中会带有一些未分离干净的气体，这些气体若进入沉淀池必然干扰固液分离。因此，一般在消化池和沉淀池之间都要设脱气装置，以除去混合液中未分离干净的气体。国外采用的脱气技术有真空脱气和曝气脱气。

⑦UASB 工艺　UASB（升流式厌氧污泥床）反应器具有结构紧凑、简单、无需搅拌装置、负荷能力高等优点。其技术关键在于布水器和气液固三相分离器的设计。一个设计良好的布水系统应能够均匀地将进水分配在整个反应器的底部，以保证废水和厌氧污泥有良好接触，三相分离器应保证分离过程顺利进行，防止污泥流失，维持反应器中有足够高的污泥浓度。

⑧稳定塘工艺　稳定塘工艺可分为好氧塘、兼氧塘、厌氧塘和生物塘（包括养鱼塘、人工植物塘）。厌氧塘、兼氧塘较少单独使用，一般多和好氧塘串联使用或作为其他工艺的前处理。采用厌氧塘、兼氧塘和好氧塘串联系统处理肉类加工废水，从建造和运行角度而言是最经济的，并且处理效果令人满意、可靠。除了开始运行时有些气味外，不会产生其他问题。

本章小结

20 世纪中叶以来，随着生产力的不断发展和人口的不断增长，人类对环境资源的索取越来越多，而带给环境的污染也越来越严重。随着生物技术的深入发展，目前已可以采用生物技术手段对工业废水、废物进行处理来缓解环境污染。本章就生物技术在食品工业废水、废物处理中的应用进行了介绍。主要介绍了食品工业废水废物的来源、特点，以及如何使用生物技术手段进行处理和再利用。

思考题

1. 利用生物技术处理果蔬加工的废物，可进行哪些产品的生产？
2. 试分析柑橘类加工废物提取柠檬酸的工艺过程。
3. 通常可利用什么方法进行畜禽粪便的处理？可进行哪些产品的生产？
4. 简述食品加工中纤维素类副产品的综合利用方案。
5. 试述食品加工各行业废水的来源及性质。
6. 我国肉制品行业废水处理的现状如何？
7. 我国肉制品行业废水处理常用的生物方法有哪些？

推荐阅读书目

食品发酵工业三废处理与工程实例. 曹健，李浪. 化学工业出版社，2007.
食品工业废水处理. 唐受印，戴友芝，刘忠义. 化学工业出版社，2001.
国内外废水处理工程设计实例. 丁亚兰. 化学工业出版社，2000.

第11章

生物技术对食品原料生产环境的保护与修复

在农业现代化和集约化生产的今天,工业污染物和城市垃圾大量向农业环境转移,农业生产中长期大量不合理使用新型农用化学物质,畜禽排泄物中兽用药物残留等的增加,使食品原料生产环境污染逐年加剧,直接影响作物正常生长和农产品品质。污染物可以随水流和风暴迁移到几百公里甚至上千公里之外,在地中海东北部的鱼中可以检测出重金属,污染波及很广。生物修复由于能够治理大面积环境污染而成为一种新的可靠的环境治理新技术,受到国内外环保部门的普遍重视。生物修复在治理土壤、地下水污染方面的作用已越来越突出。

本章将在介绍化学污染物对大气、水体、土壤的污染和对食品安全的影响以及生物修复的原理、工艺等的基础上,着重介绍受污染水体及一些典型的受污染的土壤,如多环芳烃污染土壤以及重金属污染土壤的修复过程。

11.1 环境污染对食品原料生产的影响

环境污染对食品原料生产的影响主要表现在大气、水和土壤3个方面。

11.1.1 大气污染对食品原料生产环境的影响

大气污染是指人类活动向大气排放的污染物或转化成的二次污染物在大气中的浓度达到有害程度的现象。人类自从用煤做燃料以后,大气污染的现象就存在了。大气污染物的种类很多,其理化性质非常复杂,毒性也各不相同,主要来源为矿物燃料(如煤和石油等)燃烧和工业生产。长期暴露在污染空气中的动、植物,由于其体内外污染物增多,可造成其生长发育不良或受阻,甚至发病或死亡。人类食物来自动、植物,因而可影响食品的安全性。

氟化物在植物中蓄积程度因环境(大气、水、土壤)中含量、植物品种、植物年龄和叶龄不同而不同。山茶科植物能蓄积大量的氟,枯叶干物质中可达6 400mg/kg;茶叶幼叶40~150mg/kg,老叶400~820mg/kg。氟在蔬菜中的含量一般在0.5~100mg/kg,在果实中含量为0.5~5.0mg/kg,而在根中的含量较低。受氟污染的农作物除会使污染区域的粮菜的食用安全性受到影响外,氟化物还会通过禽畜食用牧草后进入食物链,对食品造成污染。研究表明,饲料含氟超过30~40mg/kg,牛吃了后会得氟中毒症。氟被吸收后,95%以上沉积在骨骼里。氟在人体内的积累可引起的最典型疾病为氟斑牙和氟骨症,表现为齿斑、骨增大、骨质疏松、骨的生长速率加快等。

烟尘由碳黑颗粒、煤粒和飞灰组成，粒径一般在 0.05 ~ 10μm 之间。燃烧条件不同，产生的烟尘量不同，一般每吨煤产生 4 ~ 28kg 的烟尘。烟尘产生于冶炼厂、钢铁厂、焦化厂和供热锅炉等烟囱附近，常以污染源为中心扩大到周围十几公顷地区或下风向发展到几公里的区域。煤烟粉尘危害作物，使果蔬品质下降。

金属飘尘的粒径小于 10μm，能长时间漂浮空中。随着工业的发展，排入大气的许多金属微粒(如铅、镉、铬、锌、镍、砷和汞等金属飘尘)的毒性较大，这些微粒可沉积或随雨雪下降到地面。有些低沸点重金属，冶炼中很容易挥发进入大气，如镉，炼锌厂的废气中含有镉。有过这样的报道，在炼锌厂周围的农田里表土本底含镉为 0.7mg/kg，经厂废气 6 个月的污染后，土壤中镉含量达 6.2mg/kg，而镉能在粮、菜作物中积累。

11.1.2　水污染对食品原料生产环境的影响

随着工农业生产的发展和城市人口的增加，工业废水和生活污水的排放量日益增加，大量污染物进入河流、湖泊、海洋和地下水等水体，使水和水体底泥的理化性质或生物群落发生变化，造成水体污染。水体的污染对渔业和农业带来严重的威胁，它不仅使渔业资源受到严重破坏，而且直接或间接影响农作物的生长发育，造成作物减产，同时也给食品的安全性带来严重的影响。

污染水体的污染源复杂，污染物的种类繁多。各地区的具体条件不同，其水体污染物的类型和危害程度也有较大的差异。对食品安全性有影响的水污染物有 3 类：无机有毒物，包括各类重金属(汞、镉、铅、铬等)和氰化物、氟化物等；有机有毒物，主要为苯酚、多环芳烃和各种人工合成的具有积累性的稳定的有机化合物，如多氯联苯和有机农药等；病原体，主要指生活污水、禽畜饲养场、医院等排放废水中的病毒、病菌和寄生虫等。

水体污染引起的食品安全性问题，主要是通过污水中的有害物质在动、植物中累积而造成的。污染物质随污水进入水体以后，能够通过植物的根系吸收向地上部分以及果实中转移，使有害物质在作物中累积，同时也能进入生活在水中的水生动物体内，并蓄积。有些污染物(如汞、镉)当其含量远低于引起农作物或水体动物生长发育危害的量时，就已在体内累积，使其可食用部分的有害物质的累积量超过食用标准，对人体健康产生危害。20 世纪 50 年代日本富山县的镉污染事件就是一例，富山县神通川流域，受矿山含镉废水污染，污水灌溉农田后，使镉在稻米中积累。当地人由于长期食用含镉稻米而产生镉中毒。另一种情况是，污水中的有害物质在植物体内积累达到对人、畜产生危害时，而对作物本身的产量和外观性状仍无明显影响，从而往往被人忽视。如含酚污水灌溉农作物，在含酚浓度为50mg/L时，对作物生长无明显影响，但当污水含酚浓度为 5mg/L 时，就可使酚在黄瓜中积累，使黄瓜带有异味。

水体污染能直接引起污染水体中水生生物中有害物质的积累，而对陆生生物的影响主要通过污灌的方式进入。污灌会引起农作物有害物质含量增加，许多国家禁止在干旱地区污灌生吃作物；烧煮后食用的作物，在收获前 20 ~ 45d 停止污水灌溉等，要求污水灌溉既不危害作物的生长发育，不降低作物的产量和质量，又不恶化土壤，不妨碍环境卫生和人体健康。

从我国水污染的现状看，水污染较为严重。绝大部分污水未经处理就用于农田灌溉，灌溉水质不符合农田灌溉水质标准，污水中污染物超标，已达到影响食品的品质，进而危害人体健康的程度。以我国污灌区桂林阳朔兴萍乡镉污染为例，2005 年抽样调查表明：阳朔镉污染区农民中已有类似痛痛病早期和中期的症状和体征的病例，污染区居民日摄镉量达 0.422mg，是世界卫生组织每人每日允许摄入的镉量的 6 倍。

污灌区居民普遍反映，稻米的黏度降低，粮菜味道不好，蔬菜易腐烂、不耐贮藏，土豆畸形、黑心等，沈阳市东陵区沈抚灌区高浓度石油废水灌溉水稻后，引起芳香烃在稻米中积累，米饭有异味。

11.1.3 土壤污染对食品原料生产环境的影响

土壤由岩石风化而成，本身存在着许多的矿物元素，如钙、镁、铁、汞、镉、砷、铬等，这些土壤本身就存在的矿物元素的含量，叫土壤的自然本底。

土壤有很大的表面积，很强的吸附力。污染物进入土壤能被土壤颗粒吸附和固定住，使污染物毒性降低，土壤中还存在着其他物理、化学作用，从而对污染物的毒性产生强大的解毒作用，即土壤自净。另外，土壤中存在着无数土壤微生物和小动物，它们能在为作物制造营养物的同时，还可以使许多有毒有机物变成无毒物质，这被称为土壤的生物净化。

有害物质进入土壤，如果其数量超过了土壤的自然本底含量和土壤自净能力的限度，就会在土壤里累积，使土壤理化性质发生变化，从而影响作物生长，并使有害物质在作物体内残留或积累。当进入土壤的污染物不断增加，致使土壤结构严重破坏，土壤微生物和小动物会减少或死亡，这时农作物的产量会明显降低，收获的作物体内，毒物残留量很高，影响食用安全。

土壤污染的发生途径首先是农用施肥、农药施用和污灌，污染物质进入土壤，并随之积累；其次，土壤作为废物（垃圾、废渣和污水等）的处理场所，使大量的有机和无机的污染物质进入土壤；再次，土壤作为环境要素之一，因大气或水体中的污染物质的迁移和转化，而进入土壤。土壤中的污染物质与大气和水体中的污染物质很多是相同的，其污染物的种类常常与所处的环境相关联，且种类复杂。例如工业区，在钢铁工业区，常发生酚、氰和金属的残留积累；在化工区，产生金属的残留积累；在石油工业区，发生油、芳烃、烷烃、苯并芘等的残留积累；在生活区，生活污水和垃圾，往往以生物污染或氮、磷污染为主；在一些工矿区，污染物在土壤中的残留累积的特点与矿山的采掘相似，汞矿区以汞的残留累积为主，铅、锌矿则以铅、锌和镉等重金属残留累积为主。

土壤污染的特点是进入土壤的有害物质迁移的速度较缓慢，污染达到一定程度后，即使中断污染源，其土壤也很难复原。例如，第二次世界大战期间，日本神岗矿山大量开采铅、锌矿，大量的含镉废水使河流两岸的土壤受到镉污染。由于土壤不断释放镉，到 20 世纪 70 年代，农作物仍受到严重污染，当地因食用含镉食品而导致的中毒病仍在发生，且日渐增多。

没有洁净的土壤，就没有洁净的食品、水体和清新的空气。目前，全国大约10%的粮食，24%的农畜产品和48%的蔬菜存在质量安全问题。土壤环境的各种污染会引起农产品质量下降，是影响农产品质量的重要来源。

11.1.3.1　重金属污染对农产品质量的影响

在大田作物中，农产品主要污染物为重金属类。植物根系分泌物可以活化或有效化存在于土壤中的惰性污染物，使作物吸收大量的污染物，由于重金属在环境中移动性差，不能或不易被生物体分解转化，只能沿食物链逐级传递，在生物体内浓缩放大，当累积到较高含量时，就会对生物产生毒性效应。2000年监测表明，中国7个城市农产品重金属污染超标率达30%以上。

蔬菜受到的重金属污染主要来自土壤。中国各大城市郊区蔬菜中重金属超标率高达23%～50%，有的超标浓度高达50多倍，以铅、汞、镉污染最为明显。

用含有重金属的工业废水和污泥灌溉或施入土壤，可引起植物染色体失常，雄蕊丝变性，粮食作物籽粒中重金属含量显著增加，严重影响粮食品质。

11.1.3.2　化肥污染对农产品质量的影响

化肥中无机与有机污染物的含量与工业"三废"和城市垃圾等其他污染物相比尽管较低，但其生物有效性却相对较高，更容易被植物吸收而积累于体内，影响农产品品质。

土壤中如过量施用氮肥，会导致蔬菜硝酸盐或亚硝酸盐积累。随着氮素水平的提高，蔬菜营养品质下降，氨基酸总量及谷氨酸、脯氨酸等氨基酸、非蛋白质与总氮比值升高，蔬菜体内维生素C、可溶性糖含量下降，氮含量逐渐增加，磷、钾含量逐渐减少，硝酸盐污染加剧。土壤中氮肥过多，稻米外观和食味变差。过量使用磷肥使农产品中锌、镉、铅等重金属严重超标；有毒磷肥，如三氯乙醛磷肥，施入土壤后三氯乙醛转化为三氯乙酸，二者对植物产生毒害，作物受害严重时颗粒无收。

11.1.3.3　农药污染对农产品质量的影响

存在于土壤中的农药，除挥发和径流损失外，其余可被农作物直接吸收，在作物体内积累，这是农药进入植物体的主要途径之一。土壤中农药可造成农产品中硝酸盐、亚硝酸盐、重金属及其他有毒物质大量积累于农产品中，危害时间长。

11.1.3.4　其他污染物对农产品质量的影响

土壤中大量残留的地膜，使作物的叶绿体合成减少，导致产量下降，品质变差；农膜中的增塑剂含有邻苯二甲酯类有毒物质，可以通过土壤进入食物链，并有富集特性。

受到生物污染的土壤，生产出的农产品会带有病原菌，可能导致人畜疾病的发生和传播，尤其是种植蔬菜、养殖类的土壤受到生物污染，其产品质量受到有毒、有害生物的严重威胁。

总之，在动物、植物的生长过程中，由于呼吸、吸收、饮水等都可能会使环境污染物质进入或积累在动、植物体内，从而进入人的食物链，对食品安全性造成影响。因此，环境的保护及污染环境的修复对食品安全显得至关重要。

11.2 生物修复

11.2.1 生物修复技术的基本概念

生物修复的大规模基础研究始于20世纪80年代，集中于水体、土壤和地下水的环境中石油的微生物降解研究，80年代以后基础研究的成果开始应用于大范围的污染环境治理。实践结果表明，生物修复技术是有效的、可行的。美国国家环保局在阿拉斯加 Exxon vadez 石油泄漏的生物修复工程中，短时间内消除了石油污染，恢复了污染场地的生态环境，是生物修复技术一个成功的例证。

生物修复的概念有广义和狭义之分。广义的生物修复通常是指利用各种生物（包括微生物、动物和植物）的特性，吸收、降解、转化环境中的污染物，使污染物的浓度降低到可接受的水平，或将有毒、有害的污染物转化为无害的物质，使受污染的环境得到改善的治理，一般分为植物修复、动物修复和微生物修复3种类型。狭义的生物修复通常是指在自然或人工控制的条件下，利用特定的微生物降解、清除环境中污染物。

生物修复的目的是将有机污染物浓度降低到低于检测限或低于环境保护部门规定的浓度。与传统的污染物生物处理（好氧或厌氧）工程不同，生物修复是针对受污染场地（面源污染，污染物已进入环境）利用生物自净功能或强化生物自净功能对污染物进行降解的过程。传统的污染物生物处理工程则是建造成套的处理设施，在最短的时间里，以最快的速度和尽量低的成本，对排放污染物（点源污染，污染物排入环境之前）进行集中处理后再排入环境。

与化学修复、物理修复等方法相比，生物修复技术的主要优点是：①处理费用低，微生物修复技术的费用仅为化学、物理修复的30%～50%，植物修复土壤的费用更低，比物理、化学方法处理低几个数量级。②对环境影响小，遗留问题少，不产生二次污染。③生物修复经常以原位方式进行，原位生物修复可将污染物在原地降解清除，植物修复环境的同时还可以净化、绿化周围环境。④能尽可能低地降低污染物浓度，恢复并提高自然环境的自净功能。⑤就地处理，没有复杂的成套设备，操作简单。⑥修复时间较短，人畜安全性较好，直接暴露于污染物下的机会减少。

生物修复技术主要用于土壤、水体、海滩的污染治理和生态恢复以及各种固体废物和污染物的处理，污染物包括石油、氯代烃类、杀虫剂、木材防腐剂、洗涤剂、溶剂、三氯乙烯、四氯乙烯、二氯乙烯、四氯化碳、多环芳烃、苯、甲苯、乙苯、二甲苯等有毒、有害的化学物质。

自然环境中到处都存在着天然微生物降解和转化有毒和有害污染物的过程，只是由于环境条件的限制，这些净化过程速度缓慢，因此需要采取各种措施来强化这一过程。这些措施包括提供生物生长繁殖所需的各种营养条件（如提供氧气和其他电子受体，添加氮、磷等营养元素等）以及接种各种经驯化培养的高效降解微生物等，以便迅速有效地降解和转化各种环境污染物，这就是生物修复的基本思路。随着研究的不断深入，生物修复技术已由微生物修复扩展到植物修复，并已得到实际应用。生物技术对食品原料生产环境的保护与修复已成为生物技术的一个新领域，必将成为一个重要的研究热点。

11.2.2　生物修复的基本原理

11.2.2.1　生物修复的生物种类

在生物修复中起主要作用的是微生物和植物。用于生物修复的微生物包括土著微生物、外来微生物和基因工程菌3类，植物主要有一般植物和超累积植物。

（1）土著微生物

微生物能够降解和转化环境污染物，是生物修复的基础。在自然环境中，存在着各种各样的微生物，在遭受有毒、有害物质污染后，实际上就面临着一个对微生物的驯化过程，有些微生物不适应新的生长环境，逐渐死亡；而另一些微生物逐渐适应了新的生长环境，它们在污染物的诱导下，产生了可以分解污染物的酶系，进而将污染物降解转化为新的物质，有时可以将污染物彻底矿化。

目前，在大多数生物修复工程中实际应用的都是土著微生物，主要原因是土著微生物降解污染物的潜力巨大，另一方面是接种的微生物在环境中难以长期保持较高的活性，并且工程菌的利用在许多国家和地区受到立法上的限制，如欧洲。引进外来微生物基因工程菌必须考虑这些微生物对当地土著微生物的影响。在植物修复过程中，植物根际微生物的协同作用是极为重要的。植物根际微生物包括真菌、细菌、放线菌等，属于典型的土著微生物。

环境中往往同时存在多种污染物，这时，单一微生物的降解能力常常是不够的。另外，许多污染物的降解通常是分步进行的，在这个过程中需要多种酶系和多种微生物的协同作用，一种微生物的代谢产物可以成为另一种微生物的底物。因此，在实际的处理过程中，必须考虑多种微生物的相互作用。土著微生物具有多样性，群落中的优势菌种会随着污染物的种类、环境温度等条件发生相应的变化。

（2）外来微生物

虽然土著微生物在环境中广泛存在，但其生长速度缓慢，代谢活性低，或者由于污染物的影响，会造成土著微生物的数量急剧下降，在这种情况下，往往需要一些外来的降解污染物的高效菌。采用外来微生物接种时，会受到土著微生物的竞争，因此外来微生物的投加量必须足够多，称为优势菌种，能迅速降解污染物。这些接种在环境中用来启动生物修复的微生物称为先锋生物，它们所起的作用是催化生物修复的限制过程。

现在国内外的研究者正在努力扩展生物修复的应用范围。一方面，他们在积极寻找具有广谱降解特性、活性较高的天然微生物；另一方面，研究在极端环境下生长的微生物，试图将其用于生物修复过程。这些微生物包括耐极端温度、耐强酸或强碱、耐有机溶剂等。这类微生物若用于生物修复工程，将会使生物修复技术提高到一个新的水平。

目前，用于生物修复的高效降解菌大多是多种微生物混合而成的复合菌群，其中不少已被制成商业化产品。如光合细菌 PSB（photosynthetic bacteria），这是一大类在厌氧光照下进行不产氧光合作用的原核微生物的总称。目前广泛使用的 PSB 菌剂多为红螺菌科（Rhodospirillaceae）光合细菌的复合菌群，它们在厌氧光照及好氧黑暗条件下都能以小分子有机物为基质，进行代谢和生长，因此对有机物具有很强的降解转化能力，同时对硫、氮素也起了很大的作用。目前，国内许多高校科研院所和生物技术公司都有 PSB 菌液、浓缩液、粉剂及复合菌剂出售，应用于水产养殖水体及天然有机物污染河道取得了一定的效果。美国的 Polybac 公司推出的 20 多种复合微生物制剂，可分别用于不同种类有机物的降解、氨氮转化等。日本 anew 公司研制的 EM 生物制剂，由光合细菌、乳酸菌、酵母菌、放线菌等共约 10 个属 80 多种微生物组成，已被用于污染河道的生物修复。其他用于生物修复的微生物制剂还有 DBC（dried bacterial culture）及美国的 LLMO（liguid live micoorganisms）生物制液，后者含芽孢杆菌、假单胞菌、气杆菌、红色假单胞菌等 7 种细菌。

（3）基因工程菌

目前，许多国家的科学工作者对基因工程菌的研究非常重视，现代生物技术为基因工程菌（genetically engineered microorganism，GEM）的构建打下了坚实的基础。现在可以采用基因工程技术将降解多种污染物的降解基因转入一种微生物细胞中，使其具有广谱降解能力，或者增加细胞内降解基因的拷贝数来增加降解物的数量，以提高其降解污染物的能力。

高效基因工程降解菌的构建策略包括重组污染物降解基因以优化污染物降解途径，重组污染物摄入相关基因以改善对污染物的生物可利用性和重组环境不利因子抵抗基因以增强其环境适应性等。基因工程菌的构建常用到代谢途径工程和蛋白质工程，常用技术有质粒转移、DNA 重组、基因诱变和原生质体融合等。

Chapracarty 等人为消除海上石油污染，将假单胞菌中的不同菌株 CAM、OCT、SAL、NAH 降解性质粒结合转移至一个菌之中，构建出一株能同时降解芳香烃、多环芳烃、萜烃和脂肪烃的"超级细菌"。该细菌能将浮油在数小时内消除，而使用天然菌要花费一年以上的时间。该菌已取得美国专利，在污染降解工程菌的构建历史上，是第一块里程碑。

生存于污染环境中的某些细菌细胞内存在着抗重金属的基因，已发现抗汞、抗镉、抗铅等多种菌株。但是这类菌株生长繁殖并不迅速，把这种抗金属基因转移到生长繁殖迅速的受体菌中，组成繁殖率高、富集金属速度快的新菌株，就可用于净化含重金属的废水。我国中山大学生物系将假单胞菌 R4 染色体中的抗镉基因，转移到大肠杆菌 HB101 中，使得大肠杆菌 HB101 能在 100mg/L 的含镉液体中生长，富有抗镉的遗传特征。

要将这些基因工程菌应用于实际的污染治理系统中，最重要的是要解决工程菌的安全性问题。用基因工程菌来治理污染势必须使这些工程菌进入自然环境中，如果对这些基因工程菌的安全性没有绝对的把握，就不能将它应用到实际中去，否则将会对环境造成可怕的不利影响。目前在研制工程菌时，都采用给细胞增加某些遗传缺陷的方法或是使其携带一段"自杀基因"，使该工程菌在非指定底物或非指定环境中不易生存或发生降解作用。美、日、英、德等经济发达国家在这方面作了大量的研究，希望能为基因工程菌安全有效地净化环境提供有力的科学依据。科学家们对某些基因工程菌的考察初步总结出以下几个观点：基因工程菌对自然界的微生物和高等生物不构成有害的威胁；基因工程菌有一定的寿命；基因工程菌进入净化系统之后，需要一段适应期，但比土著种的驯化期要短得多；基因工程菌降解污染物功能下降时，可以重新接种；目标污染物可能大量杀死土著菌，而基因工程菌却容易适应生存，发挥功能。当然，对基因工程菌的安全有效性的研究还有待深入，这不会影响应用基因工程菌治理环境污染目标的实现，相反会促使该项技术的发展。

（4）植物及超积累植物

以微生物作用为主要方式的生物修复对环境中的有机污染物治理效果显著，但也有局限性，特别是对重金属污染的清除能力极为有限。近年发展起来的植物修复技术，利用植物的独特功能，并可和根际微生物协同作用，用于修复重金属污染的土壤、净化空气和水体、清除放射性核素并净化土壤中的有机污染物，具有费用低、功效长、安全性高和多重效益并存等优点，是环境生物修复技术领域中研究和发展的热点之一。

1904 年，Lorenz Hiltner 提出了根际（rhizospherr）的概念。根际是受植物根系影响的根—土界面团一个微区，也是植物—土壤—微生物与其环境条件相互作用的场所。这个区与无根系土壤的区别是根系的影响。由于根系的存在，增加了微生物的活动和生物量。微生物在根际区和无根系土壤中的数量差别很大，一般为 5 ~ 20 倍，有的高达100 倍，这种微生物在数量和活动上增长，很可能是使根际非生物化合物代谢降解的因素。而且，植物的年龄、不同植物的根、有瘤或无瘤、根毛的多少以及根的其他性质，都可以影响根际微生物对特定有毒物质的降解速率。

根际微生物的群落组成依赖于植物根的类型（直根、丛根、植物种、年龄）、土壤类型以及植物根系接触有毒物的时间。根际区的二氧化碳浓度一般要高于无植被区的土壤，根际土壤的 pH 值与无根系的土壤相比较要高 1 ~ 2 个单位。氧浓度、渗透和氧化还原势以及土壤湿度也是植物影响的参数，这些参数与植物种和根系的性质有关。根与土壤物理、化学性质不断地变化，使得土壤结构和微生物环境也不断变化。植物和微生物的相互作用是复杂的、互惠的。植物根表皮细胞和根细胞的脱落，为根际的微生物提供了营养和能源，如碳水化合物和氨基酸。而且根细胞分泌黏液（根生长穿透土壤时的润滑剂）和其他细胞的分泌液构成了植物的渗出物，这些都可以成为微生物重要的营养源。

另外，植物根系巨大的表面积也是微生物的寄宿之处。微生物群落在植物根际区繁殖活动，根分泌物和分解物养育了微生物，而微生物的活动也会促进根系分泌物的释放。最明显的例子是有固氮菌的豆科植物根际微生物的生物量、植物生物量和根系分泌物都有增加，这些条件可促使根际区有机化合物的降解。

能用于污染环境植物修复的超积累植物应具有以下特性：①即使在污染物浓度较低时，也具有较高的积累速率；②能在体内积累高浓度的污染物；③生长快、生物量大；④能同时积累多种污染物；⑤具有抗虫、抗病能力。

由于超积累植物在自然界的数量有限，从长远来看，运用分子生物学手段，通过基因工程技术开发新型的超积累植物是势所必然。

11.2.2.2　生物修复的影响因素

生物修复过程除涉及生物种类、污染物的种类和浓度及物理、化学性质，还涉及环境等其他条件。因此，在生物修复过程中必须综合考虑各种因素对过程的影响。

(1) 微生物的营养

在土壤和地下水中，特别是在地下水中，氮、磷等都是限制微生物活性的重要因素，为了使污染物得到完全的降解，必须保证给以微生物的生长所必需的营养元素。在环境中投加适当的营养元素，这远比投加微生物更为重要。例如，添加酵母膏或酵母废液可以明显地促进土壤中石油污染物的降解。与其他化合物相比，石油中的烃类作为一种天然有机物，微生物可以利用它们作为生长碳源。有人发现，如果在石油污染土壤中加入硝酸盐和磷酸盐，可以直接而有效地促进石油的降解。如果将营养盐(主要含 C、N、P)比例调整合适，在很大程度上可以改善石油的生物降解。

为达到良好的效果，必须在添加营养盐之前确定营养盐的形式、合适的浓度以及适当的比例。目前已经使用的营养盐类型很多，如铵盐、磷酸盐或聚磷酸盐、酿造废液和尿素等。施肥能否促进土壤中有机物的生物降解，既取决于施肥的种类和数量，又取决于土壤的原有肥力。

(2) 电子受体

微生物的活性除受到营养的限制以外，污染物氧化分解的最终电子受体的种类和浓度也极大地影响污染物生物降解的速率和程度。微生物氧化还原反应的最终电子受体主要可以分为以下 3 类：溶解氧、有机物分解的中间产物和无机酸根。

在土壤中，溶解氧的浓度分布具有明显的层次，从上到下，存在着好氧带、缺氧带和厌氧带。出于微生物代谢所需的氧主要来自大气，因此氧的传递成为生物修复的一个控制因素。在表层土壤，微生物主要是好氧代谢；在深层土壤，由于水等阻隔，氧气的传递受到阻碍，微生物呼吸所需的氧越来越少，这时微生物的代谢逐渐由好氧过渡到缺氧代谢，直至厌氧代谢。

为增加土壤中的溶解氧，可以用一些工程方法，如可以通过在土壤中埋设管道，将压缩空气送入土壤深处。用这个方法一般可使土壤中的溶解氧浓度达到 10mg/L 左右，如果使用纯氧，可达到 50mg/L。过氧化氢也可作为加氧剂使用，通过向土壤中添加过氧化氢，可提高土壤中的溶解氧浓度，在其浓度为 20～200mg/L 时对微生物没有毒性效应。同时，控制土壤中的水分含量在一个较低的水平，也可使土壤中的溶解氧达到一个较高的浓度。

在厌氧环境中，硝酸根、硫酸根和铁离子等都可以作为有机物降解的电子受体。厌氧过程降解速率较慢，除甲苯外，其他一些芳香化合物的生物降解需要较长的启动时间。一般情况下厌氧工艺使用较少，但是许多研究表明，许多在好氧条件下难以生物降解的化合物，如苯、甲苯、二甲苯、氰代芳香烃类，都可以在还原条件下被降解成水和二氧化碳。对于氯代酚类，厌氧处理比好氧处理更为有效。当然，由于厌氧过程速度缓慢，有机污染物在厌氧条件下的生物降解途径、机理和工艺研究报道较少。

土壤中溶解氧的情况不仅影响污染物的降解速度，也决定着一些污染物降解的最终产物的形态。

（3）共代谢机制

微生物对污染物的降解过程是十分复杂的。对于污染物的降解，微生物主要采用两种机制，一种方式为微生物降解污染物作为能源和营养源；另一种就是采用共代谢方式，即有些污染物（非生长底物）不能被微生物作为唯一碳源和能源利用，而只能在生长底物被利用时，通过微生物产生的酶转化为不完全氧化的产物，然后再被其他微生物利用并彻底降解。因此，有时提供共代谢底物促使某些微生物产生一些酶，将有利于难降解污染物的去除。

许多研究表明，微生物的共代谢对污染物的降解有着十分重要的作用。例如，氯代有机溶剂主要指一个碳和两个碳氯代有机物，广泛用于化学化工、纺织和电子工业，是众所周知的严重污染环境的有毒、有害物质。有机氯溶剂曾经被认为是生物不可降解的物质。1985 年，Wilson 等人首次报道了用 C^{14} 标记的三氯乙烯（TCE）在土壤中被降解为二氧化碳的现象。鉴定研究证明实验土壤中的活性微生物是甲烷细菌。甲烷细菌是好氧微生物，以甲烷作为碳和能量的唯一来源。三氯乙烯是在甲烷细菌代谢甲烷的同时被降解的，但是，实验发现三氯乙烯的降解并不支持甲烷细菌的生长。酶动力学研究表明甲烷细菌中降解甲烷和三氯乙烯的活性酶是甲烷单氧酶（MMO）。甲烷细菌含有两种单氧酶：颗粒状单氧酶和溶解状单氧酶。颗粒状单氧酶位于细胞膜上，存在于所有种类的甲烷菌中，但并不是所有的甲烷菌都含有溶解状的单氧酶；溶解状的单氧酶比颗粒状的能够以更高的速率降解三氯乙烯。在甲烷代谢中，MMO 将一个氧原子引入甲烷分子使其转化为甲醇，再由其他相应的酶将甲醇顺序转化为甲醛、甲酸和二氧化碳。甲烷转化的第一步是需能反应，单氧酶通过辅酶 I（$NADH_2$）获得需要的能量和电子。甲醇、甲醛和甲酸的氧化是产能反应，通过辅酶 I 释放能量。部分甲醛可以被同化为细胞质，用于细胞的生长。甲烷单氧酶是非专一性的酶，能够氧化其他物质（如三氯乙烯），氧化的直接产物是环氧化物。环氧化物不稳定，进一步脱氯变成乙二酸，乙二酸可以经化学或生物反应转化为二氧化碳。这种由非专一性的酶在代谢转化一种基质的同时，还能够代谢转化另一种基质的现象称为共代谢。在共降解中，营养基质（甲烷）称为第一基质，共降解基质（如三氯乙烯）称为第二基质，非专一性的代谢酶称为关键酶。更广泛的研究陆续发现，许多种细菌能够通过共降解途径分解氯代有机溶剂，例如，以烃类作为营养基质的好氧细菌、以丙烷为营养基质的细菌、以异丙烯为营养基质的细菌和以芳香化合物（如甲苯、苯酚等）为营养基质的细菌。某些能够降解苯酚或甲苯的细菌也具有共代谢降解三氯乙烯、1，1 -二氯乙烯、顺-1，2 -二氯乙烯的能力。

此外，某些自养细菌也同样能够以共降解的方式降解有机氯溶剂，例如，以氨为基质的细菌含有单氧酶，能够共降解有机氯溶剂。以氨为基质的细菌是严格的自养细菌，反应的第一步是将氨转化为羟基亚胺。这是一个需能反应，需要的能量来自羟基亚胺氧化为亚硝酸盐过程中释放出来的能量。

由此可见，共降解过程具有普遍性，而且比一般的微生物降解过程更加复杂，具有许多独特的性质。共降解是由微生物细胞内的关键酶进行的，影响共降解的主要因素包括关键酶的诱导、毒性抑制和自我恢复以及能量供应等。

(4) 污染物的物理、化学性质

影响土壤和地下水生物修复过程的污染物的物理、化学性质，主要是指与淋失、吸附、挥发、生物降解和化学反应有关的物理、化学性质。

污染物，特别是作为微生物生长基质的有机物的化学组成和分子结构，对污染物的生物降解性能具有决定性的作用，与生命物质结构越是相似的物质，越容易被微生物降解。有机化合物分子中如果含有生命物质中很少含有的特殊基团或根本就不含有的特殊基团，都将降低其生物降解性，这些基团包括卤素、氮基、氰基等。这些基团的数量和在主体化合物的位置都将影响化合物的生物降解性，这些化合物中的基团数目越多，其生物降解性能越差；同样，基团在主体化合物上的位置也影响这些化合物的生物降解性。对于同一化合物，即使在同一位置，基团的不同也将导致生物降解性的不同。现在人们对化合物的结构与生物降解性之间的关系越来越感兴趣，但由于问题的复杂性，有关的研究仍处于萌芽状态。

现有的经验表明，脂肪族化合物一般比芳香族化合物容易被生物降解，不饱和脂肪族化合物一般易被生物降解，但在主链上若含有除碳原子以外的原子，其生物降解性将大大降低。相对分子质量大的聚合物和复合物一般难以生物降解。分子的排列、官能团的性质与数量等，都会影响其生物降解性能，如伯醇、仲醇易被生物降解，而叔醇却难以降解。化合物上有羟基或氨基取代后，其生物降解性会有所改善，而卤代作用后会使生物降解性能降低。

研究结果表明，有机物的水溶性对其生物降解性能影响也很显著。一般而言，溶解度较小的有机物的生物降解性也较差，这是由于其在水中的扩散程度较差，且很容易被吸附或捕集到惰性物质的表面上，难以与微生物进行接触反应，从而影响其生物降解性能。有机质的浓度也会影响其生物降解性。有机物的其他物理、化学性质也在不同程度影响其生物降解性，这些物理、化学性质与有机物的组成和结构都有着密切的联系。

(5) 污染现场和土壤的特性

土壤是由无机固体、有机固体、水分和气体所组成。气体和水分存在于土壤的空隙中，土壤孔隙的大小、孔隙是否连续和气水比例都影响污染物的迁移和溶解氧的浓度，土壤的特性影响微生物的降解活性。土壤中的有机固体能吸附有机物，阻碍了污染物在土壤中的迁移，从而妨碍污染环境生物修复。其他如污染现场的地理、地质、气象和水文特性等，也影响污染场地的生物修复。特别要注意的是温度对生物修复过程的影响。

11.2.2.3　生物修复的主要工艺

生物修复技术的主要工艺有原位(in situ)修复技术和异位(ex situ)修复技术，还有原位-异位联合修复技术等。

原位修复技术是指在受污染的地区直接采用生物修复技术，不需将污染物挖掘和运输，一般采用土著微生物，有时也加入经过驯化和培养的微生物以加速处理，常常需要用各种工程化措施进行强化。关键是激活土著微生物群落的降解活性、接种外源微生物种、添加营养成分(如氮、磷等)、在厌氧条件下提供外源电子受体(如 NO_3^-、

SO_4^{2-}等)、筛选出高效吸收或降解污染物的生物突变体,能在污染土壤、沉积物、地表水或地下水中表现出对有机污染物较高的吸收能力或降解效率。主要有投菌法、生物通气法、生物注射法、微泡法、农耕法、有机黏土法等。

异位修复技术是指将被污染的土壤或地下水从被污染地挖掘或抽取出来,经运输后,再将污染物(通常是土壤或沉积物)移入具有一定生物反应条件的容器、池塘或进行生物堆积进行治理的技术。异位修复技术也是一个好氧过程,通常采用固相或流体系统进行。土壤或沉积物若采用生物堆积时,需添加一定的堆积辅料,如秸秆、碎木片等,以增加堆积物对水分、空气的保持力,同时也可改善其物理性能而便于操作。对规模较大的工程性堆积,往往需要设置专用管道通入堆积物中以定时注入空气。必要时还需补充养分并接种高效微生物菌种。主要有预制床法、堆肥式处理、生物反应器、厌氧处理等方法。

11.3　水体污染的生物修复技术

11.3.1　地下水污染的生物修复技术

地下水一旦受到污染,其处理和修复工程复杂、难度大。水中的各种污染物有许多是"三致"物质,作为饮用水存在很大的安全隐患。另外,作物生长可直接吸取地下水,所以其污染物质可以迁移富集到蔬菜、谷物等农作物中,通过食物链直接对人、畜产生危害。因此,地下水污染的危害性很大。地下水污染后,修复难度极大,自净速度缓慢,因此,污染物的危害又具有长期性。鉴于地下水污染对环境尤其是对人类自身的严重危害,目前许多国家已颁布相关法规,采取了相应的防护措施,同时也开展了有关污染地下水的治理研究。以往常见的治理方法主要是隔离法、泵提法、吸附法、化学栅栏法、电化学法等。生物修复方法与上述方法相比,具有独特的优势。

11.3.1.1　地下水生物修复的技术要点

(1)收集污染区域的水文地质等资料

地下水生物修复的成功很大程度上取决于该区域的水文地质状况,如果该地区的水文地质状况比较复杂,则难度也会相应较大,而且生物修复的数据结果的可靠性也较小。许多区域的水文地质在生物修复时可能与以前调查时已有所改变,所以以前的资料并不可靠,这样也增加了生物修复难度。此外,地下的土壤环境必须具有良好的渗透性,以使得加入的氮、磷等营养盐和电子受体能顺利地传达到各个被污染区域的微生物群落,这种水的传导性往往是生物修复的关键。

(2)添加适量营养盐

在地下水生物修复的工作展开之前,首先要通过实验室确定加入到地下水中的最适合营养盐量,以避免添加营养盐时过多或过少。营养盐过少会使得生物转化迟缓,而过多则会由于生成生物量太多而堵塞蓄水层,从而使得生物修复中止。营养盐一般通过溶解在地下水循环通过污染区域,普遍采用的方法是将营养盐溶液通过深井注入地下水。地下水由生产井抽出,并在该水中补加营养盐继续循环或是进入处理系统进行地面处理。水中的营养盐和污染物的浓度应该经常取样测定，取样点设定在注入井和生产井之间。

(3)维持好氧微生物的活性

典型的快速生物降解是由好氧微生物进行，因此必须维持这类微生物的活性。在地下水生物修复中的主要问题是即使在最佳条件下，地下水中的含氧量也极少且自然复氧速度极慢，虽然在生物修复中可以通过外加氧，但是氧在水中的溶解度不是很高，难以保证水中好氧微生物的良好生长。这就必须通过一定的手段来保证地下水中的氧含量，通常采用的方法是通过空气压缩机将空气压缩注入地下水中，也有方法是在营养盐溶液中加入过氧化氢作为氧的来源，但要注意的是过氧化氢在浓度达到 100 ~ 200mg/L 时对某些微生物有毒性，减少或避免过氧化氢毒性的办法是在开始加入时采用较低的浓度，约50mg/L，然后逐步增高浓度，最后达到 1 000mg/L。

(4)其他方法的辅助作用

以往常用物理、化学方法去除游离的油类和烃类，如果在采用生物方法来修复地下水污染时，排除了物理、化学方法的使用，那么使用生物方法的实际应用意义也将大大减少。因为污染源如果不首先切除，新的污染物仍会源源不断地输入地下水，导致生物修复负荷的增加甚至使生物修复中止。在应用生物修复技术对污染地下水进行修复的过程中，也要结合物理、化学方法，这样可以使修复的效果增倍。

11.3.1.2　地下水生物修复的工程方法

地下水污染的生物修复技术的种类有很多。一般根据人工干预的情况，将污染地下水生物修复分为天然生物修复和人工生物修复。而人工生物修复又可分为原位生物修复和异位生物修复两类。

(1)天然生物修复技术

天然修复是指在不进行任何工程辅助措施或不调控生态系统，完全依靠天然衰减机理去除地下水中溶解的污染物，同时降低对公众健康和环境的危害的修复过程。天然修复在石油产品污染的场地正得到广泛的应用。天然衰减指促进天然修复的物理、化学和生物作用，包括对流、弥散、稀释、吸附、挥发、化学转化和生物降解等作用。在这些作用中，生物降解是唯一将污染物转化为无害产物的作用；化学转化不能彻底分解有机化合物，其产物的毒性有可能更大；其他各种作用虽然可以改变污染物在地下水中的浓度，但对污染物在环境中的总量没有影响。在不添加营养物的条件下，土著微生物使地下的污染物总量减少的作用，称为天然生物修复。

美国加利福尼亚州的一项调查表明，在已注册的 170 000 个地下贮存罐中有 11 000 个发生了泄漏。大多数泄漏的罐是贮存汽油的，而 1 000L 汽油中就含有 26.4kg 的苯。从加州的汽油泄漏范围及泄漏量来看，如果苯与其他在环境中易迁移的污染物一样随地下水运动，苯在加州的供水井中也应广泛出现；但地下水水质调查结果却出乎预料。在大型供水系统的 2 947 眼取样井中，仅 9 眼井中含有苯，最高含量为 1.1μg/L；苯在 33 种污染物中的检出频率居第 18 位。它在小型供水系统的 4 220 眼取样井中，只有 1 眼井中含有苯，含量为 4.1 ~4.3μg/L；苯在 36 种污染物中检出频率居第 26 位，另外 10 种化合物也仅检出一次。氯代溶剂及与农业活动有关的化合物是检出频率最高的机污染物。那么，苯到哪里去了？这可能是许多因素同时作用的结果，但最可能的原因是苯被天然生物降解作用去除了。

(2)原位生物修复技术

地下水的原位生物修复方法是向含水层内通入氧气及营养物质，依靠土著微生物的作用分解污染物质。目前对有机物污染的地下水多采用原位生物修复的方法，主要包括生物注射法、有机黏土法、抽提地下水系统和回注系统相结合法等。

①生物注射法　生物注射法（biosparging，BS）亦称空气注射法（airsparging，AS），它是将加压后的空气注射到污染地下水的下部，气流加速地下水和土壤中有机物的挥发和降解。这种方法主要与土壤气相提取（soil vapor extraction，SVE）并用，并通过增加及延长停留时间促进生物降解，提高修复效率，见图 11-1。

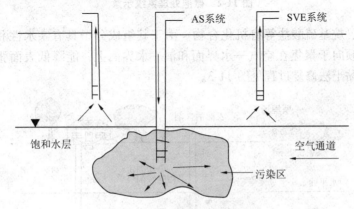

图 11-1　生物注射技术示意

Michael 等利用这一方法对污染地下水进行了修复，结果表明，生物注射大量空气有利于将溶解于地下水中的污染物吸附于气相中，从而加速其挥发和降解。欧洲从 20 世纪 80 年代中期开始使用这一技术，并取得了成功。当然这项技术的使用会受到场所的限制，它只适用于土壤气提技术可行的场所，同时生物注射法的效果亦受到岩相学和土层学的影响，空气在进入非饱和带之前应尽可能远离粗孔层，避免影响污染区域。另外，它在处理黏土层方面效果不理想。因而，弗吉尼亚综合技术学院的研究人员发现了被称为微泡法（microbubble）的方法（图 11-2），其将含有 125mg/L 表面活性剂的微泡（大约只有 55 μm）注入污染的地下水环境中，它可集中地将氧气和营养物送往生物有机体，从而有效地将厌氧环境转变为好氧环境，从而提高微生物代谢速率。该法具有效率高、经济实用等优点。据研究，将这种微泡注入污染环境后，它可以为污染区域中的细菌提供充足的氧气，二甲苯可被降解到检测水平以下。同时，研究人员还发现该法比生物注射法更有利于含铁化合物的沉淀。

②有机黏土法　有机黏土法是新发展起来的原位生物修复污染地下水的方法，它利用人工合成的有机黏土有效去除有毒化合物。把阳离子表面活性剂通过注射井注入蓄水层，使其形成有机黏土矿物，形成有效的吸附区，控制有毒化合物在地下水中的迁移，利用现场的微生物，降解富集在吸附区的有机污染物，从而彻底消除地下水的有机污染物。该技术中所采用的表面活性剂主要是合成脂肪酸衍生物、烷基磺酸盐、

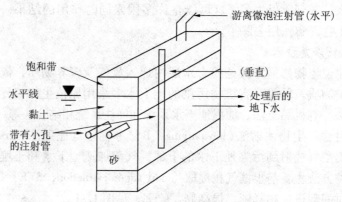

图 11-2　微泡处理系统示意

烷基苯磺酸盐、烷基硫酸盐等有机化合物。由于其组成分子具有亲水性和疏水性两重性质，故它们倾向于聚集在空气—水界面和油—水界面上，能降低表面张力，促进乳化作用。有机黏土法修复过程见图 11-3。

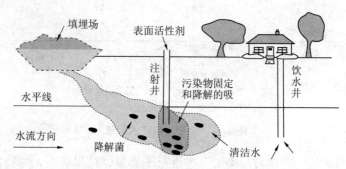

图 11-3　有机黏土法生物修复示意

③地下水抽提系统和回注系统相结合法　这种方法主要是将地下水抽提系统和回注系统(注入空气或过氧化氢、营养物和已驯化的微生物)结合起来，促进有机污染物的生物降解。装置见图 11-4。Smallbeck 等在加利福尼亚州的研究表明，采用此系统修复污染的环境，生物降解明显得到促进。这个系统既可节约处理费用，又缩短了处理时间，无疑是一种行之有效的方法。

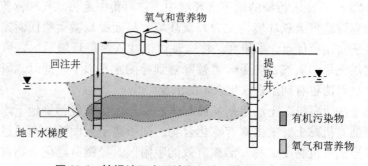

图 11-4　抽提地下水系统和回注系统相结合法示意

④其他方法　以上介绍的原位生物修复技术都是在好氧环境中进行的。事实上，在厌氧环境中进行的生物修复也具有极大的潜力。许多重要的污染物在好氧条件下不能被降解，如 BTEX(苯、甲苯、二甲苯等)、多环芳烃等，它们在厌氧条件下可以被矿化降解为二氧化碳和水。目前，在这方面做了不少的研究工作。厌氧降解碳氢化合物时，微生物利用的电子受体包括：NO_3^-、SO_4^{2-}、Fe^{3+}、Mg^{2+}、CO_2 等。Richard 等对圣地亚哥的一处石油污染的地下水进行了厌氧修复研究。他们利用硝酸盐作为电子受体补给到地下水中，强化细菌的脱氮过程（该过程有利于单环芳香族化合物的生物降解）。结果表明，在营养物富足的地带，6 个月内取得较好的修复效果，其中 BTEX 质量分数降低了81% ~ 99%。

（3）异位生物修复技术

目前，地下水的异位生物修复主要应用生物反应器法。生物反应器的处理方法是将地下水抽提到地上部分用生物反应器加以处理的过程，其自然形成一个闭路循环。同常规废水处理一样，所采用的反应器类型有多种形式。如细菌悬浮生长的活性反应器、串联间歇反应器，生物固定生长的生物滴滤池(图 11-5)、生物转盘和接触氧化反应器、厌氧菌处理的厌氧消化和厌氧接触反应器，以及高级处理的流化床反应器、活性炭生物反应器等。

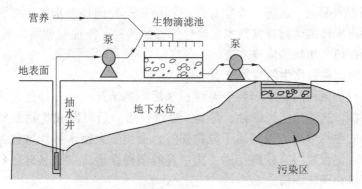

图 11-5　生物滴滤池修复地下水示意

一般情况下，生物反应器法的处理有下列几个过程：①将污染地下水抽提至地面。②在地面生物反应器内对其进行好氧降解，运转过程中要对反应器补充营养物和氧气。③处理后将地下水通过渗灌系统再回灌到土壤内。④在回灌过程中加入营养物和已驯化的微生物，并注入氧气，使生物降解过程在土壤及地下水层内亦得到加速进行。生物反应器法不但可以作为一种实际的处理技术，也可用于研究生物降解速率及修复模型。近年来，生物反应器的种类得到了较大的发展。连泵式生物反应器、连续循环升流床反应器、泥浆生物反应器等在修复污染的地下水方面已初见成效。

一个典型的例子是某处木材防腐剂污染的地下水，主要污染物是五氯酚（PCP）。污染的地下水被从井中抽出，调节 pH 值并加入营养物，投入到采用可控温固体化膜生物反应器里，PCP 在里面得到充分的降解。

尽管地下水污染生物修复技术取得了长足的发展，但由于受生物特性的限制，地下水污染生物修复技术仍存在许多局限性：微生物不能降解污染环境中种类繁多的污染物；在实施生物修复系统时，要求对地点状况进行详尽的考察，要确定地下水的水质参数，如溶解氧、营养物、碱度以及水温是否适合于运用生物修复技术，工程前期考察费时、费钱；特定的微生物只能降解特定的化合物类型，化合物形态一旦变化就难以被降解；微生物活性受温度和其他环境因素影响较为明显；生物修复是一种科技含量较高的处理方法，它的运作对土壤状况有严格的要求；在有些情况下，当污染物浓度太低不足以维持一定数量的降解菌时，生物修复不能将污染物全部去除。

但地下水污染生物修复技术作为一类低耗、高效和环境安全的修复技术自广泛使用以来，已经取得不少成效，显出了极大的发展潜力，相信在不远的将来，生物修复在地下水污染修复中将发挥举足轻重的作用。

11.3.2　地表水污染的生物修复技术

据水利部对全国 700 余条长约 100 000km 河流开展的水资源质量评价：46.5% 的河床受到污染（相当于Ⅵ、Ⅴ类）；10.6% 的河床严重污染（已劣于 Ⅴ 类），水体已丧失使用价值。90% 以上的城市水域污染严重。在全国七大流域中，太湖、淮河、黄河流域均有 70% 以上的河段受到污染；海河、松辽流域污染也相当严重，污染河段占 60% 以上。而相关调查表明氮、磷等营养物和有机污染物是我国地表水的主要污染形式。到目前为止，污染水体的生物修复技术主要包括投加菌种、投加营养物、人工曝气强化、人工投放动物或植入植物等修复方法。

11.3.2.1　投加菌种强化生物修复技术

向水体中投加菌种的技术起源于海洋石油污染的治理。受石油污染水体中可分离出高效除油菌株，这些菌株经驯化、富集、筛选、培养后可制成生物制剂用于海洋及淡水有机污染的生物修复。因其属于原位修复，适用于大型水体。这种菌对有机卤代化合物和芳香族化合物均有分解作用，所培育的菌种在形态学上呈球菌状和棒状，主要是假单胞菌属和硝化细菌。

11.3.2.2　添加营养物激活剂或无毒表面活性剂强化水体修复技术

水体环境中微生物降解污染物的主要限制因素之一是缺乏营养物，向水体中投加营养盐可以提高微生物的代谢能力。一些研究结果也表明，添加营养物对水体修复具有积极作用。

随着环境修复技术的发展，近年来，一些用于水体修复的营养剂、刺激剂或表面活性剂的发明专利相继问世。Levy 发明了一种用于水和陆地环境中有机或无机污染物控制的污染物减少剂，这种污染物减少剂除包含微生物制剂外，还含有营养剂（碳源、氮源、磷源的混合物）、成膜剂（用来增加油/水界面，提高生物可利用性），可用于修复被石油、柴油、汽油等污染的水体。Wolfe 等针对受硝基有机化合物、卤代烃、五氯酚（PCP）以及重金属等污染水体的修复，发明了生物刺激剂，该生物刺激剂主要包含一种从沉积物中提取的还原剂，这种还原剂通常具有较高的有机质含量，通过暴露于氧气或空气，被还原的污染物继而可被氧化成对环境无毒、无害的产物。实践证明，这种生物刺激剂可应用于受有机物污染水体的原位或间歇修复过程。

污染水体中烃类的降解可通过向水体中添加一种无毒且具有一定表面活性、可生物降解的烃溶液和氮、磷等营养物质而得到强化。该表面活性剂能够增强憎水性化合物的亲水性和生物可利用性，从而提高微生物的有机物降解速率。因此，人们在加入某种营养成分的同时，往往复合加入表面活性剂。

11.3.2.3　人工曝气强化水体生物修复技术

污染水体的生物修复能否顺利进行，在很大程度上取决于水体中是否有足够的溶解氧(DO)。上海某公司在浦东张家浜水体污染修复过程中，利用多功能曝气复氧船配合微生物技术，取得了良好的修复效果。据报道，有人利用河道中已有的水利工程设施，将河道设计为初沉段、曝气氧化塘段、二沉段和氧化塘段，组成了一个多工艺的河水修复系统。其中，人工曝气起到了必不可少的强化生物修复的作用。

人工曝气修复污染河流具有占地少、投资省、运行费用低、见效快等特点。研究表明，对于重有机污染河道，在温度为15℃左右的条件下，经过一个月的曝气试验，河流水质变化非常明显，DO从0至5.1mg/L，COD的去除率达到61.0%，BOD_5的去除率达72.5%，水体外观也有很大改善。在温度为5℃左右时，COD的去除率也可达48.5%，BOD_5的去除率达56.4%，但停止人工曝气后，经过一个月的时间，水质又恶化至原来水平。可见，人工曝气只能作为河流修复的一种缓解措施和辅助手段。

11.3.2.4　植物或动物修复技术

在污染水体中种植对污染物吸收能力强、耐受性好的植物，应用植物的生物吸收及根区修复机理(植物-微生物的联合作用)从污染环境中去除污染物或将污染物予以固定，从而达到修复水体的目的。常用于水体修复的植物有水葫芦(*Eichhornia crassipes*)、长苞香蒲(*Typha angustata*)、水花生(*Alternanthera phiox-eroides*)、菱(*Trapa* spp.)、水芹(*Oenanthe javanica*)等。据报道，凤眼莲可吸收转化水体中的酚、甲萘胺和苯胺、木质素、洗涤剂、六六六以及DDT等污染物。石菖蒲对富营养化水体也有较强的净化能力，水体总氮(total nitrogen，TN)去除率可达84.7%，总磷(total phosphorus，TP)去除率达43.9%，溶解氧增加26.6%。马立珊等人采用泡沫塑料板做浮床种植的香根草[*Vetiveria zizanioids*(L.)Nash]对污水的脱氮除磷效果比较显著。

利用植物修复污染水体优点显著，但也有不足之处。一些植物在污染水体中生长异常迅速，在较短时间内即铺满整个水面，减少了水体的采光面积，阻隔了水体与空气之间的交换，若收集不及时，则可降低水体中溶解氧，加剧水体富营养化，产生负面效应。另外，收集后的植物如何进行资源化利用或妥善处置也是一个值得研究的问题。

水生动物群落对富营养化水体也有一定的修复效果。如放养浮游动物和鱼类，即可起到减少藻类修复水体的作用。这种生态修复系统值得研究和推广。

11.3.2.5　生物膜修复技术

自从有人发现生长在鹅卵石上的生物膜对污染河水具有修复作用开始，生物膜净水技术便进入实质性研究与应用阶段。据报道，利用生物活性炭技术可有效地异位修复受卤代烃和石油类污染的地下水。利用生物陶粒修复深圳水库水的现场试验也取得了较好的效果。采用弹性填料微孔曝气生物接触氧化法对受污染水源水进行异位修复，可显著去除氨氮。

在日本，有人利用碳纤维优良的生物亲合性，把碳纤维浸入河水或地下水中使其表面附着微生物从而净化水质。在群马县高崎市的公园池水中进行了水质净化试验，结果表明，随着水质净化可抑制每年都发生的微胞藻属的发生。目前，生物膜修复技术大多用于水体的异位修复，原位修复则报道较少。

11.4 土壤污染的生物修复技术

当前，我国土壤污染的形势已十分严峻，由土壤污染导致的农产品的生态安全问题已不容忽视。由于土壤对环境污染具有汇集作用，土壤中有毒、有害化学品通过大气和水体传递，可危害人类和动物的生存繁衍与生命安全。这一过程可能比较隐蔽，但土壤污染已威胁人类的安全。

由于土壤污染的严重性及其修复的难度，以及对污染土壤修复的迫切性与需求，污染土壤修复已成为当今环境科学研究的热点与极具挑战性的领域。近二十多年来，美国、德国、荷兰、英国等国先后投入巨大的人力、财力，深入开展了污染土壤修复研究，在物理修复、化学修复和生物修复方面均取得显著进展，在一些技术应用方面已进入商业化阶段。整个欧洲从事生物修复工程技术的研究机构和商业公司有近百个。

11.4.1 土壤污染生物修复的工程方法

土壤生物修复方法分为原位生物修复、异位生物修复和原位-异位联合修复技术 3 种方法。

11.4.1.1 原位生物修复

（1）投菌法

直接向遭受污染的土壤接入外源的污染降解菌，同时提供这些细菌生长所需营养液。

（2）生物培养法

定期向土壤投加过氧化氢和营养，以满足污染环境中已经存在的降解菌的需要，以便使土壤微生物通过代谢将污染物彻底矿化成二氧化碳和水。Kaempfer 向石油污染的土壤连续注入适量的氮、磷营养和硝酸盐、氧气及过氧化氢等电子受体，经过 2d 后便可采集到大量的土壤菌株样品，其中大多为烃降解细菌。

（3）生物通气法

这是一种强化污染物生物降解的工艺方法。生物通气法的主要设备是鼓风机和真空泵。一般在污染的土壤上打两口井，安装鼓风机和抽真空机。通过鼓风机将新鲜空气强行通入土壤以补充氧气，同时通过真空泵抽气，排出土壤中的二氧化碳，土壤中的挥发性有机毒物也随之去除。在通入空气时，可加入一定量的氨气为土壤中的降解菌提供氮素营养，促进其降解活力的提高。另外还有一种生物通气法，即将空气加压后注射到污染地下水的下部，气流加速地下水和土壤中有机物的挥发和降解，有人称之为生物注射法。生物通气法生物修复系统的主要制约因素是土壤结构，不适的土壤结构会使氧气和营养物在到达污染区域之前就已被消耗，因此它要求土壤具有多孔结构。

（4）农耕法

对污染土壤进行耕耙处理，在处理进程中施入肥料，进行灌溉，加入石灰，从而尽可能地为微生物降解提供一个良好的环境，使其有充足的营养，水分和适宜的 pH 值，保证污染物降解在土壤的各个层次上都能发生。这种方法的最大缺陷是污染物可能从污染地迁移，但由于该法简易经济，因此在土壤渗透性较差、土壤污染较浅、污染物又较易降解时可以选用。

（5）植物修复法

在污染的土壤上栽种对污染物吸收力高、耐受性强的植物，应用植物的生长吸收以及根区修复机理（植物-微生物的联合作用）从土壤中去除污染物或将污染物予以固定。我国野生植物资源丰富，生长在天然的污染环境中的野生超积累植物和耐重金属植物不计其数，因此开发与利用这些野生植物资源对植物修复的意义十分重大。

11.4.1.2　异位生物修复

（1）预制床处理

在不泄漏的平台上，铺上石子与沙子，将遭受污染的土壤以 15～30cm 的厚度平铺其上，并加入营养液和水，必要时加入表面活化剂，定期翻动充氧，以满足土壤中微生物生长的需要。处理过程中流出的渗滤液，回灌于该土层上，以便彻底清除污染物。Pope 和 Mattes 对预制床处理技术进行了深入研究，内容涉及 pH 值控制、翻动操作、湿度调节及营养要求等。预制床处理是农耕法的延续，但它可以使污染物的迁移量减至最低。

（2）堆肥式处理

与预制床处理不同的是，土壤中直接掺入了能提高处理效果的支撑材料，如树枝、稻草、粪肥、泥炭等易堆腐物质，使用机械或压气系统充氧，同时加石灰以调节 pH 值。经过一段时间的发酵处理，大部分污染物被降解，标志着堆肥的完成，经处理消除污染后的土壤可返回原地或用于农业生产。堆肥法包括风道式、好气静态式和机械式 3 种，其中以机械式（在密封的容器中进行）最易控制，可以间歇或连续运行。

堆肥工艺在国外已应用于处理被氯酚污染的土壤。我国学者张从、沈德中、张文娟等采用高温堆肥法用树叶和鸡粪等对土壤中多环芳烃（PAHs）的降解规律进行了较系统的研究，研究结果表明选择适宜的碳氮比对 PAHs 的降解率有重要影响。

（3）生物反应器

把污染土壤移到生物反应器中，加入 3～9 倍的水混合使其呈泥浆状，同时加入必要的营养物和表面活化剂，鼓入空气充氧，剧烈搅拌使微生物与底物充分接触，完成代谢过程，而后在快速过滤池中脱水。这种反应器可分为连续式与间歇式两种，但以间歇式居多。

由于生物反应器内微生物降解的条件很容易控制与满足，因此其处理速度与效果优于其他处理方法。但它对高相对分子质量 PAHs 的修复效果不理想，且运行费用较高，目前仅作为实验室内研究生物降解速率及影响因素的生物修复模型使用。

（4）厌氧处理

大量研究工作表明，厌氧处理对某些污染物（如三硝基甲苯、PCB 等）的降解比好氧处理更为有效，如原美军基地中军用化学物 2，4，5－三硝基甲苯（TNT）严重污染了当地的土壤。采用生物修复技术较传统的焚化脱污法显然具有价廉、适应性强、操作简单、避免了挖出土体而耗时费力且破坏自然景观与土层构造、加重环境负担的优点。因 TNT 的好氧性生物转化会导致中间产物偶氮键的形成。从而产生二聚化或多聚化作用而不是进行降解，但在厌氧条件下，不稳定的中间产物没有机会形成偶氮键。相反，在生物降解过程中，首先是硝基依次被还原为氨基，然后才是芳香环的降解。在特定的厌氧条件下，检测结果说明，随着 TNT 浓度下降，最早出现的是 4－氨基－2，5－二硝基甲苯（4A25DNT），然后随着 4A25DNT 减少，2，4－二氨基－6 硝基甲苯开始出现。由此证明在连续反应体系中，硝基被依次还原的反应模式。进一步试验证明，不仅接种甲烷菌、调节 pH 7.0 时可以明显提高 TNT 的降解速率，而且适当振摇也可明显促进 TNT 的降解速率。类似的方法也曾用于除草剂二硝基丁酚（地乐酚）污染土壤的修复。

现已有厌氧生物反应器之类的厌氧生物修复技术，但由于其厌氧条件难于控制，并且易产生中间代谢污染物等，故其应用比好氧处理少。

11.4.1.3 原位－异位联合修复技术

（1）水洗－生物反应器法

用水冲土壤中的污染物，并将含有该污染物的废水经回收系统引入附近的生物反应器中，通过连续供应营养、氧气和接种降解菌将污染物去除。

（2）土壤通气－堆肥法

先对污染土壤进行生物通气，去除易挥发的有机污染物，然后再进行堆肥式处理，去除难挥发的有机污染物。

11.4.2 土壤中多环芳烃污染的生物修复技术

多环芳烃是指两个或两个以上苯环以线状、角状或簇状排列组合成的一类稠环化合物，具强致癌性、致突变性、致畸性"三致"作用，还会产生光致毒效应，且其在土壤中具有隐蔽性大、潜伏期长、涉及面广、治理困难等特点，威胁食品安全和人群健康。因此，土壤的多环芳烃污染备受关注。

PAHs 在自然环境中是普遍存在的，其来源主要有两种：一是天然源，大自然中，森林、草原的天然火灾以及火山活动等构成了 PAHs 的自然污染源；二是人为源，人为源较天然源危害重，PAHs 大多是石油、煤等化石燃料以及木材、天然气、汽油、重油、有机高分子化合物、纸张、作物秸秆、烟草等含碳氢化合物的物质经不完全燃烧或是在还原条件下经热分解而生成的。例如焦化煤气、有机化工、石油工业、炼钢炼铁等工业所排放的"三废"中含有相当多的 PAHs，其中，焦化厂是污染最严重的一类工厂。交通运输业中飞机、汽车的废气，日常生活中煤炉排放的废气，生活垃圾被填埋处理后所产生的高浓度有机废水以及肉食品烧烤、香烟燃烧产生的气体中都含有 PAHs。

1976 年，美国国家环境保护局提出的 129 种优先控制污染物中，PAHs 类化合物就

有 16 种；欧洲将 6 种 PAHs 作为主控污染物；1990 年，我国环境保护总局第一批公布
的 68 种优先控制污染物中，PAHs 有 7 种。多环芳烃已造成许多重点工矿企业内部和
周边土壤的严重污染，在一些重工业污染区，每千克土壤中 PAHs 含量可达上万微克。
多环芳烃进入土壤后，由于其低水溶性和高亲脂性，比较容易分配到生物体内，并通
过食物链进入生态系统，从而对人类健康和整个生态系统的安全构成很大的危害。所
以这类多环芳烃的环境污染问题备受人们的关注。

11.4.2.1　降解土壤中多环芳烃的微生物

进入土壤中的多环芳烃可能的归宿有：挥发、光氧化、化学氧化、生物积累、土
壤吸附和微生物降解等，大量的研究证明微生物降解是去除土壤中多环芳烃的最主要
途径。由于多环芳烃在土壤中存留的时间比较长，许多微生物经过自然驯化，就能以
其作为碳源和能源得以生长和繁殖。目前，各国在被煤焦油、杂酚油、木馏油和石油
等污染的地方，已经分离出许多降解多环芳烃的纯菌或混合菌。

萘是最简单的多环芳烃，对它的研究也最早，已经分离得到很多对萘有降解性的
微生物。在多环芳烃的微生物降解中，对菲的研究也很多，这是因为 K 区和湾区结构
是多环芳烃具有致癌性的特征性结构，而菲是具有 K 区和湾区的最小结构单元，对研
究多环芳烃降解氧化酶的立体选择性非常重要。H. Kiyohara 等报道分离得到菲的降解
菌，后来陆续报道了很多微生物(如气单胞菌、产碱菌、节杆菌属、红球菌、拜叶林克
菌、芽孢杆菌、分枝杆菌、假单胞菌、诺卡菌、微球菌、黄杆菌、链霉菌、弧菌、雅
致小克银汉霉、黑曲霉与糙皮侧耳等)对菲有降解性。

虽然芘本身不具遗传毒性，但是它的醌类代谢物比母体毒性更大且有致突变性，
所以芘常被作为监测多环芳烃污染的指示物和其他多环芳烃光化学降解、生物降解的
模型分子。能够降解芘的微生物也不少，如分枝杆菌、红球菌、黄杆菌、假单胞菌、
糙皮侧耳、白瓶霉菌、雅致小克银汉霉、黑曲霉等。

另外，苯并(a)芘(BaP)的低水溶性、高共振能和强毒性决定了它难以被微生物利
用，所以苯并(a)芘只能通过和易降解的化合物的共氧化和共代谢机制来降解。目前所
知的对苯并(a)芘有降解性微生物没有降解萘和菲的微生物那么多，主要有细菌类的分
枝杆菌、鞘氨醇单胞菌、假单胞菌、拜叶林克菌和白腐真菌类的黄孢原毛平革菌、云
芝及糙皮侧耳等。

11.4.2.2　微生物降解多环芳烃的机理

多环芳烃的微生物降解难易度取决于化学结构的复杂性和降解酶的适应程度。不
同的微生物对各类多环芳烃有不同的降解能力(降解速率、降解程度)，所以降解多环
芳烃的途径就有较大的差别。

研究表明，微生物降解多环芳烃一般有两种方式：一种是以多环芳烃为唯一碳源
和能源；另一种是将多环芳烃与其他有机质进行共代谢。对于土壤中低相对分子质量
的三环和三环以下的多环芳烃类化合物，微生物一般采用第一种代谢方式；而大多数
细菌对四环或四环以上的多环芳烃的矿化作用一般以共代谢方式开始，真菌对三环以
上的多环芳烃的代谢也多属共代谢。

（1）以多环芳烃为唯一碳源和能源的代谢机理

在多环芳烃的诱导下，在微生物分泌的单加氧酶或双加氧酶的催化作用下，把氧加到苯环上，形成 C→O 键，再经过加氢、脱水等作用使 C→C 键断裂，苯环数减少。其中，细菌产生双加氧酶，真菌产生单加氧酶。不同的途径有不一样的中间产物，邻苯二酚是常见的中间产物，具体的化合物依赖于羟基组的位置，有正、对或其他。邻苯二酚又有邻位和间位两种代谢途径。代谢过程会产生：顺，顺-己二烯二酸、酮己二酸、丁二酸或 2 -羟基己二烯酸半醛、2 -酮 -4 -戊烯酸、丙酮酸与乙醛等，它们都能被微生物合成细胞蛋白，最后产物是二氧化碳和水。

（2）多环芳烃的共代谢机理

微生物在可用做碳源和能源的基质上生长时，会伴随着一种非生长基质的不完全转化。这种现象最早由 E. R. Leadbetter 和 J. W. Foster 报道，并命名为共氧化（cooxidation），它描述了微生物能氧化底物却不能利用氧化过程中的能量维持生长的过程。H. L. Jensen 扩展其内涵，提出共代谢（cometabolism）的概念。在有其他碳源和能源存在的条件下，微生物酶活性增强，提高降解非生长基质的效率，也称为共代谢作用。现在一般把微生物的共代谢定义为：只有在初级能源物质存在时才能进行的有机化合物的生物降解过程，并把提供碳源和能源的物质称为共代谢底物（cometabolism substrate）。微生物共代谢有机物的原因可能有以下几点：缺少进一步降解的酶系，中间产物的抑制作用，需要另外的基质诱导代谢酶或提供细胞反应中不充分供应的物质。

高相对分子质量多环芳烃难于降解，在土壤环境中的残留期较长，源于土壤中很少有能直接降解四环及四环以上高相对分子质量的多环芳烃的微生物，所以高相对分子质量的多环芳烃的降解要依赖共代谢作用和基质类似物。

在共代谢降解过程中，微生物通过酶来降解某些能维持自身生长必需的物质，同时也降解了某些非生物生长必需的物质。多环芳烃苯环的断开主要是靠加氧酶的作用：加氧酶把氧加到 C→C 键上形成 C→O 键，经加氢、脱水等作用使 C→C 键断裂，苯环数减少。加氧酶的活性程度对多环芳烃的降解有很大影响，可以用做有机污染的监测指示。

由于多环芳烃代谢酶的可诱导性，故可选择投加基质类似物的方法来提高酶的活性，增强降解作用。诱导物（基质类似物）的选择还需要考虑各方面的因素（如毒性要低，价廉，能提高微生物内加氧酶的含量和活性）。目前，共代谢降解机制的研究并不深入，有些解释还只是假设，所以还有待进一步探讨。

11.4.2.3　PAHs 的降解基因

PAHs 作为一类难降解物进入环境后，必然对微生物产生强大的压力，这些微生物因此产生一系列突变、基因重组、易位和其他遗传调控来创造新的酶促功能，以作用于 PAHs 及其以后的代谢产物。这类基因发生遗传重组，使具有连续代谢步骤的基因进入单个的遗传单位，并和转移质粒结合，从而增强降解能力。质粒在微生物之间的传递，进一步在环境中扩展了降解功能。当然也可以通过导入质粒的方法创造新菌株，获得新的降解能力。PAHs 降解代谢的遗传学结构知识，为环境领域中生物降解的应用提供了重要信息。除了构建改善土著微生物性能的遗传功能菌外，分子技术还对生物降解监测和降解优化产生有益作用。

11.4.2.4　PAHs 高效降解菌的筛选、鉴定

菌种的富集分离是以某一种 PAHs(如菲等)为唯一碳源和能源，在无机盐培养基内进行，暗室培养，避免 PAHs 被光解。HPLC 法测定降解效率。菌种鉴定是在革兰染色、过氧化氢反应以及氧化反应、形态观察等试验的基础上利用 16S rDNA 分类法完成的。2006 年，Hedlund B. P 等从污染土壤中分离出菌株 ARP26 和 ARP28，其培养 7d 降解率已分别达到 93%、98%。张杰等从石油污染的土壤中分离得的菌株，120h 单一菌株降解率为 69.24%，混合菌系对菲的降解率达到 95.28%，加入适量葡萄糖后降解率继续提高。

11.4.2.5　PAHs 降解过程高效化

PAHs 在环境中多种组分共同存在，且生物降解过程包括许多步骤，涉及多种酶及微生物，其中一种微生物的分解产物可成为另一种的底物。但在一般条件下，由于土著微生物菌群驯化时间长、生长速度慢、代谢活性不高，或者污染物毒性过高会造成微生物数量下降等原因，PAHs 的实际生物处理时，必须考虑应用介入一些适宜 PAHs 降解并与土著微生物相容性较好的微生物或激发环境中多样的土著微生物等技术提高降解效率，减少或最终消除环境污染。

添加营养盐和提供电子受体，通过提高微生物活性也可实现 PAHs 降解高效化。维持一定的碳、氮、磷营养物质及某些微量营养元素对微生物的生长非常重要，因此现场环境中添加营养盐比上述接种微生物方法的降解更彻底，净化速度更快。微生物的活性除了受到营养盐的限制外，环境中 PAHs 氧化分解的最终电子受体的种类和浓度也极大地影响着 PAHs 降解的速度和程度。PAHs 的微生物降解通常都需要氧气的参与，但在反硝化条件下，PAHs 可发生无氧降解，以 NO_3^- 或 SO_4^{2-} 作为电子受体。为使好氧菌良好生长，常采用曝气或土地耕耘等补充供氧方法。在紧急情况添加硝酸盐和硫酸盐等电子受体，能暂时改变厌氧环境，以发挥好氧微生物对 PAHs 的氧化分解作用，但使用时须注意氮、硫元素带给环境的负面影响。

PAHs 的憎水性强，易吸附在土壤或底泥中的天然有机物上，其游离在水相中的部分很少，生物可利用性低。表面活性剂(SAA)可通过降低介质表面和界面张力、提高 PAHs 在水相中的溶解度，促进 PAHs 从固相转移到水相，进而增强生物利用性，加速环境中 PAHs 的降解进程。

当前生物修复技术是 PAHs 污染环境治理最有前景的手段，随着 PAHs 的生物降解途径机理的逐渐明了，特别是基因序列研究的不断深入，推动遗传调控机制和高效基因工程菌的研究进程与应用，使人类对大气、水体、土壤各环境体系 PAHs 污染综合治理能够提出更加有效的技术手段和措施。

11.4.3　土壤中重金属污染的生物修复技术

土壤重金属污染是指由于人类活动致使土壤中较高含量的重金属对生物产生毒害作用，并造成生态环境质量恶化的现象。常见的对土壤造成污染的重金属包括锌、铜、铬、镍、铅、镉、汞等元素，它们不仅导致土壤退化、农作物产量和品质下降，还会

通过径流和淋洗作用污染地表水和地下水，并通过直接接触、食物链等途径危及人类的生命和健康。重金属作为一类危害很大的环境污染物，它所产生的污染过程具有隐蔽性、不可逆性、长期性和后果严重性的特点。因此，土壤系统中重金属污染的治理目前是国际性的难题和研究热点。

国内外专家曾采用非毒性改良剂法、深耕法、排土法和客土法以及化学冲洗等方法来解决土壤重金属污染问题。但由于上述方法自身的局限性，都未能成为较为理想的土壤重金属污染治理措施。近年来，重金属污染的生物修复技术正在兴起。

11.4.3.1　动物修复技术

动物修复是利用土壤中的某些低等动物（如蚯蚓）能吸收土壤中的重金属这一特性，通过习居的土壤动物或投放高富集动物对土壤重金属吸收、降解、转移，以去除重金属或抑制其毒性。动物修复的生理基础包括：①生物体内普遍存在一种金属硫蛋白，能与重金属结合形成低毒或无毒的络合物；②生物体代谢产生一些富含-SH的多肽（如PC），能与重金属螯合，从而改变其存在状态；③生物体内存在多种编码金属转运蛋白的基因（如最早克隆的锌转运蛋白基因和铁转运蛋白基因），这些基因编码的转运蛋白能提高生物对金属的抗性。

动物修复包括将生长在污染土壤上的植物体、果实等饲喂动物，通过研究动物的生化变异来研究土壤污染状况，或者直接将土壤动物，如将线虫饲养在污染土壤中进行有关研究。Czamowaka 等对华沙交通要道附近某个草坪采集土壤和蚯蚓进行测定，可知蚯蚓对锌和镉有良好的富集作用。由此可见，在重金属污染的土壤中放养蚯蚓，待其富集重金属后采用电击、清水等方法驱出蚯蚓，集中处理，对重金属污染土壤是一种经济有效的土壤生态恢复措施。

11.4.3.2　微生物修复技术

微生物修复技术是利用土壤中某些微生物对重金属的吸收、沉淀、氧化还原等作用，降低土壤重金属毒性。某些微生物能代谢产生柠檬酸、草酸等物质，这些代谢产物能与重金属产生螯合或形成草酸盐沉淀，从而减轻重金属的伤害。Siege 等研究表明，真菌可以通过分泌氨基酸、有机酸以及其他代谢产物来溶解重金属以及含重金属的矿物。Chanmugathas 等发现，以土壤有机质或土壤有机质加麦秆作为微生物的碳源时，微生物并不促进铅、镉、锌、铜等重金属的溶解；如果在加入土壤有机质、麦秆的同时还加入容易被微生物利用的葡萄糖，经过一段时间后，未灭菌处理的淋洗液中重金属离子浓度明显高于灭菌处理的。

某些微生物能够产生胞外聚合物，这些物质具有大量的阴离子基团。由于阴离子基团对重金属具有很强的亲合吸附性，有毒金属离子可以沉积在细胞的不同部位或结合到胞外基质上，或被轻度螯合在可溶性或不溶性生物多聚物上。一些微生物如动胶菌、蓝细菌、硫酸还原菌以及某些藻类，能够产生具有大量阴离子基团的胞外聚合物（如多糖、糖蛋白等），与重金属离子形成络合物，从而从土壤中有效去除重金属。

在重金属的胁迫下，某些微生物能通过自身的生命活动积极地改变环境中重金属的存在状态。其主要机理是微生物通过氧化、还原、甲基化和脱甲基化作用转化重金属，改变其毒性。自养硫细菌能氧化砷、铜、钼、铁等重金属；假单胞杆菌能氧化砷、铁、锰等重金属；微生物的氧化作用能降低这些重金属元素的活性。

11.4.3.3 植物修复技术

植物修复技术是利用植物对某种污染物具有特殊的吸收富集能力，将环境中的污染物转移到植物体内或将污染物降解利用，对植物进行回收处理，达到去除污染与修复生态的目的。植物修复的机理通常包括植物固定、植物挥发和植物吸收 3 种方式，具有成本低、可提高土壤肥力、避免二次污染以及对环境扰动小等优点，被广泛应用于土壤重金属污染治理中。

（1）植物固定

植物固定是指植物通过某种生化过程使污染基质中金属的流动性降低，生物可利用性下降，从而减轻有毒金属对植物的毒性。适用于固化污染土壤的理想植物应是一种能忍耐高含量污染物、根系发达的多年生常绿植物。这类植物主要通过保护土壤不受侵蚀，减少土壤渗漏来防止污染物的流失，并通过在根部累积和沉淀，或通过根系吸收重金属来增加对污染物的固定。其根系分泌的黏胶状物质可与铅、铜和镉等金属离子竞争性结合，使其在植物根外沉淀，同时也影响其在土壤中的迁移性。例如，植物可通过分泌磷酸盐与铅结合成难溶的磷酸铅，使铅固化而降低铅的毒性；植物能使毒性较高的 Cr^{6+} 转变为基本没有毒性的 Cr^{3+}，使其固化。但是，植物固定可能是植物对重金属毒害抗性的一种表现，并未使土壤中的重金属去除，环境条件的改变仍可使重金属的生物有效性发生变化。

（2）植物挥发

植物挥发是利用植物去除环境中部分挥发污染物的方法，即植物将污染物吸收于体内后又将其转化为气态物质而释放到大气中。植物挥发要求被转化后的物质毒性要小于转化前的污染物质，以减轻对环境危害。研究发现，一些植物能将体内硒、砷、汞等甲基化而形成可挥发性的分子，释放到大气中去。Rugh 等研究表明，将来源于细菌中的汞抗性基因转入到植物，可以使其具有在通常生物中毒的汞浓度条件下生长的能力，而且还能将土壤中吸取的汞还原成挥发性的单质汞；Meagher R B 研究发现，烟草能使毒性大的二价汞转化为气态汞。印度芥菜有较高的吸收和积累硒的能力，在种植该植物的第一年即可使土壤中的全硒含量减少 48%；Banuelos G S 等报道指出，洋麻可以使土壤中 47% 的三价硒转化为甲基硒挥发去除。植物挥发只适用于具有挥发性的金属污染物，应用范围较小。同时，该方法只是将污染物从土壤转移到大气，对环境仍有一定影响。

（3）植物吸收

植物吸收又称植物提取、植物萃取，是利用耐受并能积累重金属的植物吸收土壤环境中的金属离子，将它们输送并贮存在植物体的地上部分，通过种植和收割植物而去除土壤中的重金属。这些能够大量吸收并累积重金属的植物称为超积累植物，其对某种重金属的累积量是普通植物的 10～500 倍。通常超积累植物被要求具有生物量大、生长快和抗病虫害能力强等特点，以及具备对多种重金属较强的富集能力。现已发现镉、钴、铜、铅、镍、硒、锰、锌超积累植物 400 余种，它们中部分已被广泛用于土壤重金属污染治理中。1991 年，纽约的一位艺术家在环境科学家 Chan 等的协助下，在明尼苏达州圣保罗遭受 Cd 污染的土地上，种植曼陀罗属植物，最终将一片光秃的死地转变成生机盎然的活土。Lasat M M 等报道，红根苋（*Amaranthus retrolex us L.*）可富集较高浓度[137]Cs，利用其对切尔诺贝利核电站 1986 年泄漏后大面积土壤的放射性核污染进行植物修复有较大的潜力。植物吸收技术是目前应用最多、最有发展前景的土壤重金属污染植物修复技术。

与其他治理重金属污染的技术相比，生物修复具有成本低、无二次污染及处理效果好等优点。同时，生物修复还不止一个功能基团组起作用，能够结合生物代谢活性系统，达到对污染土壤永久修复的目的。生物修复被认为是替代物理、化学修复的一种极具优势的方法。近年来，随着生物修复中生物工程技术（如基因工程、酶工程、细胞工程等）的广泛运用，生物修复的处理效率得到很大提高，可行性与有效性逐渐增强，处理成本进一步降低，被广泛接受和采纳。可以预见，生物修复技术在防治和治理土壤重金属污染与环境修复中的作用将日益重要，其前景十分广阔。

本章小结

在生物修复中起主要作用的是微生物和植物。用于生物修复的微生物包括土著微生物、外来微生物和基因工程菌 3 类，植物主要有一般植物和超累积植物。

生物修复过程除涉及生物种类、污染物的种类和浓度及物理和化学性质，还涉及环境等其他条件。因此，在生物修复过程中必须综合考虑到微生物的营养、污染物氧化分解的最终电子受体的种类和浓度、共代谢底物、污染物的物理和化学性质、污染现场和土壤的特性等因素对过程的影响。

生物修复技术的主要工艺有原位修复技术和异位修复技术，还有原位-异位联合修复技术等。原位修复技术是指在受污染的地区直接采用生物修复技术，不需将污染物挖掘和运输，一般采用土著微生物，有时也加入经过驯化和培养的微生物以加速处理，常常需要用各种工程化措施进行强化。异位修复技术是指将被污染的土壤或地下水从被污染地挖掘或抽取出来，经运输后，将污染物（通常是土壤或沉积物）移入具有一定生物反应条件的容器、池塘中或进行生物堆积进行治理的技术。

思考题

1. 环境污染对食品原料生产的影响有哪些？
2. 什么是生物修复？生物修复的优点有哪些？
3. 生物修复中涉及的生物有哪些类型？
4. 简述生物修复的影响因素及其主要工艺。
5. 地下水生物修复的工程方法有哪些？
6. 地表水生物修复的工程方法有哪些？
7. 土壤生物修复的工程方法有哪些？
8. 微生物降解土壤中多环芳烃的机理是什么？
9. 土壤中重金属的生物修复技术有哪些？

推荐阅读书目

环境生物技术及应用. 张景来. 化学工业出版社, 2002.

环境生物工程. 伦世仪, 陈坚, 等. 化学工业出版社, 2002.

污染环境的生物修复. 沈德中. 化学工业出版社, 2002.

第 12 章

生物技术存在的问题及展望

生物技术为人类应对危机和挑战带来了希望和曙光，在解决粮食短缺、疾病威胁、环境恶化和能源危机等问题上正在发挥越来越重要的作用，在医学、农业、食品等领域取得了一系列成果。然而，生物技术同样也是一把双刃剑，它在为人类带来许多好处的同时也存在着诸多问题，包括生物技术本身的技术问题、安全问题、食品安全问题、环境安全问题、战争问题、公信力问题、社会伦理问题等。能否解决好这些问题关系到生物技术未来能否健康发展和最终为人类造福。

12.1 生物技术目前存在的问题

广大公众开始关注生物技术问题，主要来自 1998 年 8 月，英国 Rowett 研究所用转基因马铃薯喂养大鼠，这种抗虫马铃薯所产生的雪花莲外源凝集素对大鼠的内脏器官和免疫系统产生了损伤；1995 年 5 月，Losey 等报道，在一种植物马利筋的叶片上涂上转基因 Bt 玉米花粉后喂养君主斑蝶（*Danaus plexippu*），发现 4d 后，斑蝶幼虫的死亡率为 44%，从而引发了人们对转基因食品安全性的担忧。然而，生物技术目前存在的问题远非如此。

12.1.1 生物技术的技术本身

从理论上讲，生物技术可以按照人们设计的蓝图改造和修饰生物，并利用其为人类社会服务。但是任何技术，特别是生物技术正处于一个飞速发展的时期，许多方面需要进一步研究和完善。

12.1.1.1 转基因经济动物

转基因经济动物的研究已取得了许多令人振奋的成果和进展，这些动物具有更精细的瘦肉，更高的饲养效率，以及更快的生长速度。

第一个"全鱼基因"由 DuS. T 等用鱼类抗冻蛋白启动子和鲑鱼的生长激素基因组建，"全鱼重组基因"基本解决了转基因鱼的食用安全性问题和消费者的心理接受问题，但是转基因鱼在生产养殖上的生态安全问题仍没有解决，许多环境保护的生态学者提出转基因鱼会从它们的养殖区域逃走，从而产生不可预知的结果，可能会对自然界造成一种人为的生物入侵。如果转基因鱼胜过它们的野生亲属，则会降低鱼类的多样性。这表达生长激素的转基因鱼可能比野生大马哈鱼有更好的适应性，这能取代野生大马哈鱼，任何逃逸的转基因大马哈鱼带来的负面压力都是不可预期的。对于物种的基因型，适应性和环境间相互作用还了解得不够全面，增加一个单一的基因组分（基因＋启动子），会导致大量显性表型出现。

目前，在转基因鸡上还存在技术问题，由于鸡卵受精后很快被包裹上一层膜，然后在输卵管中包裹上大量卵清蛋白，再被壳膜和坚硬的蛋壳封闭起来，同时受精卵不断分裂，到蛋被产出时，已发育到了原肠胚早期。因此，很难用其受精卵进行外源基因导入的显微操作。虽然可以用逆转录病毒载体将外源目的基因导入已产出鸡蛋的囊胚期细胞，先培养出嵌合型的转基因鸡，再经过连续杂交选育可能得到转基因鸡，但因使用了逆转录病毒载体，存在食用安全性问题。

12.1.1.2 克隆技术

克隆技术目前还存在如下几方面问题。

（1）克隆动物早衰，存活率低

这是当今核移植技术的最大缺陷。突出表现为孕期流产率高，围产期死亡率高；新生仔畜出生后对环境适应性差，发病率高，大多有严重缺陷或是畸形，许多胎死腹中，或出生后不久突然死亡。其原因 De Lille 等（2001）认为与核移植胚胎细胞内的染色体异常、胚胎细胞凋亡、胚胎早期死亡、流产、胎盘发育异常等有关。Kobel 等认为与其基因印迹受到破坏有关。

（2）端粒问题

王海等（2003）认为衰老涉及染色体的端粒，在正常生理条件下的体细胞随着分裂次数的增加，端粒会逐渐缩短，随之细胞出现分裂增生减慢，致使器官功能衰退，个体衰老。Shiels 等（1998）发现"多莉"的染色体端粒只相当于正常端粒长度的 80%，说明其细胞处于衰老状态。染色体端粒变短是否与提供供体核的动物的年龄有关还有待研究。

（3）重新编程问题

重新编程缺乏基础理论的支持，重新编程机制的详细信息还不清楚。

（4）克隆技术

要解决受体细胞质与供体细胞核周期相容性的问题，处于同一细胞周期时，核移植的成功率就大。在核移植过程中应尽量减少或避免供体线粒体的带入，避免形成遗传嵌合体的克隆动物。

12.1.1.3 胚胎干细胞研究

胚胎干细胞研究目前面临的主要问题：①胚胎来源困难，获得一个干细胞需要 12 个囊胚和更多的卵细胞。②体外保持其全能性条件要求复杂。③免疫排斥反应。④安全性难以保证，一是干细胞在体外培养中可能感染病毒；二是干细胞有致瘤性，植入受体后有导致肿瘤危险。⑤在体外发育成完整的器官难以实现。⑥伦理问题。

12.1.2 转基因产品的安全性

转基因技术给人类带来的潜在安全性风险：一是毒素基因的不稳定性可能会带来新的危害；二是外源基因产生的新蛋白质可能会引起人类过敏反应；三是转基因产品的营养成分发生变质，可能导致人类的营养失衡；四是转基因产品的安全性目前远不能完全确定。其不确定性原因主要如下：①资料不全，或未知因素较多，评价不全面。②检测方法及手段存在很大的局限性，安全性及风险性评价需要长期的检测，而不能仅仅是几年的检测。

对转基因食品的安全性评价除了应包括有无毒性、有无过敏性，以及抗生素抗性等标记基因的安全性，还应包括对主要营养成分、所有的常量的和微量的营养元素、抗营养元素、植物内毒、次级代谢物及致敏源等基本浓度进行分析。评价转基因食品安全性的实质等同性原则并不是安全性评估的全部工作。目前，没有充分的科学证据证明转基因食品比传统食品更安全。

12.1.2.1 食物过敏性

食物过敏反应是人体免疫系统对食品中特异性物质发生反应，产生抗原特异性的免疫球蛋白 E(IgE) 的反应。理论上任何食物都有过敏反应，但大多数反应只由少数食物引起。引起过敏反应的常见食物是：鱼类、花生、大豆、牛奶、蛋、小麦和核果类，约占过敏反应的 90%。这类食物中含有多种蛋白质，但只有几种蛋白质是过敏原。如果将编码这些蛋白的基因导入作物中，可能使转基因食物产生过敏性。例如，科学家将玉米的某一段基因加入核桃、小麦和贝类动物的基因中，蛋白质也随基因加了进去，那么，以前吃玉米过敏的人就可能对这些核桃、小麦和贝类食品过敏。

12.1.2.2 使人体产生抗药性

当科学家把一个外来基因加入植物或细菌中去，必会使用标记基因对其进行标记和筛选，标记基因在特定条件下帮助筛选出已转化的细胞。标记基因可能产生的不安全因素包括两个方面：一是标记基因的表达产物是否直接有毒或有过敏性，以及表达产物进入肠道内是否继续保持稳定的催化活性；二是基因水平转移的可能性。微生物之间可能会通过转导、转化或接合等形式，进行基因水平转移，如抗生素标记基因是否会转移至肠道微生物中，从而可能会降低抗生素在疾病治疗中的有效性。目前应用的有抗生素抗性标记基因和除草剂抗性标记基因等，其中抗生素抗性标记基因应用的最为广泛。人们在食用了这种改良食物后，食物会在人体内将抗生素抗性基因传给致病的细菌，使人体产生抗药性，从而影响人或动物的安全。因此，为防止基因漂移，在构建转基因微生物时，要求不能使用目前治疗中有效的抗生素的抗性基因做标记基因，并应修饰载体，以减少基因转移至其他微生物的可能性。

12.1.2.3 转基因食品毒性

转基因食品毒性的产生主要有两方面的原因：一方面是提供目的基因的生物可能为有毒的生物，基因转入食品后可能产生有毒物质；另一方面由于外源基因的导入，影响了生物自身基因的表达，开启产生毒素的沉默基因，产生有毒物质。目前，已知的植物毒素有 1 000 余种，如生物碱、天然致癌物等；微生物毒素主要有细菌毒素、霉菌毒素等。这些毒素在转基因食品的生产过程中，可能会被转入食品原料，从而使转基因食品具有一定的毒性。

生物技术的安全性很早就引起人们的争论，支持转基因技术的人认为投放市场的转基因生物都是经过试验的，试验结果是安全的，而且转基因食品能够解决人类的"吃饭"问题；反对者认为，转基因食品是人类刻意改变自然生物基因结构的产物，它对人类健康和生态环境的潜在影响无法用现在的科技检测手段进行评估，只能依靠时间来检验。因此，反对者认为即使是通过了食品安全检测的转基因食品，仍然存在安全隐患。所以，转基因食品的安全性问题成为人们的关注焦点。

实质等同性原则是通过对转基因产品的各种化学成分进行多重分析，然后与上一代非转基因产品的成分做比较。对于这一原则目前国际上还存在争议，反方认为它并没有揭示出新毒素的存在。实际上操作者不能完全控制转基因插入的位置，转移的基因作为一种"诱导物"，具有产生不可预期的新基因序列的能力，通过这种方式产生新毒素的概率大小是双方专家争议的热点。反方坚持在转基因食品销售前，应进行广泛和大量的动物试验，说明这种新毒素不存在，或者急性或慢性的毒性成分含量非常的低，并没有致癌物质或致畸物。要做到这一点，生物技术公司将面临很长的研发周期，并需耗费巨额资金。

12.1.2.4 基因治疗的不确定性

基因治疗是指将外源正常基因导入靶细胞，以纠正或补偿因基因缺陷和异常引起的疾病，以达到治疗目的。基因治疗有两种形式：一是体细胞基因治疗，正在广泛使用；二是生殖细胞基因治疗，因能引起遗传改变而受到限制。基因治疗是世界各国科学界，特别是医学界，方兴未艾的一个研究热点，无论科学家、医生，还是病人都对它寄予着无限期望。1991 年，美国通过基因治疗治愈了一个患有严重复合免疫缺陷综合征(SCID)的 4 岁女孩。同年，我国科学家进行了世界上首例血友病 B 的基因治疗临床试验，并取得了安全有效的治疗效果。目前，我国已有 6 个基因治疗方案进入或即将进入临床试验。

随着基因治疗在医学界广泛应用，一些专家学者对其所涉及伦理学的非医学问题，开始了深深的思考。基因治疗还存在不确定性：

①目前的技术不能保证将基因引入生殖细胞对后代不造成伤害并且有效，而一旦造成伤害将遗传下去则不可逆转。

②有治疗价值的基因为数不多，多基因控制的遗传病机理尚不明了。

③为了使基因进入细胞内，基因常与腺病毒或逆转录病毒整合在一起，但病毒对机体的潜在风险没有得到解决。

12.1.2.5 生物武器的恐慌

生物武器，即利用致病微生物或生物毒素及其载体制成的，在军事行动中用以杀伤人畜和破坏农作物的生物战剂或炮弹。生物武器具有致病性强、污染面积大、传染途径多、便于大规模生产、成本低、使用方法简单等特点。生物武器的首次使用始于第一次世界大战，而大量研制则是在 20 世记 30 年代确立了免疫学和微生物学之后。1972 年，联合国签订了禁止试制、生产和贮存并销毁细菌(生物)和毒素武器的国际公约。但少数国家从来就没有放弃对生物武器的准备，仍然在秘密研究与发展生物武器。20 世纪 70 年代以后，随着分子生物学的突破性进展，以基因重组技术为代表的基因工程应运而生，一些国家竞相投入大量经费和人力研究基因武器。

人类已经进入 21 世纪，如今的世界并不安宁，局部战争时常爆发，恐怖组织依然存在。一旦生物武器被使用，必将给人们带来巨大的灾难。

12.1.3　生物技术对环境和生态的威胁

生物技术的使用可以提高农作物的产量、质量，减少农药的使用，从而减少对环境的污染。生物技术在给人带来巨大贡献的同时也会给人类带来意想不到的危害。

12.1.3.1　转基因作物的基因漂移

研究表明，转基因植物可以通过花粉将新基因传递给周围近缘物种，造成基因漂移。基因漂移到近缘植物的物种可能会使新基因在野生种中固定下来，导致生物多样性的萎缩，使旧的物种灭绝，新物种肆虐，生态失衡。如果新基因增强植物的生存竞争性，还可能使野生物种杂草化或使原本就是杂草的野生近缘物种形成超级杂草，进而严重危害其他作物的正常生长与生存。

抗除草剂转基因作物在使用除草剂的情况下，将比非转基因作物具有更高的生存竞争性，而在正常条件下，生存竞争力并没有提高。如果转基因作物通过花粉导入方式将抗除草剂基因转给周围杂草，会引发超级杂草的出现，从而对自然界造成基因污染。

12.1.3.2　转基因作物对非目标生物的影响

抗虫和抗病毒转基因作物除对目标害虫和致病菌产生毒性外，对环境中的许多有益生物也将产生直接或间接的影响和危害。有人曾用转 *Bt* 基因玉米的花粉饲喂黑脉金斑蝶幼虫，与对照相比，幼虫生长缓慢，死亡率高达44%。朱祯等（2001）将修饰过的豇豆胰蛋白酶抑制剂基因转入水稻中，可以对二化螟、三化螟等害虫产生抗性。用纯化的基因表达物饲喂蜜蜂和黄蜂等传粉昆虫，没有发现毒害作用。转基因作物对非目标生物的伤害，会威胁生物的多样性，最终导致部分生物濒临灭亡。

12.1.3.3　生物技术对未来环境的影响

有专家认为，从本质上讲，通过生物技术改良的动、植物品种和常规育成的品种是一样的，两者都是在原有的基础上对某些性状进行修饰，或增加新性状，或消除原有不利性状，理论上是安全的。但通过生物技术改良的品种性状单一，遗传基础较窄，存在潜在的危险，可能会对整个生态和环境造成无法清除的污染。若不加控制地使其进入自然环境中，原有的物种将会逐渐消失，最终将可能出现人工物种取代天然物种的现象，自然界的生物多样性将会受到严重破坏，最终将可能打乱生态自然规律，打破生态平衡。

12.1.4　社会伦理问题

现代生物技术可能引起一系列社会伦理问题，包括：①宗教界人士反对。现代生物技术不仅否定了上帝创造万物的根本信条，而且要人为地改变地球上现有的生物。因此，现代生物技术受到了宗教人士的反对。②动物保护组织反对。用动物作为模型进行各种基因操作是对生物的生存权的极大损害。③对人类尊严的伤害。至今仍有一些伦理学家认为对动物进行克隆，存在动物伦理或动物权利问题。④侵犯了素食主义者的权利。素食主义者认为在植物中表达动物蛋白，并将这种转基因植物在市场上销售，社会使他们非自愿地摄入动物蛋白，从而违背了素食的信条。⑤给某些狂人提供了种族歧视的借口。

基因是包含着一个人所有遗传信息的片段，与生俱有，并终生保持不变。这种遗传信息蕴涵在人的骨骼、毛发、血液等所有人体组织或器官中。在遭遇意外事故、失散、财产继承、试管婴儿、骨髓移植、克隆器官或克隆生命体等原因引起的需要进行个体识别和亲权鉴定中，"基因身份证"将发挥至关重要的作用。但在制作"基因身份证"时可以测出这个人的基因有哪些缺陷，有哪些疾病易感基因，这将涉及个人隐私，如果处理不好，将会出现侵犯个人隐私权的伦理问题。

1997 年，克隆羊"多莉"的诞生，使动物的体细胞克隆成为现实，自然界中有了生物学的复制品。由此引发的克隆人争论有技术上的，也有社会伦理方面的。争论的焦点问题在于克隆技术带来了某些潜在的威胁和社会伦理方面的问题。克隆技术一旦用于人类自身，人类新成员就可以被人为地创造，成为实验室中的高科技产物——人类的复制品。人们可以复制伟大的天才和绝代佳人，克隆特殊职业的劳动力，甚至可以为失去生育能力的人"克隆"子女。但是这些克隆人不是来自合乎法律与道德标准的传统家庭，他们的存在将使人类之间的伦理关系发生混乱。"试管婴儿"的出现，使得传统婚姻与生殖功能分开，严重削弱了家庭成员之间纽带的永恒体现。我们很难想象和接受这种对人类社会基本组织——家庭的巨大冲击。这会对人类社会现有法律、伦理、道德观念带来严重的威胁和严峻的挑战。

对于克隆人，许多国家的政府都明确宣布政府绝不支持任何将克隆技术应用于人类复制的研究。假如用人体试验，一方面大量的接受试验的妇女会出现流产而受到伤害。另一方面必然将克隆出大量不正常的人，包括怪胎、残疾人，以及有各种缺陷的人。克隆人还会导致提供体细胞的人与被克隆的人在伦理及法律关系上的混乱。

克隆人所带来的伦理问题，除了一些传统的伦理问题，如人的尊严、人的权利、家庭伦理外，还包括一些新伦理问题，如后代的人权问题、自然伦理、生态伦理和环境伦理问题，以及人在自然界中的地位问题。

12.1.5 生物技术水平不高、应用范围较窄

目前，生物技术在食品工业中的应用，主要以发酵工程为主，而基因工程和酶工程尚未得到广泛应用。生物技术的应用主要集中在发酵食品工业中，而在营养食品、绿色食品、有机食品和保健食品等新型食品的研究与开发方面，尚未得到充分的应用。生物技术在食品领域的应用有待进一步拓宽。

生物技术水平方面存在的问题主要集中在两个方面，一是食品发酵技术落后，基础研究薄弱，缺少高性能发酵菌种，发酵产物的提取技术落后，发酵技术装备水平较低，微生物制剂工业化生产程度较低，发酵废液对环境的污染尚需妥善解决；二是利用生物技术进行工业生产的厂家虽然多，但规模小，效率低，产品单一，品种规格少，且新产品、新技术的开发周期较长。

12.2 生物技术展望

12.2.1 生物技术进一步发展和完善

转基因技术一定要在生理学及生态学上，保证将少量转基因动物逃逸到自然界中所造成的危险后果降到最小。通过使用物理性的围堵或利用化学方法使之不育，或将基因工程技术与细胞工程技术相结合，使放养的转基因动物成为三倍体而不育，便可以放心地将转基因鱼放养在任何水域中而不会对生态环境和鱼类的种质资源造成大的影响。目前，我国的朱作言与刘筠合作，已经将重组的草鱼生长激素基因分别导入四倍体鲫鱼品系和二倍体鲤鱼品系，得到了生长优势明显的转基因四倍体鱼群体和二倍体鱼群体，并以此材料开始进行转基因三倍体鱼的研究。很可能在不久的将来，生产性能优良、食用安全而且无生态危险隐患的转基因鲫鱼和鲤鱼将进入大规模生产。

目前，培育转基因哺乳动物的主要目的是利用其乳腺作为生物反应器，高效生产人类所需要的蛋白质药物。虽然目前大多数的蛋白质药物可以利用工程菌生产，但利用哺乳动物的乳腺来生产人用的蛋白质类药物更容易被接受，分离纯化也更容易，品质和经济效益更高。

由于猪在解剖、组织、生理和营养代谢等方面与人类的较为相近，国内外科学家纷纷瞄准了转基因猪的研究。目前，用于人类器官移植的器官全部来自活体或尸体，其中成双的器官如肾，来自自愿捐献出一个健康肾的活体，多数为同胞或父母；而单一器官如心脏等则只能取自尸体。如今，器官移植的外科手术已基本不成问题，其主要障碍在于免疫排斥反应。由于全世界每年仅肾、心和肝病晚期患者器官总需求量达100万个，供体器官远远不能满足，致使科学家将目光转向了异种器官移植，尤其是器官大小与人相似，繁殖速度较快的猪，用基因工程的方法改造猪的某些器官的抗原性，以生产出用于人类医疗移植的器官，解决器官来源不足的问题。留美中国学者领导的科学小组已成功培育出基本不含"排斥基因"的克隆猪，从而迈出了异种器官移植道路上关键的一步。

"基因敲除"的克隆猪之所以引人关注，主要是因为通过基因手段敲除了引起移植排斥反应的特定基因，从而减少甚至消除了引起排斥反应的可能性。2002年1月，英国PPL医疗公司培养出了5只半乳糖转移酶(galactosyltranferase，GT)基因被"关闭"的新型转基因猪，这种酶使猪细胞表面产生一种糖类物后，当猪器官或细胞移植给人体时，人类免疫系统能识别这种糖，产生强烈的排斥反应。这是目前猪器官不能应用于人体移植的主要原因。这一研究进程，将给器官移植业带来一场革命。

12.2.2 生物技术应用更加广泛

现代生物技术在食品工业中的应用越来越广泛，它不仅用来制造某些特殊风味品，还用于改进食品加工工艺和提供新的食品资源。食品生物技术已成为食品工业的支柱，是未来发展最快的食品工业技术之一。生物技术将会给食品工业的食品资源改造、食品生产工艺改良及加工食品的包装、贮运、检测等方面的发展带来更为广阔的前景，生产符合人类需要的基因工程食品已经越来越具有可操作性。生物技术将给人们带来种类更丰富、更有利于健康、更富有营养的食品，带动食品工业发生革命性的变化。

(1) 开发和利用新生资源

中国可使用的生物资源十分丰富，其中很多品种，包括一部分具有十分优良的遗传特性的品种尚未得到开发。如果将现代生物技术与轻工、食品技术相结合，开发出新一代的生物技术产品，将会大大推进中国食品工业尤其是功能食品工业的发展，并在世界食品工业占据重要地位。

(2) 进行微生物的遗传育种

利用基因工程技术改造食品微生物的遗传特性和生理功能，构建基因工程菌，实现多菌种的组合，复合发酵，从而改造传统发酵食品的生产方式。如第一个采用基因工程改造的食品微生物——面包酵母，该菌含有较高的麦芽糖透性酶及麦芽糖酶，面包加工中产生的二氧化碳气体的量也高，制造出的面包膨发性好、松软可口。

原生质体融合育种广泛应用于霉菌、酵母、放线菌和细菌的遗传育种工作中，并从株内、株间发展到种内、种间，打破种属间亲缘关系，实现属间、门间，甚至跨界融合。通过原生质体融合技术使两个菌株的遗传物质得到重组，从而获得兼具两个亲本优良性状的新菌株。微生物原生质体融合技术发展迅速，取得了许多重要成果。随着进一步的研究和应用，该项技术将会更加成熟和完善。

(3) 生产功能性食品和食品添加剂

利用发酵工程技术使微生物发酵生产具有特殊功能的活性物质，如真菌多糖、双歧杆菌、酵母片剂、发酵乳制品等微生物医疗保健品。以发酵工程技术合成功能性的活性物质，其原料往往是天然无毒的，活性物质的化学结构和动、植物中自然存在的相同，且在体内不会积累产生毒害。食用菌营养丰富，还含有多种具有保健作用的功能成分，但食用菌的投入与产出比高于其他经济作物。因此，用发酵工程大力发展食用菌类保健食品，不但可以提高食用菌的商业价值，还能满足功能食品日益增长的社会需求。

通过生物技术方法代替化学法合成的食品添加剂，迫切需要开发的有保鲜剂、香精香料、防腐剂、天然色素等，此外，利用生物技术大力开发功能性食品添加剂，如具有免疫调节，延缓衰老，抗疲劳，耐缺氧，抗辐射，调节血脂，调节肠胃的功能性组分的添加剂也是食品添加剂和生物技术发展的一个重要的方向。海洋微藻也是一种非常重要的生物资源，地球上大约有5万种藻种，但真正被用于商业化生产的只有十几种。研究表明，大部分微藻都含有生物活性物质，并且可安全食用。如果能够在藻类开发上注入更多的高新技术，开发更多的品种，必将可以更有效地利用藻类资源，如果能采用现代生物技术，开发利用藻类资源，功能食品工业将会有长足的发展。

(4) 开发新酶品种及酶的固定化

现在已知的酶有几千种，但是还远远不能满足人们对酶日益增长的需要。随着科技的发展，人们正在发现更多、更好的酶。此外，新的固定化、分子修饰和非水相催化等技术越来越受到人们关注。随着各种高新技术的广泛应用及酶工程研究工作的不断深入，酶工程研究和酶制剂工业必将取得更快、更大的发展。将来人们可以采用生物学方法在生物体外构造出性能优良的产酶工程菌为生产和生活服务，酶工程技术必将在工业、医药、农业、化学分析、环境保护、能源开发和生命科学理论研究等各个方面发挥越来越大的作用，众多新酶的出现将使酶的应用达到前所未有的广度和深度。

（5）研究应用人工种子技术，开展新型植物育种

人工种子技术是 20 世纪 80 年代中期兴起的一项高新生物技术，我国在胡萝卜、马铃薯、芹菜及水稻等作物的人工种子的制作技术及生理、生化的研究方面取得了重要的进展。人工种子具有批量生产、可直接播种、不受自然条件限制、可人为控制植物的生长发育与抗逆性等优点，可以用于难以保存的种质资源、遗传性状不稳定或育性不佳的珍稀林木繁殖。人工种子在快速繁殖苗木和人工造林方面，具有很大的应用前景。

随着我国人口数量的不断增加，耕地面积的不断减少，节约型植物的育种研究成为当今的研究热点，通过植物体细胞杂交技术，将不同种植物的体细胞在一定条件下融合成杂种细胞，并把杂种细胞培育成新的植物体的技术，如番茄-马铃薯。这种一株双收的植物育种具有很大的应用前景。

（6）应用于食品包装

随着人们生活水平的提高和消费观念的改变，消费者对食品包装提出了更高的要求，已从过去对食品包装的视觉、触觉、味觉的保护要求转向内在质量的营养，消除不可见或潜在污染与危害等进一步的要求，这将很大程度上需要借助于生物技术。未来生物技术将在食品包装中发挥越来越重要的作用，主要表现在以下几个方面：

①利用生物酶技术已经可以很好地实现保鲜和防腐功能。同时应利用生物技术开发新的可用于保鲜与防腐的酶制剂，降低包装成本，简化包装技术和工艺。

②将生物技术用于制造具有特殊功能的包装材料。如在包装纸、包装膜中加入具有某种特殊功能的生物活性物质使其具有抗氧化、杀菌，延缓食品中的反应速度等作用，也可将多种生物活性物质与相关成分配制成具有防霉、抗氧化等功能的食品保鲜剂，将其单独或混入食品包装容器中，达到延长食品货架寿命的目的。

③结合生物技术开展基因芯片技术在包装中的应用研究，将会推动基因芯片包装技术的快速发展，促进食品包装技术的长足进步。

（7）治理食品工业"三废"

食品工业生产过程中产生的"三废"若不采取适当的方法处理，直接排放到环境中将会造成严重的环境污染。由于生物技术具有无二次污染、反应条件温和、废物处理成本低等特点，因此，采用生物技术方法对"三废"进行治理具有很大的发展潜力。

大部分食品工业污染物中的有机物质含量较高，本身无毒性，很适合用于生物反应的底物，而且生物技术在处理食品工业污染物时，最终产物大都是无毒、无害且性质稳定的物质，如一些有机污染物经生物处理后可转化为沼气、酒精、生物柴油、生物蛋白质等有用物质。因此，用生物方法代替化学方法处理"三废"可以降低生产活动的污染水平，有利于实现工艺过程生态化或无废生产，真正实现清洁生产的目的。

（8）生物治疗

随着医药生物技术的广泛应用，新型药物和疫苗已有 20 多种新产品投放市场，产生巨大的经济和社会效益，生物治疗也取得了突飞猛进的发展，通过生物技术可以更加准确地诊断、预防或治愈传染病和遗传疾病。另外，人体基因组计划成为国际间协作的一项重大科学研究课题，为开发新药提供了技术支撑。通过了解人类基因的遗传成分，科研人员就可以为个人量身定做预防性治疗方法，如糖尿病、癌症、精神病、帕金森氏症等目前还无法根治的疾病，也能对应治疗并彻底治愈了。

在进行人类基因研究和应用中，还是应坚持让病人知情同意原则，让受试者知道并清楚地了解基因研究的性质、风险、目的，并征得本人认可才能进行。要严格确保个人基因隐私权不受侵犯。把基因作为身份识别和医疗保障制度的依据；禁止任何个人或群体以任何理由在未经授权的情况下公布他人的基因秘密，避免发生"基因泄露"。

虽然生物技术目前还存在许多问题和争议，但人们应该相信，在科学家们的共同研究努力下，更加成熟、安全、理智、可控的生物技术将给人类带来更多的好处，服务于人类社会各个领域。

本章小结

随着研究的不断深入，生物技术正在深刻地改变着经济、生活以及应用科学的发展进程，各国也将此作为重点发展的领域。未来食品工业的发展将与生物技术不断开发出的新资源、新产品息息相关，生物技术对整个食品生产体系的渗透将会越来越广、越来越深。相信在不久的将来，生物技术的应用与发展将会对食品工业的快速发展起到更大的作用。

思考题

1. 现代生物技术主要用于哪些食品的加工？
2. 简述转基因食品存在哪些方面的安全隐患。
3. 简述生物技术应用于包装及安全检测的机理。
4. 生物技术的广泛应用会对生态环境产生哪些影响？
5. 简述生物技术在食品行业的应用前景。

推荐阅读书目

食品生物技术理论与实践. 姜毓君. 科学出版社，2009.
生物技术与食品加工. 张柏林. 化学工业出版社，2005.

参考文献

安利国. 2009. 细胞工程[M]. 2 版. 北京：科学出版社.

布莱恩 R. 埃金斯. 2005. 化学传感器与生物传感器[M]. 罗瑞贤，等，译. 北京：化学工业出版社.

曹际娟，卢行安，曹远银，等. 2003. 实时荧光 PCR 技术检测肉骨粉中牛羊源性成分的方法[J]. 生物技术通讯，23(8)：87-91.

曹健，李浪. 2007. 食品发酵工业三废处理与工程实例[M]. 北京：化学工业出版社.

曹劲松，王晓琴. 2002. 食品营养强化剂[M]. 北京：中国轻工业出版社.

曹泽虹，李勇. 2001. 用 PCR 法快速测定食物中毒病原菌[J]. 微生物学通报，28 (4)：73-76.

陈坚，李寅. 2002. 发酵过程优化原理与实践[M]. 北京：化学工业出版社.

陈琦，杜红霞，李瑞菊，等. 2006. 酶联免疫技术在快速检测牛肉、蜂蜜中氯霉素残留的应用[J]. 山东农业科学(6)：72-73.

陈学军，邢国明，陈竹君. 2000. 西葫芦未授粉胚珠离体培养和植株再生[J]. 浙江农业学报，12 (3)：165-167.

陈昱，潘迎捷，赵勇，等. 2009. 基因芯片技术检测 3 种食源性致病微生物方法的建立[J]. 微生物学通报，36(2)：285-291.

程备九. 2003. 现代生物技术概论[M]. 北京：中国农业出版社.

邓建平，李良成. 2002. 转基因食品安全性评价程序和方法[J]. 中国卫生监督杂志，9(1)：29-31.

丁亚兰. 2000. 国内外废水处理工程设计实例[M]. 北京：化学工业出版社.

董玉华，刘仁沿，许道艳，等. 2007. 酶联免疫吸附方法分析海水和贝类中的滴滴涕及代谢物[J]. 水产科学，26(4)：229-233.

葛俊伟，邹运明，陆佳，等. 2009. 基于重组李氏杆菌溶血素的阻断 ELISA 检测病原菌的研究[J]. 黑龙江畜牧兽医(9)：9-12.

耿敬章. 2005. 生物传感器及其在食品污染检测中的应用[J]. 食品与发酵工业，31(6)：107-111.

宫昌海，王惠娥. 2011. 新型繁殖技术在动物育种上的应用[J]. 畜牧与饲料科学，32(2)：59-60.

龚婷，陆利霞，熊晓辉. 2008. 生物保鲜技术在水产品保鲜中的应用研究[J]. 食品工业科技，29(4)：311-313.

韩德权，赵辉，王彦杰. 2008. 发酵工程[M]. 哈尔滨：黑龙江大学出版社.

郝素娥. 2003. 食品添加剂制备与应用技术[M]. 北京：化学工业出版社.

何国庆. 2006. 食品酶学[M]. 北京：化学工业出版社.

贺小贤. 2005. 现代生物工程技术导论[M]. 北京：科学出版社.

胡孔新，李伟，姚李四，等. 2004. 建立快速检测鼠疫耶尔森菌的胶体金免疫层析法[J]. 中国国境卫生检疫杂志，27(6)：332-335.

黄昆仑，罗云波. 2003. 用巢式和半巢式 PCR 检测转基因大豆 Roundup Ready 及其深加工食品[J]. 农业生物技术学报，11(5)：461-466.

黄璐琦. 2008. 分子生药学[M]. 北京：北京医科大学出版社.

黄荣夫，庄峙厦，鄢庆枇，等. 2006. 蛋白微阵列免疫分析法用于海洋致病菌的定量检测[J]. 分析化学，10(34)1411-1414.

吉坤美，陈家杰，詹群珊，等. 2009. 胶体金免疫层析法检测食品中花生过敏原蛋白成分[J]. 食品研究与开发，30（5）：101-105.

季静，王罡．2005．生命科学与生物技术［M］．北京：科学出版社．

江宁．2008．微生物技术［M］．北京：化学工业出版社．

姜毓君，包怡红，李杰．2009．食品生物技术理论与实践［M］．北京：科学出版社．

蒋雪松．2007．用于食品安全检测的生物传感器的研究进展［J］．农业工程学报，23（5）：272-275.

焦炳华．2009．现代生命科学概论［M］．北京：科学出版社．

靳刚．2003．蛋白质芯片技术及生物医学应用［J］．中国科学院院刊（3）：361-364.

瞿礼嘉，顾红雅，陈章良．1999．现代生物技术导论［M］．北京：高等教育出版社．

瞿礼嘉，顾红雅，胡苹，等．2004．现代生物技术［M］．北京：高等教育出版社．

科学出版社名词室．2005．英汉生物学词汇［M］．3版．北京：科学出版社．

李菲．2010．生物传感器在食品工业中的应用［J］．食品科技（1）：50-51.

李海英，杨峰山，邵淑丽．2008．现代分子生物学与基因工程［M］．北京：化学工业出版社．

李建科．2007．食品毒理学［M］．北京：中国计量出版社．

李炎．2001．食品添加剂制备工艺［M］．广州：广东科技出版社．

李艳．2007．发酵工程原理与技术［M］．北京：高等教育出版社．

梁新乐，张虹．2003．以玉米芯为原料发酵生产富含虾青素的饲料酵母［J］．中国粮油学报，18（5）：
    85-88.

林杰，黄晓蓉，郑晶，等．2006．放射免疫法快速检测猪尿样中的磺胺类药物残留［J］．食品科学，27
    （10）：468-470.

林娟，徐浩．1999．冬瓜组织培养及快速繁殖［J］．植物生理学通讯，35（6）：472-473.

刘长文，张如修．酿酒企业发酵工艺新技术、新标准实用手册［M］．北京：中国科技出版社．

刘耕耘，李亚威，赛音．2002．淀粉废水的絮凝沉淀及生物处理［J］．内蒙古大学学报（3）：230-235.

刘光明，徐庆研，龙敏南，等．2003．应用 PCR－ELISA 技术检测转基因产品的研究［J］．食品科学，
    24（1）：101-105.

刘桂林．2010．生物技术概论［M］．北京：中国农业出版社．

刘国诠．2003．生物工程下游技术［M］．北京：化学工业出版社．

刘群红，李朝品．2006．现代生物技术概论［M］．北京：人民军医出版社．

刘欣．2006．食品酶学［M］．2版．北京：中国轻工业出版社．

刘艳芳．2009．临床病毒学检验［M］．北京：军事医学科学出版社．

刘仲敏，林兴兵，杨生玉．2004．现代应用生物技术［M］．北京：化学工业出版社．

柳俊，谢从华．2011．植物细胞工程［M］．2版．北京：高等教育出版社．

陆兆新．2002．现代食品生物技术［M］．北京：中国农业出版社．

吕虎，华萍．2011．现代生物技术导论［M］．2版．北京：科学出版社．

吕虎．2005．现代生物技术导论［M］．北京：科学出版社．

伦世仪，陈坚，等．2002．环境生物工程［M］．北京：化学工业出版社．

罗立新．2004．细胞融合技术及应用［M］．北京：化学工业出版社．

罗明典．2001．微生物发酵生产醇类产品［J］．生物工程进展，21（4）：51-53.

罗云波，生吉萍．2011．食品生物技术导论［M］．2版．北京：中国农业大学出版社．

罗云波．2002．食品生物技术导论［M］．北京：中国农业大学出版社．

马宏伟，吴永生，邹清杰．2002．PCR 法检测食品中的致病性小肠耶尔森氏菌［J］．现代预防医学，29
    （2）：164-166.

马清河，胡常英，刘丽娜，等．2005．葡萄糖氧化酶用于对虾保鲜的实验研究［J］．食品工业科技，26

（6）：159-164.

毛忠贵 . 2007. 生物工业下游技术[M]. 北京：中国轻工业出版社 .

缪海珍，朱水芳，张谦，等 . 2003. 采用基因芯片技术筛查农作物转基因背景[J]. 复旦学报(自然科学版)，42(4)：634-642.

欧阳平凯，胡永红，姚忠 . 2010. 生物分离原理及技术[M]. 北京：化学工业出版社 .

潘良文，田凤华，张舒亚 . 2006. 转基因抗草丁膦油菜籽中 *Barnase* 基因的实时荧光定量 PCR 检测[J]. 中国油料作物学报，28(2)：194-198.

潘求真，岳才军 . 2009. 细胞工程[M]. 哈尔滨：哈尔滨工业大学出版社 .

彭志英 . 2003. 食品生物技术[M]. 北京：中国轻工业出版社 .

彭志英 . 2008. 食品生物技术导论[M]. 北京：中国轻工业出版社 .

彭志英 . 2011. 食品生物技术导论[M]. 北京：中国轻工业出版社 .

钱忠宁，张腾江，杨赓 . 2003. 难降解废水生物处理中的共代谢作用[J]. 福建环境，20(5)：37-39.

亲凤侠，张洪祥，白月 . 2005. 大豆精加工产品 DNA 提取方法及转基因检测[J]. 大豆科学，24(3)：232-235.

邵蔚蓝，薛业敏 . 2002. 以基因重组技术开发木聚糖类半纤维素资源[J]. 食品与生物技术，21(1)：88-93.

沈德中 . 2002. 污染环境的生物修复[M]. 北京：化学工业出版社 .

宋东光，于湄 . 2002. 人体高必需氨基酸编码蛋白转基因马铃薯的获得及 RT-PCR 分析[J]. 生物学杂志，18(6)：16-19.

孙君社 . 2006. 酶与酶工程及其应用[M]. 北京：化学工业出版社 .

孙培德，郭茂新，楼菊青 . 2009. 废水生物处理理论及新技术[M]. 北京：中国农业科学技术出版社 .

唐受印，戴友芝，刘忠义 . 2001. 食品工业废水处理[M]. 北京：化学工业出版社 .

唐雪明，邵蔚蓝 . 2003. 整合型碱性蛋白酶基因工程菌中抗性基因的敲除[J]. 微生物学通报，30(3)：1-5.

唐亚丽，卢立新，赵伟 . 2010. 生物芯片技术及其在食品营养与安全检测中的应用[J]. 食品与机械（4）：164-168.

田洪涛 . 2007. 现代发酵工艺原理与技术[M]. 北京：化学工业出版社 .

汪世华 . 2008. 蛋白质工程[M]. 北京：科学出版社 .

王博彦，金其荣 . 2000. 发酵有机酸生产与应用手册[M]. 北京：中国轻工业出版社 .

王向东，赵良忠 . 2007. 食品生物技术[M]. 南京：东南大学出版社 .

王燕 . 2007. 食品检验技术(理化部分)[M]. 北京：中国轻工业出版社 .

翁文川，李志勇，胡科锋，等 . 2003. 基因探针快速检测食品中单增李斯特氏菌[J]. 食品科技(1)：75-77.

沃尔夫冈·埃拉 . 2005. 工业酶——制备与应用[M]. 北京：化学工业出版 .

邬敏辰 . 2005. 食品工业生物技术[M]. 北京：化学工业出版社 .

吴婉娥，葛红光，张克峰 . 2003. 废水生物处理技术[M]. 北京：化学工业出版社 .

吴芸茹，王利民，娄呖，等 . 2009. 复合免疫制备 3 种有机磷农药单克隆抗体的技术研究[J]. 南京农业大学学报，32(4)：94-99.

吴仲梁，李晓虹，韩伟，等 . 2002. 利用商品 DNA 探针对食品中单核细胞增生李斯特菌的快速检测评估[J]. 中国人兽共患病杂志，18(5)：64-68.

肖冬光 . 2004. 微生物工程原理[M]. 北京：中国轻工业出版社 .

肖锦 . 2002. 城市污水处理及回用技术[M]. 北京：化学工业出版社 .

邢婉丽，程京．2004．生物芯片技术[M]．北京：清华大学出版社．

徐美奕，蔡琼珍，黄霞云，等．2007．红笛鲷肌肉中三种性腺激素残留的分析[J]．食品工业科技(6)：208-210．

许小丹，文思远，王升启，等．2005．检测及鉴定 Roundup Ready 转基因大豆寡核苷酸芯片的制备[J]．农业生物技术学报，13(4)：429-434．

杨君．2007．生物传感器在微生物毒素检测中的应用研究[J]．农产品加工(5)：80-84．

杨柳燕．肖琳．2003．环境微生物技术[M]．北京：科学出版社．

杨汝德．2003．基因工程[M]．广州：华南理工大学出版社．

杨汝德．2006．现代工业微生物学教程[M]．北京：科学出版社．

姚汝华．2005．微生物工程工艺原理[M]．广州：华南理工大学出版社．

易美华．2003．生物资源开发利用[M]．北京：中国轻工业出版社．

尹光琳，战立克，根楠．2000．发酵工业全书[M]．北京：中国轻工业出版社．

俞俊棠，唐孝宣，邬行彦．2003．新编生物工艺学[M]．北京：化学工业出版社．

袁榴娣．2006．高级生物化学与分子生物学实验教程[M]．南京：东南大学出版社．

袁勤生．2007．现代酶学[M]．2 版．上海：华东理工大学出版社．

詹晓北．2003．食用胶的生产、性能与应用[M]．北京：中国轻工业出版社．

张柏林，杜为民，郑彩霞，等．2005．生物技术与食品加工[M]．北京：化学工业出版社．

张从，夏立江．2000．污染土壤生物修复技术[M]．北京：中国环境科学出版社．

张景来．2002．环境生物技术及应用[M]．北京：化学工业出版社．

张婧，王春娜，魏朝俊，等．2009．溴氰菊酯残留检测 ELISA 试剂盒的研制[J]．北京农学院学报，24(2)：27-30．

张平平，刘宪华．2004．多重 PCR 方法对大豆转基因食品的定性检测[J]．食品科学，25(11)：227-229．

张全国．2005．沼气技术及其应用[M]．北京：化学工业出版社．

张英．2004．食品理化与微生物检测实验[M]．北京：中国轻工业出版社．

赵毅，朱法华，庞庚林，等．2003．高浓度有机废水处理技术[J]．电力环境保护，19(3)：46-48．

郑宝东．2006．食品酶学[M]．南京：东南大学出版社．

周德庆．2002．微生物学教程[M]．2 版．北京：高等教育出版社．

周欢敏．2009．动物细胞工程学[M]．北京：中国农业出版社．

周吉源．2007．植物细胞工程[M]．武汉：华中师范大学出版社．

周孟津，张榕林．2004．蔺金印沼气实用技术[M]．北京：化学工业出版社．

周群英，高廷耀．2000．环境工程微生物[M]．2 版．北京：高等教育出版社．

周晓云．2005．酶学原理与酶工程[M]．北京：中国轻工业出版社．

朱剑，王红娟，陆学华，等．2009．酶联免疫吸附和免疫亲和微柱法快速检测粮油食品中黄曲霉毒素 B1 的比较分析[J]．粮食加工，34(2)：90-92．

左鹏，叶邦策．2007．白芯片法快速测定食品中氯霉素和磺胺二甲嘧啶残留[J]．食品科学，28(2)：254-257．

左晓磊，张峰，褚素巧，等．2006．应用 ELISA 对畜产品瘦肉精残留的快速筛选[J]．河北农业科学，20(3)：68-71．

J 波莱纳，A P 麦凯布．2009．工业酶——结构、功能与应用[M]．王小宁，译．北京：科学出版社．

ANASTASIA K, THEODORA K, et al. 2005. High-through put double quantitative competitive polymerase chain reaction for determination of genetically modified organisms[J]. Andytical Chemistry, 77(15)：4785-4791.

BROWN M P, GRUNDY W N, LIN D, et al. 2000. Knowledge-based analysis of microarray gene expression data by using support vector machines[J]. Proceedings of the National Academy of Sciences, 97 (1): 262-267.

BROWN T A. 2010. Gene cloning and DNA analysis: an introduction[M]. 6th ed. New York: John Wiley & Sons Ltd. Publication.

BRUANT G, MAYNARD C, BEKAL S et al. 2006. Development and validation of an oligonucleotide microarray for detection of multiple evirulence and antimicrobial resistance genes in *Escherichia coli* [J]. Applied and Environmental Microbiology, 72(5): 3780-3784.

CHANDLER D P, BROWNA J, CALL D R, et al. 2001. Automated immunomagnetic separation and microarray detection of *E. coli* O157: H7 from poultry carcase rinse[J]. International Journal of Food Microbiology (70): 143-154.

GUILLOT A, GITTON C, ANGLADE P, MICHEL-YVES MISTOU. 2003. Proteomic analysis of Lactococcus lactis, a lactic acid bacterium [J]. Proteomics, 3: 337-354.

HARRINGTON C A, ROSENOW C, RETIEF J. 2000. Monitoring gene expression using DNA microarrays [J]. Current Opinion in Microbiology, 3: 285-291.

JOHN KRUKOWSKI. 1994. Field and numerical analysis of in-situ air sparging: a case study [J]. Pollution Engineering, 26(8): 48.

KROON P A, GARCIA-CONESA MT, FILLINGHAM I J, et al. 1999. Release of ferulic acid dehydrodimers from plant cell walls by feruloyl esterases [J]. Journal of the Science of Food and Agriculture, 79(3): 428-434.

MILAGRO R, FIDEL T. 2008. Veterinary drug residues in meat: Concerns and rapid methods for detection [J]. Meat Science, 78: 60-67.

PERRIN C, GONZALEZ-MARQUEZ H, GAILLARD J L, GUIMONT C. 2000. Reference map of soluble proteins from Streptococcus thermophilus by two-dimensional electrophoresis [J]. Electrophoresis, 21: 949.

RICHARD M G. 1995. Biomonitoring of toxicity reduction during in situ bioremediation of monoaromatic compounds in groundwater[J]. Water Research, 29(2): 545-550.

S KUM AR, K BALAKRISHNA, H V BATRA. 2008. Enrichment-ELISA for detection of Salmonella typhi from food and water samples[J]. Biomedical and Environmental Sciences, 21(2): 137-143.

SHEN ZHENGUO, LIU LIANGYOU. 1998. Progress in the study on the plants that hyperaccumulate heavy metal [J]. Plant Physiology communications, 34(2): 133-139.

TUDOS A J, LUCAS E R, STIGTER E C A. 2003. Rapid surface plasmon resonance-based inhibition assay of deoxynivalenol[J]. Journal Agriculture and Food Chemistry(51): 5843-5848.

TURNER KIM. 2002. Efficacy of chromocult coliform agar for coliform and *Escherichia coil* detection in foods [J]. J Food Port, 63(4): 539-547.

WALHOUT A J, VIDAL M. 2001. Protein interaction maps for model organisms[J]. Nature Reviews Molecular Cell Biology, 2: 55-62.

WANG Y Z, WEI D P, YANG H, et al. 2009. Development of a highly ensitive and specific monoclonal antibody-based enzyme-linked immunosorbent assay(ELISA)for detection of Sudan I in food samples[J]. Talanta, 77(5): 1783-1789.

WU R, WANG W, MENG H, ZHANG H. 2009. Proteomics analysis of Lactobacillus casei Zhang, a new probiotic bacterium isolated from traditionally home-made koumiss in Inner Mongolia of China [J]. Molecular & Cellular Proteomics, 8(10): 2321-2338.

YI QIANG CHEN, YANHONG SHANG, XIANGMEI LI, et al. 2008. Development of an enzyme-linked immunoassay for the detection of gentami-cinins wine tissues[J]. Food Chemistry, 108: 304-309.

附录1 食品生物技术中常用英汉词汇

A

acidification 酸化作用

active sludge 活性污泥

acute toxicity test 急性毒性试验

adaptor 寡核苷酸接头

adeno-associated virus（AAV）腺伴随病毒

adenovirus 腺病毒

adherent cell 贴附型细胞，黏着(性)细胞

adherent culture 贴壁培养

adrenal cortical hormone 肾上腺皮质激素

aerating stirred bioreactor（ASTR）通气搅拌反
应器

aerobic cultivation 需氧培养

aerobic glycolysis 有氧糖酵解

aerobic metabolism 有氧代谢

aerobic respiration 需氧呼吸

affinity chromatography 亲和层析

aflatoxin 黄曲霉毒素

agarose 琼脂糖

agar 琼脂

Agrobacterium rhizogenes 发根农杆菌

Agrobacterium tumefaciens 根癌农杆菌

airlift bioreactor 气升式生物反应器

airlift fermentation 气升式发酵

airlift fermentor 气升式发酵罐

alkaline phosphatase 碱性磷酸酶

amino acid aminotransferase（AAT）氨基酸氨基
转移酶

amino acid 氨基酸

amylase 淀粉酶

amylopectin 支链淀粉

amylose 直链淀粉

anabolism 合成代谢

anaerobic cultivation 厌氧培养

anaerobic respiration 厌氧呼吸

anchorage dependence 贴壁依赖

anchorage dependent cell 贴壁依赖细胞

anchorage dependent cultures 贴壁依赖培养物

annealing 退火

antagonistic action 拮抗作用

antibody microarray 抗体微阵列

antibody 抗体

anti-cancer drug 抗癌药物

antigen 抗原

antimicrobial peptide 抗菌肽

antioxidant 抗氧化剂

antisense RNA 反义 RNA

anti-termination protein 抗终止蛋白质

antitrypsin 抗胰蛋白酶

arachidonic acid 花生四烯酸

artificial gene synthesis 基因人工合成

asparaginase 天冬酰胺酶

Aspergillus niger 黑曲霉

Aspergillus oryzae 米曲霉

autoradiography 放射自显影

auxotroph 营养缺陷型

avidin 抗生物素蛋白

avidin 抗生物素蛋白，亲和素

azide 重氮化合物

B

B lymphocytes B 淋巴细胞

Bacillus thuringiensis 苏云金杆菌

bacterial artificial chromosome（BAC）细菌人工
染色体

bacteriophage or phage 噬菌体

baculovirus 杆状病毒

batch culture 分批培养

batch fermentation 分批发酵，间歇式发酵

batch filtration 分批过滤

308

beverage 饮料

bioactive peptide 活性肽

bioactivity 生物活性

bioassay 生物测定

biochemical analysis 生化分析

biochemical oxygen demand（BOD）生化需氧量

bioinformatics 生物信息学

biolistic bombardment 生物散弹轰击

biological containment 生物防范

biology engineering technology 生物工程技术

bioreactor 生物反应器

biotechnology 生物技术

biotin 生物素

blunt end ligation 平端连接

blunt end or flush end 平末端

bottom fermentation 下面发酵

bottom fermentation yeast 下面发酵酵母

botulin 肉毒杆菌毒素

brewery 酿造厂

brewing technique 酿造技术

brewing 酿造

broad host range plasmid 广谱宿主质粒

bromelain 菠萝蛋白酶

broth cultivation 肉汤培养

buoyant density 浮力密度

C

callus 愈伤组织

candidate gene 候选基因

capillary electrophoresis（CE）毛细管电泳技术

capillary gas chromatography（CGC）毛细管气相色谱法

capsanthin 辣椒红

capsid protein 衣壳蛋白

carcinogen 致癌物

carnitine 肉毒碱

carotene 胡萝卜素

carotenoid 类胡萝卜素

casein 酪蛋白

cassette mutagenesis 盒式诱变

catabolism 分解代谢

catalase 过氧化氢酶

cation exchange resins 阳离子交换树脂

cation 阳离子

Cauliflower mosaic virus（CaMV）花椰菜花叶病毒

cDNA cloning cDNA 克隆

cell culture 细胞培养

cell discruption 细胞破碎

cell electrofusion 电诱导细胞融合

cell engineering 细胞工程

cell extract 细胞抽提物

cell fusion 细胞融合

cell hybridization 细胞杂交

cell line 细胞系

cell transformation test 细胞转化试验

cell-free translation system 无细胞翻译系统

cellobiohydrolase 纤维二糖水解酶

cellobiose 纤维二糖

cellular transformation 细胞转化

cellulase 纤维素酶

cellulose 纤维素

cellulose acetate film electrophoresis 乙酸纤维素薄膜电泳

centrifugation 离心

centrifugation separation 离心分离

centrifuge 离心机

chemical modification 化学修饰

chemical oxygen demand（COD）化学需氧量

chimera 嵌合体

chitin 壳多糖，几丁质

chitosan 脱乙酰壳多糖，壳聚糖

chitosanase 壳聚糖酶

chromatograph 层析仪，色谱仪

chromatographic analysis 层析分析

chromatographic column 层析柱

chromatographic fractionation 层析分离

chromosome 染色体

chromosome aberration 染色体畸变

chromosome walking 染色体步移

chymopapain 木瓜凝乳蛋白酶

chymosin 凝乳酶

cleared lysate 清亮裂解液

clone 克隆

clone contig approach 克隆重叠群途径

clone fingerprinting 克隆指纹图谱

cloning site 克隆位点

cloning technology 克隆技术

cloning vector 克隆载体

Clostridium botulinum 肉毒杆菌

Codex Alimentarius Commission（CAC）国际食品法典委员会

colony hybridization 菌落杂交

combinatorial screening 组合筛选

comparative genomics 比较基因组学

compatibility 相容性

competent cell 感受态细胞

concentration 浓度，浓缩

conformation 构象

conjugated protein 结合蛋白（质）

conjugation 接合作用

consensus sequence 共有序列

contig 重叠群，叠连群

continuous culture 连续培养

continuous fermentation 连续发酵

copy number 拷贝数

cosmid 黏粒

cosmid vector 黏粒载体

cos site *cos* 位点

cotransfection 共转染

covalently closed-circular DNA（cccDNA）共价闭合环状 DNA

CpG island CpG 岛

crossing-over 交换

cyclodextrin（CD）环化糊精

cytochalasin 细胞松弛素

cytochrome 细胞色素

cytochrome oxidase 细胞色素氧化酶

cytological hybridization 细胞学杂交

cytoplasm 细胞质

cytoplasmic hybrid 胞质杂种

cytoplast 胞质体

cytoskeleton 细胞骨架

cytosol 细胞溶胶，胞质溶胶

D

debranching enzyme 脱支酶

defined medium 确定成分培养基

degeneracy 简并性

dehydrogenase 脱氢酶

deletion analysis 缺失分析

denaturation 变性

density gradient gel electrophoresis（DGGE）变性梯度凝胶电泳

deoxynucleotide 脱氧核糖核苷

deoxyribonuclease 脱氧核糖核酸酶，DNA 酶

deoxyribonucleic acid（DNA）脱氧核糖核酸

detergent 去垢剂

dihydrofolate 二氢叶酸

dihydrofolate reductase（DHFR）二氢叶酸还原酶

dilution 稀释

diphtheria toxin 白喉毒素

direct gene transfer 基因直接转化法

directed evolution 定向进化技术

dispersion 分散，扩散

dissolved oxygen 溶解氧，溶氧量

DNA chip DNA 芯片

DNA denaturation DNA 变性

DNA marker DNA 标记

DNA polymerase DNA 聚合酶

DNA replicase DNA 复制酶

DNA sequencing DNA 测序

DNA shuffling DNA 改组

DNase I hypersensitive DNA 酶 I 超敏位点

DNA-driven hybridization DNA 驱动杂交

docosahexaenoic acid（DHA）二十二碳六烯酸

downstream 下游

downstream process 下游工程

E

early development 早期发育

ectopic expression 异位表达

eicosapentaenoic acid（EPA）二十碳五烯酸

electro dialysis（ED）电渗析

electro-mechanofusion 电机械融合法

electrophoresis 电泳

electroporation 电穿孔

elution 洗脱

embryonic stem（ES）cell 胚胎干细胞

emulsifier 乳化剂

end filling 末端填平法

end labeling 末端标记

endocytosis 胞吞作用，内吞作用

endonuclease 内切核酸酶

end-product inhibition 终产物抑制

engineering strain 工程菌

environmental bioengineering 环境生物工程

environmental biotechnology 环境生物技术

enzyme 酶

enzyme engineering 酶工程

enzyme extraction 酶抽提

enzyme immunoassay（EIA）酶免疫测定

enzyme linked immune absorbent assay（ELISA）酶联免疫吸附测定

enzyme linked immune absorbent assay（ELISA）kit 酶联免疫吸附测定试剂盒

enzyme reaction mechanism 酶促反应机制

enzymology 酶学

episome 附加体

Escherichia coli 大肠杆菌

essential water 必需水

ethanol precipitation 乙醇沉淀

ethidium bromide（EB）溴化乙锭

exocytosis 外排

exoglucolase 外切葡萄糖酶

exoglycosidase 外切糖苷酶

exonuclease 外切核酸酶

expanded granular sludge bed（EGSB）颗粒污泥厌氧膨胀床

expressed sequence tag（EST）表达序列标签

expression library 表达文库

expression product 表达产物

expression vector 表达载体

F

feedback inhibition 反馈抑制

feedback system 反馈系统

feeding culture 流加培养

fermentation 发酵

fermentation engineering 发酵工程

fermentation enzyme 发酵酶

fermentation process control 发酵过程控制

fermentation tank 发酵罐

fermented milk 发酵乳

fermenter 发酵罐

field inversion gel electrophoresis（FIGE）反转电场凝胶电泳

filter hybridization 滤膜杂交

filtration 过滤

fingerprint of DNA DNA 指纹图谱

fingerprint of protein 蛋白质指纹图谱

flavor additive 香味添加剂，食品香精添加剂

flocculate 絮凝，絮聚

fluidized bed bioreactor 流化床生物反应器

fluorescence in situ hybridization（FISH）荧光原位杂交

focusing chromatography 聚焦层析

food additive 食品添加剂

food allergy 食物过敏反应

Food and Agriculture Organization（FAO）世界粮农组织

Food and Drug Administration（FDA）（美国）食品与药物管理局

food biotechnology 食品生物技术

food engineering 食品工程(学)

food origin disease 食源性疾病

food poisoning 食物中毒

food preservative 食品保鲜剂

food safety 食品安全

food toxicology 食品毒理

footprinting 足迹法

forward genetics 正向遗传学

fructooligosaccharide 低聚果糖

fructose 果糖

functional genomics 功能基因组学

fusion protein 融合蛋白

G

galactosidase 半乳糖苷酶

gel chromatography 凝胶层析

gel electrophoresis 凝胶电泳

gel retardation 凝胶阻滞

geminivirus 双生病毒群

gene chip 基因芯片

gene clone, gene cloning 基因克隆

gene data bank 基因数据库

gene engineering 基因工程

gene knockout 基因敲除

gene library 基因文库

gene mapping 基因作图

gene therapy 基因治疗

genetic engineering 遗传工程

genetic fingerprinting 遗传指纹分析

genetic map 遗传图谱

genetic marker 遗传标记

genetically modified crop (GMC) 转基因作物

genetically modified food (GMF) 转基因食品

genetics 遗传学

genome 基因组

genomic DNA 基因组 DNA

genomic library 基因组文库

genomics 基因组学

glucoamylase 糖化酶

glucolase 葡萄糖酶

glucose 葡萄糖

glucose isomerase 葡萄糖异构酶

glucose oxidase 葡萄糖氧化酶

glucosidase 葡萄糖苷酶

glycogen 糖原

glycosidase 糖苷酶

green food 绿色食品

gyrase 螺旋酶

H

Helicobacter pylori 幽门螺旋杆菌

helper factor 辅助因子

helper phage 辅助噬菌体

helper virus 辅助病毒

hemicellulase 半纤维素酶

hemicellulose 半纤维素

heterologous 异源的

heterologous gene 异源基因

heterologous protein 异源蛋白质

high density lipoprotein 高密度脂蛋白

high density lipoprotein cholesterin (HDL-C) 高密度脂蛋白胆固醇

high fructose syrup 高果糖浆

high performance liquid chromatography (HPLC) 高效液相色谱法

histone acetyltransferase (HAT) 组蛋白乙酰化酶

histone deacetyltransferase (HDAC) 组蛋白去乙酰化酶

hollow fiber bioreactor (HFB) 中空纤维生物反应器

homologous 同源的, 同质的

homologous recombination 同源重组

homology 同源性

homopolymer tailing 同聚物加尾

horseradish peroxidase 辣根过氧化物酶

host-controlled restriction modification system 宿

主控制的限制修饰系统

human epidermal growth factor 人表皮生长因子

Human Genome Project（HGP）人类基因组计划

hybridization 杂交

hybridization probe 杂交探针

hybridoma 杂交瘤

hybridoma technology 杂交瘤技术

hydrogenase 氢化酶

hydrogenation 氢化作用

hydrolysis 水解作用

hydrolytic reaction 水解反应

hydrophilic groups 亲水基团

hydrophobic groups 疏水基团

I

immuno affinity chromatography 免疫亲和层析

immunological screening 免疫筛选

immunosensor 免疫传感器

in situ hybridization 原位杂交

in vitro mutagenesis 体外诱变

in vitro packaging 体外包装

inclusion body 包含体

inosinic acid 肌苷酸

insecticidal protein crystallization（ICP）杀虫结晶蛋白

insertion vector 插入型载体

insulin 胰岛素

intein 内含肽(也称蛋白质内含子)

ion exchange chromatography 离子交换层析

ion exchange column 离子交换柱

ion exchange resin 离子交换树脂

isoelectric focusing 等电聚焦

isoelectric point 等电点

isomaltohydrolase 异麦芽糖水解酶

isomerization 异构化

isopropyl-β-D-thiogalactoside（IPTG）异丙基硫代半乳糖苷

J

jack bean lectin 刀豆凝集素

jumping gene 跳跃基因

K

kinase 激酶

Klenow fragment Klenow 片段酶

Kluyveromyces lactis 乳酸克鲁维酵母

knockout mouse 基因敲除小鼠

L

labeling 标记

lac operon 乳糖操纵子

laccase 漆酶

lactase 乳糖酶

lacto sucrose 低聚乳果糖

Lactobacillus 乳酸杆菌

Lactococcus lactis 乳酸乳球菌

Lactococcus 乳球菌

lactose 乳糖

large-scale culture technology 大规模培养技术

lecithin 卵磷脂

lentinan 香菇多糖

ligase 连接酶

ligation 连接反应

lignin 木质素

linkage 连锁

linkage analysis 连锁分析

linkage group 连锁群

linker 连接子

linoleic acid 亚油酸

linolenic acid 亚麻酸

lipase 脂肪酶

lipid bilayer 脂质双分子层

lipids 脂质

lipoprotein 脂蛋白

liposome 脂质体

liquid chromatogram 液相色谱

liquid chromatograph 液相色谱仪

liquid emulsion separation（LEM）液膜分离

liquid submerged fermentation 液体深层发酵

low density lipoprotein 低密度脂蛋白

low density lipoprotein cholesterin（LDL-C）低密度脂蛋白胆固醇

lyophilization 冻干法，升华干燥

lysogen 溶原菌

lysogenic infection cycle 溶原感染循环

lysogeny 溶原性

lysosome 溶酶体

lysozyme 溶菌酶

lytic infection cycle 裂解感染循环

M

M13 M13 噬菌体

magneto-electro fusion 磁电融合法

malnutrition 营养不良

maltase 麦芽糖酶

maltose 麦芽糖

maltose permease 麦芽糖透性酶

mass spectrometry 质谱分析法

melting temperature（Tm）解链温度

membrane bioreactor（MBR）膜生物反应器

messenger RNA（mRNA）信使核糖核酸，信使 RNA

metabolic control fermentation 代谢控制发酵

metabonomics 代谢组学

micro carrier culture technique 微载体培养技术

micro culture 微室培养

micro encapsulation 微囊培养技术

microarray 微阵列

micrococcal nuclease 微球菌核酸酶

microfiltration 微孔过滤

microsatellite DNA 微卫星 DNA

minimal medium 基本培养基

mitochondria 线粒体

molecular cloning 分子克隆

molecular distillation 分子蒸馏

molecular evolution 分子进化

monoglyceride 单酸甘油酯

multicopy plasmid 多拷贝质粒

multiplex PCR 多重 PCR

myeloma 骨髓瘤细胞

myoglobin 肌红蛋白

myosin 肌球蛋白

N

nano-filtration（NF）纳滤

near-infrared spectroscopy（NIS）近红外波谱技术

nested-PCR 巢式定性 PCR

nick translation 切口平移

nisin 乳酸链球菌肽

nonsense mutation 无义突变

nonsense suppresser 无义抑制

Northern blotting Northern 印迹，RNA 印迹

Northern hybridization Northern 杂交，RNA 杂交

nuclear transplantation 核移植

nucleic acid hybridization 核酸杂交

nurse culture 看护培养

nutrigenomics 营养基因组学

O

ochre mutation 赭石突变

ochre suppressor 赭石型抑制子

oligochitosan 低聚壳聚糖

oligosaccharide 低聚糖

oncogene 癌基因

open reading frame（ORF）开放阅读框

open-circular DNA（ocDNA）开环 DNA

operator gene 操纵基因

orthogonal field alternation gel electrophoresis（OFAGE）正交交变电场凝胶电泳

P

P1 P1 噬菌体

P1-derived artificial chromosome（PAC）P1 噬

菌体人工染色体

packed bed bioreactor 填充床生物反应器

papain 木瓜蛋白酶

papillomavirus 乳头瘤病毒

partial digestion 部分消化

partition chromatography 分配层析

passage culture 继代培养

pasteurization 巴斯德消毒法

pectinase 果胶酶

peroxidase 过氧化物酶

pesticide residue 农药残留

phage display 噬菌体展示

phage display library 噬菌体展示库

phagemid 噬菌粒

pharmaceutical 药物

phenylalaninase 苯丙氨酸酶

phenylalanine 苯丙氨酸

phosphatase 磷酸酶

phospholipase 磷脂酶

physical map 物理图谱

phytohemagglutinin (PHA) 植物凝集素

pilus 菌毛，伞毛

plant cell engineering 植物细胞工程

plaque 噬菌斑

plaque forming unit (PFU) 噬菌斑形成单位

plasmid amplification 质粒扩增

plasmid 质粒

plate culture 平板培养

polyethylene glycol (PEG) 聚乙二醇

polygalacturonase 多聚半乳糖醛酸酶

polylinker 多聚接头

polymerase chain reaction (PCR) 聚合酶链式反应

polymorphism 多态性

position effect 位置效应

positional cloning 定位克隆

post-genomics 后基因组学

primary culture 原代培养

primer 引物

primer extension 引物延伸

prion 朊病毒

promoter 启动子

prophage 原噬菌体

protease 蛋白酶

protein chip 蛋白质芯片

protein degradation 蛋白质降解

protein denaturation 蛋白质变性

protein electrophoresis 蛋白质电泳

protein engineering 蛋白质工程

protein-free medium 无蛋白质培养基

protein functional domain 蛋白质功能域

protein glycosylation 蛋白质糖基化

protein modification 蛋白质修饰，蛋白质改性

protein splicing 蛋白质剪接

protein sorting 蛋白质分选

protein-secretory cell 蛋白(质)分泌细胞

proteolysis 蛋白质水解

proteolytic enzyme 蛋白(水解)酶

proteome 蛋白质组

proteomics 蛋白质组学

proto-oncogene 原癌基因

protoplast 原生质体

Pseudomonas aeruginosa 铜绿假单胞菌

pullulanase 支链淀粉酶

pyridoxine 吡哆醇，维生素 B6

pyrosequencing 焦磷酸测序

Q

quantitative competitive PCR 定量竞争 PCR

quantitative PCR 定量 PCR

R

radiation hybrid 辐射杂种(细胞)

radiation hybrid cell line 辐射杂种细胞系

radiation hybridization 辐射杂交

radioactive marker 放射性标记

random primer 随机引物

real time fluorescence PCR 实时荧光定量 PCR

real-time PCR 实时定量 PCR

reassociation of DNA DNA 复性

recombinant DNA technology 重组 DNA 技术

recombinant protein 重组蛋白

recombinant vaccine 重组疫苗

recombinant 重组体

regeneration 再生

regulator gene 调节基因

repetitive DNA PCR 竞争 DNA PCR

replacement vector 替换型载体

replica plating 影印培养

reporter gene 报告基因

repression 阻抑，阻遏

repressor protein 阻遏蛋白

resin 树脂

restriction analysis 限制性分析

restriction endonuclease 限制性内切核酸酶

restriction enzyme 限制性酶

restriction fragment length polymorphism (RFLP) 限制性片段长度多态性

restriction map 限制性图谱

retrovirus 逆转录病毒

reverse genetics 反向遗传学

reverse osmosis 反渗透

reverse transcriptase 逆转录酶

reverse transcription PCR 反转录 PCR

Ri plasmid Ri 质粒

ribosome 核糖体

ribosome binding site 核糖体结合位点

rifampicin 利福平

RNA polymerase RNA 聚合酶

RNA replicase RNA 复制酶

RNA-driven hybridization RNA 驱动杂交

S

S1 nuclease S1 核酸酶

S1 nuclease mapping S1 核酸酶作图

saccharification 糖化作用

Saccharomyces cerevisiae 酿酒酵母

Salmonella 沙门菌属

satellite DNA 卫星 DNA

saturated fatty acid 饱和脂肪酸

selectable marker 选择标记

selection 选择

semi-conservative replication 半保留复制

semi-continuous culture 半连续培养

semi-quantitative PCR 半定量 PCR

sequenase 测序酶

sequence tagged site (STS) 序列标签位点

serial analysis of gene expression (SAGE) 基因表达序列分析

short tandem repeat (STR) 短串联重复

shotgun approach 鸟枪法

shotgun cloning 鸟枪法克隆

shotgun experiment 鸟枪法试验

shuttle vector 穿梭载体

simian virus 40 (SV40) 猿猴病毒 40

simple-sequence DNA 简单序列 DNA

single cell protein (SCP) 单细胞蛋白

single nucleotide polymorphism (SNP) 单核苷酸多态性

site directed mutagenesis 定位突变

sitology 营养学，饮食学

sodium glutamate 谷氨酸钠

solid fermentation 固态发酵

solid phase extraction 固相萃取

solubility 溶解性

somatic cell 体细胞

somatic hybridization 体细胞杂交

somatic mutation 体细胞突变

Southern blotting Southern 印迹，DNA 印迹

Southern hybridization Southern 杂交

soy sauce 酱油

sparged bioreactor 鼓泡式生物反应器

Staphylococcus aureus 金黄色葡萄球菌

Staphylococcus aureus entertoxine 金黄色葡萄球菌肠毒素

sticky end 黏末端

Streptococcus 链球菌

streptolydigin 利迪链霉素

streptomycin 链霉素

stringency 严谨性

stringent response 应急反应，严谨性反应

strong promoter 强启动子

structure gene 结构基因

stuffer fragment 填充片段

submerged cultivation 浸没培养

submerged fermentation 深层发酵

submerged membrane bioreactor（SMBR）浸没式膜生物反应器

substantial equivalence 实质等同性

substrate concentration 底物浓度

subtilisin 枯草杆菌蛋白酶

supercoiled 超螺旋的

supercritical extraction 超临界提取

supercritical fluid chromatography（SFC）超临界流体色谱

supercritical fluid extraction（SFE）超临界流体萃取技术

superoxide dismutase（SOD）超氧化物歧化酶

super weeds 超级杂草

suspension cell 悬浮细胞

suspension culture 悬浮培养

synteny 同线性

syrup 糖浆

T

Taq DNA polymerase Taq DNA 聚合酶

target gene 靶基因，目的基因

telomerase 端粒酶

telomere 端粒

temperature-sensitive mutation 温敏型突变

template 模版

terminator 终止子

tertiary structure of protein 蛋白质三级结构

Ti plasmid Ti 质粒

topoisomerase 拓扑异构酶

totipotent 全能性

toxic reaction 毒性反应

transcript analysis 转录分析

transcription 转录

transcriptome 转录组

transduction 转导

transfection 转染

transfer-RNA（tRNA）转移 RNA

transformation 转化

transformation frequency 转化率

transgenic animal 转基因动物

transgenic 转基因

transglucosidase 转葡萄糖苷酶

translation 翻译

translocation of protein 蛋白质转运

transmembrane protein 跨膜蛋白质

transposase 转座酶

transposon 转座子

triglyceride 甘油三酯

trypsin inhibitor 胰蛋白酶抑制剂

two-dimensional gel electrophoresis 双向凝胶电泳

U

ultra-filtration 超滤

ultrasonic method 超声破碎法

undefined medium 不确定成分培养基

universal primer 通用引物

unsaturated fatty acid 不饱和脂肪酸

untraceuticals 保健食品

upflow anaerobic sludge blanket（UASB）升流式厌氧污泥床

upstream 上游

upstream process 上游工程

UV absorbance spectrophotometry 紫外吸收光谱法

V

vaporization permeation 汽化渗透

vector 载体

virion 病毒颗粒

virulent phage 烈性噬菌体

virus-induced gene silencing（VIGS）病毒诱导的基因沉默

W

weak promoter 弱启动子

western blotting 蛋白质印迹

World Health Organization（WHO）世界卫生组织

X

xanthan gum 黄原胶

xylanase 木聚糖酶

xylose isomerase 木糖异构酶

Y

yeast artificial chromosome（YAC）酵母人工染色体

yeast episomal plasmid（YEp）酵母附加体质粒

yeast integrative plasmid（YIp）酵母整合型质粒

yeast replicative plasmid（YRp）酵母复制型质粒

yeast two hybrid system 酵母双杂交系统

Z

zoo blot 动物印迹

附录 2　常用网址

http：//aii. caas. net. cn/　中国农业科学院农业信息研究所

http：//chgc. sh. cn/ch/index. html　国家人类基因组南方研究中心

http：//rebase. neb. com/rebase/rebase. html　（REBASE）The Restriction Enzyme Database　核酸限制酶数据库

http：//www. bio168. com/　生物资讯网

http：//www. bio-equip. com/　中国生物器材网

http：//www. bioon. com/　生物谷

http：//www. bio-soft. net/　生物软件网

http：//www. biosou. com/　生物搜（生命科学，生物科技，生物工程）

http：//www. biotech. org. cn/　中国生物技术信息网

http：//www. caas. net. cn/caasnew/index. shtml　中国农业科学院

http：//www. cams. ac. cn/　中国医学科学院

http：//www. cas. cn/　中国科学院

http：//www. cbi. pku. edu. cn　北京大学生物信息学中心

http：//www. cell. com/　Cell　《细胞》杂志

http：//www. chgb. org. cn/　国家人类基因组北方研究中心

http：//www. chinagene. cn/　中国遗传网

http：//www. cncbd. org. cn/web/default. aspx　中国生物技术发展中心

http：//www. cnsoc. org/cn/　中国营养学会

http：//www. ddbj. nig. ac. jp/　DNA Data Bank of Japan　日本核酸数据库

http：//www. ebi. ac. uk/　European Bioinformatics Institute（EBI）　欧洲生物信息研究所

http：//www. ebi. ac. uk/uniprot/　EBI 蛋白质数据库

http：//www. ebiotrade. com/　生物通

http：//www. expasy. org/　SIB（Swiss Institute of Bioinformatics）　瑞士生物信息学研究所

http：//www. fao. org/　FAO（Food and Agriculture Organization of the United Nations）　联合国粮农组织

http：//www. fda. gov/　FDA（U. S. Food and Drug Administration）　美国食品与药物管理局

http：//www. foode. cn/　中国食品交易网

http：//www. foodmate. net　食品伙伴网

http：//www. genetics. ac. cn/　中国科学院遗传与发育生物学研究所（遗传发育所）

http：//www. genome. ad. jp/　日本基因网

http：//www. greenfood. org. cn/sites/MainSite/　中国绿色食品网

http：//www. im. cas. cn/　中国科学院微生物研究所

http：//www. isb-sib. ch/　Swiss Institute of Bioinformatics　瑞士生物信息研究所

http：//www. jcvi. org/　J. Craig Venter Institute Craig Venter　基因组研究所

http：//www. moa. gov. cn/　中华人民共和国农业部

http：//www. moh. gov. cn/publicfiles//business/htmlfiles/wsb/index. htm　中华人民共和国卫生部

http：//www. mpiib-berlin. mpg. de/　Max Planck Institute for Infection Biology（德）Max Planck 感染生物学研究所

http：//www. nature. com/　Nature　《自然》杂志

http：//www. ncbi. nlm. nih. gov/　National Centre for Biotechnology Information（NCBI）　（美）国家生物技术信息中心

http：//www. nutrition. gov/nal_ display/index. php? info_ center = 11&tax_ level = 1　美国政府营养网

http：//www. oecd. org/　经济合作与发展组织（OECD）

http：//www. pndc. gov. cn/　中国公众营养网

http：//www. sanger. ac. uk/　Sanger centre　英国桑格中心

http：//www. sciencemag. org/　Sciences　《科学》杂志

http：//www. sciencenet. cn/　科学网

http：//www. sda. gov. cn/　国家食品药品监督管理局

http：//www. sfncc. org. cn/　国家营养与食物咨询委员会

http：//www. sibs. cas. cn/　中国科学院上海生命科学研究院

http：//www. tech-food. com/　中国食品科技网

http：//www. who. int/　WHO（World Health Organization）　世界卫生组织